中国农业标准经典收藏系列

最新中国绿色食品标准

2022 版

上

中国绿色食品发展中心　编

中国农业出版社

北　京

图书在版编目（CIP）数据

最新中国绿色食品标准：2022 版 / 中国绿色食品发展中心编 . —北京：中国农业出版社，2023.1
（中国农业标准经典收藏系列）
ISBN 978-7-109-30366-9

Ⅰ.①最… Ⅱ.①中… Ⅲ.①绿色食品－食品标准－汇编－中国－2022 Ⅳ.①TS207.2

中国国家版本馆 CIP 数据核字（2023）第 016486 号

中国农业出版社出版

地址：北京市朝阳区麦子店街 18 号楼
邮编：100125
责任编辑：廖　宁
版式设计：杜　然　责任校对：刘丽香
印刷：中农印务有限公司
版次：2023 年 1 月第 1 版
印次：2023 年 1 月北京第 1 次印刷
发行：新华书店北京发行所
开本：880mm×1230mm　1/16
总印张：68.75
总字数：2280 千字
总定价：500.00 元（上、下）

编 委 会 名 单

前　　言

　　绿色食品事业创立以来，在党中央、国务院的关怀下，在农业农村部的领导下，在地方各级政府和农业农村部门的积极推动下，经过 30 多年的发展，取得了显著成效。目前，绿色食品已经成为代表我国安全优质农产品水平的精品品牌，在提高农产品质量安全水平、促进农业绿色发展、助力乡村振兴中发挥了示范带动作用，为保障绿色优质农产品有效供给、助推农业高质量发展、满足人民对美好生活向往作出了重要贡献。

　　绿色食品标准体系是绿色食品发展理念的技术载体，是绿色食品生产和管理的技术指南，是绿色食品事业高质量发展的技术保障。我们立足精品定位，瞄准国际先进水平，按照"安全与优质并重、先进性和实用性相结合"的原则，注重落实"从土地到餐桌"的全程质量控制理念，建立了一套定位准确、结构合理、特色鲜明的标准体系，包括产地环境标准、生产技术标准、产品标准、包装储运标准和其他标准 5 个部分，对绿色食品生产的产前、产中和产后全过程各生产环节进行规范。截至 2021 年底，农业农村部累计发布绿色食品标准 355 项，现行有效标准 142 项（其中，准则类标准 14 项，产品标准 128 项）。这些标准的颁布实施，为指导和规范绿色食品的生产行为、质量技术检测、标志许可审查和证后监管提供了依据和准绳，为促进绿色食品事业高质量发展发挥了不可替代的作用。

　　为进一步面向全社会做好绿色食品标准的宣传推介工作，同时，便于整个绿色食品工作体系根据最新标准开展相关工作，中国绿色食品发展中心在《最新中国绿色食品标准　2017 版》的基础上，增补了 2017—2022 年农业农村部新颁布的绿色食品标准，删除了原版本中已废止的标准，按原框架结构编纂成新的标准汇编（分上、下两册）。

　　根据《食品安全法》和《农产品质量安全法》对国家有关食品安全标准清理和整合的要求，为满足新形势的需要，对于汇编中发布较早的标准，我们将陆续进行修订，并根据事业发展需求继续制定和发布新的标准，望广大读者随时关注新颁标准的发布信息。

　　绿色食品标准体系的建立得到了农业农村部有关司局的大力支持，凝聚了绿色食品工作队伍、检验检测体系、农业科研院所专家学者的智慧和心血，在此一并表示衷心的感谢！希望广大读者对《最新中国绿色食品标准　2022 版》多提宝贵意见和建议，为绿色食品事业高质量发展发挥积极作用。

中国绿色食品发展中心

2022 年 8 月

目　　录

前言

第一部分　绿色食品产地环境标准

NY/T 391—2021　绿色食品　产地环境质量 ……………………………………………………… 3

NY/T 1054—2021　绿色食品　产地环境调查、监测与评价规范 ……………………………… 11

第二部分　绿色食品生产技术标准

NY/T 392—2013　绿色食品　食品添加剂使用准则 …………………………………………… 23

NY/T 393—2020　绿色食品　农药使用准则 …………………………………………………… 29

NY/T 394—2021　绿色食品　肥料使用准则 …………………………………………………… 39

NY/T 471—2018　绿色食品　饲料及饲料添加剂使用准则 …………………………………… 47

NY/T 472—2022　绿色食品　兽药使用准则 …………………………………………………… 57

NY/T 473—2016　绿色食品　畜禽卫生防疫准则 ……………………………………………… 69

NY/T 755—2022　绿色食品　渔药使用准则 …………………………………………………… 77

NY/T 1891—2010　绿色食品　海洋捕捞水产品生产管理规范 ……………………………… 87

第三部分　绿色食品产品标准

NY/T 273—2021　绿色食品　啤酒 ……………………………………………………………… 95

NY/T 274—2014　绿色食品　葡萄酒 ………………………………………………………… 101

NY/T 285—2021　绿色食品　豆类 …………………………………………………………… 109

NY/T 288—2018　绿色食品　茶叶 …………………………………………………………… 119

NY/T 289—2012　绿色食品　咖啡 …………………………………………………………… 125

NY/T 418—2014　绿色食品　玉米及玉米粉 ………………………………………………… 133

NY/T 419—2021　绿色食品　稻米 …………………………………………………………… 141

NY/T 420—2017　绿色食品　花生及制品 …………………………………………………… 149

NY/T 421—2021　绿色食品　小麦及小麦粉 ………………………………………………… 159

NY/T 422—2021　绿色食品　食用糖 ………………………………………………………… 167

NY/T 426—2021　绿色食品　柑橘类水果 …………………………………………………… 177

NY/T 427—2016　绿色食品　西甜瓜 ………………………………………………………… 185

NY/T 431—2017　绿色食品　果（蔬）酱 …………………………………………………… 191

NY/T 432—2021　绿色食品　白酒 …………………………………………………………… 197

NY/T 433—2021　绿色食品　植物蛋白饮料 ………………………………………………… 203

NY/T 434—2016　绿色食品　果蔬汁饮料 …………………………………………………… 211

NY/T 435—2021　绿色食品　水果、蔬菜脆片 ……………………………………………… 219

NY/T 436—2018　绿色食品　蜜饯 …………………………………………………………… 227

NY/T 437—2012　绿色食品　酱腌菜 ………………………………………………………… 235

NY/T 654—2020　绿色食品　白菜类蔬菜 …………………………………………………… 243

NY/T 655—2020　绿色食品　茄果类蔬菜 …………………………………………………… 251

NY/T 657—2021　绿色食品　乳与乳制品 ………………………………………………………… 259

NY/T 743—2020　绿色食品　绿叶类蔬菜 ………………………………………………………… 273

NY/T 744—2020　绿色食品　葱蒜类蔬菜 ………………………………………………………… 281

NY/T 745—2020　绿色食品　根菜类蔬菜 ………………………………………………………… 287

NY/T 746—2020　绿色食品　甘蓝类蔬菜 ………………………………………………………… 295

NY/T 747—2020　绿色食品　瓜类蔬菜 …………………………………………………………… 303

NY/T 748—2020　绿色食品　豆类蔬菜 …………………………………………………………… 311

NY/T 749—2018　绿色食品　食用菌 ……………………………………………………………… 319

NY/T 750—2020　绿色食品　热带、亚热带水果 ………………………………………………… 327

NY/T 751—2021　绿色食品　食用植物油 ………………………………………………………… 333

NY/T 752—2020　绿色食品　蜂产品 ……………………………………………………………… 341

NY/T 753—2021　绿色食品　禽肉 ………………………………………………………………… 351

NY/T 754—2021　绿色食品　蛋及蛋制品 ………………………………………………………… 359

NY/T 840—2020　绿色食品　虾 …………………………………………………………………… 367

NY/T 841—2021　绿色食品　蟹 …………………………………………………………………… 375

NY/T 842—2021　绿色食品　鱼 …………………………………………………………………… 383

NY/T 843—2015　绿色食品　畜禽肉制品 ………………………………………………………… 391

NY/T 844—2017　绿色食品　温带水果 …………………………………………………………… 403

NY/T 891—2014　绿色食品　大麦及大麦粉 ……………………………………………………… 409

NY/T 892—2014　绿色食品　燕麦及燕麦粉 ……………………………………………………… 417

NY/T 893—2021　绿色食品　粟、黍、稷及其制品 ……………………………………………… 425

NY/T 894—2014　绿色食品　荞麦及荞麦粉 ……………………………………………………… 433

NY/T 895—2015　绿色食品　高粱 ………………………………………………………………… 441

NY/T 897—2017　绿色食品　黄酒 ………………………………………………………………… 447

NY/T 898—2016　绿色食品　含乳饮料 …………………………………………………………… 453

NY/T 899—2016　绿色食品　冷冻饮品 …………………………………………………………… 461

NY/T 900—2016　绿色食品　发酵调味品 ………………………………………………………… 469

NY/T 901—2021　绿色食品　香辛料及其制品 …………………………………………………… 479

NY/T 902—2015　绿色食品　瓜籽 ………………………………………………………………… 485

NY/T 1039—2014　绿色食品　淀粉及淀粉制品 ………………………………………………… 493

NY/T 1040—2021　绿色食品　食用盐 …………………………………………………………… 501

NY/T 1041—2018　绿色食品　干果 ……………………………………………………………… 507

NY/T 1042—2017　绿色食品　坚果 ……………………………………………………………… 515

NY/T 1043—2016　绿色食品　人参和西洋参 …………………………………………………… 521

NY/T 1044—2020　绿色食品　藕及其制品 ……………………………………………………… 529

NY/T 1045—2014　绿色食品　脱水蔬菜 ………………………………………………………… 537

NY/T 1046—2016　绿色食品　焙烤食品 ………………………………………………………… 543

NY/T 1047—2021　绿色食品　水果、蔬菜罐头 ………………………………………………… 551

NY/T 1048—2021　绿色食品　笋及笋制品 ……………………………………………………… 559

NY/T 1049—2015　绿色食品　薯芋类蔬菜 ……………………………………………………… 567

NY/T 1050—2018　绿色食品　龟鳖类 …………………………………………………………… 575

NY/T 1051—2014　绿色食品　枸杞及枸杞制品 ………………………………………………… 581

NY/T 1052—2014　绿色食品　豆制品 …………………………………………………………… 589

NY/T 1053—2018　绿色食品　味精 ……………………………………………………………… 599

NY/T 1323—2017　绿色食品　固体饮料 ………………………………………………………… 607

第一部分
绿色食品产地环境标准

ICS 13.020
CCS Z 51

中华人民共和国农业行业标准

NY/T 391—2021
代替 NY/T 391—2013

绿色食品 产地环境质量

Green food—Environmental quality for production area

2021-05-07 发布

2021-11-01 实施

中华人民共和国农业农村部 发布

前　言

本文件按照 GB/T 1.1—2020《标准化工作导则　第 1 部分:标准化文件的结构和起草规则》的规定起草。

本文件代替 NY/T 391—2013《绿色食品　产地环境质量》,与 NY/T 391—2013 相比,除编辑性修改外,主要技术变化如下:

——修改了产地生态环境基本要求、隔离保护要求、产地环境质量通用要求内容;

——增加了舍区的术语和定义、畜禽养殖业空气环境质量要求;

——增加了渔业养殖用水中的高锰酸钾指数和氨氮要求,删除溶解氧要求;

——删除土壤肥力中阳离子交换量指标。

本文件由农业农村部农产品质量安全监管司提出。

本文件由中国绿色食品发展中心归口。

本文件起草单位:中国科学院沈阳应用生态研究所、北京昊颖环境科技发展中心、中国绿色食品发展中心、辽宁三源健康科技股份有限公司、东周丰源(北京)有机农业有限公司。

本文件主要起草人:张红、王颜红、张志华、方放、张宪、张朝晖、都雪利、王世成、王莹、郝明、辛绪红。

本文件及其所代替文件的历次版本的发布情况为:

——2000 年首次发布为 NY/T 391—2000,2013 年第一次修订;

——本次为第二次修订。

绿色食品　产地环境质量

1　范围

本文件规定了绿色食品产地的术语和定义、产地生态环境基本要求、隔离保护要求、产地环境质量通用要求、环境可持续发展要求。

本文件适用于绿色食品生产。

2　规范性引用文件

下列文件中的内容通过文中的规范性引用而构成本文件必不可少的条款。其中，注日期的引用文件，仅该日期对应的版本适用于本文件；不注日期的引用文件，其最新版本（包括所有的修改单）适用于本文件。

GB/T 5750.4　生活饮用水标准检验方法　感官性状和物理指标

GB/T 5750.5　生活饮用水标准检验方法　无机非金属指标

GB/T 5750.6　生活饮用水标准检验方法　金属指标

GB/T 5750.12　生活饮用水标准检验方法　微生物指标

GB/T 7467　水质　六价铬的测定　二苯碳酰二肼分光光度法

GB/T 7484　水质　氟化物的测定　离子选择电极法

GB/T 11892　水质　高锰酸盐指数的测定

GB/T 12763.4　海洋调查规范　第4部分:海水化学要素调查

GB/T 14675　空气质量　恶臭的测定　三点比较式臭袋法

GB/T 14678　空气质量　硫化氢、甲硫醇、甲硫醚和二甲二硫的测定　气相色谱法

GB/T 15432　环境空气　总悬浮颗粒物的测定　重量法

GB/T 17141　土壤质量　铅、镉的测定　石墨炉原子吸收分光光度法

GB/T 22105.1　土壤质量　总汞、总砷、总铅的测定　原子荧光法　第1部分:土壤中总汞的测定

GB/T 22105.2　土壤质量　总汞、总砷、总铅的测定　原子荧光法　第2部分:土壤中总砷的测定

HJ 479　环境空气　氮氧化物(一氧化氮和二氧化氮)的测定　盐酸萘乙二胺分光光度法

HJ 482　环境空气　二氧化硫的测定　甲醛吸收-副玫瑰苯胺分光光度法

HJ 491　土壤和沉积物　铜、锌、铅、镍、铬的测定　火焰原子吸收分光光度法

HJ 503　水质　挥发酚的测定　4-氨基安替比林分光光度法

HJ 505　水质　五日生化需氧量(BOD5)的测定　稀释与接种法

HJ 533　环境空气和废气　氨的测定　纳氏试剂分光光度法

HJ 536　水质　氨氮的测定　水杨酸分光光度法

HJ 694　水质　汞、砷、硒、铋和锑的测定　原子荧光法

HJ 700　水质　65种元素的测定　电感耦合等离子体质谱法

HJ 717　土壤质量　全氮的测定　凯氏法

HJ 828　水质　化学需氧量的测定　重铬酸盐法

HJ 870　固定污染源废气　二氧化碳的测定　非分散红外吸收法

HJ 955　环境空气　氟化物的测定　滤膜采样/氟离子选择电极法

HJ 970　水质石油类的测定　紫外分光光度法

HJ 1147　水质　pH的测定　电极法

LY/T 1232　森林土壤磷的测定

LY/T 1234　森林土壤钾的测定

NY/T 1121.6　土壤检测　第6部分:土壤有机质的测定

NY/T 1377 土壤 pH 的测定

SL 355 水质 粪大肠菌群的测定——多管发酵法

3 术语和定义

下列术语和定义适用于本文件。

3.1

环境空气标准状态 ambient air standard state

温度为 298.15 K,压力为 101.325 kPa 时的环境空气状态。

3.2

舍区 living area for livestock and poultry

畜禽所处的封闭或半封闭生活区域,即畜禽直接生活环境区。

4 产地生态环境基本要求

4.1 绿色食品生产应选择生态环境良好、无污染的地区,远离工矿区、公路铁路干线和生活区,避开污染源。

4.2 产地应距离公路、铁路、生活区 50 m 以上,距离工矿企业 1 km 以上。

4.3 产地应远离污染源,配备切断有毒有害物进入产地的措施。

4.4 产地不应受外来污染威胁,产地上风向和灌溉水上游不应有排放有毒有害物质的工矿企业,灌溉水源应是深井水或水库等清洁水源,不应使用污水或塘水等被污染的地表水;园地土壤不应是施用含有毒有害物质的工业废渣改良过土壤。

4.5 应建立生物栖息地,保护基因多样性、物种多样性和生态系统多样性,以维持生态平衡。

4.6 应保证产地具有可持续生产能力,不对环境或周边其他生物产生污染。

4.7 利用上一年度产地区域空气质量数据,综合分析产区空气质量。

5 隔离保护要求

5.1 应在绿色食品和常规生产区域之间设置有效的缓冲带或物理屏障,以防止绿色食品产地受到污染。

5.2 绿色食品产地应与常规生产区保持一定距离,或在两者之间设立物理屏障,或利用地表水、山岭分割等其他方法,两者交界处应有明显可识别的界标。

5.3 绿色食品种植产地与常规生产区农田间建立缓冲隔离带,可在绿色食品种植区边缘 5 m～10 m 处种植树木作为双重篱墙,隔离带宽度 8 m 左右,隔离带种植缓冲作物。

6 产地环境质量通用要求

6.1 空气质量要求

除畜禽养殖业外,空气质量应符合表 1 的要求。

表 1 空气质量要求(标准状态)

项目	指标		检验方法
	日平均[a]	1 h[b]	
总悬浮颗粒物,mg/m³	≤0.30	—	GB/T 15432
二氧化硫,mg/m³	≤0.15	≤0.50	HJ 482
二氧化氮,mg/m³	≤0.08	≤0.20	HJ 479
氟化物,μg/m³	≤7	≤20	HJ 955
[a] 日平均指任何一日的平均指标。			
[b] 1 h 指任何 1 h 的指标。			

畜禽养殖业空气质量应符合表 2 的要求。

表 2　畜禽养殖业空气质量要求(标准状态)

单位为毫克每立方米

项目	禽舍区(日平均)		畜舍区 (日平均)	检验方法
	雏	成		
总悬浮颗粒物	≤8		≤3	GB/T 15432
二氧化碳	≤1 500		≤1 500	HJ 870
硫化氢	≤2	10	≤8	GB/T 14678
氨气	≤10	15	≤20	HJ 533
恶臭(稀释倍数,无量纲)	≤70		≤70	GB/T 14675

6.2　水质要求

6.2.1　农田灌溉水水质要求

农田灌溉水包括用于农田灌溉的地表水、地下水,以及水培蔬菜、水生植物生产用水和食用菌生产用水等,应符合表 3 的要求。

表 3　农田灌溉水水质要求

项目	指标	检验方法
pH	5.5～8.5	HJ 1147
总汞,mg/L	≤0.001	HJ 694
总镉,mg/L	≤0.005	HJ 700
总砷,mg/L	≤0.05	HJ 694
总铅,mg/L	≤0.1	HJ 700
六价铬,mg/L	≤0.1	GB/T 7467
氟化物,mg/L	≤2.0	GB/T 7484
化学需氧量(COD_{Cr}),mg/L	≤60	HJ 828
石油类,mg/L	≤1.0	HJ 970
粪大肠菌群[a],MPN/L	≤10 000	SL 355

[a]　仅适用于灌溉蔬菜、瓜类和草本水果的地表水。

6.2.2　渔业水水质要求

应符合表 4 的要求。

表 4　渔业水水质要求

项目	指标		检验方法
	淡水	海水	
色、臭、味	不应有异色、异臭、异味		GB/T 5750.4
pH	6.5～9.0		HJ 1147
生化需氧量(BOD_5),mg/L	≤5	≤3	HJ 505
总大肠菌群,MPN/100 mL	≤500(贝类 50)		GB/T 5750.12
总汞,mg/L	≤0.000 5	≤0.000 2	HJ 694
总镉,mg/L	≤0.005		HJ 700
总铅,mg/L	≤0.05	≤0.005	HJ 700
总铜,mg/L	≤0.01		HJ 700
总砷,mg/L	≤0.05	≤0.03	HJ 694
六价铬,mg/L	≤0.1	≤0.01	GB/T 7467
挥发酚,mg/L	≤0.005		HJ 503
石油类,mg/L	≤0.05		HJ 970
活性磷酸盐(以 P 计),mg/L	—	≤0.03	GB/T 12763.4
高锰酸盐指数,mg/L	≤6	—	GB/T 11892
氨氮(NH_3-N),mg/L	≤1.0		HJ 536

漂浮物质应满足水面不出现油膜或浮沫的要求。

6.2.3 畜牧养殖用水水质要求

畜牧养殖用水包括畜禽养殖用水和养蜂用水,应符合表5的要求。

表5 畜牧养殖用水水质要求

项目	指标	检验方法
色度[a],度	≤15,并不应呈现其他异色	GB/T 5750.4
浑浊度[a](散射浑浊度单位),NTU	≤3	GB/T 5750.4
臭和味	不应有异臭、异味	GB/T 5750.4
肉眼可见物[a]	不应含有	GB/T 5750.4
pH	6.5~8.5	GB/T 5750.4
氟化物,mg/L	≤1.0	GB/T 5750.5
氰化物,mg/L	≤0.05	GB/T 5750.5
总砷,mg/L	≤0.05	GB/T 5750.6
总汞,mg/L	≤0.001	GB/T 5750.6
总镉,mg/L	≤0.01	GB/T 5750.6
六价铬,mg/L	≤0.05	GB/T 5750.6
总铅,mg/L	≤0.05	GB/T 5750.6
菌落总数[a],CFU/mL	≤100	GB/T 5750.12
总大肠菌群,MPN/100 mL	不得检出	GB/T 5750.12
[a] 散养模式免测该指标。		

6.2.4 加工用水水质要求

加工用水(含食用盐生产用水等)应符合表6的要求。

表6 加工用水水质要求

项目	指标	检验方法
pH	6.5~8.5	GB/T 5750.4
总汞,mg/L	≤0.001	GB/T 5750.6
总砷,mg/L	≤0.01	GB/T 5750.6
总镉,mg/L	≤0.005	GB/T 5750.6
总铅,mg/L	≤0.01	GB/T 5750.6
六价铬,mg/L	≤0.05	GB/T 5750.6
氰化物,mg/L	≤0.05	GB/T 5750.5
氟化物,mg/L	≤1.0	GB/T 5750.5
菌落总数,CFU/mL	≤100	GB/T 5750.12
总大肠菌群,MPN/100 mL	不得检出	GB/T 5750.12

6.2.5 食用盐原料水水质要求

食用盐原料水包括海水、湖盐或井矿盐天然卤水,应符合表7的要求。

表7 食用盐原料水水质要求

单位为毫克每升

项目	指标	检验方法
总汞	≤0.001	GB/T 5750.6
总砷	≤0.03	GB/T 5750.6
总镉	≤0.005	GB/T 5750.6
总铅	≤0.01	GB/T 5750.6

6.3 土壤环境质量要求

土壤环境质量按土壤耕作方式的不同分为旱田和水田两大类,每类又根据土壤pH的高低分为3种情况,即pH<6.5,6.5≤pH≤7.5,pH>7.5,应符合表8的要求。

表 8 土壤环境质量要求

单位为毫克每千克

项目	旱田			水田			检验方法
	pH<6.5	6.5≤pH≤7.5	pH>7.5	pH<6.5	6.5≤pH≤7.5	pH>7.5	NY/T 1377
总镉	≤0.30	≤0.30	≤0.40	≤0.30	≤0.30	≤0.40	GB/T 17141
总汞	≤0.25	≤0.30	≤0.35	≤0.30	≤0.40	≤0.40	GB/T 22105.1
总砷	≤25	≤20	≤20	≤20	≤20	≤15	GB/T 22105.2
总铅	≤50	≤50	≤50	≤50	≤50	≤50	GB/T 17141
总铬	≤120	≤120	≤120	≤120	≤120	≤120	HJ 491
总铜	≤50	≤60	≤60	≤50	≤60	≤60	HJ 491
果园土壤中铜限量值为旱田中铜限量值的2倍。 水旱轮作的标准值取严不取宽。 底泥按照水田标准执行。							

6.4 食用菌栽培基质质量要求

栽培基质应符合表9的要求,栽培过程中使用的土壤应符合6.3的要求。

表 9 食用菌栽培基质质量要求

单位为毫克每千克

项目	指标	检验方法
总汞	≤0.1	GB/T 22105.1
总砷	≤0.8	GB/T 22105.2
总镉	≤0.3	GB/T 17141
总铅	≤35	GB/T 17141

7 环境可持续发展要求

7.1 应持续保持土壤地力水平,土壤肥力应维持在同一等级或不断提升。土壤肥力分级参考指标见表10。

表 10 土壤肥力分级参考指标

项目	级别	旱地	水田	菜地	园地	牧地	检验方法
有机质,g/kg	I	>15	>25	>30	>20	>20	NY/T 1121.6
	II	10~15	20~25	20~30	15~20	15~20	
	III	<10	<20	<20	<15	<15	
全氮,g/kg	I	>1.0	>1.2	>1.2	>1.0	—	HJ 717
	II	0.8~1.0	1.0~1.2	1.0~1.2	0.8~1.0	—	
	III	<0.8	<1.0	<1.0	<0.8	—	
有效磷,mg/kg	I	>10	>15	>40	>10	>10	LY/T 1232
	II	5~10	10~15	20~40	5~10	5~10	
	III	<5	<10	<20	<5	<5	
速效钾,mg/kg	I	>120	>100	>150	>100	—	LY/T 1234
	II	80~120	50~100	100~150	50~100	—	
	III	<80	<50	<100	<50	—	
底泥、食用菌栽培基质不做土壤肥力检测。							

7.2 应通过合理施用投入品和环境保护措施,保持产地环境指标在同等水平或逐步递减。

ICS 13.020.40
CCS Z 51

中华人民共和国农业行业标准

NY/T 1054—2021
代替 NY/T 1054—2013

绿色食品 产地环境调查、
监测与评价规范

Green food—Specification for field environmental investigation,
monitoring and assessment

2021-05-07 发布

2021-11-01 实施

中华人民共和国农业农村部 发布

前　言

本文件按照 GB/T 1.1—2020《标准化工作导则　第 1 部分：标准化文件的结构和起草规则》的规定起草。

本文件代替 NY/T 1054—2013《绿色食品　产地环境调查、监测与评价规范》，与 NY/T 1054—2013 相比，除结构调整和编辑性改动外，主要技术变化如下：

——修改了调查方法和内容；

——调整了空气、水质、土壤监测采样点布设方法；

——调整了部分环境质量免测条件和采样布设点数；

——依据 NY/T 391 修改了评价方法。

本文件由农业农村部农产品质量安全监管司提出。

本文件由中国绿色食品发展中心归口。

本文件起草单位：中国科学院沈阳应用生态研究所、北京昊颖环境科技发展中心、辽宁三源健康科技股份有限公司、东周丰源（北京）有机农业有限公司、中国绿色食品发展中心。

本文件主要起草人：王世成、张志华、方放、王颜红、李国琛、崔杰华、张朝晖、张宪、张红、李玲、徐志祥、王瑜。

本文件及其所代替文件的历次版本发布情况为：

——2006 年首次发布为 NY/T 1054—2006，2013 第一次修订；

——本次为第二次修订。

绿色食品　产地环境调查、监测与评价规范

1　范围

本文件规定了绿色食品产地环境调查、产地环境质量监测和产地环境质量评价。

本文件适用于绿色食品产地环境。

2　规范性引用文件

下列文件中的内容通过文中的规范性引用而构成本文件必不可少的条款。其中，注日期的引用文件，仅该日期对应的版本适用于本文件；不注日期的引用文件，其最新版本（包括所有的修改单）适用于本文件。

NY/T 391　绿色食品　产地环境质量

NY/T 395　农田土壤环境质量监测技术规范

NY/T 396　农用水源环境质量监测技术规范

NY/T 397　农区环境空气质量监测技术规范

3　术语和定义

本文件没有需要界定的术语和定义。

4　产地环境调查

4.1　调查目的和原则

产地环境质量调查的目的是科学、准确地了解产地环境质量现状，为优化监测布点和有效评价提供科学依据。根据绿色食品产地环境质量要求特点，兼顾重要性、典型性、代表性，重点调查产地环境质量现状和发展趋势，兼顾产地自然环境、社会经济及工农业生产对产地环境质量的影响。

4.2　调查方法

省级绿色食品工作机构负责组织绿色食品产地的环境质量现状调查工作。现状调查应采用现场调查方法，调查过程包括：资料收集、资料核查、现场查勘、人员访谈或问卷调查。

4.3　调查内容

4.3.1　自然地理：地理位置、地形地貌。

4.3.2　气候与气象：该区域的主要气候特性，常年平均风速和主导风向，常年平均气温、极端气温与月平均气温，常年平均相对湿度，常年平均降水量，降水天数，降水量极值，日照时数。

4.3.3　水文状况：该区域地表水、水系、流域面积、水文特征、地下水资源总量及开发利用情况等。

4.3.4　土地资源：土壤类型、土壤背景值、土壤利用情况。

4.3.5　植被及生物资源：林木植被覆盖率、植物资源、动物资源等。

4.3.6　自然灾害：旱、涝、风灾、冰雹、低温、病虫草鼠害等。

4.3.7　社会经济概况：行政区划、人口状况、工业布局、农田水利和农村能源结构情况。

4.3.8　农业生产方式：农业种植结构、养殖模式。

4.3.9　工农业污染：污染源分布、污染物排放、农业投入品使用情况。

4.3.10　土壤培肥投入情况。

4.3.11　生态环境保护措施：废弃物处理、农业自然资源合理利用，生态农业、循环农业、清洁生产、节能减排等情况。

4.4 产地环境调查报告内容

根据调查、了解、掌握的资料情况,对申报产品及其原料生产基地的环境质量状况进行初步分析,出具调查分析报告,报告包括如下内容:

    a) 产地基本情况、地理位置及分布图;
    b) 产地灌溉用水环境质量分析;
    c) 产地环境空气质量分析;
    d) 产地土壤环境质量分析;
    e) 农业生产方式、工农业污染、土壤培肥投入、生态环境保护措施等;
    f) 综合分析产地环境质量现状,建议布点监测方案;
    g) 调查单位、调查人及调查时间。

5 产地环境质量监测

5.1 空气监测

5.1.1 布点原则

依据产地环境调查分析结论和产品工艺特点,确定是否进行空气质量监测。进行产地环境空气质量监测的地区,可根据当年生物生长期内的主导风向,重点监测可能对产地环境造成污染的污染源的下风向。

5.1.2 样点数量

5.1.2.1 样点布设点数应充分考虑产地布局、工矿污染源情况和生产工艺等特点,按表1规定执行;同时还应根据空气质量稳定性以及污染物对原料生长的影响程度适当增减,有些类型产地可以减免布设点数,具体要求详见表2。

表 1 不同产地类型空气监测点数布设表

产地类型	布设点数,个
布局相对集中,≤80 hm²	1
布局相对集中,80 hm²~200 hm²	2
布局相对集中,>200 hm²	3
布局相对分散	适当增加采样点

表 2 减免布设空气监测点数的区域情况表

产地类型	减免情况
产地周围5 km,且主导风向的上风向20 km内无工矿污染源的种植业区	免测
设施种植业区	只测温室大棚外空气
水产养殖业区	免测
矿泉水等水源地和食用盐原料产区	免测

5.1.2.2 畜禽养殖区内拥有30个以下舍区的,选取1个舍区采样;拥有31个~60个舍区的,选取2个舍区采样;拥有60个以上的舍区,选取3个舍区采样。每个舍区内设置1个空气采样点。

5.1.3 采样方法

5.1.3.1 空气监测点应选择在远离树木、城市建筑及公路、铁路的开阔地带,若为地势平坦区域,沿主导风向45°~90°夹角内布点;若为山谷地貌区域,应沿山谷走向布点。各监测点之间的设置条件相对一致,间距一般不超过5 km,保证各监测点所获数据具有可比性。

5.1.3.2 采样时间应选择在空气污染对生产质量影响较大的时期进行,种植业、养殖业选择生长期内采集。周围有污染源的,重点监测可能对产地环境造成污染的污染源的下风向,在距离污染源较近的产地区域内布设采样点,没有污染源的在产地中心区域附近设置采样点。采样频率为1 d 4次,上下午各2次,连续采集 2 d。采样时间分别为：晨起、午前、午后和黄昏，其中总悬浮颗粒物监测每次采样量不得低于 10 m³。遇雨雪等降水天气停采，时间顺延。取 4 次平均值，作为日均值。

5.1.3.3 其他要求按 NY/T 397 的规定执行。

5.1.4 监测项目和分析方法

按 NY/T 391 的规定执行。

5.2 水质监测

5.2.1 布点原则

坚持从水污染对产地环境质量的影响和危害出发，突出重点，照顾一般。即优先布点监测代表性强，最有可能对产地环境造成污染的方位、水源(系)或产品生产过程中对其质量有直接影响的水源。

5.2.2 样点数量

对于水资源丰富、水质相对稳定的同一水源(系)，样点布设 1 个～2 个，若不同水源(系)则依次叠加，具体布设点数按表 3 的规定执行。水资源相对贫乏、水质稳定性较差的水源及对水质要求较高的作物产地，则根据实际情况适当增设采样点数；对水质要求较低的粮油作物、禾本植物等，采样点数可适当减少，有些情况可以免测水质，详见表 4。

表 3　不同产地类型水质监测点数布设表

产地类型		布设点数(以每个水源或水系计)，个
种植业(包括水培蔬菜和水生植物)		1
近海(包括滩涂)渔业		2
养殖业	集中养殖	2
	分散养殖	1
食用盐原料用水		1
加工用水		1

表 4　免测水质的产地类型情况表

产地类型	布设点数(以每个水源或水系计)
灌溉水系天然降水的作物	免测
深海渔业	免测
矿泉水水源	免测
生活饮用水、饮用水水源、深井水	免测

5.2.3 采样方法

5.2.3.1 采样时间和频率：种植业用水，在农作物生长过程中灌溉用水的主要灌期采样 1 次；水产养殖业用水，在其生长期采样 1 次；畜禽养殖业用水，宜与原料产地灌溉用水同步采集饮用水水样 1 次；加工用水每个水源采集水样 1 次。

5.2.3.2 其他要求按 NY/T 396 的规定执行。

5.2.4 监测项目和分析方法

按 NY/T 391 的规定执行。

5.3 土壤监测

5.3.1 布点原则

绿色食品产地土壤监测点布设以能代表整个产地监测区域为原则，不同的功能区采取不同的布点原则，宜选择代表性强、可能造成污染的最不利的方位、地块。

5.3.2 样点数量

5.3.2.1 大田种植区

按表 5 的规定执行，种植区相对分散，适当增加采样点数。

表5 大田种植区土壤样点数量布设表

产地面积	布设点数,个
≤500 hm²	3
500 hm²～2 000 hm²	5
>2 000 hm²	每增加1 000 hm²,增加1个采样点

5.3.2.2 蔬菜露地种植区

按表6的规定执行。

表6 蔬菜露地种植区土壤样点数量布设表

产地面积	布设点数,个
≤200 hm²	3
>200 hm²	每增加100 hm²,增加1个采样点
莲藕、荸荠等水生植物采集底泥	

5.3.2.3 设施种植业区

按表7的规定执行,栽培品种较多、管理措施和水平差异较大,应适当增加采样点数。

表7 设施种植业区土壤样点数量布设表

产地面积	布设点数,个
≤100 hm²	3
100 hm²～300 hm²	5
>300 hm²	每增加100 hm²,增加1个采样点

5.3.2.4 食用菌种植区

根据品种和组成不同,每种基质采集不少于3个。

5.3.2.5 野生产品生产区

按照表8的规定执行。

表8 野生产品生产区土壤样点数量布设表

产地面积	布设点数,个
≤2 000 hm²	3
2 000 hm²～5 000 hm²(含5 000 hm²)	5
5 000 hm²～10 000 hm²	7
>10 000 hm²	每增加5 000 hm²,增加1个采样点

5.3.2.6 其他生产区域

按表9的规定执行。

表9 其他生产区域土壤样点数量布设表

产地类型	布设点数,个
近海(包括滩涂)渔业	≥3(底泥)
淡水养殖区	≥3(底泥)
深海和网箱养殖区、食用盐原料产区、矿泉水、加工业区免测	

5.3.3 采样方法

5.3.3.1 在环境因素分布比较均匀的监测区域,采取网格法或梅花法布点;在环境因素分布比较复杂的监测区域,采取随机布点法布点;在可能受污染的监测区域,可采用放射法布点。

5.3.3.2 土壤样品原则上要求安排在作物生长期内采样,采样层次按表10的规定执行,对于基地区域内同时种植一年生和多年生作物,采样点数量按照申报品种分别计算面积进行确定。

5.3.3.3 其他要求按NY/T 395的规定执行。

表10 不同产地类型土壤采样层次表

产地类型	采样层次
一般农作物	0 cm～20 cm
果林类农作物	0 cm～60 cm
水生作物和水产养殖底泥	0 cm～20 cm
可食部位为地下20 cm以上根茎的农作物,参照果林类农作物	

5.3.4 监测项目和分析方法

土壤和食用菌栽培基质的监测项目和分析方法按NY/T 391的规定执行。

6 产地环境质量评价

6.1 概述

绿色食品产地环境质量评价的目的是为保证绿色食品安全和优质,从源头上为生产基地选择优良的生态环境,为绿色食品管理部门的决策提供科学依据,实现农业可持续发展。环境质量现状评价是根据环境(包括污染源)的调查与监测资料,应用具有代表性、简便性和适用性的环境质量指数系统进行综合处理,然后对这一区域的环境质量现状做出定量描述,并提出该区域环境污染综合防治措施。产地环境质量评价包括污染指数评价、土壤肥力等级划分和生态环境质量分析等。水产养殖区土壤不做肥力评价。

6.2 评价程序

应按图1的规定执行。

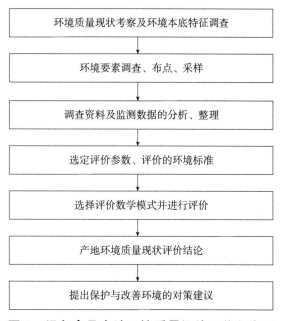

图1 绿色食品产地环境质量评价工作程序图

6.3 评价标准

按NY/T 391的规定执行。

6.4 评价原则和方法

6.4.1 污染指数评价

6.4.1.1 首先进行单项污染指数评价,按照公式(1)计算。有一项单项污染指数大于1,视为该产地环境质量不符合要求,不适宜发展绿色食品。对于有检出限的未检出项目,污染物实测值取检出限的一半进行计算,而没有检出限的未检出项目如总大肠菌群,污染物实测值取0进行计算。对于水质pH的单项污染指数按公式(2)计算。

$$P_i = \frac{C_i}{S_i} \quad \cdots\cdots (1)$$

式中：

P_i——监测项目 i 的污染指数（无量纲）；

C_i——监测项目 i 的实测值；

S_i——监测项目 i 的评价标准值。

计算结果保留到小数点后 2 位。

$$P_{pH} = \frac{|pH - pH_{sm}|}{(pH_{su} - pH_{sd})/2} \quad\cdots\cdots\cdots\cdots\cdots\cdots\cdots\cdots\cdots\cdots\cdots\cdots\cdots\cdots\cdots\cdots (2)$$

其中，$pH_{sm} = \frac{1}{2}(pH_{su} + pH_{sd})$

式中：

P_{pH} ——pH 的污染指数；

pH ——pH 的实测值；

pH_{su} ——pH 允许幅度的上限值；

pH_{sd} ——pH 允许幅度的下限值。

计算结果保留到小数点后 2 位。

6.4.1.2 单项污染指数均小于等于1，则继续进行综合污染指数评价。综合污染指数分别按照公式（3）和公式（4）计算，并按表11的规定进行分级。综合污染指数可作为长期绿色食品生产环境变化趋势的评价指标。

$$P_{综} = \sqrt{\frac{(C_i/S_i)_{max}^2 + (C_i/S_i)_{ave}^2}{2}} \quad\cdots\cdots\cdots\cdots\cdots\cdots\cdots\cdots\cdots\cdots\cdots (3)$$

式中：

$P_{综}$ ——水质（或土壤）的综合污染指数；

$(C_i/S_i)_{max}$ ——水质（或土壤）污染物中污染指数的最大值；

$(C_i/S_i)_{ave}$ ——水质（或土壤）污染物中污染指数的平均值。

计算结果保留到小数点后 2 位。

$$P'_{综} = \sqrt{(C'_i/S'_i)_{max} + (C'_i/S'_i)_{ave}} \quad\cdots\cdots\cdots\cdots\cdots\cdots\cdots\cdots\cdots\cdots\cdots (4)$$

式中：

$P'_{综}$ ——空气的综合污染指数；

$(C'_i/S'_i)_{max}$ ——空气污染物中污染指数的最大值；

$(C'_i/S'_i)_{ave}$ ——空气污染物中污染指数的平均值。

计算结果保留到小数点后 2 位。

表 11 综合污染指数分级标准

土壤综合污染指数	水质综合污染指数	空气综合污染指数	等级
≤0.7	≤0.5	≤0.6	清洁
0.7～1.0	0.5～1.0	0.6～1.0	尚清洁

6.4.2 土壤肥力评价

土壤肥力仅进行分级划定，不作为判定产地环境质量合格的依据，但可用于评价农业活动对环境土壤养分的影响及变化趋势。初次申报应作为产地环境质量的基础资料，当生产主体发生变更、周边环境发生较大变化或第二次及后续申报时，需要评价土壤肥力分级指标的变化趋势。

6.4.3 生态环境质量分析

根据调查掌握的资料情况，对产地生态环境质量做出描述，包括农业产业结构的合理性、污染源状况与分布、生态环境保护措施及其生态环境效应分析。当生产主体发生变更、周边环境发生较大变化或第二次及后续申报时，通过综合污染指数变化趋势，评估农业生产中环境保护措施的效果。

6.5 评价报告内容

评价报告应包括如下内容：

a) 前言，包括评价任务的来源、区域基本情况和产品概述；

b) 产地环境状况，包括自然状况、工农业比例、农业生产方式、污染源分布和生态环境保护措施等；

c) 产地环境质量监测，包括布点原则、分析项目、分析方法和测定结果；

d) 产地环境评价，包括评价方法、评价标准、评价结果与分析；

e) 结论；

f) 附件，包括产地方位图和采样点分布图等。

————————

第二部分
绿色食品生产技术标准

ICS 67.220
X 40

中华人民共和国农业行业标准

NY/T 392—2013
代替 NY/T 392—2000

绿色食品 食品添加剂使用准则

Green food—Food additive application guideline

2013-12-13 发布

2014-04-01 实施

中华人民共和国农业部 发布

前　　言

本标准按照 GB/T 1.1—2009 给出的规则起草。

本标准代替 NY/T 392—2000《绿色食品　食品添加剂使用准则》。与 NY/T 392—2000 相比,除编辑性修改外主要技术变化如下:

——食品添加剂使用原则改为 GB 2760《食品安全国家标准　食品添加剂使用标准》相应内容;

——食品添加剂使用规定改为 GB 2760 相应内容;

——删除了绿色食品生产中不应使用的食品添加剂:过氧化苯甲酰、溴酸钾、过氧化氢(或过碳酸钠)、五碳双缩醛(戊二醛)、十二烷基二甲基溴化胺(新洁尔灭);

——删除了面粉处理剂;

——增加了 A 级绿色食品生产中不应使用的食品添加剂类别酸度调节剂、增稠剂、胶基糖果中基础剂物质及其具体品种。

本标准由农业部农产品质量安全监管局提出。

本标准由中国绿色食品发展中心归口。

本标准起草单位:农业部乳品质量监督检验测试中心、河南工业大学、中国绿色食品发展中心。

本标准主要起草人:张宗城、刘钟栋、孙丽新、李鹏、薛刚、阎磊、郑维君、张燕、唐伟、陈曦。

本标准的历次版本发布情况为:

——NY/T 392—2000。

引　言

　　绿色食品是指产自优良生态环境、按照绿色食品标准生产、实行全程质量控制并获得绿色食品标志使用权的安全、优质食用农产品及相关产品。本标准按照绿色食品要求，遵循食品安全国家标准，并参照发达国家和国际组织相关标准编制。除天然食品添加剂外，禁止在绿色食品中使用未经联合国食品添加剂联合专家委员会(JECFA)等国际或国内风险评估的食品添加剂。

　　我国现有的食品添加剂，广泛用于各类食品，包括部分农产品。GB 2760 规定了食品添加剂的品种和使用规定。NY/T 392—2000《绿色食品　食品添加剂使用准则》除列出的品种不能在绿色食品中使用外，其余均执行 GB 2760—1996。随着该国家标准的修订及我国食品添加剂品种的增减，原标准已不适应绿色食品生产发展的需要。同时，在此修订前，国外在食品添加剂使用的理论和应用上均有显著的发展，有必要借鉴于本标准的修订。

　　本标准的实施将规范绿色食品的生产，满足绿色食品安全优质的要求。

绿色食品 食品添加剂使用准则

1 范围

本标准规定了绿色食品食品添加剂的术语和定义、食品添加剂使用原则和使用规定。

本标准适用于绿色食品生产。

2 规范性引用文件

下列文件对于本文件的应用是必不可少的。凡是注日期的引用文件,仅注日期的版本适用于本文件。凡是不注日期的引用文件,其最新版本(包括所有的修改单)适用于本文件。

GB 2760 食品安全国家标准 食品添加剂使用标准

GB 26687 食品安全国家标准 复配食品添加剂通则

NY/T 391 绿色食品 产地环境质量

3 术语和定义

GB 2760 界定的以及下列术语和定义适用于本文件。

3.1

AA 级绿色食品 AA grade green food

产地环境质量符合 NY/T 391 的要求,遵照绿色食品生产标准生产,生产过程中遵循自然规律和生态学原理,协调种植业和养殖业的平衡,不使用化学合成的肥料、农药、兽药、渔药、添加剂等物质,产品质量符合绿色食品产品标准,经专门机构许可使用绿色食品标志的产品。

3.2

A 级绿色食品 A grade green food

产地环境质量符合 NY/T 391 的要求,遵照绿色食品生产标准生产,生产过程中遵循自然规律和生态学原理,协调种植业和养殖业的平衡,限量使用限定的化学合成生产资料,产品质量符合绿色食品产品标准,经专门机构许可使用绿色食品标志的产品。

3.3

天然食品添加剂 natural food additive

以物理方法、微生物法或酶法从天然物中分离出来,不采用基因工程获得的产物,经过毒理学评价确认其食用安全的食品添加剂。

3.4

化学合成食品添加剂 chemical synthetic food additive

由人工合成的,经毒理学评价确认其食用安全的食品添加剂。

4 食品添加剂使用原则

4.1 食品添加剂使用时应符合以下基本要求:

    a) 不应对人体产生任何健康危害;

    b) 不应掩盖食品腐败变质;

    c) 不应掩盖食品本身或加工过程中的质量缺陷或以掺杂、掺假、伪造为目的而使用食品添加剂;

    d) 不应降低食品本身的营养价值;

    e) 在达到预期的效果下尽可能降低在食品中的使用量;

    f) 不采用基因工程获得的产物。

4.2 在下列情况下可使用食品添加剂：

   a) 保持或提高食品本身的营养价值；

   b) 作为某些特殊膳食用食品的必要配料或成分；

   c) 提高食品的质量和稳定性，改进其感官特性；

   d) 便于食品的生产、加工、包装、运输或者储藏。

4.3 所用食品添加剂的产品质量应符合相应的国家标准。

4.4 在以下情况下，食品添加剂可通过食品配料（含食品添加剂）带入食品中：

   a) 根据本标准，食品配料中允许使用该食品添加剂；

   b) 食品配料中该添加剂的用量不应超过允许的最大使用量；

   c) 应在正常生产工艺条件下使用这些配料，并且食品中该添加剂的含量不应超过由配料带入的水平；

   d) 由配料带入食品中的该添加剂的含量应明显低于直接将其添加到该食品中通常所需要的水平。

4.5 食品分类系统应符合 GB 2760 的规定。

5 食品添加剂使用规定

5.1 生产 AA 级绿色食品应使用天然食品添加剂。

5.2 生产 A 级绿色食品可使用天然食品添加剂。在这类食品添加剂不能满足生产需要的情况下，可使用 5.5 以外的化学合成食品添加剂。使用的食品添加剂应符合 GB 2760 规定的品种及其适用食品名称、最大使用量和备注。

5.3 同一功能食品添加剂（相同色泽着色剂、甜味剂、防腐剂或抗氧化剂）混合使用时，各自用量占其最大使用量的比例之和不应超过 1。

5.4 复配食品添加剂的使用应符合 GB 26687 的规定。

5.5 在任何情况下，绿色食品不应使用下列食品添加剂（见表 1）。

表 1 生产绿色食品不应使用的食品添加剂

食品添加剂功能类别	食品添加剂名称（中国编码系统 CNS 号）
酸度调节剂	富马酸一钠(01.311)
抗结剂	亚铁氰化钾(02.001)、亚铁氰化钠(02.008)
抗氧化剂	硫代二丙酸二月桂酯(04.012)、4-己基间苯二酚(04.013)
漂白剂	硫黄(05.007)
膨松剂	硫酸铝钾(又名钾明矾)(06.004)、硫酸铝铵(又名铵明矾)(06.005)
着色剂	新红及其铝色淀(08.004)、二氧化钛(08.011)、赤藓红及其铝色淀(08.003)、焦糖色(亚硫酸铵法)(08.109)、焦糖色(加氨生产)(08.110)
护色剂	硝酸钠(09.001)、亚硝酸钠(09.002)、硝酸钾(09.003)、亚硝酸钾(09.004)
乳化剂	山梨醇酐单月桂酸酯(又名司盘 20)(10.024)、山梨醇酐单棕榈酸酯(又名司盘 40)(10.008)、山梨醇酐单油酸酯(又名司盘 80)(10.005)、聚氧乙烯山梨醇酐单月桂酸酯(又名吐温 20)(10.025)、聚氧乙烯山梨醇酐单棕榈酸酯(又名吐温 40)(10.026)、聚氧乙烯山梨醇酐单油酸酯(又名吐温 80)(10.016)
防腐剂	苯甲酸(17.001)、苯甲酸钠(17.002)、乙氧基喹(17.010)、仲丁胺(17.011)、桂醛(17.012)、噻苯咪唑(17.018)、乙萘酚(17.021)、联苯醚(又名二苯醚)(17.022)、2-苯基苯酚钠盐(17.023)、4-苯基苯酚(17.024)、2,4-二氯苯氧乙酸(17.027)

表 1（续）

食品添加剂功能类别	食品添加剂名称（中国编码系统 CNS 号）
甜味剂	糖精钠（19.001）、环己基氨基磺酸钠（又名甜蜜素）及环己基氨基磺酸钙（19.002）、L‐a‐天冬氨酰‐N‐(2,2,4,4‐四甲基‐3‐硫化三亚甲基)‐D‐丙氨酰胺（又名阿力甜）（19.013）
增稠剂	海萝胶（20.040）
胶基糖果中基础剂物质	胶基糖果中基础剂物质
注：对多功能的食品添加剂，表中的功能类别为其主要功能。	

ICS 65.100.01
B 17

中华人民共和国农业行业标准

NY/T 393—2020
代替 NY/T 393—2013

绿色食品　农药使用准则

Green food—Guideline for application of pesticide

2020-07-27 发布

2020-11-01 实施

中华人民共和国农业农村部 发布

前　言

本标准按照 GB/T 1.1—2009 给出的规则起草。

本标准代替 NY/T 393—2013《绿色食品　农药使用准则》。与 NY/T 393—2013 相比,除编辑性修改外主要技术变化如下:

——增加了农药的定义(见 3.3)。

——修改了有害生物防治原则(见 4)。

——修改了农药选用的法规要求(见 5.1)。

——修改了绿色食品农药残留要求(见 7)。

——在 AA 级和 A 级绿色食品生产均允许使用的农药清单中,删除了(硫酸)链霉素,增加了具有诱杀作用的植物(如香根草等)、烯腺嘌呤和松脂酸钠;删除了 2 个表注,增加了 1 个表的脚注(见表 A.1)。

——在 A 级绿色食品生产允许使用的其他农药清单中,删除了 7 种杀虫杀螨剂(S-氰戊菊酯、丙溴磷、毒死蜱、联苯菊酯、氯氟氰菊酯、氯菊酯和氯氰菊酯)、1 种杀菌剂(甲霜灵)、12 种除草剂(草甘膦、敌草隆、噁草酮、二氯喹啉酸、禾草丹、禾草敌、西玛津、野麦畏、乙草胺、异丙甲草胺、莠灭净和仲丁灵)及 2 种植物生长调节剂(多效唑和噻苯隆);增加了 9 种杀虫杀螨剂(虫螨腈、氟啶虫胺腈、甲氧虫酰肼、硫酰氟、氰氟虫腙、杀虫双、杀铃脲、虱螨脲和溴氰虫酰胺)、16 种杀菌剂(苯醚甲环唑、稻瘟灵、噁唑菌酮、氟吡菌酰胺、氟硅唑、氟吗啉、氟酰胺、氟唑环菌胺、喹啉铜、嘧菌环胺、氰氨化钙、噻呋酰胺、噻唑锌、三环唑、肟菌酯和烯肟菌胺)、7 种除草剂(苄嘧磺隆、丙草胺、丙炔噁草酮、精异丙甲草胺、双草醚、五氟磺草胺、酰嘧磺隆)及 1 种植物生长调节剂(1-甲基环丙烯);删除了 2 个条文的注,在条文中增加了关于根据国家新的禁限用规定自动调整允许使用清单的规定(见 A.2)。

本标准由农业农村部农产品质量安全监管司提出。

本标准由中国绿色食品发展中心归口。

本标准起草单位:浙江省农业科学院农产品质量标准研究所、中国绿色食品发展中心、中国农业大学理学院、农业农村部农产品及加工品质量安全监督检验测试中心(杭州)、浙江省农产品质量安全中心。

本标准主要起草人:张志恒、王强、张志华、张宪、潘灿平、郑永利、于国光、李艳杰、李政、戴芬、郑蔚然、徐明飞、胡秀卿。

本标准所代替标准的历次版本发布情况为:

——NY/T 393—2000;NY/T 393—2013。

引　言

　　绿色食品是在优良生态环境中按照绿色食品标准生产,实行全程质量控制并获得绿色食品标志使用权的安全、优质食用农产品及相关产品。规范绿色食品生产中的农药使用行为,是保证绿色食品符合性的一个重要方面。

　　本标准用于规范绿色食品生产中的农药使用行为。2013 年版标准在前版标准的基础上,已经建立起了比较完整有效的标准框架,包括规定有害生物防治原则,要求农药的使用是最后的必要选择;规定允许使用的农药清单,确保所用农药是经过系统评估和充分验证的低风险品种;规范农药使用过程,进一步减缓农药使用的健康和环境影响;规定了与农药使用要求协调的残留要求,在确保绿色食品更高安全要求的同时,也作为追溯生产过程是否存在农药违规使用的验证措施。

　　本次修订延续上一版的标准框架,主要根据近年国内外在农药开发、风险评估、标准法规、使用登记和生产实践等方面取得的新进展、新数据和新经验,更多地从农药对健康和环境影响的综合风险控制出发,适当兼顾绿色食品生产对农药品种的实际需求,对标准作局部修改。

绿色食品　农药使用准则

1　范围

本标准规定了绿色食品生产和储运中的有害生物防治原则、农药选用、农药使用规范和绿色食品农药残留要求。

本标准适用于绿色食品的生产和储运。

2　规范性引用文件

下列文件对于本文件的应用是必不可少的。凡是注日期的引用文件，仅注日期的版本适用于本文件。凡是不注日期的引用文件，其最新版本（包括所有的修改单）适用于本文件。

GB 2763　食品安全国家标准　食品中农药最大残留限量

GB/T 8321(所有部分)　农药合理使用准则

GB 12475　农药储运、销售和使用的防毒规程

NY/T 391　绿色食品　产地环境质量

NY/T 1667(所有部分)　农药登记管理术语

3　术语和定义

NY/T 1667界定的以及下列术语和定义适用于本文件。

3.1

AA 级绿色食品　AA grade green food

产地环境质量符合 NY/T 391 的要求，遵照绿色食品生产标准生产，生产过程中遵循自然规律和生态学原理，协调种植业和养殖业的平衡，不使用化学合成的肥料、农药、兽药、渔药、添加剂等物质，产品质量符合绿色食品产品标准，经专门机构许可使用绿色食品标志的产品。

3.2

A 级绿色食品　A grade green food

产地环境质量符合 NY/T 391 的要求，遵照绿色食品生产标准生产，生产过程中遵循自然规律和生态学原理，协调种植业和养殖业的平衡，限量使用限定的化学合成生产资料，产品质量符合绿色食品产品标准，经专门机构许可使用绿色食品标志的产品。

3.3

农药　pesticide

用于预防、控制危害农业、林业的病、虫、草、鼠和其他有害生物以及有目的地调节植物、昆虫生长的化学合成或者来源于生物、其他天然物质的一种物质或者几种物质的混合物及其制剂。

注：既包括属于国家农药使用登记管理范围的物质，也包括不属于登记管理范围的物质。

4　有害生物防治原则

绿色食品生产中有害生物的防治可遵循以下原则：

——以保持和优化农业生态系统为基础：建立有利于各类天敌繁衍和不利于病虫草害孳生的环境条件，提高生物多样性，维持农业生态系统的平衡；

——优先采用农业措施：如选用抗病虫品种、实施种子种苗检疫、培育壮苗、加强栽培管理、中耕除草、耕翻晒垡、清洁田园、轮作倒茬、间作套种等；

——尽量利用物理和生物措施：如温汤浸种控制种传病虫害，机械捕捉害虫，机械或人工除草，用灯光、色板、性诱剂和食物诱杀害虫，释放害虫天敌和稻田养鸭控制害虫等；

——必要时合理使用低风险农药:如没有足够有效的农业、物理和生物措施,在确保人员、产品和环境安全的前提下,按照第 5、6 章的规定配合使用农药。

5 农药选用

5.1 所选用的农药应符合相关的法律法规,并获得国家在相应作物上的使用登记或省级农业主管部门的临时用药措施,不属于农药使用登记范围的产品(如薄荷油、食醋、蜂蜡、香根草、乙醇、海盐等)除外。

5.2 AA 级绿色食品生产应按照附录 A 中 A.1 的规定选用农药,A 级绿色食品生产应按照附录 A 的规定选用农药,提倡兼治和不同作用机理农药交替使用。

5.3 农药剂型宜选用悬浮剂、微囊悬浮剂、水剂、水乳剂、颗粒剂、水分散粒剂和可溶性粒剂等环境友好型剂型。

6 农药使用规范

6.1 应根据有害生物的发生特点、危害程度和农药特性,在主要防治对象的防治适期,选择适当的施药方式。

6.2 应按照农药产品标签或按 GB/T 8321 和 GB 12475 的规定使用农药,控制施药剂量(或浓度)、施药次数和安全间隔期。

7 绿色食品农药残留要求

7.1 按照 5 的规定允许使用的农药,其残留量应符合 GB 2763 的要求。

7.2 其他农药的残留量不得超过 0.01 mg/kg,并应符合 GB 2763 的要求。

附 录 A

（规范性附录）

绿色食品生产允许使用的农药清单

A.1 AA 级和 A 级绿色食品生产均允许使用的农药清单

AA 级和 A 级绿色食品生产可按照农药产品标签或 GB/T 8321 的规定（不属于农药使用登记范围的产品除外）使用表 A.1 中的农药。

表 A.1 AA 级和 A 级绿色食品生产均允许使用的农药清单ª

类别	物质名称	备 注
Ⅰ. 植物和动物来源	楝素（苦楝、印楝等提取物，如印楝素等）	杀虫
	天然除虫菊素（除虫菊科植物提取液）	杀虫
	苦参碱及氧化苦参碱（苦参等提取物）	杀虫
	蛇床子素（蛇床子提取物）	杀虫、杀菌
	小檗碱（黄连、黄柏等提取物）	杀菌
	大黄素甲醚（大黄、虎杖等提取物）	杀菌
	乙蒜素（大蒜提取物）	杀菌
	苦皮藤素（苦皮藤提取物）	杀虫
	藜芦碱（百合科藜芦属和喷嚏草属植物提取物）	杀虫
	桉油精（桉树叶提取物）	杀虫
	植物油（如薄荷油、松树油、香菜油、八角茴香油等）	杀虫、杀螨、杀真菌、抑制发芽
	寡聚糖（甲壳素）	杀菌、植物生长调节
	天然诱集和杀线虫剂（如万寿菊、孔雀草、芥子油等）	杀线虫
	具有诱杀作用的植物（如香根草等）	杀虫
	植物醋（如食醋、木醋、竹醋等）	杀菌
	菇类蛋白多糖（菇类提取物）	杀菌
	水解蛋白质	引诱
	蜂蜡	保护嫁接和修剪伤口
	明胶	杀虫
	具有驱避作用的植物提取物（大蒜、薄荷、辣椒、花椒、薰衣草、柴胡、艾草、辣根等的提取物）	驱避
	害虫天敌（如寄生蜂、瓢虫、草蛉、捕食螨等）	控制虫害
Ⅱ. 微生物来源	真菌及真菌提取物（白僵菌、轮枝菌、木霉菌、耳霉菌、淡紫拟青霉、金龟子绿僵菌、寡雄腐霉菌等）	杀虫、杀菌、杀线虫
	细菌及细菌提取物（芽孢杆菌类、荧光假单胞杆菌、短稳杆菌等）	杀虫、杀菌
	病毒及病毒提取物（核型多角体病毒、质型多角体病毒、颗粒体病毒等）	杀虫
	多杀霉素、乙基多杀菌素	杀虫
	春雷霉素、多抗霉素、井冈霉素、嘧啶核苷类抗菌素、宁南霉素、申嗪霉素、中生菌素	杀菌
	S-诱抗素	植物生长调节
Ⅲ. 生物化学产物	氨基寡糖素、低聚糖素、香菇多糖	杀菌、植物诱抗
	几丁聚糖	杀菌、植物诱抗、植物生长调节
	苄氨基嘌呤、超敏蛋白、赤霉酸、烯腺嘌呤、羟烯腺嘌呤、三十烷醇、乙烯利、吲哚丁酸、吲哚乙酸、芸薹素内酯	植物生长调节

表 A.1（续）

类别	物质名称	备 注
IV. 矿物来源	石硫合剂	杀菌、杀虫、杀螨
	铜盐（如波尔多液、氢氧化铜等）	杀菌，每年铜使用量不能超过 6 kg/hm²
	氢氧化钙（石灰水）	杀菌、杀虫
	硫黄	杀菌、杀螨、驱避
	高锰酸钾	杀菌，仅用于果树和种子处理
	碳酸氢钾	杀菌
	矿物油	杀虫、杀螨、杀菌
	氯化钙	用于治疗缺钙带来的抗性减弱
	硅藻土	杀虫
	黏土（如斑脱土、珍珠岩、蛭石、沸石等）	杀虫
	硅酸盐（硅酸钠、石英）	驱避
	硫酸铁（3 价铁离子）	杀软体动物
V. 其他	二氧化碳	杀虫，用于储存设施
	过氧化物类和含氯类消毒剂（如过氧乙酸、二氧化氯、二氯异氰尿酸钠、三氯异氰尿酸等）	杀菌，用于土壤、培养基质、种子和设施消毒
	乙醇	杀菌
	海盐和盐水	杀菌，仅用于种子（如稻谷等）处理
	软皂（钾肥皂）	杀虫
	松脂酸钠	杀虫
	乙烯	催熟等
	石英砂	杀菌、杀螨、驱避
	昆虫性信息素	引诱或干扰
	磷酸氢二铵	引诱

ᵃ 国家新禁用或列入《限制使用农药名录》的农药自动从该清单中删除。

A.2 A 级绿色食品生产允许使用的其他农药清单

当表 A.1 所列农药不能满足生产需要时，A 级绿色食品生产还可按照农药产品标签或 GB/T 8321 的规定使用下列农药：

a) 杀虫杀螨剂

1) 苯丁锡　fenbutatin oxide
2) 吡丙醚　pyriproxifen
3) 吡虫啉　imidacloprid
4) 吡蚜酮　pymetrozine
5) 虫螨腈　chlorfenapyr
6) 除虫脲　diflubenzuron
7) 啶虫脒　acetamiprid
8) 氟虫脲　flufenoxuron
9) 氟啶虫胺腈　sulfoxaflor
10) 氟啶虫酰胺　flonicamid
11) 氟铃脲　hexaflumuron
12) 高效氯氰菊酯　beta-cypermethrin
13) 甲氨基阿维菌素苯甲酸盐　emamectin benzoate
14) 甲氰菊酯　fenpropathrin
15) 甲氧虫酰肼　methoxyfenozide
16) 抗蚜威　pirimicarb
17) 喹螨醚　fenazaquin
18) 联苯肼酯　bifenazate
19) 硫酰氟　sulfuryl fluoride
20) 螺虫乙酯　spirotetramat
21) 螺螨酯　spirodiclofen
22) 氯虫苯甲酰胺　chlorantraniliprole
23) 灭蝇胺　cyromazine
24) 灭幼脲　chlorbenzuron
25) 氰氟虫腙　metaflumizone
26) 噻虫啉　thiacloprid
27) 噻虫嗪　thiamethoxam
28) 噻螨酮　hexythiazox
29) 噻嗪酮　buprofezin
30) 杀虫双　bisultap thiosultapdisodium
31) 杀铃脲　triflumuron
32) 虱螨脲　lufenuron
33) 四聚乙醛　metaldehyde

34) 四螨嗪　clofentezine

35) 辛硫磷　phoxim

36) 溴氰虫酰胺　cyantraniliprole

b) 杀菌剂

1) 苯醚甲环唑　difenoconazole

2) 吡唑醚菌酯　pyraclostrobin

3) 丙环唑　propiconazol

4) 代森联　metriam

5) 代森锰锌　mancozeb

6) 代森锌　zineb

7) 稻瘟灵　isoprothiolane

8) 啶酰菌胺　boscalid

9) 啶氧菌酯　picoxystrobin

10) 多菌灵　carbendazim

11) 噁霉灵　hymexazol

12) 噁霜灵　oxadixyl

13) 噁唑菌酮　famoxadone

14) 粉唑醇　flutriafol

15) 氟吡菌胺　fluopicolide

16) 氟吡菌酰胺　fluopyram

17) 氟啶胺　fluazinam

18) 氟环唑　epoxiconazole

19) 氟菌唑　triflumizole

20) 氟硅唑　flusilazole

21) 氟吗啉　flumorph

22) 氟酰胺　flutolanil

23) 氟唑环菌胺　sedaxane

24) 腐霉利　procymidone

25) 咯菌腈　fludioxonil

26) 甲基立枯磷　tolclofos-methyl

27) 甲基硫菌灵　thiophanate-methyl

28) 腈苯唑　fenbuconazole

29) 腈菌唑　myclobutanil

c) 除草剂

1) 2甲4氯　MCPA

2) 氨氯吡啶酸　picloram

3) 苄嘧磺隆　bensulfuron-methyl

4) 丙草胺　pretilachlor

5) 丙炔噁草酮　oxadiargyl

6) 丙炔氟草胺　flumioxazin

7) 草铵膦　glufosinate-ammonium

8) 二甲戊灵　pendimethalin

9) 二氯吡啶酸　clopyralid

10) 氟唑磺隆　flucarbazone-sodium

11) 禾草灵　diclofop-methyl

37) 乙螨唑　etoxazole

38) 茚虫威　indoxacard

39) 唑螨酯　fenpyroximate

30) 精甲霜灵　metalaxyl-M

31) 克菌丹　captan

32) 喹啉铜　oxine-copper

33) 醚菌酯　kresoxim-methyl

34) 嘧菌环胺　cyprodinil

35) 嘧菌酯　azoxystrobin

36) 嘧霉胺　pyrimethanil

37) 棉隆　dazomet

38) 氰霜唑　cyazofamid

39) 氰氨化钙　calcium cyanamide

40) 噻呋酰胺　thifluzamide

41) 噻菌灵　thiabendazole

42) 噻唑锌

43) 三环唑　tricyclazole

44) 三乙膦酸铝　fosetyl-aluminium

45) 三唑醇　triadimenol

46) 三唑酮　triadimefon

47) 双炔酰菌胺　mandipropamid

48) 霜霉威　propamocarb

49) 霜脲氰　cymoxanil

50) 威百亩　metam-sodium

51) 萎锈灵　carboxin

52) 肟菌酯　trifloxystrobin

53) 戊唑醇　tebuconazole

54) 烯肟菌胺

55) 烯酰吗啉　dimethomorph

56) 异菌脲　iprodione

57) 抑霉唑　imazalil

12) 环嗪酮　hexazinone

13) 磺草酮　sulcotrione

14) 甲草胺　alachlor

15) 精吡氟禾草灵　fluazifop-P

16) 精喹禾灵　quizalofop-P

17) 精异丙甲草胺　s-metolachlor

18) 绿麦隆　chlortoluron

19) 氯氟吡氧乙酸（异辛酸）　fluroxypyr

20) 氯氟吡氧乙酸异辛酯　fluroxypyr-mepthyl

21) 麦草畏　dicamba

22）咪唑喹啉酸 imazaquin
23）灭草松 bentazone
24）氰氟草酯 cyhalofop butyl
25）炔草酯 clodinafop-propargyl
26）乳氟禾草灵 lactofen
27）噻吩磺隆 thifensulfuron-methyl
28）双草醚 bispyribac-sodium
29）双氟磺草胺 florasulam
30）甜菜安 desmedipham

31）甜菜宁 phenmedipham
32）五氟磺草胺 penoxsulam
33）烯草酮 clethodim
34）烯禾啶 sethoxydim
35）酰嘧磺隆 amidosulfuron
36）硝磺草酮 mesotrione
37）乙氧氟草醚 oxyfluorfen
38）异丙隆 isoproturon
39）唑草酮 carfentrazone-ethyl

d) 植物生长调节剂
1）1-甲基环丙烯 1-methylcyclopropene
2）2,4-滴 2,4-D（只允许作为植物生长调节剂使用）
3）矮壮素 chlormequat

4）氯吡脲 forchlorfenuron
5）萘乙酸 1-naphthal acetic acid
6）烯效唑 uniconazole

国家新禁用或列入《限制使用农药名录》的农药自动从上述清单中删除。

ICS 65.080
CCS B 10

中华人民共和国农业行业标准

NY/T 394—2021
代替 NY/T 394—2013

绿色食品 肥料使用准则

Green food—Fertilizer application guideline

2021-05-07 发布

2021-11-01 实施

中华人民共和国农业农村部 发布

前　言

本文件按 GB/T 1.1—2020《标准化工作导则　第 1 部分:标准化文件的结构和起草规则》的规定起草。

本文件代替 NY/T 394—2013《绿色食品　肥料使用准则》。与 NY/T 394—2013 相比,除结构调整和编辑性改动外,主要技术变化如下:

——修改了肥料使用原则,补充了微量养分,增加了肥料中有害物质限量要求;

——修改了肥料使用规定,体现了绿色、减肥、生态发展的理念。

本文件由农业农村部农产品质量安全监管司提出。

本文件由中国绿色食品发展中心归口。

本文件主要起草单位:中国农业大学资源与环境学院、中国绿色食品发展中心、中国农业科学院农业资源与农业区划研究所、石河子大学农学院、河南菡香生态农业专业合作社、北京德青源农业科技股份有限公司。

本文件主要起草人:李学贤、徐玖亮、张志华、张宪、袁亮、赵秉强、李季、危常州、张青松、张福锁。

本文件及其所代替文件的历次版本发布情况为:

——2000 年首次发布为 NY/T 394—2000,2013 年第一次修订;

——本次为第二次修订。

引　言

　　合理使用肥料是保障绿色食品生产的重要环节,同时也是降低化学肥料投入和环境代价、保障土壤健康和生物多样性、提高养分利用效率和作物品质的重要措施。绿色食品的发展对生产用肥提出了新的要求,现有标准已经不能满足新的生产发展形势和需求。

　　本文件在原文件基础上进行了修订,对肥料使用方法作了更详细的定性和定量规定。本文件按照促进农业绿色发展与养分循环、保证食品安全与优质的原则,规定优先使用有机肥料,充分减控化学肥料,禁止使用可能含有安全隐患的肥料。本文件的实施将对绿色食品生产中的肥料使用发挥重要指导作用。

绿色食品　肥料使用准则

1　范围

本文件规定了绿色食品生产中肥料使用原则、肥料种类及使用规定。

本文件适用于绿色食品的生产。

2　规范性引用文件

下列文件中的内容通过文中的规范性引用而构成本文件必不可少的条款。其中,注日期的引用文件,仅该日期对应的版本适用于本文件;不注日期的引用文件,其最新版本(包括所有的修改单)适用于本文件。

GB 15063　复合肥料

GB/T 17419　含有机质叶面肥料

GB 18877　有机-无机复合肥料

GB 20287　农用微生物菌剂

GB/T 23348　缓释肥料

GB/T 23349　肥料中砷、镉、铅、铬、汞生态指标

GB/T 34763　脲醛缓释肥料

GB/T 35113　稳定性肥料

GB 38400　肥料中有毒有害物质的限量要求

HG/T 5045　含腐植酸尿素

HG/T 5046　腐植酸复合肥料

HG/T 5049　含海藻酸尿素

HG/T 5514　含腐植酸磷酸一铵、磷酸二铵

HG/T 5515　含海藻酸磷酸一铵、磷酸二铵

NY 227　微生物肥料

NY/T 391　绿色食品　产地环境质量

NY 525　有机肥料

NY/T 798　复合微生物肥料

NY 884　生物有机肥

NY/T 1868　肥料合理使用准则　有机肥料

NY/T 3034　土壤调理剂

NY/T 3442　畜禽粪便堆肥技术规范

3　术语和定义

下列术语和定义适用于本文件。

3.1

AA 级绿色食品　AA grade green food

产地环境质量符合 NY/T 391 的要求,遵照绿色食品生产标准生产,生产过程中遵循自然规律和生态学原理,协调种植业和养殖业的平衡,不使用化学合成的肥料、农药、兽药、渔药、添加剂等物质,产品质量符合绿色食品产品标准,经专门机构许可使用绿色食品标志的产品。

3.2

A 级绿色食品　A grade green food

产地环境质量符合 NY/T 391 的要求,遵照绿色食品生产标准生产,生产过程中遵循自然规律和生态学原理,协调种植业和养殖业的平衡,限量使用限定的化学合成生产资料,产品质量符合绿色食品产品标准,经专门机构许可使用绿色食品标志的产品。

3.3

农家肥料 farmyard manure

由就地取材的主要由植物、动物粪便等富含有机物的物料制作而成的肥料。包括秸秆肥、绿肥、厩肥、堆肥、沤肥、沼肥、饼肥等。

3.3.1

秸秆肥 straw manure

成熟植物体收获之外的部分以麦秸、稻草、玉米秸、豆秸、油菜秸等形式直接还田的肥料。

3.3.2

绿肥 green manure

新鲜植物体就地翻压还田或异地施用的肥料,主要分为豆科绿肥和非豆科绿肥。

3.3.3

厩肥 barnyard manure

圈养畜禽排泄物与秸秆等垫料发酵腐熟而成的肥料。

3.3.4

堆肥 compost

植物、动物排泄物等有机物料在人工控制条件下(水分、碳氮比和通风等),通过微生物的发酵,使有机物被降解,并生产出一种适宜于土地利用的肥料。

3.3.5

沤肥 waterlogged compost

植物、动物排泄物等有机物料在淹水条件下发酵腐熟而成的肥料。

3.3.6

沼肥 anaerobic digestate fertilizer

以农业有机物经厌氧消化产生的沼气沼液为载体,加工成的肥料。主要包括沼渣和沼液肥。

3.3.7

饼肥 cake fertilizer

由含油较多的植物种子压榨去油后的残渣制成的肥料。

3.4

有机肥料 organic fertilizer

植物秸秆等废弃物和(或)动物粪便等经发酵腐熟的含碳有机物料,其功能是改善土壤理化性质、持续稳定供给植物养分、提高作物品质。

3.5

微生物肥料 microbial fertilizer

含有特定微生物活体的制品,应用于农业生产,通过其中所含微生物的生命活动,增加植物养分的供应量或促进植物生长,提高产量,改善农产品品质及农业生态环境的肥料。

3.6

有机-无机复混肥料 organic-inorganic compound fertilizer

含有一定量有机肥料的复混肥料。

注:其中复混肥料是指,氮、磷、钾 3 种养分中,至少有 2 种养分标明量的由化学方法和(或)掺混方法制成的肥料。

3.7

无机肥料 inorganic fertilizer

主要以无机盐形式存在的能直接为植物提供矿质养分的肥料。

3.8

土壤调理剂　soil amendment

加入土壤中用于改善土壤的物理、化学和（或）生物性状的物料，功能包括改良土壤结构、降低土壤盐碱危害、调节土壤酸碱度、改善土壤水分状况、修复土壤污染等。

4　肥料使用原则

4.1　土壤健康原则。坚持有机与无机养分相结合、提高土壤有机质含量和肥力的原则，逐渐提高作物秸秆、畜禽粪便循环利用比例，通过增施有机肥或有机物料改善土壤物理、化学与生物性质，构建高产、抗逆的健康土壤。

4.2　化肥减控原则。在保障养分充足供给的基础上，无机氮素用量不得高于当季作物需求量的一半，根据有机肥磷钾投入量相应减少无机磷钾肥施用量。

4.3　合理增施有机肥原则。根据土壤性质、作物需肥规律、肥料特征，合理地使用有机肥，改善土壤理化性质，提高作物产量和品质。

4.4　补充中微量养分原则。因地制宜地根据土壤肥力状况和作物养分需求规律，适当补充钙、镁、硫、锌、硼等养分。

4.5　安全优质原则。使用安全、优质的肥料产品，有机肥的腐熟应符合 NY/T 3442 的要求，肥料中重金属、有害微生物、抗生素等有毒有害物质限量应符合 GB 38400 的要求，肥料的使用不应对作物感官、安全和营养等品质以及环境造成不良影响。

4.6　生态绿色原则。增加轮作、填闲作物，重视绿肥特别是豆科绿肥栽培，增加生物多样性与生物固氮，阻遏养分损失。

5　可使用的肥料种类

5.1　AA 级绿色食品生产可使用的肥料种类

可使用 3.3、3.4、3.5 规定的肥料。

5.2　A 级绿色食品生产可使用的肥料种类

除 5.1 规定的肥料外，还可以使用 3.6、3.7 及 3.8 规定的肥料。

6　禁止使用的肥料种类

6.1　未经发酵腐熟的人畜粪尿。

6.2　生活垃圾、未经处理的污泥和含有害物质（如病原微生物、重金属、有害气体等）的工业垃圾。

6.3　成分不明确或含有安全隐患成分的肥料。

6.4　添加有稀土元素的肥料。

6.5　转基因品种（产品）及其副产品为原料生产的肥料。

6.6　国家法律法规规定禁用的肥料。

7　使用规定

7.1　AA 级绿色食品生产用肥料使用规定

7.1.1　应选用 5.1 所列肥料种类，不应使用化学合成肥料。

7.1.2　可使用完全腐熟的农家肥料或符合 NY/T 3442 规范的堆肥，宜利用秸秆和绿肥，配合施用具有生物固氮、腐熟秸秆等功效的微生物肥料。不应在土壤重金属局部超标地区使用秸秆肥或绿肥，肥料的重金属限量指标应符合 NY 525 和 GB/T 23349 的要求，粪大肠菌群数、蛔虫卵死亡率应符合 NY 884 的要求。

7.1.3　有机肥料应达到 GB/T 17419、GB/T 23349 或 NY 525 的指标，按照 NY/T 1868 的规定使用。根据肥料性质（养分含量、C/N、腐熟程度）、作物种类、土壤肥力水平和理化性质、气候条件等选择肥料品种，可配施腐熟农家肥和微生物肥提高肥效。

7.1.4 微生物肥料符合 GB 20287 或 NY 884 或 NY 227 或 NY/T 798 的要求,可与 5.1 所列肥料配合施用,用于拌种、基肥或追肥。

7.1.5 无土栽培可使用农家肥料、有机肥料和微生物肥料,掺混在基质中使用。

7.2 A 级绿色食品生产用肥料使用规定

7.2.1 应选用 5.2 所列肥料种类。

7.2.2 农家肥料的使用按 7.1.2 的规定执行。按照 C/N≤25∶1 的比例补充化学氮素。

7.2.3 有机肥料的使用按 7.1.3 的规定执行。可配施 5.2 所列其他肥料。

7.2.4 微生物肥料的使用按 7.1.4 的规定执行。可配施 5.2 所列其他肥料。

7.2.5 使用符合 GB 15063、GB 18877、GB/T 23348、GB/T 34763、GB/T 35113、HG/T 5045、HG/T 5046、HG/T 5049、HG/T 5514、HG/T 5515 等要求的无机、有机-无机复混肥料作为有机肥料、农家肥料、微生物肥料的辅助肥料。化肥减量遵循 4.2 的规定,提高水肥一体化程度,利用硝化抑制剂或脲酶抑制剂等提高氮肥利用效率。

7.2.6 根据土壤障碍因子选用符合 NY/T 3034 要求的土壤调理剂改良土壤。

ICS 65.220
X 40

中华人民共和国农业行业标准

NY/T 471—2018
代替 NY/T 471—2010,NY/T 2112—2011

绿色食品　饲料及饲料添加剂使用准则

Green food—Guideline for the use of feeds and feed
additives in animals

2018-05-07 发布

2018-09-01 实施

中华人民共和国农业农村部 发布

前　言

本标准按照 GB/T 1.1—2009 给出的规则起草。

本标准替代 NY/T 471—2010《绿色食品　畜禽饲料及饲料添加剂使用准则》和 NY/T 2112—2011《绿色食品　渔业饲料及饲料添加剂使用准则》。与 NY/T 471—2010 和 NY/T 2112—2011 相比，除编辑性修改外主要技术变化如下：

——增加了使用原则；

——修订了饲料原料的使用规定；

——修订了饲料添加剂的使用规定。

本标准由农业农村部农产品质量安全监管局提出。

本标准由中国绿色食品发展中心归口。

本标准起草单位：中国农业科学院饲料研究所、北京昕大洋科技发展有限公司、长沙兴嘉生物工程股份有限公司、北京精准动物营养研究中心。

本标准主要起草人：刁其玉、屠焰、王世琴、李光智、黄逸强、崔凯、张亚伟、马涛、郭宝林、张卫兵。

本标准所代替标准的历次版本发布情况为：

——NY/T 471—2001、NY/T 471—2010；

——NY/T 2112—2011。

绿色食品 饲料及饲料添加剂使用准则

1 范围

本标准规定了生产绿色食品畜禽、水产产品允许使用的饲料和饲料添加剂的术语和定义、使用原则、要求和使用规定。

本标准适用于生产绿色食品畜禽、水产产品。

2 规范性引用文件

下列文件对于本文件的应用是必不可少的。凡是注日期的引用文件,仅注日期的版本适用于本文件。凡是不注日期的引用文件,其最新版本(包括所有的修改单)适用于本文件。

GB/T 10647 饲料工业术语

GB 13078 饲料卫生标准

GB/T 16764 配合饲料企业卫生规范

NY/T 391 绿色食品 产地环境质量

NY/T 393 绿色食品 农药使用准则

NY/T 394 绿色食品 肥料使用准则

NY/T 658 绿色食品 包装通用准则

NY/T 1056 绿色食品 储藏运输准则

中华人民共和国国务院第609号令 饲料和饲料添加剂管理条例

中华人民共和国农业部公告第176号 禁止在饲料和动物饮水中使用的药物品种目录

中华人民共和国农业部公告第1224号 饲料添加剂安全使用规范

中华人民共和国农业部公告第1519号 禁止在饲料和动物饮水中使用的物质

中华人民共和国农业部公告第1773号 饲料原料目录

中华人民共和国农业部公告第2038号 饲料原料目录修订

中华人民共和国农业部公告第2045号 饲料添加剂品种目录(2013)

中华人民共和国农业部公告第2133号 饲料原料目录修订

中华人民共和国农业部公告第2134号 饲料添加剂品种目录修订

3 术语和定义

GB/T 10647界定的以及下列术语和定义适用于本文件。

3.1

天然植物饲料添加剂 natural plant feed additives

以一种或多种天然植物全株或其部分为原料,经粉碎、物理提取或生物发酵法加工,具有营养、促生长、提高饲料利用率和改善动物产品品质等功效的饲料添加剂。

3.2

有机微量元素 organic trace elements

指微量元素的无机盐与有机物及其分解产物通过螯(络)合或发酵形成的化合物。

4 使用原则

4.1 安全优质原则

生产过程中,饲料和饲料添加剂的使用应对养殖动物机体健康无不良影响,所生产的动物产品品质优,对消费者健康无不良影响。

4.2 绿色环保原则

绿色食品生产中所使用的饲料和饲料添加剂应对环境无不良影响,在畜禽和水产动物产品及排泄物中存留量对环境也无不良影响,有利于生态环境和养殖业可持续发展。

4.3 以天然原料为主原则

提倡优先使用微生物制剂、酶制剂、天然植物添加剂和有机矿物质,限制使用化学合成饲料和饲料添加剂。

5 要求

5.1 基本要求

5.1.1 饲料原料的产地环境应符合 NY/T 391 的要求,植物源性饲料原料种植过程中肥料和农药的使用应符合 NY/T 394 和 NY/T 393 的要求。

5.1.2 饲料和饲料添加剂的选择和使用应符合中华人民共和国国务院第 609 号令,及中华人民共和国农业部公告第 176 号、中华人民共和国农业部公告第 1519 号、中华人民共和国农业部公告第 1773 号、中华人民共和国农业部公告第 2038 号、中华人民共和国农业部公告第 2045 号、中华人民共和国农业部公告第 2133 号、中华人民共和国农业部公告第 2134 号的规定;对于不在目录之内的原料和添加剂应是农业农村部批准使用的品种,或是允许进口的饲料和饲料添加剂品种,且使用范围和用量应符合相关标准的规定;本标准颁布实施后,国家相关规定不再允许使用的品种,则本标准也相应不再允许使用。

5.1.3 使用的饲料原料、饲料添加剂、配合饲料、浓缩饲料和添加剂预混合饲料应符合其产品质量标准的规定。

5.1.4 应根据养殖动物不同生理阶段和营养需求配制饲料,原料组成宜多样化,营养全面,各营养素间相互平衡,饲料的配制应当符合健康、节约、环保的理念。

5.1.5 应保证草食动物每天都能得到满足其营养需要的粗饲料。在其日粮中,粗饲料、鲜草、青干草或青贮饲料等所占的比例不应低于 60%(以干物质计);对于育肥期肉用畜和泌乳期的前 3 个月的乳用畜,此比例可降低为 50%(以干物质计)。

5.1.6 购买的商品饲料,其原料来源和生产过程应符合本标准的规定。

5.1.7 应做好饲料原料和添加剂的相关记录,确保所有原料和添加剂的可追溯性。

5.2 卫生要求

饲料和饲料添加剂的卫生指标应符合 GB 13078 的要求。

6 使用规定

6.1 饲料原料

6.1.1 植物源性饲料原料应是已通过认定的绿色食品及其副产品;或来源于绿色食品原料标准化生产基地的产品及其副产品;或按照绿色食品生产方式生产、并经绿色食品工作机构认定基地生产的产品及其副产品。

6.1.2 动物源性饲料原料只应使用乳及乳制品、鱼粉,其他动物源性饲料不应使用;鱼粉应来自经国家饲料管理部门认定的产地或加工厂。

6.1.3 进口饲料原料应来自经过绿色食品工作机构认定的产地或加工厂。

6.1.4 宜使用药食同源天然植物。

6.1.5 不应使用:
——转基因品种(产品)为原料生产的饲料;
——动物粪便;
——畜禽屠宰场副产品;
——非蛋白氮;

——鱼粉(限反刍动物)。

6.2 饲料添加剂

6.2.1 饲料添加剂和添加剂预混合饲料应选自取得生产许可证的厂家,并具有产品标准及其产品批准文号。进口饲料添加剂应具有进口产品许可证及配套的质量检验手段,经进出口检验检疫部门鉴定合格。

6.2.2 饲料添加剂的使用应根据养殖动物的营养需求,按照中华人民共和国农业部公告第 1224 号的推荐量合理添加和使用,尽量减少对环境的污染。

6.2.3 不应使用药物饲料添加剂(包括抗生素、抗寄生虫药、激素等)及制药工业副产品。

6.2.4 饲料添加剂的使用应按照附录 A 的规定执行;附录 A 的添加剂来自以下物质或方法生产的也不应使用:

——含有转基因成分的品种(产品);

——来源于动物蹄角及毛发生产的氨基酸。

6.2.5 矿物质饲料添加剂中应有不少于 60% 的种类来源于天然矿物质饲料或有机微量元素产品。

6.3 加工、包装、储存和运输

6.3.1 饲料加工车间(饲料厂)的工厂设计与设施的卫生要求、工厂和生产过程的卫生管理应符合 GB/T 16764 的要求。

6.3.2 生产绿色食品的饲料和饲料添加剂的加工、储存、运输全过程都应与非绿色食品饲料和饲料添加剂严格区分管理,并防霉变、防雨淋、防鼠害。

6.3.3 包装应按照 NY/T 658 的规定执行。

6.3.4 储存和运输应按照 NY/T 1056 的规定执行。

附　录　A
（规范性附录）
生产绿色食品允许使用的饲料添加剂种类

A.1 可用于饲喂生产绿色食品的畜禽和水产动物的矿物质饲料添加剂

见表 A.1。

表 A.1　生产绿色食品允许使用的矿物质饲料添加剂

类　别	通用名称	适用范围
矿物元素及其络（螯）合物	氯化钠、硫酸钠、磷酸二氢钠、磷酸氢二钠、磷酸二氢钾、磷酸氢二钾、轻质碳酸钙、氯化钙、磷酸氢钙、磷酸二氢钙、磷酸三钙、乳酸钙、葡萄糖酸钙、硫酸镁、氧化镁、氯化镁、柠檬酸亚铁、富马酸亚铁、乳酸亚铁、硫酸亚铁、氯化亚铁、氯化铁、碳酸亚铁、氯化铜、硫酸铜、碱式氯化铜、氧化锌、氯化锌、碳酸锌、硫酸锌、乙酸锌、碱式氯化锌、氯化锰、氧化锰、硫酸锰、碳酸锰、磷酸氢锰、碘化钾、碘化钠、碘酸钾、碘酸钙、氯化钴、乙酸钴、硫酸钴、亚硒酸钠、钼酸钠、蛋氨酸铜络（螯）合物、蛋氨酸铁络（螯）合物、蛋氨酸锰（螯）合物、蛋氨酸锌络（螯）合物、赖氨酸铜络（螯）合物、赖氨酸锌络（螯）合物、甘氨酸铜络（螯）合物、甘氨酸铁络（螯）合物、酵母铜、酵母铁、酵母锰、酵母硒、氨基酸铜络合物（氨基酸来源于水解植物蛋白）、氨基酸铁络合物（氨基酸来源于水解植物蛋白）、氨基酸锰络合物（氨基酸来源于水解植物蛋白）、氨基酸锌络合物（氨基酸来源于水解植物蛋白）	养殖动物
	蛋白铜、蛋白铁、蛋白锌、蛋白锰	养殖动物（反刍动物除外）
	羟基蛋氨酸类似物络（螯）合锌、羟基蛋氨酸类似物络（螯）合锰、羟基蛋氨酸类似物络（螯）合铜	奶牛、肉牛、家禽和猪
	烟酸铬、酵母铬、蛋氨酸铬、吡啶甲酸铬	猪
	丙酸铬、甘氨酸锌	猪
	丙酸锌	猪、牛和家禽
	硫酸钾、三氧化二铁、氧化铜	反刍动物
	碳酸钴	反刍动物
	乳酸锌（α-羟基丙酸锌）	生长育肥猪、家禽
	苏氨酸锌螯合物	猪
注:所列物质包括无水和结晶水形态。		

A.2 可用于饲喂生产绿色食品的畜禽和水产动物的维生素

见表 A.2。

表 A.2　生产绿色食品允许使用的维生素

类　别	通用名称	适用范围
维生素及类维生素	维生素 A、维生素 A 乙酸酯、维生素 A 棕榈酸酯、β-胡萝卜素、盐酸硫胺（维生素 B₁）、硝酸硫胺（维生素 B₁）、核黄素（维生素 B₂）、盐酸吡哆醇（维生素 B₆）、氰钴胺（维生素 B₁₂）、L-抗坏血酸（维生素 C）、L-抗坏血酸钙、L-抗坏血酸钠、L-抗坏血酸-2-磷酸酯、L-抗坏血酸-6-棕榈酸酯、维生素 D₂、维生素 D₃、天然维生素 E、dl-α-生育酚、dl-α-生育酚乙酸酯、亚硫酸氢钠甲萘醌（维生素 K₃）、二甲基嘧啶醇亚硫酸甲萘醌、亚硫酸氢烟酰胺甲萘醌、烟酸、烟酰胺、D-泛醇、D-泛酸钙、DL-泛酸钙、叶酸、D-生物素、氯化胆碱、肌醇、L-肉碱、L-肉碱盐酸盐、甜菜碱、甜菜碱盐酸盐	养殖动物
	25-羟基胆钙化醇（25-羟基维生素 D₃）	猪、家禽

A.3 可用于饲喂生产绿色食品的畜禽和水产动物的氨基酸

见表 A.3。

表 A.3 生产绿色食品允许使用的氨基酸

类　别	通用名称	适用范围
氨基酸、氨基酸盐及其类似物	L-赖氨酸、液体 L-赖氨酸(L-赖氨酸含量不低于 50%)、L-赖氨酸盐酸盐、L-赖氨酸硫酸盐及其发酵副产物(产自谷氨酸棒杆菌、乳糖发酵短杆菌,L-赖氨酸含量不低于 51%)、DL-蛋氨酸、L-苏氨酸、L-色氨酸、L-精氨酸、L-精氨酸盐酸盐、甘氨酸、L-酪氨酸、L-丙氨酸、天(门)冬氨酸、L-亮氨酸、异亮氨酸、L-脯氨酸、苯丙氨酸、丝氨酸、L-半胱氨酸、L-组氨酸、谷氨酸、谷氨酰胺、缬氨酸、胱氨酸、牛磺酸	养殖动物
	半胱胺盐酸盐	畜禽
	蛋氨酸羟基类似物、蛋氨酸羟基类似物钙盐	猪、鸡、牛和水产养殖动物
	N-羟甲基蛋氨酸钙	反刍动物
	α-环丙氨酸	鸡

A.4 可用于饲喂生产绿色食品的畜禽和水产动物的酶制剂、微生物、多糖和寡糖

见表 A.4。

表 A.4 生产绿色食品允许使用的酶制剂、微生物、多糖和寡糖

类　别	通用名称	适用范围
酶制剂	淀粉酶(产自黑曲霉、解淀粉芽孢杆菌、地衣芽孢杆菌、枯草芽孢杆菌、长柄木霉、米曲霉、大麦芽、酸解支链淀粉芽孢杆菌)	青贮玉米、玉米、玉米蛋白粉、豆粕、小麦、次粉、大麦、高粱、燕麦、豌豆、木薯、小米、大米
	α-半乳糖苷酶(产自黑曲霉)	豆粕
	纤维素酶(产自长柄木霉、黑曲霉、孤独腐质霉、绳状青霉)	玉米、大麦、小麦、麦麸、黑麦、高粱
	β-葡聚糖酶(产自黑曲霉、枯草芽孢杆菌、长柄木霉、绳状青霉、解淀粉芽孢杆菌、棘孢曲霉)	小麦、大麦、菜籽粕、小麦副产物、去壳燕麦、黑麦、黑小麦、高粱
	葡萄糖氧化酶(产自特异青霉、黑曲霉)	葡萄糖
	脂肪酶(产自黑曲霉、米曲霉)	动物或植物源性油脂或脂肪
	麦芽糖酶(产自枯草芽孢杆菌)	麦芽糖
	β-甘露聚糖酶(产自迟缓芽孢杆菌、黑曲霉、长柄木霉)	玉米、豆粕、椰子粕
	果胶酶(产自黑曲霉、棘孢曲霉)	玉米、小麦
	植酸酶(产自黑曲霉、米曲霉、长柄木霉、毕赤酵母)	玉米、豆粕等含有植酸的植物籽实及其加工副产品类饲料原料
	蛋白酶(产自黑曲霉、米曲霉、枯草芽孢杆菌、长柄木霉)	植物和动物蛋白
	角蛋白酶(产自地衣芽孢杆菌)	植物和动物蛋白
	木聚糖酶(产自米曲霉、孤独腐质霉、长柄木霉、枯草芽孢杆菌、绳状青霉、黑曲霉、毕赤酵母)	玉米、大麦、黑麦、小麦、高粱、黑小麦、燕麦
	饲用黄曲霉毒素 B_1 分解酶(产自发光假蜜环菌)	肉鸡、仔猪
	溶菌酶	仔猪、肉鸡
微生物	地衣芽孢杆菌、枯草芽孢杆菌、两歧双歧杆菌、粪肠球菌、屎肠球菌、乳酸肠球菌、嗜酸乳杆菌、干酪乳杆菌、德式乳杆菌乳酸亚种(原名:乳酸乳杆菌)、植物乳杆菌、乳酸片球菌、戊糖片球菌、产朊假丝酵母、酿酒酵母、沼泽红假单胞菌、婴儿双歧杆菌、长双歧杆菌、短双歧杆菌、青春双歧杆菌、嗜热链球菌、罗伊氏乳杆菌、动物双歧杆菌、黑曲霉、米曲霉、迟缓芽孢杆菌、短小芽孢杆菌、纤维二糖乳杆菌、发酵乳杆菌、德氏乳杆菌保加利亚亚种(原名:保加利亚乳杆菌)	养殖动物

表 A.4（续）

类 别	通用名称	适用范围
微生物	产丙酸丙酸杆菌、布氏乳杆菌	青贮饲料、牛饲料
	副干酪乳杆菌	青贮饲料
	凝结芽孢杆菌	肉鸡、生长育肥猪和水产养殖动物
	侧孢短芽孢杆菌（原名：侧孢芽孢杆菌）	肉鸡、肉鸭、猪、虾
	丁酸梭菌	断奶仔猪、肉仔鸡
多糖和寡糖	低聚木糖（木寡糖）	鸡、猪、水产养殖动物
	低聚壳聚糖	猪、鸡和水产养殖动物
	半乳甘露寡糖	猪、肉鸡、兔和水产养殖动物
	果寡糖、甘露寡糖、低聚半乳糖	养殖动物
	壳寡糖[寡聚 β-(1-4)-2-氨基-2-脱氧-D-葡萄糖]($n=2\sim10$)	猪、鸡、肉鸭、虹鳟
	β-1,3-D-葡聚糖（源自酿酒酵母）	水产养殖动物
	N,O-羧甲基壳聚糖	猪、鸡
	低聚异麦芽糖	蛋鸡、断奶仔猪
	褐藻酸寡糖	肉鸡、蛋鸡

注 1：酶制剂的适用范围为典型底物，仅作为推荐，并不包括所有可用底物。
注 2：目录中所列长柄木霉也可称为长枝木霉或李氏木霉。

A.5 可用于饲喂生产绿色食品的畜禽和水产动物的抗氧化剂

见表 A.5。

表 A.5 生产绿色食品允许使用的抗氧化剂

类 别	通用名称	适用范围
抗氧化剂	乙氧基喹啉、丁基羟基茴香醚（BHA）、二丁基羟基甲苯（BHT）、没食子酸丙酯、特丁基对苯二酚（TBHQ）、茶多酚、维生素 E、L-抗坏血酸-6-棕榈酸酯	养殖动物

A.6 可用于饲喂生产绿色食品的畜禽和水产动物的防腐剂、防霉剂和酸度调节剂

见表 A.6。

表 A.6 生产绿色食品允许使用的防腐剂、防霉剂和酸度调节剂

类 别	通用名称	适用范围
防腐剂、防霉剂和酸度调节剂	甲酸、甲酸铵、甲酸钙、乙酸、双乙酸钠、丙酸、丙酸铵、丙酸钠、丙酸钙、丁酸、丁酸钠、乳酸、山梨酸、山梨酸钠、山梨酸钾、富马酸、柠檬酸、柠檬酸钾、柠檬酸钠、柠檬酸钙、酒石酸、苹果酸、磷酸、氢氧化钠、碳酸氢钠、氯化钾、碳酸钠	养殖动物
	乙酸钙	畜禽
	二甲酸钾	猪
	氯化铵	反刍动物
	亚硫酸钠	青贮饲料

A.7 可用于饲喂生产绿色食品的畜禽和水产动物的黏结剂、抗结块剂、稳定剂和乳化剂

见表 A.7。

表 A.7 生产绿色食品允许使用的黏结剂、抗结块剂、稳定剂和乳化剂

类 别	通用名称	适用范围
黏结剂、抗结块剂、稳定剂和乳化剂	α-淀粉、三氧化二铝、可食脂肪酸钙盐、可食用脂肪酸单/双甘油酯、硅酸钙、硅铝酸钠、硫酸钙、硬脂酸钙、甘油脂肪酸酯、聚丙烯酸树脂Ⅱ、山梨醇酐单硬脂酸酯、丙二醇、二氧化硅(沉淀并经干燥的硅酸)、卵磷脂、海藻酸钠、海藻酸钾、海藻酸铵、琼脂、瓜尔胶、阿拉伯树胶、黄原胶、甘露糖醇、木质素磺酸盐、羧甲基纤维素钠、聚丙烯酸钠、山梨醇酐脂肪酸酯、蔗糖脂肪酸酯、焦磷酸二钠、单硬脂酸甘油酯、聚乙二醇 400、磷脂、聚乙二醇甘油蓖麻酸酯、辛烯基琥珀酸淀粉钠	养殖动物
	丙三醇	猪、鸡和鱼
	硬脂酸	猪、牛和家禽

A.8 除表 A.1~表 A.7 外,也可用于饲喂生产绿色食品的畜禽和水产动物的饲料添加剂

见表 A.8。

表 A.8 生产绿色食品允许使用的其他类饲料添加剂

类 别	通用名称	适用范围
其他	天然类固醇萨洒皂角苷(源自丝兰)、天然三萜烯皂角苷(源自可来雅皂角树)、二十二碳六烯酸(DHA)	养殖动物
	糖萜素(源自山茶籽饼)	猪和家禽
	乙酰氧肟酸	反刍动物
	苜蓿提取物(有效成分为苜蓿多糖、苜蓿黄酮、苜蓿皂苷)	仔猪、生长育肥猪、肉鸡
	杜仲叶提取物(有效成分为绿原酸、杜仲多糖、杜仲黄酮)	生长育肥猪、鱼、虾
	淫羊藿提取物(有效成分为淫羊藿苷)	鸡、猪、绵羊、奶牛
	共轭亚油酸	仔猪、蛋鸡
	4,7-二羟基异黄酮(大豆黄酮)	猪、产蛋家禽
	地顶孢霉培养物	猪、鸡
	紫苏籽提取物(有效成分为 α-亚油酸、亚麻酸、黄酮)	猪、肉鸡和鱼
	植物甾醇(源于大豆油/菜籽油,有效成分为 β-谷甾醇、菜油甾醇、豆甾醇)	家禽、生长育肥猪
	藤茶黄酮	鸡

ICS 11.220
CCS B 42

中华人民共和国农业行业标准

NY/T 472—2022
代替 NY/T 472—2013

绿色食品　兽药使用准则

Green food—Veterinary drug application guideline

2022-07-11 发布

2022-10-01 实施

中华人民共和国农业农村部 发布

前　　言

本文件按照 GB/T 1.1—2020《标准化工作导则　第 1 部分:标准化文件的结构和起草规则》的规定起草。

本文件代替 NY/T 472—2013《绿色食品　兽药使用准则》,与 NY/T 472—2013 相比,除结构性调整和编辑性修改外,主要技术变化如下:

a) 修改了 β-受体激动剂类药物名称栏的内容(见附录 A 表 A.1,2013 年版附录 A 表 A.1);

b) 修改了激素类药物栏名称,并增加了药物(见附录 A 表 A.1,2013 年版附录 A 表 A.1);

c) 增加了苯巴比妥(phenobarbital)等 4 种药物(见附录 A 表 A.1);

d) 删除了琥珀氯霉素(见 2013 年版附录 A 表 A.1);

e) 修改了磺胺类及其增效剂药物名称栏的内容(见附录 A 表 A.1,2013 年版附录 A 表 A.1);

f) 增加了恩诺沙星(enrofloxacin)(见附录 A 表 A.1);

g) 增加了大环内酯类、糖肽类、多肽类栏,并增加有关药物(见附录 A 表 A.1);

h) 调整有机胂制剂至抗菌类药物单设一栏(见附录 A 表 A.1,2013 年版附录 A 表 A.1);

i) 修改了苯并咪唑类栏内的药物(见附录 A 表 A.1,2013 年版附录 A 表 A.1);

j) 更改了"二氯二甲吡啶酚"的名称,增加了盐霉素(salinomycin)(见附录 A 表 A.1,2013 年版附录 A 表 A.1);

k) 增加了洛硝达唑(ronidazole)(见附录 A 表 A.1);

l) 调整汞制剂药物单列一栏(见附录 A 表 A.1,2013 年版附录 A 表 A.1);

m) 增加了潮霉素 B(hygromycin B)和非泼罗尼(氟虫腈,fipronil)(见附录 A 表 A.1);

n) 更改青霉素类栏名,并增加一些药物(见附录 B 表 B.1,2013 年版附录 B 表 B.1);

o) 增加了寡糖类药物(见附录 B 表 B.1);

p) 增加了卡那霉素(kanamycin)调整越霉素 A 位置(见附录 B 表 B.1);

q) 将磺胺类栏删除(见 2013 年版附录 B 表 B.1);

r) 增加了甲砜霉素(thiamphenicol)(见附录 B 表 B.1);

s) 增加了噁喹酸(oxolinic acid)(见附录 B 表 B.1);

t) 删除了黏霉素(见 2013 年版附录 B 表 B.1);

u) 更改了"马杜霉素"名称;删除了氯羟吡啶、氯苯胍和盐霉素钠,转入越霉素 A(destomycin A),增加了托曲珠利(toltrazuril)等 4 种药物(见附录 B 表 B.1,2013 年版附录 B 表 B.1);

v) 增加了阿司匹林(aspirin)、卡巴匹林钙(carbasalate calcium)(见附录 B 表 B.1);

w) 更改了青霉素类栏名,更改了苄星邻氯青霉素名称(见附录 B 表 B.2,2013 年版附录 B 表 B.1);

x) 增加了酰胺醇类、喹诺酮类、氨基糖苷类栏,并增加了有关药物(见附录 B 表 B.2);

y) 删除了奥芬达唑(oxfendazole)和双甲脒(amitraz);增加了托曲珠利(toltrazuril)等 7 种药物(见附录 B 表 B.2,2013 年版附录 B 表 B.1);

z) 增加了镇静类、性激素、解热镇痛类栏,并增加了有关药物(见附录 B 表 B.2)。

本文件由农业农村部农产品质量安全监管司提出。

本文件由中国绿色食品发展中心归口。

本文件起草单位:农业农村部动物及动物产品卫生质量监督检验测试中心、江西省农业科学院农产品质量安全与标准研究所、北京中农劲腾生物技术股份有限公司、中国兽医药品监察所、中国绿色食品发展中心、青岛市农产品质量安全中心、山东省绿色食品发展中心、青岛农业大学、青岛田瑞科技集团有限公司。

本文件主要起草人:宋翠平、王玉东、戴廷灿、李伟红、张世新、汪霞、贾付从、张宪、董国强、王文杰、付红蕾、孟浩、曲晓青、王冬根、苗在京、王淑婷、刘坤、孙京新、朱伟民、赵思俊、秦立得、曹旭敏、郑增忍。

本文件及其所代替文件的历次版本发布情况为：

——2001 年首次发布为 NY/T 472,2006 年第一次修订,2013 年第二次修订；

——2013 年第二次修订时,删除了最高残留限量的定义,补充了泌乳期、执业兽医等术语和定义,修改完善了可使用的兽药种类,补充了 2006 年以来农业部发布的相关禁用药物;补充了产蛋期和泌乳期不应使用的兽药;

——本次为第三次修订。

红蕾、孟浩、曲晓青、王冬根、苗在京、王淑婷、刘坤、孙京新、朱伟民、赵思俊、秦立得、曹旭敏、郑增忍。

引　言

　　绿色食品是指产自优良生态环境、按照绿色食品标准生产、实行全程质量控制并获得绿色食品标志使用权的安全、优质食用农产品及相关产品。从食品安全和生态环境保护两方面考虑,规范绿色食品畜禽养殖过程中的兽药使用行为,确立兽药使用的基本要求、使用规定和使用记录,是保证绿色食品符合性的一个重要方面。

　　本文件用于规范绿色食品畜禽养殖过程中的兽药使用和管理行为。2013 年版标准已经建立起比较完善有效的标准框架,确定了兽药使用的基本原则、生产 AA 级和 A 级绿色食品的兽药使用原则,对可使用的兽药种类和不应使用的兽药种类进行了严格规定,并以列表形式规范了不应使用的药物名录。该标准为规范我国绿色食品生产中的兽药使用,提高动物性绿色食品安全水平发挥了重要作用。

　　随着国家新颁布的《中华人民共和国兽药典》《食品安全国家标准　食品中兽药最大残留限量》(GB 31650)等法律、法规、标准和公告,以及畜禽养殖技术水平、规模和兽药使用种类、方法的不断变化,结合绿色食品"安全、优质"的特性和要求,急需对原标准进行修订完善。

　　本次修订主要根据国家最新标准及相关法律法规,结合实际兽药使用、例行监测和风险评估等情况,重新评估并选定了不应使用的药物种类,同时对文本框架及有关内容进行了部分修改。修订后的 NY/T 472 对绿色食品畜禽生产中兽药的使用和管理更有指导意义。

绿色食品 兽药使用准则

1 范围

本文件规定了绿色食品生产中兽药使用的术语和定义、基本要求、生产绿色食品的兽药使用规定和兽药使用记录。

本文件适用于绿色食品畜禽养殖过程中兽药的使用和管理。

2 规范性引用文件

下列文件中的内容通过文中的规范性引用而构成本文件必不可少的条款。其中，注日期的引用文件，仅该日期对应的版本适用于本文件；不注日期的引用文件，其最新版本（包括所有的修改单）适用于本文件。

GB/T 19630 有机产品 生产、加工、标识与管理体系要求

GB 31650 食品安全国家标准 食品中兽药最大残留限量

NY/T 391 绿色食品 产地环境质量

NY/T 473 绿色食品 畜禽卫生防疫准则

NY/T 3445 畜禽养殖场档案规范

中华人民共和国兽药典

中华人民共和国国务院令 第726号 国务院关于修改和废止部分行政法规的决定 兽药管理条例

中华人民共和国农业部公告 第176号 禁止在饲料和动物饮用水中使用的药物品种目录

中华人民共和国农业农村部公告 第194号 停止生产、进口、经营、使用部分药物饲料添加剂，并对相关管理政策作出调整

中华人民共和国农业农村部公告 第250号 食品动物中禁止使用的药品及其他化合物清单

中华人民共和国农业农村部 海关总署公告 第369号 进口兽药管理目录

中华人民共和国农业部公告 第1519号 禁止在饲料和动物饮水中使用的物质名单

中华人民共和国农业部公告 第2292号 在食品动物中停止、使用洛美沙星、培氟沙星、氧氟沙星、诺氟沙星4种兽药，撤销相关兽药产品批准文号

中华人民共和国农业部公告 第2428号 停止硫酸黏菌素用于动物促生长

中华人民共和国农业部公告 第2513号 兽药质量标准

中华人民共和国农业部公告 第2583号 禁止非泼罗尼及相关制剂用于食品动物

中华人民共和国农业部公告 第2638号 停止在食品动物中使用喹乙醇、氨苯胂酸、洛克沙胂等3种兽药

3 术语和定义

下列术语和定义适用于本文件。

3.1

AA 级绿色食品 AA grade green food

产地环境质量符合 NY/T 391 的要求，遵照绿色食品标准生产，生产过程遵循自然规律和生态学原理，协调种植业和养殖业的平衡，不使用化学合成的肥料、农药、兽药、渔药、添加剂等物质，产品质量符合绿色食品产品标准，经专门机构许可使用绿色食品标志的产品。

3.2

A 级绿色食品 A grade green food

产地环境质量符合 NY/T 391 的要求，遵照绿色食品标准生产，生产过程遵循自然规律和生态学原

理,协调种植业和养殖业的平衡,限量使用限定的化学合成生产资料,产品质量符合绿色食品产品标准,经专门机构许可使用绿色食品标志的产品。

3.3

兽药 veterinary drug

用于预防、治疗、诊断动物疾病或者有目的地调节动物生理机能的物质(含药物饲料添加剂),主要包括血清制品、疫苗、诊断制品、微生态制品、中药材、中成药、化学药品、抗生素、生化药品、放射性药品及外用杀虫剂、消毒剂等。

3.4

微生态制品 probiotics

运用微生态学原理,利用对宿主有益的乳酸菌类、芽孢杆菌类和酵母菌类等微生物及其代谢产物,经特殊工艺用一种或多种微生物制成的制品。

3.5

消毒剂 disinfectant

杀灭传播媒介上病原微生物的制剂。

3.6

休药期 withdrawal time

从畜禽停止用药到允许屠宰或其产品(肉、蛋、乳)许可上市的间隔时间。

3.7

执业兽医 licensed veterinarian

具备兽医相关技能,依照国家相关规定取得兽医执业资格,依法从事动物诊疗和动物保健等经营活动的兽医。

4 要求

4.1 基本要求

4.1.1 动物饲养环境应符合 NY/T 391 的规定。应加强饲养管理,供给动物充足的营养。按 NY/T 473 的规定,做好动物卫生防疫工作,建立生物安全体系,采取各种措施减少应激,增强动物的免疫力和抗病力。

4.1.2 按《中华人民共和国动物防疫法》和《中华人民共和国畜牧法》的规定,进行动物疫病的预防和控制,合理使用饲料、饲料添加剂和兽药等投入品。

4.1.3 在养殖过程中宜不用或少用药物。确需使用兽药时,应在执业兽医指导下,按本文件规定,在可使用的兽药中选择使用,并严格执行药物用量、用药时间和休药期等。

4.1.4 所用兽药应来自取得兽药生产许可证和具有批准文号的生产企业,或在中国取得进口兽药注册证书的供应商。使用的兽药质量应符合《中华人民共和国兽药典》和农业部公告第 2513 号的规定。

4.1.5 不应使用假、劣兽药以及国务院兽医行政管理部门规定禁止使用的药品和其他化合物;不应将未批准兽用的人用药物用于动物。

4.1.6 按照国家有关规定和要求,使用有国家兽药批准文号或经农业农村部备案的药物残留检测或动物疫病诊断的胶体金试剂卡、酶联免疫吸附试验(ELISA)反应试剂以及聚合酶链式反应(PCR)诊断试剂等诊断制品。

4.1.7 兽药使用应符合《中华人民共和国兽药典》、国务院令第 726 号、农业部公告第 2513 号、GB 31650、农业农村部 海关总署公告第 369 号、农业农村部公告第 250 号和其他有关农业农村部公告的规定。建立兽药使用记录。

4.2 生产 AA 级绿色食品的兽药使用规定

执行 GB/T 19630 的相关规定。

4.3 生产 A 级绿色食品的兽药使用规定

4.3.1 可使用的药物种类

4.3.1.1 优先使用 GB/T 19630 规定的兽药、GB 31650 允许用于食品动物但不需要制定残留限量的兽药、《中华人民共和国兽药典》和农业部公告第 2513 号中无休药期要求的兽药。

4.3.1.2 国务院兽医行政管理部门批准的微生态制品、中药制剂和生物制品。

4.3.1.3 中药类的促生长药物饲料添加剂。

4.3.1.4 国家兽医行政管理部门批准的高效、低毒和对环境污染低的消毒剂。

4.3.2 不应使用的药物种类

4.3.2.1 GB 31650 中规定的禁用药物,超出《中华人民共和国兽药典》和农业部公告第 2513 号中作用与用途的规定范围使用药物。

4.3.2.2 农业部公告第 176 号、农业农村部公告第 250 号、农业部公告第 1519 号、农业部公告第 2292 号、农业部公告第 2428 号、农业部公告第 2583 号、农业部公告第 2638 号等国家明令禁止在饲料、动物饮水和食品动物中使用的药物。

4.3.2.3 农业农村部公告第 194 号规定的含促生长类药物的药物饲料添加剂;任何促生长类的化学药物。

4.3.2.4 附录 A 中表 A.1 所列药物。产蛋供人食用的家禽,在产蛋期不应使用附录 B 中表 B.1 所列药物;产乳供人食用的牛、羊等,在泌乳期不应使用附录 B 中表 B.2 所列药物。

4.3.2.5 酚类消毒剂。产蛋期同时不应使用醛类消毒剂。

4.3.2.6 国家新禁用或列入限制使用兽药名录的药物。

4.3.2.7 附录 A 和附录 B 中所列的药物在国家新颁布标准或法规以后,若允许食品动物使用且无残留限量要求时,将自动从附录中移除。若有限量要求时应在安全评估后,决定是否从附录中移除。

4.4 兽药使用记录

4.4.1 建立兽药使用记录和档案管理应符合 NY/T 3445 的规定。

4.4.2 应建立兽药采购入库记录,记录内容包括商品名称、通用名称、主要成分、生产单位、采购来源、生产批号、规格、数量、有效期、储存条件等。

4.4.3 应建立兽药使用、消毒、动物免疫、动物疫病诊疗、诊断制品使用等记录。各种记录应包括以下所列内容:

    a) 兽药使用记录,包括商品名称、通用名称、生产单位、采购来源、生产批号、规格、有效期、使用目的、使用剂量、给药途径、给药时间、不良反应、休药期、给药人员等;

    b) 消毒记录,包括商品名称、通用名称、消毒剂浓度、配制比例、消毒方式、消毒场所、消毒日期、消毒人员等;

    c) 动物免疫记录,包括疫苗通用名称、商品名称、生产单位、生产批号、剂量、免疫方法、免疫时间、免疫持续期、免疫人员等;

    d) 动物疫病诊疗记录,包括动物种类、发病数量、圈(舍)号、发病时间、症状、诊断结论、用药名称、用药剂量、使用方法、使用时间、休药期、诊断人员等;

    e) 诊断制品使用记录,包括诊断制品名称、生产单位、生产批号、规格、有效期、使用数量、使用方法、诊断结果、诊断时间、诊断人员、审核人员等。

4.4.4 每年应对兽药生产供应商和兽药使用效果进行一次评价,为下一年兽药采购和使用提供依据。

4.4.5 兽药使用记录档案应由专人负责归档,妥善保管。兽药使用记录档案保存时间应符合 NY/T 3445 的规定,且在产品上市后保存 2 年以上。

附　录　A
（规范性）
生产 A 级绿色食品不应使用的药物

生产 A 级绿色食品不应使用表 A.1 所列的药物。

表 A.1　生产 A 级绿色食品不应使用的药物目录

序号	种类		药物名称	用途
1	β-受体激动剂类		所有 β-受体激动剂（β-agonists）类及其盐、酯及制剂	所有用途
2	激素类	性激素类	己烯雌酚（diethylstilbestrol）、己二烯雌酚（dienoestrol）、己烷雌酚（hexestrol）、雌二醇（estradiol）、戊酸雌二醇（estradiol valcrate）、苯甲酸雌二醇（estradiol benzoate）及其盐、酯及制剂	所有用途
		同化激素类	甲基睾丸酮（methytestosterone）、丙酸睾酮（testosterone propinate）、群勃龙（去甲雄三烯醇酮，trenbolone）、苯丙酸诺龙（nandrolone phenylpropionate）及其盐、酯及制剂	所有用途
		具雌激素样作用的物质	醋酸甲孕酮（mengestrolacetate）、醋酸美仑孕酮（melengestrol acetate）、玉米赤霉醇类（zeranol）、醋酸氯地孕酮（chlormadinone Acetate）	所有用途
3	催眠、镇静类		安眠酮（methaqualone）	所有用途
			氯丙嗪（chlorpromazine）、地西泮（安定，diazepam）、苯巴比妥（phenobarbital）、盐酸可乐定（clonidine hydrochloride）、盐酸赛庚啶（cyproheptadine hydrochloride）、盐酸异丙嗪（promethazine hydrochloride）	所有用途
4	抗菌药类	砜类抑菌剂	氨苯砜（dapsone）	所有用途
		酰胺醇类	氯霉素（chloramphenicol）及其盐、酯	所有用途
		硝基呋喃类	呋喃唑酮（furazolidone）、呋喃西林（furacillin）、呋喃妥因（nitrofurantoin）、呋喃它酮（furaltadone）、呋喃苯烯酸钠（nifurstyrenate sodium）	所有用途
		硝基化合物	硝基酚钠（sodium nitrophenolate）、硝呋烯腙（nitrovin）	所有用途
		磺胺类及其增效剂	所有磺胺类（sulfonamides）及其增效剂（temper）的盐及制剂	所有用途
		喹诺酮类	诺氟沙星（norfloxacin）、氧氟沙星（ofloxacin）、培氟沙星（pefloxacin）、洛美沙星（lomefloxacin）	所有用途
			恩诺沙星（enrofloxacin）	乌鸡养殖
		大环内酯类	阿奇霉素（azithromycin）	所有用途
		糖肽类	万古霉素（vancomycin）及其盐、酯	所有用途
		喹噁啉类	卡巴氧（carbadox）、喹乙醇（olaquindox）、喹烯酮（quinocetone）、乙酰甲喹（mequindox）及其盐、酯及制剂	所有用途
		多肽类	硫酸黏菌素（colistin sulfate）	促生长
		有机胂制剂	洛克沙胂（roxarsone）、氨苯胂酸（阿散酸，arsanilic acid）	所有用途
		抗生素滤渣	抗生素滤渣（antibiotic filter residue）	所有用途

18

表 A.1 （续）

序号	种类		药物名称	用途
5	抗寄生虫类	苯并咪唑类	阿苯达唑（albendazole）、氟苯达唑（flubendazole）、噻苯达唑（thiabendazole）、甲苯咪唑（mebendazole）、奥苯达唑（oxibendazole）、三氯苯达唑（triclabendazole）、非班太尔（fenbantel）、芬苯达唑（fenbendazole）、奥芬达唑（oxfendazole）及制剂	所有用途
		抗球虫类	氯羟吡啶（clopidol）、氨丙啉（amprolini）、氯苯胍（robenidine）、盐霉素（salinomycin）及其盐和制剂	所有用途
		硝基咪唑类	甲硝唑（metronidazole）、地美硝唑（dimetronidazole）、替硝唑（tinidazole）、洛硝达唑（ronidazole）及其盐、酯及制剂	所有用途
		氨基甲酸酯类	甲萘威（carbaryl）、呋喃丹（克百威，carbofuran）及制剂	杀虫剂
		有机氯杀虫剂	六六六（BHC，benzene hexachloride）、滴滴涕（DDT，dichloro-diphenyl-tricgloroethane）、林丹（lindane）、毒杀芬（氯化烯，ca-mahechlor）及制剂	杀虫剂
		有机磷杀虫剂	敌百虫（trichlorfon）、敌敌畏（DDV，dichlorvos）、皮蝇磷（fen-chlorphos）、氧硫磷（oxinothiophos）、二嗪农（diazinon）、倍硫磷（fenthion）、毒死蜱（chlorpyrifos）、蝇毒磷（coumaphos）、马拉硫磷（malathion）及制剂	杀虫剂
		汞制剂	氯化亚汞（甘汞，calomel）、硝酸亚汞（mercurous nitrate）、醋酸汞（mercurous acetate）、吡啶基醋酸汞（pyridyl mercurous ac-etate）及制剂	杀虫剂
		其他杀虫剂	杀虫脒（克死螨，chlordimeform）、双甲脒（amitraz）、酒石酸锑钾（antimony potassium tartrate）、锥虫胂胺（tryparsamide）、孔雀石绿（malachite green）、五氯酚酸钠（pentachlorophenol sodi-um）、潮霉素 B（hygromycin B）、非泼罗尼（氟虫腈，fipronil）	杀虫剂
6	抗病毒类药物		金刚烷胺（amantadine）、金刚乙胺（rimantadine）、阿昔洛韦（aciclovir）、吗啉（双）胍（病毒灵）（moroxydine）、利巴韦林（riba-virin）等及其盐、酯及单、复方制剂	抗病毒

附　录　B

（规范性）

生产 A 级绿色食品产蛋期和泌乳期不应使用的药物

B.1　产蛋期不应使用的药物

见表 B.1。

表 B.1　产蛋期不应使用的药物目录

序号	种类		药物名称
1	抗菌药类	四环素类	四环素（tetracycline）、多西环素（doxycycline）
		β-内酰胺类	阿莫西林（amoxicillin）、氨苄西林（ampicillin）、青霉素/普鲁卡因青霉素（benzylpenicillin/procaine benzylpenicillin）、苯唑西林（oxacillin）、氯唑西林（cloxacillin）及制剂
		寡糖类	阿维拉霉素（avilamycin）
		氨基糖苷类	新霉素（neomycin）、安普霉素（apramycin）、大观霉素（spectinomycin）、卡那霉素（kanamycin）
		酰胺醇类	氟苯尼考（florfenicol）、甲砜霉素（thiamphenicol）
		林可胺类	林可霉素（lincomycin）
		大环内酯类	红霉素（erythromycin）、泰乐菌素（tylosin）、吉他霉素（kitasamycin）、替米考星（tilmicosin）、泰万菌素（tylvalosin）
		喹诺酮类	达氟沙星（danofloxacin）、恩诺沙星（enrofloxacin）、环丙沙星（ciprofloxacin）、沙拉沙星（sarafloxacin）、二氟沙星（difloxacin）、氟甲喹（flumequine）、噁喹酸（oxolinic acid）
		多肽类	那西肽（nosiheptide）、恩拉霉素（enramycin）、维吉尼亚霉素（virginiamycin）
		聚醚类	海南霉素钠（hainanmycin sodium）
2	抗寄生虫类		越霉素 A（destomycin A）、二硝托胺（dinitolmide）、马度米星铵（maduramicin ammonium）、地克珠利（diclazuril）、托曲珠利（toltrazuril）、左旋咪唑（levamisole）、癸氧喹酯（decoquinate）、尼卡巴嗪（nicarbazin）
3	解热镇痛类		阿司匹林（aspirin）、卡巴匹林钙（carbasalate calcium）

B.2　泌乳期不应使用的药物

见表 B.2。

表 B.2　泌乳期不应使用的药物目录

序号	种类		药物名称
1	抗菌药类	四环素类	四环素（tetracycline）、多西环素（doxycycline）
		β-内酰胺类	苄星氯唑西林（benzathine cloxacillin）
		大环内酯类	替米考星（tilmicosin）、泰拉霉素（tulathromycin）
		酰胺醇类	氟苯尼考（florfenicol）
		喹诺酮类	二氟沙星（difloxacin）
		氨基糖苷类	安普霉素（apramycin）
2	抗寄生虫类		阿维菌素（avermectin）、伊维菌素（ivermectin）、左旋咪唑（levamisole）、碘醚柳胺（rafoxanide）、托曲珠利（toltrazuril）、环丙氨嗪（cyromazine）、氟氯苯氰菊酯（flumethrin）、常山酮（halofuginone）、巴胺磷（propetamphos）、癸氧喹酯（decoquinate）、吡喹酮（praziquantel）
3	镇静类		赛拉嗪（xylazine）
4	性激素		黄体酮（progesterone）
5	解热镇痛类		阿司匹林（aspirin）、水杨酸钠（sodium salicylate）

ICS 65.020.30
B 43

中华人民共和国农业行业标准

NY/T 473—2016
代替 NY/T 473—2001,NY/T 1892—2010

绿色食品 畜禽卫生防疫准则

Green food—Guideline for health and disease prevention of
livestock and poultry

2016-10-26 发布　　　　　　　　　　　　　　　　　2017-04-01 实施

中华人民共和国农业部 发布

前　言

本标准按照 GB/T 1.1—2009 给出的规则起草。

本标准代替 NY/T 473—2001《绿色食品　动物卫生准则》和 NY/T 1892—2010《畜禽饲养防疫准则》。与 NY/T 473—2001 和 NY/T 1892—2010 相比,除编辑性修改外主要技术变化如下:

——增加了畜禽饲养场、屠宰场应配备满足生产需要的兽医场所,并具备常规的化验检验条件;

——增加了畜禽饲养场免疫程序的制定应由执业兽医认可;

——增加了畜禽饲养场应制定畜禽疾病定期监测及早期疫情预报预警制度,并定期对其进行监测;

——增加了畜禽饲养场应具有 1 名以上执业兽医提供稳定的兽医技术服务;

——增加了猪不应患病种类——高致病性猪繁殖与呼吸综合征;

——增加了对有绿色食品畜禽饲养基地和无绿色食品畜禽饲养基地 2 种类别的畜禽屠宰场的卫生防疫要求。

本标准由农业部农产品质量安全监管局提出。

本标准由中国绿色食品发展中心归口。

本标准起草单位:农业部动物及动物产品卫生质量监督检验测试中心、中国绿色食品发展中心、天津农学院、青岛农业大学、黑龙江五方种猪场。

本标准主要起草人:赵思俊、王玉东、宋建德、张志华、张启迪、李雪莲、曹旭敏、陈倩、王恒强、曲志娜、王娟、李存、洪军、王君玮。

本标准的历次版本发布情况为:

——NY/T 473—2001;

——NY/T 1892—2010。

绿色食品 畜禽卫生防疫准则

1 范围

本标准规定了绿色食品畜禽饲养场、屠宰场的动物卫生防疫要求。

本标准适用于绿色食品畜禽饲养、屠宰。

2 规范性引用文件

下列文件对于本文件的应用是必不可少的。凡是注日期的引用文件,仅注日期的版本适用于本文件。凡是不注日期的引用文件,其最新版本(包括所有的修改单)适用于本文件。

GB 16548 病害动物和病害动物产品生物安全处理规程

GB 16549 畜禽产地检疫规范

GB 18596 畜禽养殖业污染物排放标准

GB/T 22569 生猪人道屠宰技术规范

NY/T 388 畜禽场环境质量标准

NY/T 391 绿色食品 产地环境质量

NY 467 畜禽屠宰卫生检疫规范

NY/T 471 绿色食品 畜禽饲料及饲料添加剂使用准则

NY/T 472 绿色食品 兽药使用准则

NY/T 1167 畜禽场环境质量及卫生控制规范

NY/T 1168 畜禽粪便无害化处理技术规范

NY/T 1169 畜禽场环境污染控制技术规范

NY/T 1340 家禽屠宰质量管理规范

NY/T 1341 家畜屠宰质量管理规范

NY/T 1569 畜禽养殖场质量管理体系建设通则

NY/T 2076 生猪屠宰加工场(厂)动物卫生条件

NY/T 2661 标准化养殖场 生猪

NY/T 2662 标准化养殖场 奶牛

NY/T 2663 标准化养殖场 肉牛

NY/T 2664 标准化养殖场 蛋鸡

NY/T 2665 标准化养殖场 肉羊

NY/T 2666 标准化养殖场 肉鸡

3 术语和定义

下列术语和定义适用于本文件。

3.1

动物卫生 animal health

为确保动物的卫生、健康以及人对动物产品消费的安全,在动物生产、屠宰中应采取的条件和措施。

3.2

动物防疫 animal disease prevention

动物疫病的预防、控制、扑灭,以及动物及动物产品的检疫。

3.3

执业兽医 licensed veterinarian

具备兽医相关技能,取得国家执业兽医统一考试或授权具有兽医执业资格,依法从事动物诊疗和动物保健等经营活动的人员,包括执业兽医师、执业助理兽医师和乡村兽医。

4 畜禽饲养场卫生防疫要求

4.1 场址选择、建设条件、规划布局要求

4.1.1 家畜饲养场场址选择、建设条件、规划布局要求应符合 NY/T 2661、NY/T 2662、NY/T 2663、NY/T 2665 的要求;蛋用、肉用家禽的建设条件、规划布局要求应分别符合 NY/T 2664 和 NY/T 2666 的要求。

4.1.2 饲养场周围应具备就地存放粪污的足够场地和排污条件,且应设立无害化处理设施设备。

4.1.3 场区入口应设置能够满足运输工具消毒的设施,人员入口设消毒池,并设置紫外消毒间、喷淋室和淋浴更衣间等。

4.1.4 饲养人员、畜禽和其他生产资料的运转应分别采取不交叉的单一流向,减少污染和动物疫病传播。

4.1.5 畜禽饲养场所环境质量及卫生控制应符合 NY/T 1167 的相关要求。

4.1.6 绿色食品畜禽饲养场还应满足以下要求:

a) 应选择水源充足、无污染和生态条件良好的地区,且应距离交通要道、城镇、居民区、医疗机构、公共场所、工矿企业 2 km 以上,距离垃圾处理场、垃圾填埋场、风景旅游区、点污染源 5 km 以上,污染场所或地区应处于场址常年主导风向的下风向;

b) 应有足够畜禽自由活动的场所、设施设备,以充分保障动物福利;

c) 生态、大气环境和畜禽饮用水水质应符合 NY/T 391 的要求;

d) 应配备满足生产需要的兽医场所,并具备常规的化验检验条件。

4.2 畜禽饲养场饲养管理、防疫要求

4.2.1 畜禽饲养场卫生防疫,宜加强畜禽饲养管理,提高畜禽机体的抗病能力,减少动物应激反应;控制和杜绝传染病的发生、传播和蔓延,建立"预防为主"的策略,不用或少用防疫用兽药。

4.2.2 畜禽养殖场应建立质量管理体系,并按照 NY/T 1569 的规定执行;建立畜禽饲养场卫生防疫管理制度。

4.2.3 同一饲养场所内不应混养不同种类的畜禽。畜禽的饲养密度、通风设施、采光等条件宜满足动物福利的要求。不同畜禽饲养密度应符合表1的规定。

表 1 不同畜禽饲养密度要求

畜禽种类		饲养密度
蛋禽	后备家禽	10 只/m²～20 只/m²
	产蛋家禽	10 只/m²～20 只/m²(平养)
		10 只/m²～15 只/m²(笼养)
肉禽	商品肉禽舍	20 kg/m²～30 kg/m²
猪	育肥猪	0.7 m²/头～0.9 m²/头(≤50 kg)
		1 m²/头～1.2 m²/头(＞50 kg,≤85 kg)
		1.3 m²/头～1.5 m²/头(＞85 kg)
	仔猪(40 日龄或≤30 kg)	0.5 m²/头～0.8 m²/头
牛	奶牛	4 m²/头～7 m²/头(拴系式)
		3 m²/头～5 m²/头(散栏式)

表 1 （续）

畜禽种类		饲养密度
牛	肉牛	1.2 m²/头～1.6 m²/头（≤100 kg）
		2.3 m²/头～2.7 m²/头（>100 kg，≤200 kg）
		3.8 m²/头～4.2 m²/头（>200 kg，≤350 kg）
		5.0 m²/头～5.5 m²/头（>350 kg）
	公牛	7 m²/头～10 m²/头
羊	绵羊、山羊	1 m²/头～1.5 m²/头
	羔羊	0.3 m²/头～0.5 m²/头

4.2.4 畜禽饲养场应建立健全整体防疫体系,各项防疫措施应完整、配套、实用。畜禽疫病监测和控制方案应遵照《中华人民共和国动物防疫法》及其配套法规的规定执行。

4.2.5 应制定合理的饲养管理、防疫消毒、兽药和饲料使用技术规程;免疫程序的制定应由执业兽医认可,国家强制免疫的动物疫病应按照国家的相关制度执行。

4.2.6 病死畜禽尸体的无害化处理和处置应符合 GB 16548 的要求;畜禽饲养场粪便、污水、污物及固体废弃物的处理应符合 NY/T 1168 及国家环保的要求,处理后饲养场污物排放标准应符合 GB 18596 的要求;环境卫生质量应达到 NY/T 388、NY/T 1169 的要求。

4.2.7 绿色食品畜禽饲养场的饲养管理和防疫还应满足以下要求:
   a) 宜建立无规定疫病区或生物安全隔离区;
   b) 畜禽圈舍中空气质量应定期进行监测,并符合 NY/T 388 的要求;
   c) 饲料、饲料添加剂的使用应符合 NY/T 471 的要求;
   d) 应制定畜禽圈舍、运动场所清洗消毒规程,粪便及废弃物的清理、消毒规程和畜禽体外消毒规程,以提高畜禽饲养场卫生条件水平;消毒剂的使用应符合 NY/T 472 的要求;
   e) 加强畜禽饲养管理水平,并确保畜禽不应患有附录 A 所列的各种疾病;
   f) 应制定畜禽疾病定期监测及早期疫情预报预警制度,并定期对其进行监测;在产品申报绿色食品或绿色食品年度抽检时,应提供对附录 A 所列疾病的病原学检测报告;
   g) 当发生国家规定无须扑杀的动物疫病或其他非传染性疾病时,要开展积极的治疗;必须用药时,应按照 NY/T 472 的规定使用治疗性药物;
   h) 应具有 1 名以上执业兽医提供稳定的兽医技术服务。

4.3 畜禽繁育或引进的要求

4.3.1 宜"自繁自养",自养的种畜禽应定期检验检疫。

4.3.2 引进畜禽应来自具有种畜禽生产经营许可证的种畜禽场,按照 GB 16549 的要求实施产地检疫,并取得动物检疫合格证明或无特定动物疫病的证明。对新引进的畜禽,应进行隔离饲养观察,确认健康方可进场饲养。

4.4 记录

畜禽饲养场应对畜禽饲养、清污、消毒、免疫接种、疫病诊断、治疗等做好详细记录;对饲料、兽药等投入品的购买、使用、存储等做好详细记录;对畜禽疾病,尤其是附录 A 所列疾病的监测情况应做好记录并妥善保管。相关记录至少应在清群后保存 3 年以上。

5 畜禽屠宰场卫生防疫要求

5.1 畜禽屠宰场场址选择、建设条件要求

5.1.1 畜禽屠宰场的场址选择、卫生条件、屠宰设施设备应符合 NY/T 2076、NY/T 1340、NY/T 1341 的要求。

5.1.2 绿色食品畜禽屠宰场还应满足以下要求：

a) 应选择水源充足、无污染和生态条件良好的地区，距离垃圾处理场、垃圾填埋场、点污染源等污染场所 5 km 以上；污染场所或地区应处于场址常年主导风向的下风向；

b) 畜禽待宰圈(区)、可疑病畜观察圈(区)应有充足的活动场所及相关的设施设备，以充分保障动物福利。

5.2 屠宰过程中的卫生防疫要求

5.2.1 对有绿色食品畜禽饲养基地的屠宰场，应对待宰畜禽进行查验并进行检验检疫。

5.2.2 对实施代宰的畜禽屠宰场，应与绿色食品畜禽饲养场签订委托屠宰或购销合同，并应对绿色食品畜禽饲养场进行定期评估和监控，对来自绿色食品畜禽饲养场的畜禽在出栏前进行随机抽样检验，检验不合格批次的畜禽不能进场接收。

5.2.3 只有出具准宰通知书的畜禽才可进入屠宰线。

5.2.4 畜禽屠宰应按照 GB/T 22569 的要求实施人道屠宰，宜满足动物福利要求。

5.3 畜禽屠宰场检验检疫要求

5.3.1 宰前检验

待宰畜禽应来自非疫区，健康状况良好。待宰畜禽入场前应进行相关资料查验。查验内容包括：相关检疫证明；饲料添加剂类型；兽药类型、施用期和休药期；疫苗种类和接种日期。生猪、肉牛、肉羊等进入屠宰场前，还应进行 β-受体激动剂自检；检测合格的方可进场。

5.3.2 宰前检疫

宰前检疫发现可疑病畜禽，应隔离观察，并按照 GB 16549 的规定进行详细的个体临床检查，必要时进行实验室检查。健康畜禽在留养待宰期间应随时进行临床观察，送宰前再进行一次群体检疫，剔除患病畜禽。

5.3.3 宰前检疫后的处理

5.3.3.1 发现疑似附录 A 所列疫病时，应按照 NY 467 的规定执行。畜禽待宰圈(区)、可疑病畜观察圈(区)、屠宰场所应严格消毒，采取防疫措施，并立即向当地兽医行政管理部门报告疫情，并按照国家相关规定进行处置。

5.3.3.2 发现疑似狂犬病、炭疽、布鲁氏菌病、弓形虫病、结核病、日本血吸虫病、囊尾蚴病、马鼻疽、兔黏液瘤病等疫病时，应实施生物安全处置，按照 GB 16548 的规定执行。畜禽待宰圈(区)、可疑病畜观察圈(区)、屠宰场所应严格消毒，采取防疫措施，并立即向当地兽医行政管理部门报告疫情。

5.3.3.3 发现除上述所列疫病外，患有其他疫病的畜禽，实行急宰，将病变部分剔除并销毁，其余部分按照 GB 16548 的规定进行生物安全处理。

5.3.3.4 对判为健康的畜禽，送宰前应由宰前检疫人员出具准宰通知书。

5.3.4 宰后检验检疫

5.3.4.1 畜禽屠宰后应立即进行宰后检验检疫，宰后检疫应在适宜的光照条件下进行。

5.3.4.2 头、蹄爪、内脏、胴体应按照 NY 467 的规定实施同步检疫，综合判定。必要时进行实验室检验。

5.3.5 宰后检验检疫后的处理

5.3.5.1 通过对内脏、胴体的检疫，做出综合判断和处理意见；检疫合格的畜禽产品，按照 NY 467 的规定进行分割和储存。

5.3.5.2 检疫不合格的胴体和肉品，应按照 GB 16548 的规定进行生物安全处理。

5.3.5.3 检疫合格的胴体和肉品，应加盖统一的检疫合格印章，签发检疫合格证。

5.4 记录

所有畜禽屠宰场的生产、销售和相应的检验检疫、处理记录，应保存 3 年以上。

附 录 A

（规范性附录）

畜禽不应患病种类名录

A.1 人畜共患病

口蹄疫、结核病、布鲁氏菌病、炭疽、狂犬病、钩端螺旋体病。

A.2 不同种属畜禽不应患病种类

A.2.1 猪：猪瘟、猪水泡病、高致病性猪繁殖与呼吸综合征、非洲猪瘟、猪丹毒、猪囊尾蚴病、旋毛虫病。

A.2.2 牛：牛瘟、牛传染性胸膜肺炎、牛海绵状脑病、日本血吸虫病。

A.2.3 羊：绵羊痘和山羊痘、小反刍兽疫、痒病、蓝舌病。

A.2.4 马属动物：非洲马瘟、马传染性贫血、马鼻疽、马流行性淋巴管炎。

A.2.5 兔：兔出血病、野兔热、兔黏液瘤病。

A.2.6 禽：高致病性禽流感、鸡新城疫、鸭瘟、小鹅瘟、禽衣原体病。

ICS 65.150
CCS B 50

中华人民共和国农业行业标准

NY/T 755—2022
代替 NY/T 755—2013

绿色食品　渔药使用准则

Green food—Guideline for application of fishery drugs

2022-07-11 发布
2022-10-01 实施

中华人民共和国农业农村部 发布

前　言

本文件按照 GB/T 1.1—2020《标准化工作导则　第 1 部分:标准化文件的结构和起草规则》的规定起草。

本文件代替 NY/T 755—2013《绿色食品　渔药使用准则》,与 NY/T 755—2013 相比,除结构性调整和编辑性改动外,主要技术变化如下:

a)　修改了基本要求(见 4.1,2013 年版第 4 章);

b)　修改了生产 A 级绿色食品渔药使用规定(见 4.1,2013 年版第 6 章);

c)　修改了渔药使用记录要求(见 4.4,2013 年版 6.6);

d)　修改了附录 A 中 A 级绿色食品生产允许使用的渔药清单(见附录 A,2013 年版附录 A、附录 B);

e)　允许使用的中药成方制剂和单方制剂渔药清单中,列出 37 种,包括七味板蓝根散、三黄散、大黄五倍子散、大黄末、大黄解毒散、山青五黄散、川楝陈皮散、五倍子末、六味黄龙散、双黄白头翁散、双黄苦参散、石知散、龙胆泻肝散、地锦草末、地锦鹤草散、百部贯众散、肝胆利康散、驱虫散、板蓝根大黄散、芪参散、苍术香连散、虎黄合剂、连翘解毒散、青板黄柏散、青连白贯散、青莲散、穿梅三黄散、苦参末、虾蟹脱壳促长散、柴黄益肝散、根莲解毒散、清热散、清健散、银翘板蓝根散、黄连解毒散、雷丸槟榔散、蒲甘散(见附录 A 表 A.1,2013 年版附录 A 中的 A.1、附录 B 中的 B.1);

f)　允许使用的化学渔药清单中,删除了 9 种,包括溴氯海因、复合碘溶液、高碘酸钠、苯扎溴铵溶液、过硼酸钠、过氧化钙、三氯异氰脲酸粉、盐酸氯苯胍粉、石灰(见 2013 年版附录 A 中的表 A.1、附录 B 中的表 B.1);增加了 3 种,包括亚硫酸氢钠甲萘醌粉、注射用复方绒促性素 A 型、注射用复方绒促性素 B 型(见附录 A 中的表 A.2);修订了 1 种,硫酸锌霉素改为硫酸新霉素粉(见附录 A 中的表 A.2,2013 年版附录 B 中的表 B.1);

g)　允许使用的渔用疫苗清单,增加了 2 种,包括大菱鲆迟钝爱德华氏菌活疫苗(EIBAV1 株)、草鱼出血病灭活疫苗;修订了 1 种,鱼嗜水气单胞菌败血症灭活疫苗改为嗜水气单胞菌败血症灭活疫苗;删除了 1 种,鲕鱼格氏乳球菌灭活疫苗(BY1 株)(见附录 A 中的表 A.3,2013 年版附录 A 中的表 A.1)。

本文件由农业农村部农产品质量安全监管司提出。

本文件由中国绿色食品发展中心归口。

本文件起草单位:中国水产科学研究院东海水产研究所、中国绿色食品发展中心、农业农村部渔业环境及水产品质量监督检验测试中心(西安)、上海海洋大学、中国水产科学研究院黄海水产研究所。

本文件主要起草人:么宗利、张宪、杨元昊、胡鲲、周德庆、来琦芳、周凯、高鹏程。

本文件及其所代替文件的历次版本发布情况为:

——2003 年首次发布为 NY/T 755—2003,2013 年第一次修订;

——本次为第二次修订。

引　言

　　绿色食品是指产自优良生态环境、按照绿色食品标准生产、实行全程质量控制并获得绿色食品标志使用权的安全、优质食用农产品及相关产品。绿色食品水产养殖用药坚持生态环保原则,渔药使用应保证水资源不遭受破坏,保护生物安全和生物多样性,保障生产水域质量稳定。

　　科学规范使用渔药是保证水产绿色食品质量安全的重要手段,2013年版规范了水产绿色食品的渔药使用,促进了水产绿色食品质量安全水平的提高。但是,随着新的兽药国家标准、食品安全国家标准、水产养殖业绿色发展要求陆续出台,渔药种类、使用限量和管理等出现了新变化、新规定,原版标准已不能满足水产绿色食品生产和管理新要求,急需对标准进行修订。

　　本次修订在遵循现有兽药国家标准和食品安全国家标准的基础上,立足绿色食品安全优质的要求,突出强调要建立良好养殖环境,提倡绿色健康养殖,尽量不用或者少用渔药,通过增强水产养殖动物自身的抗病力,减少疾病的发生。

绿色食品 渔药使用准则

1 范围

本文件规定了绿色食品生产中渔药使用的术语和定义、基本要求、生产绿色食品的渔药使用规定和渔药使用记录。

本文件适用于绿色食品水产养殖过程中渔药的使用和管理。

2 规范性引用文件

下列文件中的内容通过文中的规范性引用而构成本文件必不可少的条款。其中,注日期的引用文件,仅该日期对应的版本适用于本文件;不注日期的引用文件,其最新版本(包括所有的修改单)适用于本文件。

GB 11607　渔业水质标准

GB/T 19630　有机产品　生产、加工、标识与管理体系要求

GB 31650　食品安全国家标准　食品中兽药最大残留限量

NY/T 391　绿色食品　产地环境质量

SC/T 0004　水产养殖质量安全管理规范

SC/T 1132　渔药使用规范

中华人民共和国兽药典

中华人民共和国农业部公告第 2513 号　兽药质量标准

中华人民共和国农业部令第 31 号　水产养殖质量安全管理规定

3 术语和定义

下列术语和定义适用于本文件。

3.1

AA 级绿色食品　AA grade green food

产地环境质量符合 NY/T 391 的要求,遵照绿色食品标准生产,生产过程遵循自然规律和生态学原理,协调种植业和养殖业的平衡,不使用化学合成的肥料、农药、兽药、渔药、添加剂等物质,产品质量符合绿色食品产品标准,经专门机构许可使用绿色食品标志的产品。

3.2

A 级绿色食品　A grade green food

产地环境质量符合 NY/T 391 的要求,遵照绿色食品标准生产,生产过程遵循自然规律和生态学原理,协调种植业和养殖业的平衡,限量使用限定的化学合成生产资料,产品质量符合绿色食品产品标准,经专门机构许可使用绿色食品标志的产品。

3.3

渔药　fishery drug

水产养殖用兽药,用于预防、治疗、诊断水产养殖动物疾病或者有目的地调节其生理机能的物质。

3.4

渔用抗微生物药　fishery antimicrobial drug

抑制或杀灭病原微生物的渔药。

3.5

渔用抗寄生虫药　fishery antiparasitic drug

杀灭或驱除水产养殖动物体内、外或养殖环境中寄生虫的渔药。

3.6

渔用消毒剂 fishery disinfectant

用于水产动物体表、渔具和养殖环境消毒的渔药。

3.7

渔用环境改良剂 fishery environmental modifier

用于改善养殖水域环境的渔药。

3.8

渔用疫苗 fishery vaccine

预防水产养殖动物传染性疾病的生物制品。

3.9

渔用生理调节剂 fishery physiological regulator

调节水产养殖动物生理机能的血清制品、中药材、中成药、化学药品等。

3.10

休药期 withdrawal period/withdrawal time

从停止给药到水产养殖对象作为食品允许上市或加工的最短间隔时间。

4 要求

4.1 基本要求

4.1.1 水产品生产环境质量应符合 NY/T 391 的要求。生产者应按中华人民共和国农业部令第 31 号的规定实施健康养殖。采取各种措施避免应激,增强水产养殖动物自身的抗病力,减少疾病的发生。

4.1.2 按《中华人民共和国动物防疫法》的规定,加强水产养殖动物疾病的预防,在养殖生产过程中尽量不用或者少用药物。确需使用渔药时,应保证水资源不遭受破坏,保护生物安全和生物多样性,保障生产水域质量免受污染,用药后水质应满足 GB 11607 的要求。

4.1.3 渔药使用应符合《中华人民共和国兽药典》《兽药质量标准》《兽药管理条例》等有关规定。

4.1.4 在水产动物病害防控过程中,处方药应在执业兽医(水生动物类)的指导下使用。

4.1.5 严格按照说明书的用法、用量、休药期等使用渔药,禁止滥用药、减少用药量。

4.2 生产 AA 级绿色食品的渔药使用规定

执行 GB/T 19630 的相关规定。

4.3 生产 A 级绿色食品的渔药使用规定

4.3.1 可使用的药物种类

4.3.1.1 所选用的渔药应符合相关法律法规,获得国家兽药登记许可,并纳入国家基础兽药数据库兽药产品批准文号数据。

4.3.1.2 优先使用 GB/T 19630 规定的物质或投入品、GB 31650 规定的无最大残留限量要求的渔药。

4.3.1.3 允许使用的渔药清单见附录 A,附录中渔药使用规范参照 SC/T 1132 的规定执行。

4.3.2 不应使用的药物种类

4.3.2.1 不应使用国务院兽医行政管理部门规定禁止使用和中华人民共和国农业农村部公告中禁用和停用的药物。

4.3.2.2 不应使用药物饲料添加剂。

4.3.2.3 不应为了促进养殖水产动物生长而使用抗菌药物、激素或其他生长促进剂。

4.3.2.4 不使用假劣兽药和原料药、人用药、农药。

4.4 渔药使用记录

4.4.1 建立渔药使用记录,应符合 SC/T 0004 和 SC/T 1132 的规定,满足健康养殖的记录要求。

4.4.2 应建立渔药购买和出入库登记制度,记录至少包括药物的商品名称、通用名称、主要成分、生产单位、批号、数量、有效期、储存条件、出入库日期等。

4.4.3 应建立消毒、水产动物免疫、水产动物治疗等记录。各种记录应包括以下所列内容:

    a) 消毒记录,包括消毒剂名称、批号、生产单位、剂量、消毒方式、消毒频率或时间、养殖种类、规格、数量、水体面积、水深、水温、pH、溶解氧、氨氮、亚硝酸盐、消毒人员等;

    b) 水产动物免疫记录,包括疫苗名称、批号、生产单位、剂量、免疫方法、免疫时间、免疫持续时间、养殖种类、规格、数量、免疫人员等;

    c) 水产动物治疗记录,包括养殖种类、规格、数量、发病时间、症状、病死情况、药物名称、批号、生产单位、使用方法、剂量、用药时间、疗程、休药期、施药人员等,使用外用药还应记录用药时水体面积、水深、水温、pH、溶解氧、氨氮、亚硝酸盐等。

4.4.4 所有用药记录应当保存至该批水产品全部销售后2年以上。

附 录 A
（规范性）
A 级绿色食品生产允许使用的渔药清单

A.1 A 级绿色食品生产允许使用的中药成方制剂和单方制剂渔药清单

见表 A.1。

表 A.1 A 级绿色食品生产允许使用的中药成方制剂和单方制剂渔药清单

名称	备注
七味板蓝根散	清热解毒,益气固表。主治甲鱼白底板病、腮腺炎
三黄散(水产用)	清热解毒。主治细菌性败血症、烂鳃、肠炎和赤皮
大黄五倍子散	清热解毒,收湿敛疮。主治细菌性肠炎、烂鳃、烂肢、疖疮与腐皮病
大黄末(水产用)	健胃消食,泻热通肠,凉血解毒,破积行瘀。主治细菌性烂鳃、赤皮病、腐皮和烂尾病
大黄解毒散	清热燥湿,杀虫。主治败血症
山青五黄散	清热泻火,理气活血。主治细菌性烂鳃、肠炎、赤皮和败血症
川楝陈皮散	驱虫,消食。主治绦虫病、线虫病
五倍子末	敛疮止血。主治水产养殖动物水霉病、鳃霉病
六味黄龙散	清热燥湿,健脾理气。预防虾白斑综合征
双黄白头翁散	清热解毒,凉血止痢。主治细菌性肠炎
双黄苦参散	清热解毒。主治细菌性肠炎、烂鳃与赤皮
石知散(水产用)	泻火解毒,清热凉血。主治鱼细菌性败血症病
龙胆泻肝散(水产用)	泻肝胆实火,清三焦湿热。主要用于治疗鱼类、虾、蟹等水产动物的脂肪肝、肝中毒、急性或亚急性肝坏死及胆囊肿大、胆汁变色等病症
地锦草末	清热解毒,凉血止血。防治由弧菌、气单胞菌等引起鱼肠炎、败血症等细菌性疾病
地锦鹤草散	清热解毒,止血止痢。主治烂鳃、赤皮、肠炎、白头白嘴等细菌性疾病
百部贯众散	杀虫,止血。主治黏孢子虫病
肝胆利康散	清肝利胆。主治肝胆综合征
驱虫散(水产用)	驱虫。辅助性用于寄生虫的驱除
板蓝根大黄散	清热解毒。主治鱼类细菌性败血症、细菌性肠炎
芪参散	扶正固本。用于增强水产动物的免疫功能,提高抗应激能力
苍术香连散(水产用)	清热燥湿。主治细菌性肠炎
虎黄合剂	清热,解毒,杀虫。主治嗜水气单胞菌感染
连翘解毒散	清热解毒,祛风除湿。主治黄鳝、鳗鲡发狂病
青板黄柏散	清热解毒。主治细菌性败血症、肠炎、烂鳃、竖鳞与腐皮
青连白贯散	清热解毒,凉血止血。主治细菌性败血症、肠炎、赤皮病、打印病与烂尾病
青莲散	清热解毒。主治细菌感染引起的肠炎、出血与败血症
穿梅三黄散	清热解毒。主治细菌性败血症、肠炎、烂鳃与赤皮病
苦参末	清热燥湿,驱虫杀虫。主治鱼类车轮虫、指环虫、三代虫病等寄生虫病以及细菌性肠炎、出血性败血症
虾蟹脱壳促长散	促脱壳,促生长。用于虾、蟹脱壳迟缓
柴黄益肝散	清热解毒,保肝利胆。主治鱼肝肿大、肝出血和脂肪肝
根莲解毒散	清热解毒,扶正健脾,理气化食。主治细菌性败血症、赤皮和肠炎
清热散(水产用)	清热解毒,凉血消斑。主治鱼病毒性出血病
清健散	清热解毒,益气健胃。主治细菌性肠炎

表 A.1（续）

名称	备注
银翘板蓝根散	清热解毒。主治对虾白斑病,河蟹颤抖病
黄连解毒散(水产用)	泻火解毒。用于鱼类细菌性、病毒性疾病的辅助性防治
雷丸槟榔散	驱杀虫。主治车轮虫病和锚头鳋病
蒲甘散	清热解毒。主治细菌感引起的性败血症、肠炎、烂鳃、竖鳞与腐皮
注:新研制且国家批准用于水产养殖的中草药及其成药制剂渔药适用于本文件。	

A.2 A级绿色食品生产允许使用的化学渔药清单

见表 A.2。

表 A.2 A级绿色食品生产允许使用的化学渔药清单

类别	名称	备注
渔用环境改良剂	过氧化氢溶液(水产用)	增氧剂。用于增加水体溶解氧
	过碳酸钠(水产用)	水质改良剂。用于缓解和解除鱼、虾、蟹等水产养殖动物因缺氧引起的浮头和泛塘
渔用抗寄生虫药	地克珠利预混剂(水产用)	抗原虫药。用于防治鲤科鱼类黏孢子虫、碘泡虫、尾孢虫、四极虫、单极虫等孢子虫病
	阿苯达唑粉(水产用)	抗蠕虫药。主要用于治疗海水养殖鱼类由双鳞盘吸虫、贝尼登虫引起的寄生虫病,淡水养殖鱼类由指环虫、三代虫等引起的寄生虫病
	硫酸锌三氯异氰脲酸粉(水产用)	杀虫药。用于杀灭或驱除河蟹、虾类等水产养殖动物的固着类纤毛虫
	硫酸锌粉(水产用)	杀虫剂。用于杀灭或驱除河蟹、虾类等水产养殖动物的固着类纤毛虫
渔用抗微生物药	氟苯尼考注射液	酰胺醇类抗生素。用于巴氏杆菌和大肠埃希菌感染
	氟苯尼考粉	酰胺醇类抗生素。用于巴氏杆菌和大肠埃希菌感染
	盐酸多西环素粉(水产用)	四环素类抗生素。用于治疗鱼类由弧菌、嗜水气单胞菌、爱德华氏菌等引起的细菌性疾病
	硫酸新霉素粉(水产用)	氨基糖苷类抗生素。用于治疗鱼、虾、河蟹等水产动物由气单胞菌、爱德华氏菌及弧菌等引起的肠道疾病
渔用生理调节剂	亚硫酸氢钠甲萘醌粉(水产用)	维生素类药。用于辅助治疗鱼、鳗、鳖等水产养殖动物的出血、败血症
	注射用复方绒促性素 A 型(水产用)	激素素类药。用于鲢、鳙亲鱼的催产
	注射用复方绒促性素 B 型(水产用)	用于鲢、鳙鱼的催产
	维生素 C 钠粉(水产用)	维生素类药。用于预防和治疗水产动物的维生素 C 缺乏症
渔用消毒剂	次氯酸钠溶液(水产用)	消毒药。用于养殖水体的消毒。防治鱼、虾、蟹等水产养殖动物由细菌性感染引起的出血、烂鳃、腹水、肠炎、疖疮、腐皮等疾病
	含氯石灰(水产用)	消毒药。用于水体的消毒,防治水产养殖动物由弧菌、嗜水气单胞菌、爱德华氏菌等引起的细菌性疾病
	蛋氨酸碘溶液	消毒药。用于对虾白斑综合征。水体、对虾和鱼类体表消毒
	聚维酮碘溶液(水产用)	消毒防腐药。用于养殖水体的消毒。防治水产养殖动物由弧菌、嗜水气单胞菌、爱德华氏菌等引起的细菌性疾病
注:国家新禁用或列入限用的渔药自动从该清单中删除。		

A.3 A级绿色食品生产允许使用的渔用疫苗清单

见表 A.3。

表 A.3 A级绿色食品生产允许使用的渔用疫苗清单

名称	备注
大菱鲆迟缓爱德华氏菌活疫苗(EIBAV1 株)	预防由迟缓爱德华氏菌引起的大菱鲆腹水病,免疫期为 3 个月

表 A.3（续）

名称	备注
牙鲆鱼溶藻弧菌、鳗弧菌、迟缓爱德华病多联抗独特型抗体疫苗	预防牙鲆鱼溶藻弧菌、鳗弧菌、迟缓爱德华病。免疫期为 5 个月
鱼虹彩病毒病灭活疫苗	预防真鲷、鰤鱼属、拟鲹的虹彩病毒病
草鱼出血病灭活疫苗	预防草鱼出血病。免疫期 12 个月
草鱼出血病活疫苗(GCHV-892 株)	预防草鱼出血病
嗜水气单胞菌败血症灭活疫苗	预防淡水鱼类特别是鲤科鱼的嗜水气单胞菌败血症,免疫期为 6 个月
注:国家新禁用或列入限用的渔药自动从该清单中删除。	

ICS 67.120.30
X 20

中华人民共和国农业行业标准

NY/T 1891—2010

绿色食品　海洋捕捞水产品
生产管理规范

Green food—Manufacturing practice standard of ocean fishery products

2010-05-20 发布

2010-09-01 实施

中华人民共和国农业部 发布

前　言

本标准由中国绿色食品发展中心提出并归口。

本标准起草单位：广东海洋大学、国家海产品质量监督检验中心（湛江）。

本标准主要起草人：黄和、刘亚、陈倩、吴红棉、罗林、李秀娟、陈宏、曹湛慧。

绿色食品　海洋捕捞水产品生产管理规范

1　范围

本标准规定了海洋捕捞水产品渔业捕捞许可要求、人员要求、渔船卫生要求、捕捞作业要求、渔获物冷却处理、渔获物冻结操作、渔获物装卸操作、渔获物运输和储存等。

本标准适用于绿色食品海洋捕捞水产品的生产管理。

2　规范性引用文件

下列文件对于本文件的应用是必不可少的。凡是注日期的引用文件，仅注日期的版本适用于本文件。凡是不注日期的引用文件，其最新版本（包括所有的修改单）适用于本文件。

GB 5749　生活饮用水卫生标准

GB/T 23871　水产品加工企业卫生管理规范

NY/T 392　绿色食品　食品添加剂使用准则

SC 5010　塑料鱼箱

SC/T 9003　水产品冻结盘

3　渔业捕捞许可要求

3.1　渔船应向相关部门申请登记，取得船舶技术证书，方可从事渔业捕捞。

3.2　捕捞应经主管机关批准并领取渔业捕捞许可证，在许可的捕捞区域进行作业。

4　人员要求

4.1　从事海洋捕捞的人员应培训合格，持证上岗。

4.2　从事海洋捕捞及相关岗位的人员应每年体检一次，必要时应进行临时性的健康检查，具备卫生部门的健康证书，建立健康档案。凡患有活动性肺结核、传染性肝炎、肠道传染病以及其他有碍食品卫生的疾病之一者，应调离工作岗位。

4.3　应注意个人卫生，工作服、雨靴、手套应及时更换，清洗消毒。

5　渔船卫生要求

5.1　生产用水和冰的要求

5.1.1　渔船生产用水及制冰用水应符合 GB 5749 的规定。

5.1.2　使用的海水应为清洁海水，经充分消毒后使用，并定期检测。

5.1.3　冰的制造、破碎、运输、储存应在卫生条件下进行。

5.2　化学品的使用要求

清洗剂、消毒剂和杀虫剂等化学品应有标注成分、保存和使用方法等内容的标签，单独存放保管，并做好库存和使用记录。

5.3　基本设施要求

5.3.1　存放及加工捕捞水产品的区域应与机房和人员住处有效隔离并确保不受污染。

5.3.2　加工设施应不生锈、不发霉，其设计应确保融冰水不污染捕捞水产品。

5.3.3　存放水产品的容器应由无毒害、防腐蚀的材料制作，并易于清洗和消毒，使用前后应彻底清洗和消毒。

5.3.4　与渔获物接触的任何表面应无毒、易清洁，并与渔获物、消毒剂、清洁剂不应起化学反应。

NY/T 1891—2010

5.3.5 饮用水与非饮用水管线应有明显的识别标志,避免交叉污染。

5.3.6 配备温度记录装置,并应安装在温度最高的地方。

5.3.7 塑料鱼箱的要求应符合 SC 5010 的规定。

5.3.8 生活设施和卫生设施应保持清洁卫生,卫生间应配备洗手消毒设施。

6 捕捞作业要求

6.1 捕捞机械及设备应保持完好、清洁。

6.2 捕捞作业的区域和器具应防止化学品、燃料或污水等的污染。

6.3 捕捞操作中,应注意人员安全,防止渔获物被污染、损伤。

6.4 渔获物应及时清洗,进行冷却处理,并应防止损伤鱼体。无冷却措施的渔获物在船上存放不应超过 8 h。

6.5 作业区域、设施以及船舱、储槽和容器每次使用前后应清洗和消毒。

6.6 保存必要的作业和温度记录。

7 渔获物冷却处理

7.1 冰鲜操作要求

7.1.1 鱼舱底层应用碎冰铺底,厚度一般为 200 mm～400 mm。

7.1.2 鱼箱摆放整齐,鱼箱之间、鱼箱与鱼舱之间的空隙用冰填充。鱼箱叠放不应压损渔获物。

7.1.3 冰鲜过程中要经常检查、松冰或添冰,防止冰结壳或缺冰(或脱水)。

7.1.4 污染、异味或体形较大的渔获物应和其他渔获物分舱进行冰鲜处理。

7.1.5 渔获物入舱后应及时关鱼舱舱门。需要开启鱼舱时,应尽量缩短开舱时间。

7.1.6 及时抽舱底水,勿使水漫出舱底板。

7.1.7 食品添加剂的使用应符合 NY/T 392 的规定。

7.2 冷却海水操作要求

7.2.1 船舱海水应注入和排出充分。

7.2.2 鱼舱四周上下均需设置隔热设施,并配备自动温度记录装置。

7.2.3 冷却海水应满舱,舱盖需水密,以避免船体摇晃时引起渔获物擦伤。

7.2.4 舱内海水温度应保持在－1℃～1℃,以确保渔获物和海水的混合物在 6 h 内降至 3℃,16 h 内降至 0℃。

8 渔获物冻结操作

8.1 冻结基本要求

8.1.1 冻结用水应经预冷,水温不应高于 4℃。

8.1.2 冻结设施可使产品中心温度达到－18℃以下。

8.1.3 冻藏库温度应保持在－18℃以下。

8.2 冻结温度

8.2.1 冻结之前渔获物的中心温度应低于 20℃。

8.2.2 冻结前,其房间或设备应进行必要的预冷却。

8.2.3 吹风式冻结,其室内空气温度不应高于－23℃;接触式(平板式、搁架式)冻结,其设备表面温度不应高于－28℃。

8.2.4 冻结终止,冻品的中心温度不应高于－18℃。

8.2.5 冻结间应配备温度测定装置,并在计量检定有效期内使用。保持温度记录。

8.3 冻结时间

冻结过程不应超过 20 h,单个冻结及接触式平板冻结的冻结时间不应超过 8 h。

8.4 镀冰衣

8.4.1 渔获物冻结脱盘后即进行镀冰衣。

8.4.2 用于镀冰衣的水需经预冷或加冰冷却,水温不应高于 4℃。

8.4.3 镀冰衣应适量、均匀透明。

9 其他加工

应符合 GB/T 23871 的规定。

10 渔获物装卸操作

10.1 要求

10.1.1 装卸渔获物的设备(起舱机、胶带输送机、车辆或吸鱼泵等)应保持完好、清洁。

10.1.2 设备运行作业时,对鱼体不应有机械损伤,不应有外溢的润滑油污染鱼体。

10.1.3 运输工具应保持清洁、干燥,每次生产任务完成后,应清洗并消毒备用。

10.1.4 装卸场地应清洁,并有专用保温库堆放箱装渔获物。

10.1.5 地面平整,不透水积水,内墙、室内柱子下部应有 1.5 m 高的墙裙,其材料应无毒、易清洗。

10.1.6 应有畅通的排水系统,且便于清除污物。

10.1.7 应设有存放有毒鱼的专用容器,并标有特殊标识,且结构严密、便于清洗。

10.2 操作

10.2.1 散装渔获物装箱时,应避免高温及机械损伤。不应装得过满,以免外溢。

10.2.2 卸下的渔获物应及时进入冷藏库或冷藏车内暂存,并按品种、等级、质量分别堆放。

10.2.3 对有毒水产品应进行严格分拣和收集管理。

11 渔获物运输和储存

11.1 运输

11.1.1 运输工具应保持清洁,定期清洗消毒。运输时,不应与其他可能污染水产品的物品混装。

11.1.2 运输过程中,冷藏水产品温度宜保持在 0℃～4℃;冻藏水产品温度应控制在 -18℃以下。

11.2 储存

11.2.1 库内物品与墙壁距离不宜少于 30 cm,与地面距离不宜少于 10 cm,与天花板保持一定的距离,并分垛存放,标识清楚。

11.2.2 冷藏库、速冻库、冻藏库应配备温度记录装置,并定期校准。冷藏库的温度宜控制在 0℃～4℃;冻藏库温度应控制在 -18℃以下;速冻库温度应控制在 -28℃以下。

11.2.3 储存库内应清洁、整齐,不应存放可能造成相互污染或者串味的食品。应设有防霉、防虫、防鼠设施,定期消毒。

第三部分
绿色食品产品标准

ICS 67.160.10
CCS X 61

中华人民共和国农业行业标准

NY/T 273—2021
代替 NY/T 273—2012

绿色食品　啤酒

Green food—Beer

2021-05-07 发布
2021-11-01 实施

中华人民共和国农业农村部 发布

前　言

本文件按照 GB/T 1.1—2020《标准化工作导则　第 1 部分:标准化文件的结构和起草规则》的规定起草。

本文件代替 NY/T 273—2012《绿色食品　啤酒》,与 NY/T 273—2012 相比,除结构调整和编辑性改动外,主要技术变化如下:

a)　删除了产品分类(见 2012 年版的第 4 章);

b)　修改了原料要求,增加了生产过程要求(见 4.1、4.2,2012 年版的 5.2);

c)　修改了感官要求的指标和文字描述(见表 1,2012 年版的表 1);

d)　修改了理化指标,调整了啤酒的酒精度、原麦汁浓度和二氧化碳的指标和文字描述,修改了酒精度的检验方法;删除了总酸和双乙酰的限量值(见表 2,2012 年版的表 2);

e)　删除了无机砷的指标,增加了总砷的指标;修改了甲醛的限量值,修改了铅、甲醛、二氧化硫残留量、硝酸盐和黄曲霉毒素 B_1 的检验方法(见表 3,2012 年版的表 3、附录 A 表 A.1、附录 B、附录 C、附录 D);

f)　删除了志贺氏菌的指标(见表 4,2011 年版的表 4);

g)　对检验规则、标签、包装、运输和储存进行了适当修改(见第 5、6、7 章,2012 年版的第 6、7、8 章)。

本文件由农业农村部农产品质量安全监管司提出。

本文件由中国绿色食品发展中心归口。

本文件起草单位:广东省农业科学院农业质量标准与监测技术研究所、中国绿色食品发展中心、广东农科监测科技有限公司、农业农村部农产品及加工品质量监督检验测试中心(广州)、青岛市华测检测技术有限公司、梅州市农产品质量监督检验测试中心、北京燕京啤酒股份有限公司、杭州千岛湖啤酒有限公司、广东省农业标准化协会。

本文件主要起草人:赵洁、张志华、陈岩、刘雯雯、杨慧、朱娜、曾祥银、贾凤超、张燕燕、杨祥根、宋玉梅、王富华。

本文件及其所代替文件的历次版本发布情况为:

——1995 年首次发布为 NY/T 273—1995,2002 年第一次修订,2012 年第二次修订;

——本次为第三次修订。

绿色食品　啤酒

1　范围

本文件规定了绿色食品啤酒的术语和定义、要求、检验规则、标签、包装、运输和储存。

本文件适用于绿色食品啤酒。

2　规范性引用文件

下列文件中的内容通过文中的规范性引用而构成本文件必不可少的条款。其中，注日期的引用文件，仅该注日期对应的版本适用于本文件；不注日期的引用文件，其最新版本（包括所有的修改单）适用于本文件。

GB/T 191　包装储运图示标志

GB 2758　食品安全国家标准　发酵酒及其配制酒

GB 4544　啤酒瓶

GB 4789.2　食品安全国家标准　食品微生物学检验　菌落总数测定

GB 4789.3　食品安全国家标准　食品微生物学检验　大肠菌群计数

GB 4789.4　食品安全国家标准　食品微生物学检验　沙门氏菌检验

GB 4789.10　食品安全国家标准　食品微生物学检验　金黄色葡萄球菌检验

GB/T 4927　啤酒

GB/T 4928　啤酒分析方法

GB 5009.11　食品安全国家标准　食品中总砷及无机砷的测定

GB 5009.12　食品安全国家标准　食品中铅的测定

GB 5009.22　食品安全国家标准　食品中黄曲霉毒素 B 族和 G 族的测定

GB 5009.33　食品安全国家标准　食品中亚硝酸盐与硝酸盐的测定

GB 5009.34　食品安全国家标准　食品中二氧化硫的测定

GB/T 5009.49　发酵酒及其配制酒卫生标准的分析方法

GB 5009.225　食品安全国家标准　酒中乙醇浓度的测定

GB/T 5738　瓶装酒、饮料塑料周转箱

GB/T 6543　运输包装用单瓦楞纸箱和双瓦楞纸箱

GB 7718　食品安全国家标准　预包装食品标签通则

GB 8952　食品安全国家标准　啤酒生产卫生规范

GB/T 9106.1　包装容器　两片罐　第 1 部分：铝易开盖铝罐

GB/T 9106.2　包装容器　两片罐　第 2 部分：铝易开盖钢罐

GB/T 13521　冠形瓶盖

GB 14881　食品安全国家标准　食品生产通用卫生规范

GB/T 17714　啤酒桶

GB/T 18455　包装回收标志

JJF 1070　定量包装商品净含量计量检验规则

NY/T 391　绿色食品　产地环境质量

NY/T 392　绿色食品　食品添加剂使用准则

NY/T 658　绿色食品　包装通用准则

NY/T 896　绿色食品　产品抽样准则

NY/T 1055　绿色食品　产品检验规则

NY/T 1056 绿色食品 储藏运输准则

国家质量监督检验检疫总局令 2005 年第 75 号 定量包装商品计量监督管理办法

3 术语和定义

GB 4927 界定的术语和定义适用于本文件。

4 要求

4.1 原料要求

4.1.1 原料应符合相应的绿色食品标准的要求。

4.1.2 加工用水应符合 NY/T 391 的规定。

4.1.3 食品添加剂应符合 NY/T 392 的规定。

4.2 生产过程

应符合 GB 14881 及 GB 8952 的规定。

4.3 感官要求

应符合表 1 的规定。

表 1 感官要求

项目			指标	检验方法
外观	浊度[a]，EBC		≤0.9	GB/T 4928
	悬浮物或沉淀物		允许有肉眼可见的微细悬浮物和沉淀物(非外来物)	
泡沫	形态		泡沫细腻	
	泡持性[b]，s	瓶装	≥180	
		听装	≥150	
	滋味		滋味纯正、爽口，酒体协调，柔和	
	气味		特征香气明显，无异香、异味	
[a] 仅适用于色度 ≤ 14 EBC 的淡色啤酒。				
[b] 不适用于桶装啤酒、无醇啤酒、低醇啤酒、果蔬汁型啤酒、果蔬味型啤酒、酸啤酒和酒精度≥7.0% vol 的啤酒。				

4.4 理化指标

应符合表 2 的规定。

表 2 理化要求

项目	指标	检验方法
酒精度[a]，(%vol)	≥2.5	GB 5009.225
原麦汁浓度[b]，°P	X	GB/T 4928
二氧化碳(质量分数)[c]，%	≤0.65	
蔗糖转化酶[d]	呈阳性	
[a] 不适用于低醇啤酒、无醇啤酒;酒精度实测值与标签标示值不允许负偏差，允许的正偏差为 1.0% vol。		
[b] "X"为标签上标注的原麦汁浓度，≥10.0°P 允许的负偏差为"−0.3°P";<10.0°P 允许的负偏差为"−0.2°P"。		
[c] 不适用于桶装(生、熟)啤酒。		
[d] 仅适用于生啤酒。		

4.5 污染物限量和食品添加剂限量

应符合相关食品安全国家标准的规定,同时符合表 3 的规定。

表 3 污染物限量和食品添加剂限量

项目	指标	检验方法
铅(以 Pb 计)，mg/L	≤0.1	GB 5009.12
总砷(以 As 计)，mg/L	≤0.05	GB 5009.11

表 3（续）

项目	指标	检验方法
甲醛，mg/L	≤0.5	GB/T 5009.49
二氧化硫残留量（以 SO₂ 计），mg/L	≤10	GB 5009.34
硝酸盐（以 NO₃⁻ 计），mg/L	≤25	GB 5009.33
黄曲霉毒素 B₁，μg/L	≤5	GB 5009.22

4.6 微生物限量

应符合表 4 的规定。

表 4 微生物限量

项目	指标	检验方法
菌落总数ᵃ，CFU/mL	≤50	GB 4789.2
大肠菌群，MPN/mL	≤3	GB 4789.3
ᵃ 仅适用于生啤酒、熟啤酒。		

4.7 净含量

应符合国家质量监督检验检疫总局令 2005 年第 75 号的规定，检验方法按 JJF 1070 的规定执行。

5 检验规则

申报绿色食品应按照本文件中 4.3～4.7 以及附录 A 所确定的项目进行检验。每批产品交收（出厂）前，都应进行交收（出厂）检验，交收（出厂）检验内容包括包装、标志、标签、净含量、感官、理化指标、菌落总数和大肠菌群。其他要求应符合 NY/T 1055 的规定。

6 标签

应符合 GB 2758 及 GB 7718 的规定。此外，绿色食品啤酒包装上应有包装回收标志，包装回收标志应符合 GB/T 18455 的规定。

7 包装、运输和储存

7.1 包装

产品包装应按 NY/T 658 的规定执行，包装储运图示标志应符合 GB/T 191 规定。还应符合以下规定：

a) 瓶装啤酒，应使用符合 GB 4544 有关要求的玻璃瓶和符合 GB/T 13521 有关要求的瓶盖；

b) 听装啤酒，应使用有足够耐受压力的包装容器包装。如：铝易开盖两片罐，并应符合 GB/T 9106.1 和 GB/T 9106.2 的有关要求；

c) 桶装啤酒，应使用符合 GB/T 17714 有关要求的啤酒桶；

d) 产品应封装严密，不应有漏气、漏酒现象；

e) 瓶装啤酒外包装应使用符合 GB/T 6543 要求的瓦楞纸箱、符合 GB/T 5738 要求的塑料周转箱，或者使用软塑整体包装。瓶装啤酒不应只用绳捆扎出售。

注：当使用自动包装机打包时，瓦楞纸箱内允许无间隔材料。

7.2 运输和储存

产品运输和储存按 NY/T 1056 的规定执行，还应符合以下规定：

a) 搬运啤酒时，应轻拿轻放，不应扔摔，应避免撞击和挤压；

b) 啤酒不应与有毒、有害、有腐蚀性、易挥发或有异味的物品混装、混储、混运；

c) 啤酒宜在 5 ℃～25 ℃ 下运输和储存；低于或高于此温度范围，宜采取相应的防冻或防热措施；

d) 啤酒宜储存于阴凉、干燥、通风的库房中；不应露天堆放，严防日晒、雨淋；不应与潮湿地面直接接触。

附　录　A
（规范性）
绿色食品啤酒产品申报检验项目

表 A.1 规定了除 4.3～4.7 所列项目外,依据食品安全国家标准和绿色食品生产实际情况,绿色食品申报检验还应检验的项目。

表 A.1　微生物项目

项目	采样方案及限量			检验方法
	n	c	m	
沙门氏菌	5	0	0/25 mL	GB 4789.4
金黄色葡萄球菌	5	0	0/25 mL	GB 4789.10
注:n 为同一批次产品应采集的样品件数;c 为最大可允许超出 m 值的样品数;m 为致病菌指标可接受水平的限量值。				

ICS 67.160.10
X 60

中华人民共和国农业行业标准

NY/T 274—2014
代替 NY/T 274—2004

绿色食品 葡萄酒

Green food—Wine

2014-10-17 发布
2015-01-01 实施

中华人民共和国农业部 发布

前　　言

本标准按照 GB/T 1.1—2009 给出的规则起草。

本标准代替 NY/T 274—2004《绿色食品　葡萄酒》。与 NY/T 274—2004 相比，除编辑性修改外，主要技术变化如下：

——增加了术语和定义；

——要求中增加了所有产品中均不得添加合成着色剂、甜味剂、香精、增稠剂的要求；

——滴定酸（总酸）指标改为以实测值表示；容量偏差指标改为净含量要求；

——删除了砷、黄曲霉毒素 B_1、志贺氏菌、溶血性链球菌项目和指标；

——增加了甲醇、柠檬酸、糖精钠、环己氨基磺酸钠（甜蜜素）、乙酰磺胺酸钾（安赛蜜）、多菌灵、甲霜灵、呋喃丹、氧化乐果、合成着色剂、诱惑红项目和指标。

本标准由农业部农产品质量安全监管局提出。

本标准由中国绿色食品发展中心归口。

本标准起草单位：农业部食品质量监督检验测试中心（济南）、山东省标准化研究院。

本标准主要起草人：滕葳、李倩、柳琪、张树秋、王磊、王玉涛、丁蕊艳。

本标准的历次版本发布情况为：

——NY/T 274—2004。

绿色食品 葡萄酒

1 范围

本标准规定了绿色食品葡萄酒的术语和定义、分类、要求、检验规则、标志和标签、包装、运输和储存。

本标准适用于经发酵等工艺酿制而成的绿色食品葡萄酒。

2 规范性引用文件

下列文件对于本文件的应用是必不可少的。凡是注日期的引用文件,仅注日期的版本适用于本文件。凡是不注日期的引用文件,其最新版本(包括所有的修改单)适用于本文件。

GB/T 191 包装储运图示标志

GB 4789.1 食品安全国家标准 食品微生物学检验 总则

GB 4789.2 食品安全国家标准 食品微生物学检验 菌落总数测定

GB 4789.3 食品安全国家标准 食品微生物学检验 大肠菌群计数

GB 4789.4 食品安全国家标准 食品微生物学检验 沙门氏菌检验

GB 4789.10 食品安全国家标准 食品微生物学检验 金黄色葡萄球菌检验

GB 5009.12 食品安全国家标准 食品中铅的测定

GB/T 5009.28 食品中糖精钠的测定

GB/T 5009.35 食品中合成着色剂的测定

GB/T 5009.97 食品中环己氨基磺酸钠的测定

GB/T 5009.140 饮料中乙酰磺胺酸钾的测定

GB/T 5009.141 食品中诱惑红的测定

GB 7718 食品安全国家标准 预包装食品标签通则

GB 10344 预包装饮料酒标签通则

GB 12696 葡萄酒厂卫生规范

GB 15037 葡萄酒

GB/T 15038 葡萄酒、果酒通用试验方法

GB/T 23206 果蔬汁、果酒中 512 种农药及相关化学品残留量的测定 液相色谱—串联质谱法

GB/T 23495 食品中苯甲酸、山梨酸和糖精钠的测定 高效液相色谱法

JJF 1070 定量包装商品净含量计量检验规则

NY/T 392 绿色食品 食品添加剂使用准则

NY/T 658 绿色食品 包装通用准则

NY/T 1055 绿色食品 产品检验规则

NY/T 1056 绿色食品 储藏运输准则

国家质量监督检验检疫总局令 2005 年第 75 号 定量包装商品计量监督管理办法

中国绿色食品商标标志设计使用规范手册

3 术语和定义

GB 15037 界定的术语和定义适用于本文件。

4 分类

4.1 按色泽分

4.1.1 白葡萄酒。

4.1.2 桃红葡萄酒。

4.1.3 红葡萄酒。

4.2 按含糖量分

4.2.1 干葡萄酒。

4.2.2 半干葡萄酒。

4.2.3 半甜葡萄酒。

4.2.4 甜葡萄酒。

4.3 按二氧化碳含量分

4.3.1 平静葡萄酒。

4.3.2 起泡葡萄酒。

4.3.2.1 高泡葡萄酒。

4.3.2.2 低泡葡萄酒。

5 要求

5.1 原料要求

5.1.1 原料应符合绿色食品标准规定。

5.1.2 食品添加剂应符合 NY/T 392 的规定。

5.2 生产过程

应符合 GB 12696 的规定。

5.3 感官要求

应符合表 1 的规定。

表 1 感官要求

项　目	品　种	要　求	检验方法
色泽	白葡萄酒	近似无色,微黄带绿、浅黄、禾秆黄、金黄色	GB/T 15038
	红葡萄酒	紫红、深红、宝石红、红微带棕色、棕红色	
	桃红葡萄酒	桃红、淡玫瑰红、浅红色	
澄清程度		澄清、有光泽,无明显悬浮物(使用软木塞封口的酒允许有 3 个以下不大于 1 mm 的软木渣,封装超过 18 个月的红葡萄酒允许有少量沉淀)	
起泡程度		起泡葡萄酒注入杯中时,应有微细的串珠状气泡升起,并有一定的持续性	
香气		具有纯正、浓郁、优雅、怡悦、和谐的果香与酒香,陈酿型的葡萄酒还应具有陈酿香。加香葡萄酒还应有和谐的芳香植物香	
滋味	干、半干葡萄酒	具有纯正、优雅、爽怡的口味和新鲜悦人的果香味,酒体丰满、完整、回味绵长	
	甜、半甜葡萄酒	具有甘甜醇厚的口味和陈酿的酒香味,酸甜协调,酒体丰满、完整、回味绵长	
	起泡葡萄酒	具有清新、优美、醇正、和谐、悦人的口味和发酵起泡酒的特有香味,有杀口力 加香葡萄酒具有醇厚、爽舒的口味和谐调的芳香植物香味,酒体丰满、完整	
典型性		具有标示的葡萄品种及产品类型应有的特征和风格	

5.4 理化指标

应符合表 2 的规定。

表 2　理化指标

项　目			指　标	检验方法
酒精度ª(20℃),%vol			≥8.0	
总糖ᵈ(以葡萄糖计),g/L	平静葡萄酒 低泡葡萄酒	干葡萄酒ᵇ	≤4.0	
			≤9.0 [总糖与滴定酸(以酒石酸计) 的差值小于或等于2.0 g/L时]	
		半干葡萄酒ᶜ	4.1~12.0	
			12.1~18.0 [总糖与滴定酸(以酒石酸计) 的差值小于或等于2.0 g/L时]	
		半甜葡萄酒	12.1~45.0	
		甜葡萄酒	≥45.1	
	高泡葡萄酒	天然型高泡葡萄酒	≤12.0(允许差为3.0)	GB/T 15038
		绝干型高泡葡萄酒	12.1~17.0(允许差为3.0)	
		干型高泡葡萄酒	17.1~32.0(允许差为3.0)	
		半干型高泡葡萄酒	32.1~50.0	
		甜型高泡葡萄酒	≥50.1	
干浸出物,g/L	白葡萄酒		≥16.0	
	桃红葡萄酒		≥17.0	
	红葡萄酒		≥18.0	
挥发酸(以乙酸计),g/L			≤1.0	
柠檬酸,g/L	干、半干、半甜葡萄酒		≤1.0	
	甜葡萄酒		≤2.0	
二氧化碳(20℃),MPa	低泡葡萄酒	<250 mL/瓶	0.05~0.29	
		≥250 mL/瓶	0.05~0.34	
	高泡葡萄酒	<250 mL/瓶	≥0.30	
		≥250 mL/瓶	≥0.35	
铁(以Fe计),mg/L			≤8.0	
铜(以Cu计),mg/L			≤0.5	
甲醇,mg/L	白、桃红葡萄酒		≤250	
	红葡萄酒		≤400	

总酸(以酒石酸计,g/L)不作要求,以实测值表示;检验方法按GB/T 15038规定执行。
特种葡萄酒按相应的产品标准执行。

ª　酒精度标签标示值与实测值不应超过±1.0(%vol)。
ᵇ　当总糖与总酸(以酒石酸计)的差值小于或等于2.0 g/L时,含糖量最高9.0 g/L。
ᶜ　当总糖与总酸(以酒石酸计)的差值小于或等于2.0 g/L时,含糖量最高18.0 g/L。
ᵈ　低泡葡萄酒总糖的要求同平静葡萄酒。

5.5　污染物、农药残留、食品添加剂和真菌毒素限量

应符合食品安全国家标准及相关规定,同时应符合表3的规定。

表 3　农药残留和食品添加剂限量

项　目		指　标	检验方法
多菌灵(carbendazim),mg/kg		≤0.5	GB/T 23206
甲霜灵(metalaxyl),mg/kg		≤0.5	
呋喃丹(furadan),mg/kg		不得检出(<0.002)	
氧化乐果(omethoate),mg/kg		不得检出(0.002)	
总二氧化硫,mg/L	干葡萄酒	≤200	GB/T 15038
	其他类型葡萄酒	≤250	

表 3（续）

项 目	指 标	检验方法
山梨酸,g/L	≤0.2	GB/T 23495
糖精钠,mg/L	不得检出(<0.15)	GB/T 5009.28
环己氨基磺酸钠(甜蜜素),mg/L	不得检出(<1.0)	GB/T 5009.97
乙酰磺胺酸钾(安赛蜜),mg/L	不得检出(<4)	GB/T 5009.140
所有产品中均不应添加合成着色剂、甜味剂、香精、增稠剂。 如食品安全国家标准及相关国家规定中上述项目和指标有调整,且严于本标准规定,按最新国家标准及规定执行。		

5.6 微生物限量

应符合表4的规定。

表 4 微生物要求

项 目	指 标	检验方法
菌落总数,CFU/mL	≤50	GB 4789.2
大肠菌群,MPN/mL	≤3	GB 4789.3

5.7 净含量

应符合国家质量监督检验检疫总局令2005年第75号的规定,检验方法按JJF 1070执行。

6 检验规则

申报绿色食品的产品应按照本标准中5.3～5.7以及附录A所确定的项目进行检验。其他要求应符合 NY/T 1055 的规定。

7 标志和标签

7.1 标志

标志使用应符合《中国绿色食品商标标志设计使用规范手册》的规定,储运图示按 GB/T 191 的规定执行。

7.2 标签

标签应符合 GB 7718 和 GB 10344 的规定。

8 包装、运输和储存

8.1 包装

包装按 NY/T 658 的规定执行。图示标志按 GB/T 191 的规定执行。

8.2 运输

按 NY/T 1056 的规定执行。产品在运输过程中应轻拿轻放,防止日晒、雨淋。运输工具应清洁卫生,不应与有毒、有害物品混运。用软木塞封口的葡萄酒,应卧放或倒放,运输温度宜保持在5℃～35℃。

8.3 储存

按 NY/T 1056 的规定执行。存放地点应阴凉、干燥、通风良好;严防日晒、雨淋,严禁火种。成品不得与潮湿地面直接接触;不得与有毒、有害、有腐蚀性物品同储。储存温度宜保持在5℃～25℃。

附　录　A
（规范性附录）
绿色食品　葡萄酒产品申报检验项目

表 A.1 规定了除 5.3～5.7 所列项目外,依据食品安全国家标准和绿色食品生产实际情况,绿色食品申报检验还应检验的项目。

表 A.1　依据食品安全国家标准绿色食品葡萄酒产品申报检验必检项目

序　号	项　　目		指　　标	检验方法
1	铅(以 Pb 计),mg/L		≤0.2	GB 5009.12
2	苯甲酸,g/L		≤0.03	GB/T 23495
3	合成着色剂[a]	新红,mg/kg	不得检出(<0.2)	GB/T 5009.35
		柠檬黄,mg/kg	不得检出(<0.16)	
		苋菜红,mg/kg	不得检出(<0.24)	
		胭脂红,mg/kg	不得检出(<0.32)	
		日落黄,mg/kg	不得检出(<0.28)	
		藓红,mg/kg	不得检出(<0.72)	
		亮蓝,mg/kg	不得检出(<1.04)	
		诱惑红,mg/kg	不得检出(<25)	GB/T 5009.141
4	肠道致病菌(沙门氏菌、金黄色葡萄球菌)[b]		0/25 mL	GB 4789.4 GB 4789.10
如食品安全国家标准及相关国家规定中上述项目和指标调整,且严于本标准规定,按最新国家标准及规定执行。				
[a]　着色剂具体项目视产品色泽而定。				
[b]　肠道致病菌样品的分析及处理按 GB 4789.1 的规定执行,n＝5,c＝0,m＝0/25 mL。				

ICS 67.060
CCS B 23

中华人民共和国农业行业标准

NY/T 285—2021
代替 NY/T 285—2012

绿色食品　豆类

Green food—Pulse

2021-05-07 发布

2021-11-01 实施

中华人民共和国农业农村部 发布

前 言

本文件按照 GB/T 1.1—2020《标准化工作导则 第 1 部分:标准化文件的结构和起草规则》的规定起草。

本文件代替 NY/T 285—2012《绿色食品 豆类》,与 NY/T 285—2012 相比,除结构调整和编辑性改动外,主要技术变化如下:

a) 修改了一些不适用的检测方法标准及相应规范性引用文件(见第 2 章,2012 年版第 2 章);

b) 增加了术语和定义(见第 3 章);

c) 增加了杂质中矿物质、不完善粒、食用豆中淀粉(干基)等理化要求(见 4.4.1 表 2,4.4.2 表 3);

d) 修改了马拉硫磷、敌敌畏、氯氰菊酯、溴氰菊酯、氟乐灵、异丙甲草胺的限量(见 4.5 表 4,2012 年版 4.4 表 3,2012 年版附录 A 表 A.1);

e) 增加了毒死蜱、吡虫啉、氯氟氰菊酯和高效氯氟氰菊酯、啶虫脒、乙草胺、喹禾灵和精喹禾灵、多菌灵等限量要求(见 4.5 表 4,附录 B 表 B.1);

f) 增加了铬等污染物限量要求(见附录 B 表 B.1);

g) 删除了磷化物、氰化物、杀螟硫磷、乐果、六六六、滴滴涕、氰戊菊酯、氟氰戊菊酯、甲萘威、抗蚜威、克百威、五氯硝基苯的限量(见 2012 年版 4.4 表 3,2012 年版附录 A 表 A.1)。

本文件由农业农村部农产品质量安全监管司提出。

本文件由中国绿色食品发展中心归口。

本文件起草单位:黑龙江省农业科学院农产品质量安全研究所、中国绿色食品发展中心、农业农村部谷物及制品质量监督检验测试中心(哈尔滨)、黑龙江省绿色食品发展中心、中国作物学会食用豆专业委员会、北大荒农垦集团有限公司、黑龙江省鹤山农场。

本文件主要起草人:王剑平、金海涛、张志华、张宪、刘培源、程爱华、陈国峰、王强、李宛、宋爽、杜英秋、任红波、马文琼、戴常军、王翠玲、滕娇琴、董桂军、车淑静、吕德方、范新琦、马楠、岳远林、王醒、孙丽容、廖辉。

本文件及其所代替文件的历次版本发布情况为:

——1995 年首次发布为 NY/T 285—1995,2003 年第一次修订,2012 年第二次修订;

——本次为第三次修订。

绿色食品　豆类

1　范围

本文件规定了绿色食品豆类的术语和定义、要求、检验规则、标签、包装、运输和储存。

本文件适用于绿色食品豆类的干种子籽粒，包括大豆和其他食用豆类。各豆类的学名、英文名及别名见附录A。

本文件不适用于食荚或食用鲜种子籽粒的豆类蔬菜。

2　规范性引用文件

下列文件中的内容通过文中的规范性引用而构成本文件必不可少的条款。其中，注日期的引用文件，仅该日期对应的版本适用于本文件；不注日期的引用文件，其最新版本（包括所有的修改单）适用于本文件。

GB 1352　大豆

GB 5009.3　食品安全国家标准　食品中水分的测定

GB 5009.5　食品安全国家标准　食品中蛋白质的测定

GB 5009.6　食品安全国家标准　食品中脂肪的测定

GB 5009.9　食品安全国家标准　食品中淀粉的测定

GB 5009.12　食品安全国家标准　食品中铅的测定

GB 5009.15　食品安全国家标准　食品中镉的测定

GB 5009.22　食品安全国家标准　食品中黄曲霉毒素B族和G族的测定

GB 5009.96　食品安全国家标准　食品中赭曲霉毒素A的测定

GB 5009.110　植物性食品中氯氰菊酯、氰戊菊酯和溴氰菊酯残留量的测定

GB 5009.123　食品安全国家标准　食品中铬的测定

GB 5009.96　植物性食品中有机氯和拟除虫菊酯类农药多种残留量的测定

GB/T 5492　粮油检验　粮食、油料的色泽、气味、口味鉴定

GB/T 5494　粮油检验　粮食、油料的杂质、不完善粒检验

GB 7718　食品安全国家标准　预包装食品标签通则

GB/T 10459　蚕豆

GB/T 20770　粮谷中486种农药及相关化学品残留量的测定　液相色谱-串联质谱法

GB/T 22515　粮油名词术语　粮食、油料及其加工产品

GB/T 22725　粮油检验　粮食、油料纯粮（质）率检验

GB 23200.24　食品安全国家标准　粮谷和大豆中11种除草剂残留量的测定　气相色谱-质谱法

GB 23200.69　食品安全国家标准　食品中二硝基苯胺类农药残留量的测定　液相色谱-质谱/质谱法

GB 23200.116　食品安全国家标准　植物源性食品中90种有机磷类农药及其代谢物残留量的测定　气相色谱法

JJF 1070　定量包装商品净含量计量检验规则

NY/T 391　绿色食品　产地环境质量

NY/T 393　绿色食品　农药使用准则

NY/T 394　绿色食品　肥料使用准则

NY/T 658　绿色食品　包装通用准则

NY/T 1055　绿色食品　产品检验规则

NY/T 1056　绿色食品　储藏运输准则

国家质量监督检验检疫总局令 2005 年第 75 号　定量包装商品计量监督管理办法

3　术语和定义

GB 1352—2009、GB/T 10459—2008、GB/T 22515—2008 界定的以及下列术语和定义适用于本文件。

3.1

大豆　soybean

豆科草本植物栽培大豆荚果的籽粒。籽粒呈椭圆形至近球形,种皮有黄、青、黑等颜色。

［来源:GB/T 22515—2008,2.2.4］

3.1.1

高油大豆　high-oil soybean

籽粒中脂肪(干基)含量不低于 21.0% 的大豆。

［来源:GB 1352—2009,3.10,有修改］

3.1.2

高蛋白质大豆　high-protein soybean

籽粒中蛋白质(干基)含量不低于 42.0% 的大豆。

［来源:GB 1352—2009,3.11,有修改］

3.2

其他食用豆　food legumes

除大豆以外的籽粒用豆类的统称。

3.2.1

蚕豆　broad bean

豆科草本植物栽培蚕豆荚果的种子,种子扁平呈椭圆形。根据粒型可分为大粒蚕豆、中粒蚕豆、小粒蚕豆。

［来源:GB/T 22515—2008,2.2.5.13,有修改］

3.2.2

绿豆　mung bean

豆科草本植物栽培绿豆荚果的种子。根据种皮颜色可分为明绿豆、黄绿豆、灰绿豆。

［来源:GB/T 22515—2008,2.2.5.14,有修改］

3.2.3

小豆　adzuki bean

豆科草本植物栽培小豆荚果的种子。椭圆形或长圆形,根据种皮颜色可分为红小豆、白小豆、绿小豆等。

［来源:GB/T 22515—2008,2.2.5.11］

3.2.4

芸豆　kidney bean

普通菜豆　common bean

豆科草本植物普通菜豆的种子,种皮有红色、白色、黄色、黑色或斑纹彩色等。

［来源:GB/T 22515—2008,2.2.5.15］

3.2.5

豇豆　cowpea

豆科草本植物豇豆的种子。籽粒长椭圆形,种皮有黑色、黄白色、紫红色、褐色或花纹色等。

［来源:GB/T 22515—2008,2.2.5.16］

3.2.6

豌豆　pea

豆科草本植物豌豆荚果的种子。球形,种皮呈黄、白、青、花等颜色,表面光滑,少数品种种皮呈皱缩状。

[来源:GB/T 22515—2008,2.2.5.14]

3.2.7

饭豆 rice bean

豆科草本植物饭豆的种子。籽粒长圆形、圆柱形、球形,以圆柱形为多,种脐长且边缘突出,有白、黄、绿、红、褐、黑或斑块斑纹等多种颜色。

3.2.8

小扁豆 lentil

豆科草本植物小扁豆的种子。种子呈双凸镜形,有青色、褐色等。

3.2.9

鹰嘴豆 chick pea

豆科草本植物鹰嘴豆的种子。种子呈圆栗形,表面不规则,有鹰嘴尖,种皮一般为黄色或黑色。

3.2.10

木豆 pigeon pea

豆科植物木豆的种子。种子圆形,稍扁,种皮暗红色。

3.2.11

羽扇豆 lupine

豆科草本植物羽扇豆的种子。种子卵形,扁平,光滑,黄色、具有棕色或红色斑纹。

3.2.12

利马豆 Lima bean

豆科草本植物利马豆的种子,种子近菱形或肾形,白色、紫色或其他颜色,种脐白色、凸起。

3.3

不完善粒 unsound kernel

受到损伤但尚有使用价值的籽粒,包括:

[来源:GB/T 10459—2008,3.3,有修改]

3.3.1

破损粒 damaged kernel

子叶残缺、横断、破损的籽粒。

[来源:GB/T 10459—2008,3.3,有修改]

3.3.2

霉变粒 molded kernel

粒面生霉的籽粒。

[来源:GB1352—2009,3.3.4,有修改]

3.3.3

虫蚀粒 insect-bored kernel

被虫蛀蚀,伤及子叶的籽粒。

[来源:GB1352—2009,3.3.1,有修改]

4 要求

4.1 产地环境

应符合 NY/T 391 的规定。

4.2 生产过程

生产过程中农药和肥料使用应分别符合 NY/T 393 和 NY/T 394 的规定。

4.3 感官

应符合表1的规定。

表 1 感官要求

项目	要求	检验方法
色泽	具有该豆类固有的色泽	GB/T 5492
气味	具有该豆类固有的气味,无异味	GB/T 5492

4.4 理化指标

4.4.1 大豆的理化指标

大豆应符合表2的规定。

表 2 大豆理化指标

项目		指标			检验方法
		普通大豆	高油大豆	高蛋白质大豆	
水分,%		≤13.0			GB 5009.3
杂质	总量,%	≤1.0			GB/T 5494
	其中:矿物质,%	≤0.25			
不完善粒	总量,%	≤5.0			
	其中:破损粒,%	≤2.0			
	其中:霉变粒,%	≤1.0			
	其中:虫蚀粒,%	≤1.0			
纯粮率,%		≥95.0			GB/T 22725
脂肪(干基),%		—	≥21.0	—	GB 5009.6
蛋白质(干基),%		—	—	≥42.0	GB 5009.5

4.4.2 其他食用豆的理化指标

其他食用豆应符合表3的规定。

表 3 其他食用豆理化指标

项目		指标						检验方法
		蚕豆	小豆	绿豆	豌豆	木豆	芸豆、豇豆、饭豆、小扁豆、鹰嘴豆、羽扇豆、利马豆	
水分,%		≤14.0	≤14.0	≤13.5	≤12.0	≤14.0	≤13.5	GB 5009.3
杂质	总量,%	≤1.0						GB/T 5494
	其中:矿物质,%	≤0.25						
不完善粒	总量,%	≤4.0						
	其中:破损粒,%	≤2.0						
	其中:霉变粒,%	≤1.0						
	其中:虫蚀粒,%	≤1.0						
纯粮率,%		≥98.0	≥98.0	≥97.0	≥98.0	≥97.0	≥96.0	GB/T 22725
淀粉(干基),%		—	≥51.0	≥50.0	≥45.0	—	—	GB 5009.9

4.5 污染物限量、农药残留限量、真菌毒素限量

应符合食品安全国家标准及相关规定,同时应符合表4的规定。

表 4 污染物、农药残留、真菌毒素限量

序号	项目	指标	检验方法
1	镉(以 Cd 计),mg/kg	≤0.1	GB 5009.15
2	马拉硫磷(malathion),mg/kg	≤0.01	GB 23200.116
3	敌敌畏(dichlorvos),mg/kg	≤0.01	GB 23200.116

表 4（续）

序号	项目	指标	检验方法
4	氯氰菊酯（cypermethrin），mg/kg	≤0.01	GB/T 5009.110
5	溴氰菊酯（deltamethrin），mg/kg	≤0.01	GB/T 5009.110
6	氟乐灵（trifluralin），mg/kg	≤0.01	GB 23200.69
7	异丙甲草胺（metolachlor），mg/kg	≤0.01	GB 23200.24
8	毒死蜱（chlorpyrifos），mg/kg	≤0.01	GB 23200.116
9	氯氟氰菊酯和高效氯氟氰菊酯（cyhalothrin and lambda-cyhalothrin），mg/kg	≤0.01	GB/T 5009.146
10	喹禾灵和精喹禾灵（quizalofop and quizalofop-P-ethyl），mg/kg	≤0.01	GB/T 20770
11	啶虫脒（acetamiprid），mg/kg	≤0.3	GB/T 20770
12	乙草胺（acetochlor），mg/kg	≤0.01	GB 23200.24
13	黄曲霉毒素 B_1，$\mu g/kg$	≤5	GB 5009.22

4.6 净含量

应符合国家质量监督检验检疫总局令 2005 年第 75 号的要求，检验方法按 JJF 1070 的规定执行。

4.7 其他要求

除上述要求外，还应符合附录 B 的规定。

5 检验规则

绿色食品申报检验应按照 4.3～4.6 以及附录 B 所确定的项目进行检验。其他要求应符合 NY/T 1055 的规定。本文件规定的农药残留量检验方法，如有其他国家标准和行业标准方法，且其检出限或定量限能满足能量值要求时，在检测时可采用。

6 标签

应符合 GB 7718 的规定。

7 包装、运输和储存

7.1 包装

应符合 NY/T 658 的规定。

7.2 运输和储存

应符合 NY/T 1056 的规定。

附　录　A
（资料性）
豆类学名、英文名及别名对照

表 A.1 给出了绿色食品豆类学名、英文名及别名对照。

表 A.1　豆类学名、英文名及别名对照

豆类名称	学名	英文名	别名
大豆	*Glycine max*（Linn.）Merr.	soybean	黄豆、黄大豆、黑豆、黑大豆、乌豆、青豆等
蚕豆	*Vicia faba* Linn.	broad bean	胡豆、佛豆、罗汉豆
绿豆	*Vigna radiate*（Linn.）Wilclzek.	mung bean	菉豆、植豆、青小豆
小豆	*Vigna angularis*（Willd.）Ohwi et Ohashi	adzuki bean	赤豆、红小豆、米赤豆、朱豆
芸豆	*Phaseolus vulgaris* Linn.	kidney bean	普通菜豆、干菜豆、腰豆
豇豆	*Vigna unguiculata*（Linn.）Walp.	cowpea	长豆、角豆
豌豆	*Pisum sativum* Linn.	pea	雪豆、毕豆、寒豆、荷兰豆
饭豆	*Vigna umbellate*（Thunb.）Ohwi et Ohashi	rice bean	米豆、精米豆、爬山豆
小扁豆	*Lens culinaris* Medic.	lentil	兵豆、滨豆、洋扁豆、鸡眼豆
鹰嘴豆	*Cicer arietinum* Linn.	chick pea	鹰咀豆、鸡豆、桃豆、回鹘豆、回回豆、脑核豆
木豆	*Cajanus cajan*（Linn.）Millsp.	pigeon pea	树豆、扭豆、豆蓉
羽扇豆	*Lupinus micranthus* Guss.	lupine	鲁冰花
利马豆	*Phaseoluslunatus* Linn.	Lima bean	棉豆、懒人豆、荷包豆、白豆

附　录　B

（规范性）

绿色食品豆类产品申报检验项目

　　表 B.1 规定了除 4.3～4.6 所列项目外，依据食品安全国家标准和绿色食品生产实际情况，绿色食品豆类申报检验时还应检验的项目。

表 B.1　污染物、农药残留和真菌毒素项目

序号	检验项目	指标	检验方法
1	铅（以 Pb 计），mg/kg	≤0.2	GB 5009.12
2	铬（以 Cr 计），mg/kg	≤1.0	GB 5009.123
3	多菌灵（carbendazim），mg/kg	≤0.2	GB/T 20770
4	吡虫啉（imidacloprid），mg/kg	≤0.05	GB/T 20770
5	赭曲霉毒素 A，μg/kg	≤5	GB 5009.96

ICS 67.140.10
X 55

中华人民共和国农业行业标准

NY/T 288—2018
代替 NY/T 288—2012

绿色食品 茶叶

Green food—Tea

2018-05-07 发布　　　　　　　　　　　　　　　　2018-09-01 实施

中华人民共和国农业农村部 发布

NY/T 288—2018

前　言

本标准按照 GB/T 1.1—2009 给出的规则起草。

本标准代替 NY/T 288—2012《绿色食品　茶叶》。与 NY/T 288—2012 相比，除编辑性修改外主要技术变化如下：

——增补了感官要求、部分茶类水分和水浸出物 2 项理化指标限量值；

——增加了灭多威、硫丹、水胺硫磷、茚虫威、多菌灵、吡虫啉 6 项农药残留限量指标；

——删除了六六六、敌敌畏、乐果（含氧乐果）、溴氰菊酯 4 项农药残留限量指标；

——修改了三氯杀螨醇、乙酰甲胺磷 2 项农药残留限量指标。

——修改了部分农药残留检测方法标准。

本标准由农业农村部农产品质量安全监管局提出。

本标准由中国绿色食品发展中心归口。

本标准起草单位：中国农业科学院茶叶研究所、农业农村部茶叶质量监督检验测试中心、中国绿色食品发展中心、浙江省诸暨绿剑茶业有限公司。

本标准主要起草人：刘新、汪庆华、张宪、蒋迎、陈利燕、陈红平、马亚平。

本标准所代替标准的历次版本发布情况为：

——NY/T 288—1995、NY/T 288—2002、NY/T 288—2012。

绿色食品 茶叶

1 范围

本标准规定了绿色食品茶叶的要求,检验规则,标签,包装、储藏和运输。

本标准适用于绿色食品茶叶产品。

2 规范性引用文件

下列文件对于本文件的应用是必不可少的。凡是注日期的引用文件,仅注日期的版本适用于本文件。凡是不注日期的引用文件,其最新版本(包括所有的修改单)适用于本文件。

GB 5009.3 食品安全国家标准 食品中水分的测定

GB 5009.4 食品安全国家标准 食品中灰分的测定

GB 5009.12 食品安全国家标准 食品中铅的测定

GB 5009.13 食品安全国家标准 食品中铜的测定

GB/T 5009.103 植物性食品中甲胺磷和乙酰甲胺磷农药残留量的测定

GB 7718 食品安全国家标准 预包装食品标签通则

GB/T 8302 茶 取样

GB/T 8305 茶 水浸出物测定

GB 23200.13 食品安全国家标准 茶叶中448种农药及相关化学品残留量的测定 液相色谱-质谱法

GB/T 23204 茶叶中519种农药及相关化学品残留量的测定 气相色谱-质谱法

GB/T 23776 茶叶感官审评方法

JJF 1070 定量包装商品净含量计量检验规则

NY/T 391 绿色食品 产地环境质量

NY/T 393 绿色食品 农药使用准则

NY/T 394 绿色食品 肥料使用准则

NY/T 658 绿色食品 包装通用准则

NY/T 1055 绿色食品 产品检验规则

NY/T 1056 绿色食品 储藏运输准则

国家质量监督检验检疫总局令2005年第75号 定量包装商品计量监督管理办法

3 要求

3.1 产地环境

应符合NY/T 391的要求。

3.2 生产和加工

3.2.1 生产过程中农药的使用应符合NY/T 393的要求。

3.2.2 生产过程中肥料的使用应符合NY/T 394的要求。

3.2.3 加工过程不应着色,不应添加任何人工合成的化学物质和香味物质。

3.3 感官

应符合表1的要求。

表1 感官要求

项 目	要 求	检验方法
外形	符合所属茶类产品应有的特色,具有正常的商品外形和固有的色泽。具有该类产品相应等级外形要求,无劣变,无霉变	GB/T 23776
汤色	具有所属茶类产品固有的汤色	
香气、滋味	具有所属茶类产品固有的香气和滋味,无异气、味,无劣变	
叶底	洁净,不含非茶类夹杂物	

3.4 理化指标

应符合表2的要求。

表2 理化指标

单位为克每百克

项 目	指 标	检验方法
水分	≤7.0(碧螺春7.5,茉莉花茶8.5,黑茶12.0)	GB 5009.3
总灰分	≤7.0	GB 5009.4
水浸出物	≥34.0(紧压茶32.0)	GB/T 8305

3.5 污染物、农药残留和真菌毒素限量

污染物、农药残留和真菌毒素限量应符合食品安全国家标准及规定的要求,同时符合表3的要求。

表3 污染物、农药残留限量

单位为毫克每千克

项 目	指 标	检验方法
滴滴涕	≤0.05	GB/T 23204
啶虫脒	≤0.1	GB 23200.13
氯氟氰菊酯和高效氯氟氰菊酯	≤3	GB/T 23204
氯氰菊酯和高效氯氰菊酯	≤0.5	GB/T 23204
甲胺磷	不得检出(<0.01)	GB/T 5009.103
硫丹	不得检出(<0.03)	GB/T 23204
灭多威	不得检出(<0.01)	GB 23200.13
氰戊菊酯和S-氰戊菊酯	不得检出(<0.02)	GB/T 23204
三氯杀螨醇	不得检出(<0.01)	GB/T 23204
杀螟硫磷	不得检出(<0.01)	GB/T 23204
水胺硫磷	不得检出(<0.01)	GB/T 23204
乙酰甲胺磷	不得检出(<0.01)	GB/T 5009.103
铜(以Cu计)	≤30	GB 5009.13

3.6 净含量

应符合国家质量监督检验检疫总局令2005年第75号的要求,检验方法按照JJF 1070的规定执行。

4 检验规则

申请绿色食品的茶叶产品应按照3.3～3.6及附录A所确定的项目进行检验,取样按照GB/T 8302的规定执行,其他要求应符合NY/T 1055的要求。本标准规定的农药残留量检测方法,如有其他国家标准、行业标准以及部文公告的检测方法,且其检出限和定量限能满足限量值要求时,在检测时可采用。

5 标签

标签应符合GB 7718的要求。

6 包装、储藏和运输

6.1 包装

按照 NY/T 658 的规定执行。

6.2 储藏和运输

按照 NY/T 1056 的规定执行。

附　录　A

（规范性附录）

绿色食品茶叶产品申报检验项目

表 A.1 规定了除 3.3～3.6 所列项目外，依据食品安全国家标准和绿色食品茶叶生产实际情况，绿色食品茶叶申报检验还应检验的项目。

表 A.1　农药残留和污染物项目

单位为毫克每千克

序号	项　　目	指标	检测方法
1	茚虫威	≤5	GB 23200.13
2	吡虫啉	≤0.5	GB 23200.13
3	多菌灵	≤5	GB 23200.13
4	联苯菊酯	≤5	GB/T 23204
5	甲氰菊酯	≤5	GB/T 23204
6	铅（以 Pb 计）	≤5	GB 5009.12
注：如食品安全国家标准及相关国家规定中上述项目和指标有调整，且严于本标准规定，则按最新国家标准及相关规定执行。			

ICS 67.140.20
B 35

中华人民共和国农业行业标准

NY/T 289—2012
代替 NY/T 289—1995

绿色食品　咖啡

Green food—Coffee

2012-12-07 发布

2013-03-01 实施

中华人民共和国农业部 发布

前　言

本标准按照 GB/T 1.1 给出的规则起草。

本标准代替 NY/T 289—1995《绿色食品　咖啡粉》。本标准与 NY/T 289—1995 相比,除编辑性修改外,主要技术变化如下:

——修改了适用范围,增加了焙炒咖啡豆和生咖啡,并在要求中增加其相应内容;

——卫生要求中删除了铜的指标值,增加了赭曲霉毒素 A、多菌灵、乐果、敌敌畏、丙环唑、毒死蜱、氯氰菊酯、戊唑醇、吡虫啉、镉等及其限量值;

——检验规则、包装、运输和储存分别引用 NY/T 1055、NY/T 658 和 NY/T 1056。

本标准由农业部农产品质量安全监管局提出。

本标准由中国绿色食品发展中心归口。

本标准主要起草单位:农业部食品质量监督检验测试中心(湛江)、农业部农产品质量监督检验测试中心(昆明)、中国热带农业科学院农产品加工研究所。

本标准主要起草人:杨春亮、杨健荣、林玲、黎其万、汪庆平、王明月、文志华、郑龙、查玉兵。

本标准所代替标准的历次版本发布情况为:

——NY/T 289—1995。

绿色食品　咖啡

1　范围

本标准规定了绿色食品咖啡的术语和定义、要求、试验方法、检验规则、标志和标签、包装、运输和储存。

本标准适用于绿色食品咖啡，包括生咖啡、焙炒咖啡豆和咖啡粉。不适用于脱咖啡因咖啡和速溶型咖啡。

2　规范性引用文件

下列文件对于本文件的应用是必不可少的。凡是注日期的引用文件，仅注日期的版本适用于本文件。凡是不注日期的引用文件，其最新版本（包括所有的修改单）适用于本文件。

GB 4789.2　食品安全国家标准　食品微生物学检验　菌落总数测定

GB 4789.3　食品安全国家标准　食品微生物学检验　大肠菌群计数

GB 4789.4　食品安全国家标准　食品微生物学检验　沙门氏菌检验

GB/T 4789.5　食品卫生微生物学检验　志贺氏菌检验

GB 4789.10　食品安全国家标准　食品微生物学检验　金黄色葡萄球菌检验

GB 5009.3　食品安全国家标准　食品中水分的测定

GB 5009.4　食品安全国家标准　食品中灰分的测定

GB 5009.5　食品安全国家标准　食品中蛋白质的测定

GB/T 5009.6　食品中脂肪的测定

GB/T 5009.8　食品中蔗糖的测定

GB/T 5009.11　食品中总砷及无机砷的测定

GB 5009.12　食品安全国家标准　食品中铅的测定

GB/T 5009.15　食品中镉的测定

GB/T 5009.19　食品中有机氯农药多组分残留量的测定

GB 7718　食品安全国家标准　预包装食品标签通则

GB/T 8305　茶　水浸出物测定

GB/T 15033　生咖啡　嗅觉和肉眼检验以及杂质和缺陷的测定

GB/T 18007　咖啡及其制品　术语

GB/T 19182　咖啡　咖啡因含量的测定　高效液相色谱法

GB/T 23379　水果、蔬菜及茶叶中吡虫啉残留的测定　高效液相色谱法

GB/T 23502　食品中赭曲霉毒素 A 的测定　免疫亲和层析净化高效液相色谱法

JJF 1070　定量包装商品净含量计量检验规则

NY/T 391　绿色食品　产地环境技术条件

NY/T 393　绿色食品　农药使用准则

NY/T 394　绿色食品　肥料使用准则

NY/T 604—2006　生咖啡

NY/T 658　绿色食品　包装通用准则

NY/T 761　蔬菜和水果中有机磷、有机氯、拟除虫菊酯和氨基甲酸酯类农药多残留的测定

NY/T 1055　绿色食品　产品检验规则

NY/T 1056　绿色食品　储藏运输准则

NY/T 1680　蔬菜、水果中多菌灵等 4 种苯并咪唑类农药残留量的测定　高效液相色谱法

SN/T 0519　进出口食品中丙环唑残留量的检测方法

SN/T 1952　进出口粮谷中戊唑醇残留量的检测方法　气相色谱-质谱法

国家质量监督检验检疫总局令 2005 年第 75 号　定量包装商品计量监督管理办法

中国绿色食品商标标志设计使用规范手册

3　术语和定义

GB/T 18007 中界定的以及下列术语和定义适用于本文件。

3.1

生咖啡 green coffee

咖啡鲜果经干燥脱壳处理所得产品。

> 注：咖啡种类包括小粒种咖啡(也称阿拉伯咖啡,学名为 Coffee arabica Linnaeus)和中粒种咖啡(也称罗巴斯塔咖啡,学名为 Coffee canephora Pierre ex Froehner),不包括大粒种咖啡(也称利比里亚种咖啡,学名 Coffea liberica Hiern)。

3.2

焙炒咖啡豆 roasted coffee

生咖啡经焙炒所得的产品。

3.3

咖啡粉 roasted coffee powder

焙炒咖啡豆磨碎后的产品。

4　要求

4.1　产地环境

生咖啡产地环境应符合 NY/T 391 的规定,生产过程中农药、化肥使用应分别符合 NY/T 393 和 NY/T 394 的规定。焙炒咖啡豆、咖啡粉加工用生咖啡应来自绿色食品咖啡生产基地。

4.2　感官要求

应符合表 1 的规定。

表 1　感官要求

项　目	要　求			检验方法
	生咖啡	焙炒咖啡豆	咖啡粉	
色　泽	浅蓝色或浅绿色	色泽均匀一致	棕咖啡色,均匀一致	取 50 g～100 g 试样于洁净白瓷器皿中,在漫射日光或接近日光的人造光下,肉眼观察其色泽及形态
形　态	椭圆或圆形	椭圆或圆形,豆粒均匀,无炭化发黑	粗粉状,无结团,无炭化发黑	
气味、滋味	具有产品应有气味,无异常气味,品味和口感都较好			NY/T 604—2006 中 A.4
杂质,%	≤0.2	无肉眼可见外来杂质		GB/T 15033

4.3　理化指标

应符合表 2 的规定。

表 2　理化指标

单位为克每百克

项　目	指　标			检测方法
	生咖啡	焙炒咖啡豆	咖啡粉	
缺陷豆	≤8	—	—	GB/T 15033
水　分	≤12.5	≤5.0	≤3.5	GB 5009.3

表 2（续）

项 目	指 标			检测方法
	生咖啡	焙炒咖啡豆	咖啡粉	
灰 分	≤5.5			GB 5009.4
蔗 糖	—	≤9.5		GB/T 5009.8
粗脂肪	—	≥5.5		GB/T 5009.6
蛋白质	—	≤17		GB 5009.5
咖啡因	≥0.8			GB/T 19182
水浸出物	—	≥22		GB/T 8305

4.4 污染物、农药残留限量

应符合相关食品安全国家标准及相关规定，同时符合表 3 的规定。

表 3 农药残留限量 单位为毫克每千克

序号	项 目	限 量			检测方法
		生咖啡	焙炒咖啡豆	咖啡粉	
1	多菌灵（carbendazim）	≤0.1			NY/T 1680
2	丙环唑（propiconazole）	≤0.02			SN/T 0519
3	毒死蜱（chlorpyrifos）	≤0.05			NY/T 761
4	氯氰菊酯（cypermethrin）	≤0.05			NY/T 761
5	戊唑醇（tebuconazole）	≤0.1			SN/T 1952
6	吡虫啉（Imidacloprid）	≤1.0			GB/T 23379

各检测项目除采用表中所列检测方法外，如有其他国家标准、行业标准以及部文公告的检测方法，且其检出限和定量限能满足限量值要求时，在检测时可采用。

4.5 微生物要求

微生物学要求应符合表 4 的规定。

表 4 微生物要求

项 目	指 标			检测方法
	生咖啡	焙炒咖啡豆	咖啡粉	
菌落总数，CFU/g	—	≤1.0×10³		GB 4789.2
大肠菌群，MPN/g	—	<3.0		GB 4789.3
致病菌（沙门氏菌、志贺氏菌、金黄色葡萄球菌、溶血性链球菌）	—	不得检出		GB 4789.4、GB/T 4789.5 GB 4789.10

4.6 净含量

应符合国家质量监督检验检疫总局令 2005 年第 75 号的规定，检验方法按 JJF 1070 执行。

5 检验规则

申请绿色食品认证的食品应按照标准中 4.2～4.6 以及附录 A 所确定的项目进行检验。其他要求应符合 NY/T 1055 的规定。

6 标志和标签

6.1 标志

标志使用应符合《中国绿色食品商标标志设计使用规范手册》的规定。

6.2 标签

标签应符合 GB 7718 的规定。

7 包装、运输和储存

7.1 包装

包装按 NY/T 658 的规定执行。

7.2 运输和储存

运输和储存按 NY/T 1056 的规定执行。

附　录　A

（规范性附录）

绿色食品咖啡产品认证检验项目

A.1　表 A.1 规定了除 4.2～4.6 所列项目外，依据食品安全国家标准和绿色食品生产实际情况，绿色食品申报检验还应检验的项目。

表 A.1　依据食品安全国家标准绿色食品咖啡产品认证检验必检项目

序号	检验项目	限量	检测方法
1	六六六(BHC),mg/kg	≤0.05	GB/T 5009.19
2	滴滴涕(DDT),mg/kg	≤0.05	GB/T 5009.19
3	乐果(dimethoate),mg/kg	≤2.0	NY/T 761
4	敌敌畏(dichlorvos),mg/kg	≤0.2	NY/T 761
5	铅(以 Pb 计),mg/kg	≤0.5	GB 5009.12
6	砷(以 As 计),mg/kg	≤0.5	GB/T 5009.11
7	镉(以 Cd 计),mg/kg	≤0.5	GB/T 5009.15
8	赭曲霉毒素 A(ochratoxin A),μg/kg	≤5	GB/T 23502
各农残检测项目除采用表中所列检测方法外，如有其他国家标准、行业标准以及部文公告的检测方法，且其检出限和定量限能满足限量值要求时，在检测时可采用。			

A.2　如食品安全国家标准及相关国家规定中上述项目和指标有调整，且严于本标准规定，按最新国家标准及规定执行。

ICS 67.060
X 11

中华人民共和国农业行业标准

NY/T 418—2014
代替 NY/T 418—2007

绿色食品 玉米及玉米粉

Green food—Maize and maize flour

2014-10-17 发布　　　　　　　　　　　　　　　2015-01-01 实施

中华人民共和国农业部 发布

前　　言

本标准按照 GB/T 1.1—2009 给出的规则起草。

本标准代替 NY/T 418—2007《绿色食品　玉米及玉米制品》。与 NY/T 418—2007 相比,除编辑性修改外,主要技术变化如下:

——修改了标准名称,改为《绿色食品　玉米及玉米粉》;

——修改了标准适用范围,删除了玉米罐头、玉米饮料;

——修改了部分术语和定义内容;

——修改了部分感官要求和理化指标,具体为删除了组织形态、固形物、可溶性固形物项目,增加了容重项目,修改了不完善粒指标值,修改了脂肪酸值单位以及对玉米粉的限量指标;

——删除了无机砷、氟、锡、氰化物、克百威、苯甲酸、山梨酸、糖精钠、环己基氨基磺酸钠项目,增加了总砷、溴氰菊酯、辛硫磷、脱氧雪腐镰刀菌烯醇、玉米赤霉烯酮、赭曲霉毒素 A 项目,修改了马拉硫磷、乙酰甲胺磷、敌敌畏、氯氰菊酯、三唑酮限量指标;

——增加了鲜食玉米、速冻玉米的黄曲霉毒素 B_1 限量指标;

——修改了菌落总数项目,单位由"cfu/g"改为"CFU/g",指标由"≤30 000"改为"≤10 000";

——修改了大肠菌群项目,单位由"MPN(以 100 g 计)"改为"MPN/g",指标由"≤230"改为"<3.0";

——删除了致病菌项目中的溶血性链球菌;

——修改了规范性引用文件的部分内容;

——增加了附录 A。

本标准由农业部农产品质量安全监管局提出。

本标准由中国绿色食品发展中心归口。

本标准起草单位:农业部谷物及制品质量监督检验测试中心(哈尔滨)、黑龙江省农业科学院农产品质量安全研究所。

本标准主要起草人:杜英秋、马永华、单宏、任红波、陈国友、王剑平、张晓波、廖辉。

本标准的历次版本发布情况为:

——NY/T 418—2000、NY/T 418—2007。

绿色食品　玉米及玉米粉

1　范围

本标准规定了绿色食品玉米及玉米粉的术语和定义、要求、检验规则、标志和标签、包装、运输和储存。

本标准适用于绿色食品玉米及玉米粉，包括玉米、鲜食玉米、速冻玉米、玉米碴子、玉米粉。

2　规范性引用文件

下列文件对于本文件的应用是必不可少的。凡是注日期的引用文件，仅注日期的版本适用于本文件。凡是不注日期的引用文件，其最新版本（包括所有的修改单）适用于本文件。

GB/T 191　包装储运图示标志

GB 1353　玉米

GB 4789.2　食品安全国家标准　食品微生物学检验　菌落总数测定

GB 4789.3　食品安全国家标准　食品微生物学检验　大肠菌群测定

GB 4789.4　食品安全国家标准　食品微生物学检验　沙门氏菌检验

GB 4789.5　食品安全国家标准　食品微生物学检验　志贺氏菌检验

GB 4789.10　食品安全国家标准　食品微生物学检验　金黄色葡萄球菌检验

GB/T 5009.11　食品中总砷及无机砷的测定

GB 5009.12　食品安全国家标准　食品中铅的测定

GB/T 5009.15　食品中镉的测定

GB/T 5009.17　食品中总汞及有机汞的测定

GB/T 5009.20　食品中有机磷农药残留量的测定

GB/T 5009.36　粮食卫生标准的分析方法

GB/T 5009.102　植物性食品中辛硫磷农药残留量的测定

GB/T 5009.103　植物性食品中甲胺磷和乙酰甲胺磷农药残留量的测定

GB/T 5009.110　植物性食品中氯氰菊酯、氰戊菊酯、溴氰菊酯残留量的测定

GB/T 5009.126　植物性食品中三唑酮残留量的测定

GB/T 5492　粮油检验　粮食、油料的色泽、气味、口味鉴定

GB/T 5494　粮食、油料的杂质、不完善粒检验

GB/T 5497　粮食、油料检验　水分测定法

GB/T 5498　粮食、油料检验　容重测定法

GB/T 5508　粮油检验　粉类粮食含砂量测定

GB/T 5509　粮油检验　粉类磁性金属物测定

GB/T 5510　粮油检验　粮食、油料脂肪酸值测定

GB 5749　生活饮用水卫生标准

GB 7718　食品安全国家标准　预包装食品标签通则

GB 14881　食品安全国家标准　食品生产通用卫生规范

GB/T 18979　食品中黄曲霉毒素的测定　免疫亲和层析净化高效液相色谱法和荧光光度法

GB/T 23502　食品中赭曲霉毒素 A 的测定　免疫亲和层析净化高效液相色谱法

GB/T 23503　食品中脱氧雪腐镰刀菌烯醇的测定　免疫亲和层析净化高效液相色谱法

GB/T 23504　食品中玉米赤霉烯酮的测定　免疫亲和层析净化高效液相色谱法

JJF 1070　定量包装商品净含量计量检验规则

NY/T 391 绿色食品 产地环境质量

NY/T 392 绿色食品 食品添加剂使用准则

NY/T 393 绿色食品 农药使用准则

NY/T 394 绿色食品 肥料使用准则

NY/T 658 绿色食品 包装通用准则

NY/T 1055 绿色食品 产品检验规则

NY/T 1056 绿色食品 储藏运输准则

国家质量监督检验检疫总局令 2005 年第 75 号 定量包装商品计量监督管理办法

中国绿色食品商标标志设计使用规范手册

3 术语和定义

GB 1353 界定的以及下列术语和定义适用于本文件。

3.1

玉米碴子 imperfect maize

玉米粒经脱皮、破碎加工而成的颗粒物,包括玉米仁、玉米糁等。

3.2

脱胚玉米粉 degermed maize flour

玉米粒经除杂、去皮、脱胚、研磨等工序加工而成的产品,也可由玉米糁(碴)研磨加工而成。

3.3

全玉米粉 whole maize flour

玉米粒经清理除杂后直接研磨而成的产品。

4 要求

4.1 产地环境

玉米原料产地环境应符合 NY/T 391 的规定。

4.2 原料

玉米原料应符合绿色食品标准要求。

4.3 生产过程

4.3.1 玉米生产过程中农药的使用应符合 NY/T 393 的规定。

4.3.2 玉米生产过程中肥料的使用应符合 NY/T 394 的规定。

4.3.3 玉米制品的加工环境应符合 GB 14881 的规定。

4.3.4 玉米制品加工过程中食品添加剂的使用应符合 NY/T 392 的规定。

4.3.5 玉米制品的加工用水应符合 GB 5749 的规定。

4.4 感官要求

应符合表 1 的规定。

表 1 感官要求

项 目	要 求				检测方法
	玉 米	玉米碴子	玉 米 粉	鲜食玉米 速冻玉米	
外观	粒状、大小均匀,籽粒饱满,无病虫害	颗粒物状、大小均匀,无病虫害	粉状均匀,无结块	穗状、短棒状、粒状,籽粒饱满、成熟度适宜,无病虫害	将被测样品置于白色洁净的瓷盘中,在自然光线下目测外观

表 1（续）

项 目	要 求				检测方法
	玉 米	玉米碴子	玉 米 粉	鲜食玉米 速冻玉米	
色泽	具有本品固有色泽，无明显霉变	具有本品固有色泽，无霉变	具有本品固有色泽，无霉变	具有本品固有色泽，无霉变、无腐烂	GB/T 5492
滋气味	具有本品固有气味，无异味	具有本品固有气味，无异味	具有本品固有气味，无异味	具有本品固有滋气味，无异味	GB/T 5492

4.5 理化指标

应符合表 2 规定。

表 2 理化指标

项 目	指 标				检测方法
	玉米	玉米碴子	玉米粉		
			脱胚玉米粉	全玉米粉	
容重，g/L	≥720	—	—	—	GB/T 5498
水分，%	≤14.0	≤14.0	≤14.0		GB/T 5497
含砂量，%	—	—	≤0.02		GB/T 5508
磁性金属物，g/kg	—	—	≤0.003		GB/T 5509
脂肪酸值（干基）（以 KOH 计），mg/100 g	—	≤80	≤60	≤80	GB/T 5510
杂质，%	≤1.0	≤1.0	—	—	GB/T 5494
不完善粒 总量，%	≤4.0	—	—	—	GB/T 5494
其中：生霉粒，%	≤1.0	—	—	—	GB/T 5494

4.6 污染物限量、农药残留限量和真菌毒素限量

应符合食品安全国家标准及相关规定，同时符合表 3 的规定。

表 3 污染物、农药残留和真菌毒素限量

序号	项 目	指 标			检测方法
		玉 米	玉米碴子 玉米粉	鲜食玉米 速冻玉米	
1	总汞（以 Hg 计），mg/kg	≤0.01			GB/T 5009.17
2	磷化物（以 PH₃ 计），mg/kg	不得检出（≤0.02）		—	GB/T 5009.36
3	马拉硫磷（malathion），mg/kg	≤0.01			GB/T 5009.20
4	乙酰甲胺磷（acephte），mg/kg	≤0.01			GB/T 5009.103
5	敌敌畏（dichlorvos），mg/kg	≤0.01			GB/T 5009.20
6	溴氰菊酯（deltamethrin），mg/kg	≤0.01			GB/T 5009.110
7	黄曲霉毒素 B₁，μg/kg	≤10	≤5	≤20	GB/T 18979
如食品安全国家标准及相关国家规定中上述项目和指标有调整，且严于本标准规定，按最新国家标准及规定执行。					

4.7 微生物限量

鲜食熟玉米、速冻熟玉米的微生物限量应符合表 4、表 5 的规定。

表 4 微生物限量

项 目	指 标		检测方法
	鲜食熟玉米	速冻熟玉米	
菌落总数，CFU/g	≤10 000		GB 4789.2
大肠菌群，MPN/g	<3.0		GB 4789.3

表 5 致病菌限量

项 目		采样方案及限量(若非指定,均以/25 g 或/25 mL 表示)				检测方法
		n	c	m	M	
致病菌	沙门氏菌	5	0	0	—	GB 4789.4
	金黄色葡萄球菌	5	1	100 CFU/g	1 000 CFU/g	GB 4789.10第二法
	志贺氏菌	5	0	0	—	GB 4789.5

注:n 为同一批次产品应采集的样品件数;c 为最大可允许超出 m 值的样品数;m 为致病菌指标可接受水平的限量值;M 为致病菌指标的最高安全限量值。

4.8 净含量

应符合国家质量监督检验检疫总局令 2005 年第 75 号的规定,检验方法按 JJF 1070 的规定执行。

5 检验规则

申报绿色食品的产品应按照本标准中 4.4～4.8 以及附录 A 所确定的项目进行检验,其他要求应符合 NY/T 1055 的规定。本标准规定农药残留的检测方法,如有其他国家标准、行业标准以及部文公告的检测方法,且其最低检出限能满足限量值要求时,在检测时可采用。

6 标志和标签

6.1 标志应符合《中国绿色食品商标标志设计使用规范手册》的规定。

6.2 标签应符合 GB 7718 的规定。

7 包装、运输和储存

7.1 包装应按 NY/T 658 和 GB/T 191 的规定执行。

7.2 运输和储存应按 NY/T 1056 的规定执行。

附　录　A

（规范性附录）

绿色食品玉米及玉米粉类产品申报检验项目

表 A.1 规定了除 4.4～4.6 所列项目外,依据食品安全国家标准和绿色食品生产实际情况,绿色食品申报检验还应检验的项目。

表 A.1　依据食品安全国家标准绿色食品玉米及玉米粉类产品申报检验必检项目

序号	项　目	指　标			检测方法
		玉　米	玉米碴子 玉米粉	鲜食玉米 速冻玉米	
1	总砷(以 As 计), mg/kg	≤0.5			GB/T 5009.11
2	铅(以 Pb 计), mg/kg	≤0.2			GB/T 5009.12
3	镉(以 Cd 计),mg/kg	≤0.1			GB/T 5009.15
4	氯氰菊酯(cypermethrin),mg/kg	≤0.05		≤0.5	GB/T 5009.110
5	三唑酮 (tridimefon),mg/kg	≤0.5		≤0.1	GB/T 5009.126
6	辛硫磷(phoxim),mg/kg	≤0.05			GB/T 5009.102
7	脱氧雪腐镰刀菌烯醇,μg/kg	≤1000		—	GB/T 23503
8	玉米赤霉烯酮,μg/kg	≤60		—	GB/T 23504
9	赭曲霉毒素 A,μg/kg	≤5.0		—	GB/T 23502
注:如食品安全国家标准及相关国家规定中上述项目和指标有调整,且严于本标准规定,按最新国家标准及规定执行。					

ICS 67.060
CCS B 20

中华人民共和国农业行业标准

NY/T 419—2021
代替 NY/T 419—2014，NY/T 2978—2016

绿色食品 稻米

Green food—Rice

2021-05-07 发布

2021-11-01 实施

中华人民共和国农业农村部 发布

前　言

本文件按照 GB/T 1.1—2009《标准化工作导则　第 1 部分:标准化文件的结构和起草规则》的规定起草。

本文件代替 NY/T 419—2014《绿色食品　稻米》和 NY/T 2978—2016《绿色食品　稻谷》。与 NY/T 419—2014 和 NY/T 2978—2016 相比,除结构调整和编辑性改动外,主要技术变化如下:

   a)　增加了透明度、碱消值、胶稠度的指标,铬、吡蚜酮、吡唑醚菌酯、甲氨基阿维菌素苯甲酸盐、嘧菌酯、灭草松、三唑酮、戊唑醇的限量值;

   b)　修改了胚芽米定义;

   c)　修改了碎米、加工精度、垩白度的要求;

   d)　修改了糙米、黑米的杂质及不完善粒要求,删除了糙米、黑米的稻谷粒要求;

   e)　修改了苯醚甲环唑、稻瘟灵、毒死蜱、多菌灵、三环唑的限量值;

   f)　删除了谷外糙米、敌敌畏、磷化物、马拉硫磷、杀虫双、杀螟硫磷、溴氰菊酯、甲胺磷、乙酰甲胺磷的指标。

本文件由农业农村部农产品质量安全监管司提出。

本文件由中国绿色食品发展中心归口。

本文件起草单位:中国水稻研究所、农业农村部稻米及制品质量监督检验测试中心、中国绿色食品发展中心、浙江省农产品质量安全中心、仙居县朱溪镇石坦头种养殖专业合作社、湖南瑶珍粮油有限公司。

本文件主要起草人:章林平、张宪、郑永利、郑小龙、张卫星、牟仁祥、闵捷、胡贤巧、邵雅芳、曹赵云、单凌燕、何豪豪、蒋珍凤、朱智伟。

本文件及其所代替文件的历次版本发布情况为:

   ——2000 年首次发布为 NY/T 419—2000,2006 年第一次修订,2007 年第二次修订,2014 年第三次修订;

   ——本次为第四次修订,并入了 NY/T 2978—2016《绿色食品　稻谷》的内容。

绿色食品　稻米

1　范围

本文件规定了绿色食品稻米的术语和定义,要求、检验规则,标签,包装、运输和储存。

本文件适用于绿色食品稻米,包括大米(含糯米)、糙米、胚芽米、蒸谷米、紫(黑)米、红米,以及作为绿色食品稻米原料的稻谷,不适用于加入添加剂的稻米。

2　规范性引用文件

下列文件中的内容通过文中的规范性引用而构成本文件必不可少的条款。其中,注日期的引用文件,仅该日期对应的版本适用于本文件;不注日期的引用文件,其最新版本(包括所有的修改单)适用于本文件。

GB 5009.3　食品安全国家标准　食品中水分的测定

GB 5009.11　食品安全国家标准　食品中总砷及无机砷的测定

GB/T 5009.20　食品中有机磷农药残留量的测定

GB 5009.22　食品安全国家标准　食品中黄曲霉毒素 B 族和 G 族的测定

GB 5009.268　食品安全国家标准　食品中多元素的测定

GB/T 5492　粮油检验　粮食、油料的色泽、气味、口味鉴定法

GB/T 5493　粮油检验　类型及互混检验

GB/T 5494　粮油检验　粮食、油料的杂质、不完善粒检验法

GB/T 5496　粮食、油料检验 黄粒米及裂纹粒检验法

GB/T 5502　粮油检验　米类加工精度检验

GB/T 5503　粮油检验　碎米检验法

GB 7718　食品安全国家标准　预包装食品标签通则

GB 14881　食品安全国家标准　食品生产通用卫生规范

GB/T 20769　水果和蔬菜中 450 种农药及相关化学品残留量的测定　液相色谱-串联质谱法

GB/T 20770　粮谷中 486 种农药及相关化学品残留量的测定　液相色谱-串联质谱法

GB 23200.113　食品安全国家标准　植物源性食品中 208 种农药及其代谢物残留量的测定　气相色谱-质谱联用法

JJF 1070　定量包装商品净含量计量检验规则

NY/T 83　米质测定方法

NY/T 391　绿色食品　产地环境质量

NY/T 393　绿色食品　农药使用准则

NY/T 394　绿色食品　肥料使用准则

NY/T 658　绿色食品　包装通用准则

NY/T 832　黑米

NY/T 1055　绿色食品　产品检验规则

NY/T 1056　绿色食品　储藏运输准则

NY/T 2334　稻米整精米率、粒型、垩白粒率、垩白度及透明度的测定　图像法

NY/T 2639　稻米直链淀粉的测定　分光光度法

SN/T 2158　进出口食品中毒死蜱残留检测方法

国家质量监督检验检疫总局令 2005 年第 75 号　定量包装商品计量监督管理办法

3 术语和定义

下列术语和定义适用于本文件。

3.1

糙米 brown rice

稻谷脱壳后保留着皮层和胚芽的米。

3.2

胚芽米 germ-remained white rice

胚芽保留率达 75% 以上的精米。

3.3

留胚粒率 germ-remained white rice recovery

胚芽米中保留全胚、平胚或半胚的米粒占总米粒数的比率。

3.4

蒸谷米 parboiled rice

稻谷经清理、浸泡、蒸煮、干燥等处理后,再按常规稻谷碾米加工方法生产的稻米。

3.5

红米 red rice

糙米天然色泽为棕红色的稻米。

4 要求

4.1 产地环境

产地环境应符合 NY/T 391 的要求。

4.2 投入品

生产过程中农药、肥料使用应分别符合 NY/T 393、NY/T 394 的要求。

4.3 加工环境

应符合 GB 14881 的要求。

4.4 感官

产品的色泽、气味应为正常,其中蒸谷米的色泽、气味要求为色泽微黄略透明,具有蒸谷米特有的气味;色泽、气味按照 GB/T 5492 的规定检测。

4.5 理化指标

4.5.1 大米、糯米、蒸谷米、红米、糙米、胚芽米和紫(黑)米

应符合表 1 的要求。

表 1　大米、糯米、蒸谷米、红米、糙米、胚芽米和紫(黑)米的理化指标

项　目		大米	糯米	蒸谷米	红米	糙米	胚芽米	紫(黑)米	检验方法
碎米	总量,%	籼≤15.0,粳≤10.0							GB/T 5503
	其中:小碎米,%	籼≤1.0,粳≤0.5							
加工精度		精碾			—				GB/T 5502
水分,%	籼	≤14.5			≤14.0				GB 5009.3
	粳	≤15.5			≤15.0				
不完善粒,%		≤3.0							GB/T 5494
杂质	总量,%	≤0.25							GB/T 5494
	其中:无机杂质,%	≤0.02							
互混率,%		≤5.0							GB/T 5493
黄粒米,%		≤0.5		—		≤0.5			GB/T 5496
透明度,级		≤2	—		—				NY/T 2334

表1（续）

项 目		大米	糯米	蒸谷米	红米	糙米	胚芽米	紫(黑)米	检验方法
垩白度,%	籼	≤5.0	—			—			NY/T 2334
	粳	≤4.0	—						
胶稠度,mm	籼	≥50	≥90			—			NY/T 83
	粳	≥60							
直链淀粉(干基),%	籼	13.0~22.0	≤2.0			—			NY/T 2639
	粳	13.0~20.0							
碱消值,级	籼	≥5.0				—			NY/T 83
	粳	≥6.0							
黑米色素,色价值				—				≥1.0	NY/T 832
留胚粒率,%			—				≥75	—	见附录B

4.5.2 稻谷

应符合表2的要求。

表2 稻谷的理化指标

项 目	品 种				检验方法
	籼	籼糯	粳	粳糯	
胶稠度,mm	≥50	≥90	≥60	≥90	NY/T 83
直链淀粉(干基),%	13.0~22.0	≤2.0	13.0~20.0	≤2.0	NY/T 2639
透明度,级	≤2	—	≤2	—	NY/T 2334
垩白度,%	≤5.0	—	≤4.0	—	NY/T 2334
糙米率,%	≥77.0		≥79.0		NY/T 83
整精米率,%	≥52.0		≥63.0		NY/T 2334
碱消值,级	≥5.0		≥6.0		NY/T 83
水分,%	≤13.5		≤14.5		GB 5009.3
杂质,%	≤1.0				GB/T 5494
互混率,%	≤5.0				GB/T 5493
黄粒米,%	≤1.0				GB/T 5496
紫(黑)米、红米等有色米稻谷不检测整精米率、垩白度、透明度和直链淀粉。					

4.6 污染物限量和农药残留限量

污染物和农药残留限量应符合相关食品安全国家标准及规定的要求,同时应符合表3的要求。

表3 污染物和农药残留限量

单位为毫克每千克

序 号	项 目	指 标	检验方法
1	总汞(以Hg计)	≤0.01	GB 5009.268
2	无机砷(以As计)	≤0.15	GB 5009.11
3	苯醚甲环唑	≤0.07	GB 23200.113
4	吡蚜酮	≤0.05	GB/T 20770
5	吡唑醚菌酯ᵃ	≤0.09	GB/T 20770
6	丁草胺	≤0.01	GB/T 20770
7	毒死蜱	≤0.01	SN/T 2158
8	多菌灵	≤1	GB/T 20770
9	氟虫腈ᵇ	≤0.01	GB 23200.113
10	克百威ᶜ	≤0.01	GB/T 20770
11	乐果	≤0.01	GB/T 20770
12	嘧菌酯	≤0.2	GB/T 20770
13	三唑磷	≤0.01	GB/T 20770
14	三唑酮	≤0.3	GB/T 20770
15	水胺硫磷	≤0.01	GB/T 5009.20

表 3（续）

序 号	项 目	指 标	检验方法
16	氧乐果	≤0.01	GB/T 20770

注：稻谷样品以糙米检测。

ᵃ 吡唑醚菌酯又名百克敏。

ᵇ 氟虫腈、氟甲腈、氟虫腈砜、氟虫腈亚砜之和，以氟虫腈表示。

ᶜ 克百威及 3-羟基克百威之和，以克百威表示。

4.7 净含量

应符合国家质量监督检验检疫总局令 2005 第 75 号的要求，检验方法按照 JJF 1070 的规定执行。稻谷样品不检测净含量。

5 检验规则

申请绿色食品的稻米产品应按照本文件中 4.4～4.7 以及附录 A 所确定的项目进行检验，其他要求应符合 NY/T 1055 的规定。本文件规定的农药残留量检测方法，如有其他国家标准、行业标准以及部文公告的检测方法，且其检出限和定量限能满足限量值要求时，在检测时可采用。

6 标签

按照 GB 7718 的规定执行。

7 包装、运输和储存

7.1 包装

按照 NY/T 658 的规定执行。

7.2 运输和储存

按照 NY/T 1056 的规定执行。

附　录　A
（规范性）
绿色食品稻米产品申报检验项目

表 A.1 规定了除 4.4～4.7 所列项目外，按食品安全国家标准和绿色食品稻米生产实际情况，绿色食品申报检验还应检验的项目。

表 A.1　污染物、农药残留及真菌毒素项目

序　号	项　目	指　标	检验方法
1	铅（以 Pb 计），mg/kg	≤0.2	GB 5009.268
2	镉（以 Cd 计），mg/kg	≤0.2	GB 5009.268
3	铬（以 Cr 计），mg/kg	≤1.0	GB 5009.268
4	吡虫啉，mg/kg	≤0.05	GB/T 20770
5	丙环唑，mg/kg	≤0.1	GB/T 20770
6	稻瘟灵，mg/kg	≤1	GB/T 20770
7	啶虫脒，mg/kg	≤0.5	GB/T 20770
8	甲氨基阿维菌素苯甲酸盐，mg/kg	≤0.02	GB/T 20769
9	灭草松，mg/kg	≤0.1	GB/T 20770
10	噻嗪酮，mg/kg	≤0.3	GB/T 20770
11	三环唑，mg/kg	≤2	GB/T 20770
12	戊唑醇，mg/kg	≤0.5	GB/T 20770
13	黄曲霉毒素 B_1，μg/kg	≤5.0	GB 5009.22
注：稻谷样品以糙米检测。			

附 录 B
（规范性）
留胚粒率检验方法

B.1 操作方法

从胚芽米样品中随机取出 100 粒（m），置于铺有黑色绒布的水平桌面上，按照图 B.1 的要求辨别大米的留胚类别，检出留胚粒（全胚、平胚、半胚的米粒），计算留胚粒率。

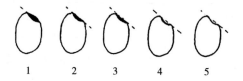

标引序号说明：
1——全胚：糙米经碾白后，米胚保持原有的状态；
2——平胚：糙米经碾白后，留有的米胚平米嘴的切线；
3——半胚：糙米经碾白后，留有的米胚低于米嘴的切线但高于残胚；
4——残胚：糙米经碾白后，仅残留很小一部分米胚；
5——无胚：糙米经碾白后，米胚全部脱落。

图 B.1 大米留胚图例

B.2 计算公式

留胚粒率按公式（1）计算。

$$X = \frac{(m_1 + m_2 + m_3) \times 100}{m} \quad \cdots\cdots\cdots\cdots\cdots\cdots\cdots\cdots\cdots\cdots\cdots\cdots\cdots\cdots (1)$$

式中：
X ——留胚粒率，单位为百分号（%）；
m_1——全胚米粒数，单位为粒；
m_2——平胚米粒数，单位为粒；
m_3——半胚米粒数，单位为粒；
m ——试样粒数，单位为粒。
结果以 3 次重复测定的平均值表示，计算结果表示到整数位。

ICS 67.200
X 14

中华人民共和国农业行业标准

NY/T 420—2017
代替 NY/T 420—2009

绿色食品 花生及制品

Green food—Peanut and its products

2017-06-12 发布

2017-10-01 实施

中华人民共和国农业部 发布

前　言

本标准按照 GB/T 1.1—2009 给出的规则起草。

本标准代替 NY/T 420—2009《绿色食品　花生及制品》。与 NY/T 420—2009 相比，除编辑性修改外主要技术变化如下：

——增加了炒花生(果、仁)、烤花生碎、乳白花生、乳白花生碎的技术要求；

——删除了花生类糖制品；

——重新设置了分类，删除了裹衣花生的淀粉型、糖衣型、混合型的 3 种产品分类；

——删除了 7 个产品术语，重新设置了术语和定义、感官要求；

——增加了净含量、吡虫啉、克百威、丁酰肼、多菌灵、辛硫磷、戊唑醇、氰戊菊酯、溴氰菊酯、霉菌检测项目；

——删除了无机砷、总汞、黄曲霉毒素总量、敌敌畏、乐果、杀螟硫磷、倍硫磷、涕灭威、菌落总数、志贺氏菌、金黄色葡萄球菌和溶血性链球菌指标；

——修改了蛋白质、水分、酸价、过氧化值、黄曲霉毒素 B_1 的测定方法。

本标准由农业部农产品质量安全监管局提出。

本标准由中国绿色食品发展中心归口。

本标准起草单位：山东省农业科学院农业质量标准与检测技术研究所、山东省标准化研究院、山东标准检测技术有限公司、中国绿色食品发展中心、山东花生研究所、山东省绿色食品发展中心、山东鲁花集团有限公司、农业部食品质量监督检验测试中心(济南)。

本标准主要起草人：滕葳、李倩、甄爱华、万书波、陈兆云、张树秋、柳琪、刘建洋、刘学锋、张侨、单世华、王磊、王玉涛、滕晶、赵一民、田丽、张岭晨。

本标准所代替标准的历次版本发布情况为：

——NY/T 420—2000、NY/T 420—2009。

绿色食品 花生及制品

1 范围

本标准规定了绿色食品花生及制品的术语和定义、要求、检验规则、标签、包装、运输和储存。

本标准适用于绿色食品花生及制品，不适用于花生类糖制品、花生油、花生饮料和花生饼、粕。

2 规范性引用文件

下列文件对于本文件的应用是必不可少的。凡是注日期的引用文件，仅注日期的版本适用于本文件。凡是不注日期的引用文件，其最新版本（包括所有的修改单）适用于本文件。

GB 4789.1 食品安全国家标准 食品微生物学检验 总则

GB 4789.3 食品安全国家标准 食品微生物学检验 大肠菌群计数

GB 4789.4 食品安全国家标准 食品微生物学检验 沙门氏菌检验

GB 4789.15 食品安全国家标准 食品微生物学检验 霉菌和酵母计数

GB 5009.3 食品安全国家标准 食品中水分的测定

GB 5009.4 食品安全国家标准 食品中灰分的测定

GB 5009.5 食品安全国家标准 食品中蛋白质的测定

GB 5009.12 食品安全国家标准 食品中铅的测定

GB 5009.15 食品安全国家标准 食品中镉的测定

GB 5009.22 食品安全国家标准 食品中黄曲霉毒素 B 族和 G 族的测定

GB/T 5009.102 植物性食品中辛硫磷农药残留量的测定

GB/T 5009.110 植物性食品中氯氰菊酯、氰戊菊酯和溴氰菊酯残留量的测定

GB/T 5009.145 植物性食品中有机磷和氨基甲酸酯类农药多种残留的测定

GB 5009.227 食品安全国家标准 食品中过氧化值的测定

GB 5009.229 食品安全国家标准 食品中酸价的测定

GB/T 5492 粮油检验 粮食、油料的色泽、气味、口味鉴定

GB/T 5494 粮油检验 粮食、油料的杂质、不完善粒检验

GB/T 5499 粮油检验 带壳油料纯仁率检验法

GB/T 5512 粮油检验 粮食中粗脂肪含量测定

GB 7718 食品安全国家标准 预包装食品标签通则

GB/T 12457 食品中氯化钠的测定

GB/T 20770 粮谷中 486 种农药及相关化学品残留量的测定 液相色谱-串联质谱法

GB 28050 食品安全国家标准 预包装食品营养标签通则

JJF 1070 定量包装商品净含量计量检验规则

NY/T 391 绿色食品 产地环境质量

NY/T 392 绿色食品 食品添加剂使用准则

NY/T 393 绿色食品 农药使用准则

NY/T 394 绿色食品 肥料使用准则

NY/T 658 绿色食品 包装通用准则

NY/T 1055 绿色食品 产品检验规则

NY/T 1056 绿色食品 储藏运输准则

NY/T 1068 油用花生

NY/T 1680 蔬菜水果中多菌灵等 4 种苯并咪唑类农药残留量的测定 高效液相色谱法

QB/T 1733.1 花生制品通用技术条件

SN/T 1989 进出口食品中丁酰肼残留量检测方法 气相色谱-质谱法

国家质量监督检验检疫总局令 2005 年第 75 号 定量包装商品计量监督管理办法

3 术语和定义

NY/T 958、NY/T 1067、NY/T 1068 和 QB/T 1733.1、QB/T 1733.3～1733.7 界定的以及下列术语和定义适用于本文件。

3.1

花生蛋白粉 peanut protein flour

花生饼粕经粉碎等处理,得到的蛋白质含量(干基)不低于 48% 的粉状花生制品。

3.2

花生组织蛋白 peanut tissus protein

脱脂花生粕或浓缩花生蛋白粉经挤压膨化,发生塑形化、组织化而获得的花生蛋白制品。

4 分类

4.1 花生

食用花生(果、仁)、油用花生(果、仁)。

4.2 花生制品

水煮花生(果、仁)、烤花生(原味烤花生、调味花生)、烤花生仁(红衣型、脱红衣型)、烤花生碎、乳白花生、乳白花生碎、炒花生仁(红衣型、脱红衣型)、炒花生果、油炸花生仁、裹衣花生、花生蛋白粉、花生组织蛋白和花生酱(纯花生酱、稳定型花生酱、复合型花生酱)。

5 要求

5.1 环境及生产资料

5.1.1 产地环境

应符合 NY/T 391 的要求。生产过程中肥料的使用按照 NY/T 394 的规定执行,农药的使用按照 NY/T 393 的规定执行。

5.1.2 加工原料

应符合绿色食品相关标准的要求。

5.1.3 食品添加剂

应符合 NY/T 392 的要求。

5.2 感官

应符合表 1 的要求。

表 1 感官要求

序号	项目	产品		指标	检验方法
1	品种	食用花生(果、仁)		同一品种,异品种花生(果、仁)≤5%	取 200 g 样品置于白色搪瓷盘或不锈钢工作台上,在充足的自然光下,用目测法观察
		油用花生(果、仁)			
		水煮花生(果、仁)			
		原味烤花生			
		调味花生			
		炒花生果			
		烤(炒)花生仁			
		乳白花生			
		油炸花生仁			
2	色泽	食用花生(果、仁)		花生果具有正常的色泽;花生仁色泽正常,子叶不变色	GB/T 5492
		油用花生(果、仁)			
		水煮花生(果、仁)		具有煮花生果、仁的正常色泽	
		烤(炒)花生仁		烤(炒)花生仁色泽均匀正常;带种皮(红衣)烤(炒)花生仁呈红棕色,不带种皮(红衣)烤(炒)花生仁呈黄褐色,色泽基本均匀	
		烤花生碎		具有产品应有的色泽,且颜色基本均匀	
		乳白花生			
		乳白花生碎			
		原味烤花生		烤花生果色泽均匀正常	
		调味花生		具有产品应有的色泽	
		油炸花生仁		脱衣油炸花生仁呈浅黄色或褐黄色,色泽基本均匀;带衣油炸花生仁呈暗红色,色泽均匀	
		裹衣花生		具有产品应有的色泽,且基本均匀	
		花生蛋白粉		乳白色或浅褐色	
		花生组织蛋白		白色、乳白色、浅黄或棕黄色	
		花生酱	纯花生酱	酱体呈金黄色至褐黄色	
			稳定型花生酱	具有该产品应有的色泽	
			复合型花生酱		
3	气味滋味口感	食用花生(果、仁)		具有花生正常的气味,无异味	GB/T 5492
		油用花生(果、仁)			
		水煮花生(果、仁)		具有其正常的气味和滋味,无异味	
		烤花生仁、炒花生(果、仁)		具有浓郁纯正的烤花生香味,无焦煳味、哈喇味及其他异味	
		烤花生碎		具有产品应有的气味和滋味,无其他异味	
		乳白花生			
		乳白花生碎			
		原味烤花生		口感松脆,具有该品种应有的香味,无生味及其他异味	
		调味花生		口感松脆,具有产品应有的气味和滋味,无其他异味	
		油炸花生仁		具有油炸花生应有的气味和滋味,口味适中,口感酥脆,无生味、焦煳味及其他异味	
		裹衣花生		具有花生香味及品种应有的气味和滋味,无其他异味	
		花生蛋白粉		具有花生蛋白粉的正常气味和滋味,无异味	
		花生组织蛋白		具有花生滋味,无哈喇味及其他异味	
		花生酱	纯花生酱	口感细腻,无颗粒感,具有浓郁的花生香味,无焦煳味、苦涩味及其他异味	
			稳定型花生酱	口感细腻,无蜡质感,具有花生香味,无焦煳味、苦涩味及其他异味	
			复合型花生酱	允许有颗粒感,无蜡质感,具有花生香味和该调味品种花生酱应有的风味,无焦煳味、苦涩味及其他异味	

表 1（续）

序号	项目	产 品		指 标	检验方法
4	组织形态杂质	食用花生(果、仁)		形状匀整,洁净,花生果杂质≤1.0%;花生仁杂质≤0.5%,食用花生仁饱满	取 200 g 样品置于白色搪瓷盘或不锈钢工作台上,在充足的自然光下,用目测法观察组织形态。杂质按 GB/T 5494 的规定检测
		油用花生(果、仁)			
		水煮花生(果、仁)		形状匀整,洁净,籽仁形态完整,颗粒饱满,允许有少量籽仁收缩;无未成熟粒、虫蚀粒、变质粒;花生果杂质≤1.0%;花生仁杂质≤0.5%	
		烤花生仁、炒花生(果、仁)			
		乳白花生			
		原味烤花生			
		调味花生			
		烤花生碎		大小基本均匀,无正常视力可见外来异物	
		乳白花生碎			
		油炸花生仁		呈整粒或半粒状,颗粒大小基本均匀,无正常视力可见外来杂质	
		裹衣花生		具有产品应有的组织形态,无正常视力可见外来杂质	
		花生蛋白粉		粉末状,均匀	
		花生组织蛋白		吸水性:每 100 g 干品吸水 134 g～170 g,吸水后呈海绵状、有弹性	
		花生酱	纯花生酱	浓稠状酱体,允许有油脂析出,无正常视力可见外来异物	
			稳定型花生酱	不流动的软膏状均匀酱体,无明显油脂析出,无裂纹,无正常视力可见外来异物	
			复合型花生酱	具有该产品应有的组织形态,无正常视力可见外来异物	
5	不完善果,%	食用花生果		≤5.0	GB/T 5494
		水煮花生果			
		原味烤花生			
		调味花生			
		炒花生果			
		油用花生果		≤8.0	
6	不完善仁,%	食用花生仁		≤4.0	
		水煮花生仁			
		油炸花生仁			
		烤(炒)花生仁			
		油用花生仁		≤8.0	
7	纯仁率,%	食用花生果		≥67.0	GB/T 5499
		水煮花生果			
		原味烤花生			
		调味花生			
		炒花生果			
		油用花生果		≥65.0	
8	纯质率,%	食用花生仁		≥96.0	
		油用花生仁			
9	限度	食用花生仁		变质仁≤1.0%,其中虫蚀、病斑、生霉、腐烂的籽仁≤0.5%	杂质及不完善果(仁):GB/T 5494; 纯仁率及纯质率:GB/T 5499
		水煮花生仁			
		油用花生仁			
		食用花生果		异味、虫蚀、病斑、生霉、腐烂果≤0.5%	
		油用花生果			
		水煮花生果			
		油炸花生仁		生味、焦煳味仁≤0.5%	
		原味烤花生		生味、异味、虫蚀、变质仁≤0.5%	
		调味花生		异味、虫蚀、变质仁≤0.5%	

表 1（续）

序号	项目	产品	指标	检验方法
9	限度	炒花生(果、仁)	异味、虫蚀、病斑、生霉、腐烂仁≤0.5%;炒花生仁(红衣型)脱红衣率≤5.0%	杂质及不完善果(仁): GB/T 5494; 纯仁率及纯质率: GB/T 5499
		烤花生仁	生味、异味、虫蚀、变质仁≤0.5%	
		烤花生碎	生味、异味、变质仁、病斑等≤0.5%	
		乳白花生碎		
		裹衣花生	不熟、过火、焦苦、哈喇味仁≤0.5%	

5.3 理化指标

应符合表 2 的要求。

表 2 理化指标

序号	项目	产品			指标	检验方法
1	蛋白质 (以干基计),%	食用花生(果、仁)			≥23.0	GB 5009.5
		炒花生(果、仁)				
		烤花生仁				
		烤花生碎				
		乳白花生碎				
		油炸花生仁				
		原味烤花生				
		调味花生				
		水煮花生(果、仁)				
		花生蛋白粉			≥48.0	
		花生组织蛋白				
		花生酱	纯花生酱		≥25.0	
			稳定型花生酱		≥22.0	
			复合型花生酱		≥12.5	
2	脂肪[a],%	油用花生(果、仁)			≥48.0	GB/T 5512
		花生蛋白粉			≤7.0	
		花生组织蛋白			≤2.8	
		花生酱	纯花生酱		≥40.0	
			稳定型花生酱			
			复合型花生酱		≥20.0	
3	食盐(以氯化钠计),%	调味花生[咸干花生(果、仁)]			≤2.5	GB/T 12457
		水煮花生(果、仁)				
4	灰分[b],%	花生蛋白粉			≤5.0	GB 5009.4
		花生组织蛋白				
		花生酱	纯花生酱		≤3.0	
			稳定型花生酱		≤3.5	
			复合型花生酱			
5	酸价(以脂肪计), mg/g	食用花生(果、仁)			≤3.0	GB 5009.229
		油用花生(果、仁)				
		炒花生(果、仁)				
		烤花生仁				
		原味烤花生				
		调味花生				
		油炸花生仁				
		花生酱				
		烤花生碎				

表 2（续）

序号	项目	产品		指标	检验方法
5	酸价(以脂肪计)，mg/g	乳白花生		≤6.0	GB 5009.229
		乳白花生碎			
		花生蛋白粉		≤4.0	
		花生组织蛋白			
6	过氧化值(以脂肪计)，g/100 g	花生及制品(花生酱除外)		≤0.40	GB 5009.227
		花生酱		≤0.25	
7	细(粒)度，g/100 g	纯花生酱		≥98	QB/T 1733.1
		花生蛋白粉		≥95	样品过0.154 mm孔径标准筛
8	水分ᶜ，%	食用花生仁		≤8.0	GB 5009.3
		油用花生仁			
		食用花生果		≤10.0	
		油用花生果			
		炒花生(果、仁)		≤3.0	
		烤花生仁		≤3.0	
		烤花生碎		≤6.0	
		乳白花生碎			
		油炸花生仁		≤2.7	
		水煮花生(果、仁)		≤38.0	
		原味烤花生		≤7.0	
		调味花生		≤7.0	
		裹衣花生		≤4.5	
		花生蛋白粉		≤7.0	
		花生组织蛋白		≤8.0	
		花生酱	纯花生酱	≤1.5	
			稳定型花生酱	≤2.0	
			复合型花生酱		

ᵃ 油用花生(果、仁)、花生蛋白粉、花生组织蛋白以干基计。
ᵇ 花生蛋白粉、花生组织蛋白以干基计。
ᶜ 水分以去壳后的籽仁计。

5.4 真菌毒素限量和农药残留限量

应符合食品安全国家标准及相关规定，同时应符合表3的要求。

表 3　真菌毒素和农药残留限量

序号	项目	指标	检验方法
1	黄曲霉毒素 B_1 (aflatoxin B_1)，μg/kg	≤5	GB 5009.22
2	吡虫啉(imidacloprid)，mg/kg	≤0.01	GB/T 20770
3	克百威(carbofuran)，mg/kg	≤0.01	
4	氯氰菊酯(cypermethrin)，mg/kg	≤0.01	GB/T 5009.110
5	丁酰肼(daminozide)，mg/kg	≤0.01	SN/T 1989

5.5 净含量

应符合国家质量监督检验检疫总局令2005年第75号的要求。检验方法按JJF 1070的规定执行。

6 检验规则

申报绿色食品的花生及制品应按照本标准5.2～5.5以及附录A所确定的项目进行检验。其他要求按NY/T 1055的规定执行。

7 标签

按照 GB 7718 和 GB 28050 的规定执行。

8 包装、运输和储存

8.1 包装

8.1.1 包装容器和包装材料应符合 NY/T 658 的要求。

8.1.2 包装应使用防透水性材料,封口严密,包装袋内不应装入与食品无关的物品(如玩具、文具及其他非食用品等)。若装入干燥剂,则应无毒、无害,使用包装袋应与食品有效分隔,并标注"非食用"字样。

8.2 运输

按照 NY/T 1056 的规定执行。运输中应轻装、轻卸、防雨、防晒,防止挤压。不应与有毒、有害、易挥发、有异味或影响产品质量的物品混装运输。

8.3 储存

按照 NY/T 1056 的规定执行。产品应储存于通风、干燥、阴凉、清洁的场所,严防日晒、雨淋及有害物质的危害。存放时应堆放整齐,防止挤压。中长期储存时,应按品种、规格分别堆放,要保证有足够的散热间距,不应与有毒、有害、有异味、易挥发、易腐蚀的物品同处储存。

附　录　A
（规范性附录）
绿色食品花生及制品申报检验项目

表 A.1 和表 A.2 规定了除 5.2～5.5 所列项目外,依据食品安全国家标准和绿色食品花生及制品生产实际情况,绿色食品花生及制品申报检验还应检验的项目。

表 A.1　污染物和农药残留项目

单位为毫克每千克

序号	项　目	指　标	检验方法
1	铅(以 Pb 计)	≤0.2	GB 5009.12
2	镉(以 Cd 计)	≤0.5	GB 5009.15
3	多菌灵(carbendazim)	≤0.1	NY/T 1680
4	毒死蜱(chlorpyrifos)	≤0.2	GB/T 5009.145
5	辛硫磷(phoxim)	≤0.05	GB/T 5009.102
6	戊唑醇(tebuconazole)	≤0.1	GB/T 20770
7	氰戊菊酯(fenvalerate)	≤0.1	GB/T 5009.110
8	溴氰菊酯(deltamethrin)	≤0.01	

表 A.2　微生物项目

项　目	采样方案[a] 及限量				检验方法
	n	c	m	M	
大肠菌群	5	2	10 CFU/g	100 CFU/g	GB 4789.3 中的平板计数法
沙门氏菌	5	0	0/25 g	—	GB 4789.4
霉菌[b]	≤25 CFU/g				GB 4789.15

注 1:微生物项目仅适用于熟制花生及制品和直接食用的生干花生。
注 2:n 为同一批次产品采集的样品件数;c 为最大可允许超出 m 值的样品数;m 为微生物指标可接受水平的限量值;M 为微生物指标的最高安全限量值。

[a]　样品的采集及处理按 GB 4789.1 的规定执行。
[b]　仅适用于烘炒工艺加工的熟制花生及制品。

ICS 67.060
CCS B 22

中华人民共和国农业行业标准

NY/T 421—2021
代替 NY/T 421—2012

绿色食品　小麦及小麦粉

Green food—Wheat and wheat flour

2021-05-07 发布

2021-11-01 实施

中华人民共和国农业农村部 发 布

前　言

本文件按照 GB/T 1.1—2020《标准化工作导则　第 1 部分:标准化文件的结构和起草规则》的规定起草。

本文件代替 NY/T 421—2012《绿色食品　小麦及小麦粉》,与 NY/T 421—2012 相比,除结构调整和编辑性改动外,主要技术变化如下:

a) 增加了原料要求和生产加工过程的要求(见 4.2 和 4.3);

b) 增加了铬、总汞、赭曲霉毒素 A 的限量要求(见表 A.1);

c) 增加了小麦的咪鲜胺、三唑磷、马拉硫磷、戊唑醇、多菌灵、丙环唑、噻虫嗪的限量要求(见 4.6、表 A.2);

d) 增加了小麦粉和全麦粉的毒死蜱限量要求(见 4.6);

e) 更改了术语和定义(见第 3 章,2012 版的第 3 章);

f) 更改了小麦粉和全麦粉的感官要求(见 4.4.2,2012 版的 4.4.2);

g) 更改了理化指标要求(见 4.5,2012 版的 4.5);

h) 更改了小麦的抗蚜威、溴氰菊酯、氰戊菊酯、磷化物、毒死蜱、克百威、乐果、辛硫磷、总砷的指标要求(见 4.6,2012 版的 4.6);

i) 更改了小麦粉和全麦粉的溴氰菊酯、氰戊菊酯、磷化物的指标要求(见 4.6,2012 版的 4.6 和表 A.2);

j) 删除了小麦的氯化苦和氯氰菊酯的限量要求(见 2012 版的 4.6 和表 A.1);

k) 删除了小麦粉和全麦粉的甲拌磷、氯化苦、溴酸钾、过氧化苯甲酰的限量要求(见 2012 版的 4.6 和 4.5.2)。

本文件由农业农村部农产品质量安全监管司提出。

本文件由中国绿色食品发展中心归口。

本文件起草单位:农业农村部谷物及制品质量监督检验测试中心(哈尔滨)、中国绿色食品发展中心、黑龙江省绿色食品发展中心、河北金沙河面业集团有限责任公司、北大荒亲民有机食品有限公司、黑龙江省农业科学院农产品质量安全研究所。

本文件主要起草人:程爱华、张志华、张宪、魏永杰、李钢、陈国峰、宋成文、金海涛、王剑平、杜英秋、戴常军、任红波、陈国友、潘博、滕娇琴、于孝滨、孙丽容、李宛、郭炜、王翠玲、宋爽、李玉琼、李霞、廖辉。

本文件及其所代替文件的历次版本发布情况为:

——2000 年首次发布为 NY/T 421—2000,2012 年第一次修订;

——本次为第二次修订。

绿色食品　小麦及小麦粉

1　范围

本文件规定了绿色食品小麦及小麦粉的术语和定义,要求,检验规则,标签,包装、运输和储存。

本文件适用于绿色食品小麦、小麦粉和全麦粉。

2　规范性引用文件

下列文件中的内容通过文中的规范性引用而构成本文件必不可少的条款。其中,注日期的引用文件,仅该日期对应的版本适用于本文件;不注日期的引用文件,其最新版本(包括所有的修改单)适用于本文件。

GB/T 191　包装储运图示标志

GB 1351　小麦

GB/T 1355　小麦粉

GB 5009.3　食品安全国家标准　食品中水分的测定

GB 5009.5　食品安全国家标准　食品中蛋白质的测定

GB 5009.11　食品安全国家标准　食品中总砷及无机砷的测定

GB 5009.12　食品安全国家标准　食品中铅的测定

GB 5009.15　食品安全国家标准　食品中镉的测定

GB 5009.17　食品安全国家标准　食品中总汞及有机汞的测定

GB 5009.22　食品安全国家标准　食品中黄曲霉毒素B族和G族的测定

GB 5009.96　食品安全国家标准　食品中赭曲霉毒素A的测定

GB/T 5009.102　植物性食品中辛硫磷农药残留量的测定

GB/T 5009.110　植物性食品中氯氰菊酯、氰戊菊酯和溴氰菊酯残留量的测定

GB 5009.111　食品安全国家标准　食品中脱氧雪腐镰刀菌烯醇及其乙酰化衍生物的测定

GB 5009.123　食品安全国家标准　食品中铬的测定

GB/T 5009.145　植物性食品中有机磷和氨基甲酸酯类农药多种残留的测定

GB 5009.209　食品安全国家标准　食品中玉米赤霉烯酮的测定

GB/T 5492　粮油检验　粮食、油料的色泽、气味、口味鉴定

GB/T 5493　粮油检验　类型及互混检验

GB/T 5494　粮油检验　粮食、油料的杂质、不完善粒检验

GB/T 5498　粮油检验　容重测定

GB 7718　食品安全国家标准　预包装食品标签通则

GB/T 8607　高筋小麦粉

GB/T 8608　低筋小麦粉

GB 13122　食品安全国家标准　谷物加工卫生规范

GB/T 14614　粮油检验　小麦粉面团流变学特性测试　粉质仪法

GB/T 20770　粮谷中486种农药及相关化学品残留量的测定　液相色谱-串联质谱法

GB/T 22515—2008　粮油名词术语　粮食、油料及其加工产品

GB 23200.112　食品安全国家标准　植物源性食品中9种氨基甲酸酯类农药及其代谢物残留量的测定

GB/T 25222　粮油检验　粮食中磷化物残留量的测定　分光光度法

GB 28050　食品安全国家标准　预包装食品营养标签通则

NY/T 421—2021

JJF 1070　定量包装商品净含量计量检验规则
LS/T 3201　面包用小麦粉
LS/T 3202　面条用小麦粉
LS/T 3203　饺子用小麦粉
LS/T 3204　馒头用小麦粉
LS/T 3205　发酵饼干用小麦粉
LS/T 3206　酥性饼干用小麦粉
LS/T 3207　蛋糕用小麦粉
LS/T 3208　糕点用小麦粉
LS/T 3209　自发小麦粉
LS/T 3244—2015　全麦粉
NY/T 391　绿色食品　产地环境质量
NY/T 392　绿色食品　食品添加剂使用准则
NY/T 393　绿色食品　农药使用准则
NY/T 394　绿色食品　肥料使用准则
NY/T 658　绿色食品　包装通用准则
NY/T 1055　绿色食品　产品检验规则
NY/T 1056　绿色食品　储藏运输准则
国家质量监督检验检疫总局令 2005 年第 75 号　定量包装商品计量监督管理办法

3　术语和定义

GB 1351 界定的以及下列术语和定义适用于本文件。

3.1

小麦　wheat

禾本科小麦属普通小麦种(*Triticum aestivum* L.)的果实,呈卵形或长椭圆形,腹面有深纵沟。按照小麦播种季节不同分为春小麦和冬小麦。按照小麦的用途和面筋含量高低分为强筋小麦、中筋小麦和弱筋小麦。

[来源:GB/T 22515—2008,2.2.2,有修改]

3.2

强筋小麦　strong gluten wheat

面筋含量高、面团揉和性能和延伸性能好,适用于生产面包粉以及搭配生产其他专用粉的硬质小麦。

[来源:GB/T 22515—2008,2.2.2.7,有修改]

3.3

中筋小麦　medium gluten wheat

面筋含量略低于强筋小麦,面团揉和性能和延伸性能较好,适于制作馒头、面条、饺子等食品的硬质小麦。

[来源:GB/T 22515—2008,2.2.2.8,有修改]

3.4

弱筋小麦　weak gluten wheat

小麦胚乳呈粉质,面筋含量低、面团耐揉性和弹性弱,适于制作蛋糕、饼干等食品的软质小麦。

[来源:GB/T 22515—2008,2.2.2.9,有修改]

3.5

小麦粉　wheat flour

面粉　flour

以小麦为原料,经清理、水分调节、研磨、筛理等工艺加工而成的粉状产品。

[来源:GB/T 22515—2008,2.2.6.14,有修改]

3.6

全麦粉　whole wheat flour

以整粒小麦为原料,经制粉工艺制成的,且小麦胚乳、胚芽与麸皮的相对比例与天然完整颖果基本一致的小麦全粉。

[来源:LS/T 3244—2015,3.1]

4　要求

4.1　产地环境

应符合 NY/T 391 的要求。

4.2　原料要求

4.2.1　生产小麦粉或全麦粉的小麦应符合绿色食品的要求。

4.2.2　加工用水应符合 NY/T 391 的要求。

4.3　生产加工过程

小麦生产过程中农药和化肥使用应分别符合 NY/T 393 和 NY/T 394 的要求。小麦粉和全麦粉加工过程应符合 GB 13122 的要求,食品添加剂应符合 NY/T 392 的要求。

4.4　感官

4.4.1　小麦的感官要求

应符合表1的要求。

表 1　小麦的感官要求

项　目	要　求	检验方法
外观	粒状、籽粒饱满、无霉变	GB/T 5493
色泽	具有产品固有的色泽	GB/T 5492
气味	无异味	GB/T 5492

4.4.2　小麦粉和全麦粉的感官要求

应符合表2的要求。

表 2　小麦粉和全麦粉的感官要求

指　标	要　求	检验方法
外观	粉状,形态均匀,无异物	分取 20 g～50 g 样品在自然光线下,目测观察外观形态和色泽
色泽	具有该产品的应有色泽	
气味口味	具有该产品固有气味口味,无异味	GB/T 5492

4.5　理化指标

4.5.1　小麦的理化指标

应符合表3的要求。

表 3　小麦的理化指标要求

项　目		强筋小麦	中筋小麦	弱筋小麦	检验方法
容重,g/L		≥770	≥770	≥750	GB/T 5498
水分,%		≤12.5			GB 5009.3
不完善粒,%		≤6.0			GB/T 5494
杂质	总量,%	≤1.0			GB/T 5494
	矿物质,%	≤0.05			

表 3（续）

项 目	强筋小麦	中筋小麦	弱筋小麦	检验方法
蛋白质（干基），%	≥14.0	≥12.0	<12.0	GB 5009.5
稳定时间，min	≥8.0	≥3.0	<3.0	GB/T 14614

4.5.2 小麦粉和全麦粉的理化指标

小麦粉的理化指标应符合 GB/T 1355 中相应类型的要求或 GB/T 8607、GB/T 8608、LS/T 3201～LS/T 3209 等文件的要求；全麦粉的理化指标应符合 LS/T 3244—2015 的要求。

4.6 污染物限量和农药残留限量

应符合相关食品安全国家标准及相关要求，同时符合表 4 的要求。

表 4 污染物限量和农药残留限量

单位为毫克每千克

序 号	项 目	指 标		检验方法
		小麦	小麦粉和全麦粉	
1	总砷	≤0.4		GB 5009.11
2	咪鲜胺	≤0.01	—	GB/T 20770
3	三唑磷	≤0.01	—	GB/T 20770
4	马拉硫磷	≤0.01	—	GB/T 5009.145
5	甲拌磷	≤0.01	—	GB/T 5009.145
6	三唑酮	≤0.1	—	GB/T 20770
7	抗蚜威	≤0.01	—	GB/T 20770
8	溴氰菊酯	≤0.01	≤0.01	GB/T 5009.110
9	氰戊菊酯	≤0.01	≤0.01	GB/T 5009.110
10	磷化物	≤0.01	≤0.01	GB/T 25222
11	毒死蜱	≤0.01	≤0.01	GB/T 5009.145
12	克百威	≤0.01	—	GB 23200.112
13	乐果	≤0.01	—	GB/T 20770
14	辛硫磷	≤0.01	—	GB/T 5009.102

4.7 净含量

应符合国家质量监督检验检疫总局令 2005 年第 75 号的要求，检验方法按 JJF 1070 的规定执行。

4.8 其他要求

除上述要求外，还应符合附录 A 的规定。

5 检验规则

申报绿色食品应按照本文件中 4.4～4.7 以及附录 A 所确定的项目进行检验。每批产品交收（出厂）前，都应进行交收（出厂）检验，交收（出厂）检验项目包括包装、标签、净含量、感官和理化指标。其他应符合 NY/T 1055 的要求。本文件规定的农药残留量检验方法，如有其他国家标准和行业标准方法，且其检出限或定量限能满足限量值要求时，在检测时可采用。

6 标签

应符合 GB 7718 的要求，小麦粉和全麦粉的标签还应符合 GB 28050 的要求。

7 包装、运输和储存

7.1 包装

按 NY/T 658 的规定执行。储运图示应符合 GB/T 191 的要求。

7.2 运输和储存

应符合 NY/T 1056 的要求。

附　录　A

（规范性）

绿色食品小麦、小麦粉和全麦粉产品申报检验项目

表 A.1、表 A.2 规定了除 4.4～4.7 所列项目外，依据食品安全国家标准和绿色食品生产实际情况，小麦、小麦粉和全麦粉产品申报检验还应检验的项目。

表 A.1　小麦、小麦粉和全麦粉的污染物和真菌毒素限量

项　目	指　标	检验方法
铅，mg/kg	≤0.2	GB 5009.12
镉，mg/kg	≤0.1	GB 5009.15
总汞，mg/kg	≤0.02	GB 5009.17
铬，mg/kg	≤1.0	GB 5009.123
脱氧雪腐镰刀菌烯醇，μg/kg	≤1 000	GB 5009.111
玉米赤霉烯酮，μg/kg	≤60	GB 5009.209
黄曲霉毒素 B_1，μg/kg	≤5.0	GB 5009.22
赭曲霉毒素 A，μg/kg	≤5.0	GB 5009.96

表 A.2　小麦农药残留限量

单位为毫克每千克

项　目	指　标	检测方法
戊唑醇	≤0.05	GB/T 20770
多菌灵	≤0.5	GB/T 20770
丙环唑	≤0.05	GB/T 20770
噻虫嗪	≤0.1	GB/T 20770
吡虫啉	≤0.05	GB/T 20770

ICS 67.180.10
CCS X 30

中华人民共和国农业行业标准

NY/T 422—2021
代替 NY/T 422—2016

绿色食品 食用糖

Green food—Edible sugar

2021-05-07 发布

2021-11-01 实施

中华人民共和国农业农村部 发布

前　言

本文件按照 GB/T 1.1—2020《标准化工作导则　第 1 部分：标准化文件的结构和起草规则》的规定起草。

本文件代替 NY/T 422—2016《绿色食品　食用糖》。与 NY/T 422—2016 相比，除结构调整和编辑性改动外，主要技术变化如下：

a) 更改了理化指标中绵白糖总糖分、浑浊度、不溶于水杂质、色值，精幼砂糖中蔗糖分，单晶体冰糖、黄冰糖、方糖色值，单晶体冰糖电导灰分等项目的限量值（见 4.6 表 2，2016 年版 4.6 表 2）；

b) 更改了理化指标中赤砂糖总糖分、不溶于水杂质，原糖中糖度等项目的限量值（见 4.6 表 3，2016 年版 4.6 表 3）；

c) 更改了食品添加剂限量中白砂糖二氧化硫残留量项目的限量值（见 4.7 表 4，2016 年版 4.7 表 4）；

d) 更改了食品添加剂限量中原糖二氧化硫残留量项目的限量值（见 4.7 表 5，2016 年版 4.7 表 5）；

e) 增加了理化指标中绵白糖粒度，单晶体冰糖、多晶体冰糖中不溶于水杂质，方糖不溶于水杂质、浑浊度、碎糖量、硬度等理化指标项目及其限量值（见 4.6 表 2）；

f) 增加了理化指标中原糖色值的理化指标项目及其限量值（见 4.6 表 3）。

本文件由农业农村部农产品质量安全监管司提出。

本文件由中国绿色食品发展中心归口。

本文件起草单位：中国热带农业科学院农产品加工研究所、农业农村部食品质量监督检验测试中心（湛江）、中国绿色食品发展中心、广东省农产品质量安全中心、广西壮族自治区广西绿色食品发展站、南宁糖业股份有限公司、广东广垦糖业集团有限公司。

本文件主要起草人：叶剑芝、潘晓威、杨春亮、张宪、林玲、罗成、刘元靖、胡冠华、李仕强、曾绍东、肖凌、何益善、李涛。

本文件及其所代替文件的历次版本发布情况为：

——2000 年首次发布为 NY/T 422—2000，2006 年第一次修订，2016 年第二次修订；

——本次为第三次修订。

绿色食品　食用糖

1　范围

本文件规定了绿色食品食用糖的术语和定义,要求,检验规则,标签,包装、运输和储存。

本文件适用于以甘蔗或甜菜为直接或间接原料生产的绿色食品原糖、白砂糖、绵白糖、单晶体冰糖、多晶体冰糖、方糖、精幼砂糖、赤砂糖、红糖、冰片糖、黄砂糖、液体糖和糖霜等食用糖。

2　规范性引用文件

下列文件中的内容通过文中的规范性引用而构成本文件必不可少的条款。其中,注日期的引用文件,仅该日期对应的版本适用于本文件;不注日期的引用文件,其最新版本(包括所有的修改单)适用于本文件。

GB/T 191　包装储运图示标志

GB 4789.2　食品安全国家标准　食品微生物学检验　菌落总数测定

GB 4789.3　食品安全国家标准　食品微生物学检验　大肠菌群计数

GB 4789.4　食品安全国家标准　食品微生物学检验　沙门氏菌检验

GB 4789.5　食品安全国家标准　食品微生物学检验　志贺氏菌检验

GB 4789.10　食品安全国家标准　食品微生物学检验　金黄色葡萄球菌检验

GB 4789.11　食品安全国家标准　食品微生物学检验　β型溶血性链球菌检验

GB 4789.15　食品安全国家标准　食品微生物学检验　霉菌和酵母计数

GB 5009.3—2016　食品安全国家标准　食品中水分的测定

GB 5009.8　食品安全国家标准　食品中果糖、葡萄糖、蔗糖、麦芽糖、乳糖的测定

GB 5009.9　食品安全国家标准　食品中淀粉的测定

GB 5009.11　食品安全国家标准　食品中总砷及无机砷的测定

GB 5009.12　食品安全国家标准　食品中铅的测定

GB 5009.34　食品安全国家标准　食品中二氧化硫的测定

GB 7718　食品安全国家标准　预包装食品标签通则

GB/T 9289　制糖工业术语

GB 13104—2014　食品安全国家标准　食糖

GB 14881　食品安全国家标准　食品生产通用卫生规范

GB/T 15108　原糖

GB/T 35887　白砂糖试验方法

HG 2791　食品添加剂　二氧化硅

JJF 1070　定量包装商品净含量计量检验规则

NY/T 391　绿色食品　产地环境质量

NY/T 392　绿色食品　食品添加剂使用准则

NY/T 393　绿色食品　农药使用准则

NY/T 394　绿色食品　肥料使用准则

NY/T 658　绿色食品　包装通用准则

NY/T 1055　绿色食品　产品检验规则

NY/T 1056　绿色食品　储藏运输准则

QB/T 2343.2　赤砂糖试验方法

QB/T 4093—2010　液体糖

QB/T 5010　冰糖试验方法

QB/T 5011　方糖试验方法

QB/T 5012　绵白糖试验方法

国家质量监督检验检疫总局令 2005 年第 75 号　定量包装商品计量监督管理办法

3　术语和定义

GB 13104—2014、GB/T 9289 中界定的以及下列术语和定义适用于本文件。

3.1

液体糖　liquid sugar

以白砂糖、绵白糖、精制的糖蜜或中间制品为原料,经加工或转化工艺制炼而成的食用液体糖。

液体糖分为全蔗糖糖浆和转化糖浆两类,全蔗糖糖浆以蔗糖为主,转化糖浆是以蔗糖经部分转化为还原糖(葡萄糖+果糖)后的产品。

4　要求

4.1　产地环境

应符合 NY/T 391 的要求。

4.2　原料要求

主料应符合相应绿色食品标准要求,辅料应符合相应食品标准的质量安全要求,加工用水应符合 NY/T 391 的要求。

4.3　生产过程

原料生产过程中农药和肥料的使用应分别符合 NY/T 393 和 NY/T 394 的要求。加工生产应符合 GB 14881 要求。

4.4　食品添加剂

食品添加剂的使用应符合 NY/T 392 的要求。

4.5　感官

应符合表 1 的要求。

表 1　感官要求

项　目	要　求	检验方法
色泽	具有产品应有的色泽	取适量固体试样于白色瓷盘中,或液体试样于烧杯中,在自然光下观察色泽和状态。闻其气味,用温开水漱口,品其滋味
滋味和气味	味甜,无异味,无异臭	
状态	具有产品应有的形态,无正常视力可见外来异物	

4.6　理化指标

白砂糖、绵白糖、冰糖、方糖、精幼砂糖、红糖的理化指标应符合表 2 的规定,赤砂糖、原糖、冰片糖、黄砂糖、液体糖、糖霜的理化指标应符合表 3 的规定。

表 2　白砂糖、绵白糖、冰糖、方糖、精幼砂糖、红糖理化指标

项　目	指　标								检验方法
	白砂糖	绵白糖	单晶体冰糖	多晶体冰糖		方糖	精幼砂糖	红糖	
				白冰糖	黄冰糖				
蔗糖分[a],g/100 g	≥99.6	—	≥99.7	≥98.3	≥97.5	≥99.5	≥99.8	—	GB/T 35887
总糖分[b],g/100 g	—	≥98.0	—	—	—	—	—	≥90.0	QB/T 2343.2
还原糖分[c],g/100 g	≤0.10	1.5~2.5	≤0.08	≤0.5	≤0.85	≤0.1	≤0.04	—	GB/T 35887
电导灰分[d],g/100 g	≤0.10	≤0.05	≤0.04	≤0.1	≤0.15	≤0.08	≤0.03	—	GB/T 35887
干燥失重[e],g/100 g	≤0.07	0.8~2.0	≤0.12	≤1.0	≤1.1	≤0.30	≤0.05	≤4.0	GB/T 35887

表 2（续）

项目	指标								检验方法
	白砂糖	绵白糖	单晶体冰糖	多晶体冰糖		方糖	精幼砂糖	红糖	
				白冰糖	黄冰糖				
色值,IU	≤150	≤60	≤70	≤150	≤200	≤120	≤45	—	GB/T 35887
混浊度,MAU	≤160	≤160	—	—	—	≤120	≤30	—	GB/T 35887
不溶于水杂质,mg/kg	≤40	≤40	≤30	≤60	≤80	≤30	≤10	≤150	GB/T 35887
碎糖量,g/100 g	—	—	—	—	—	≤2	—	—	QB/T 5011
硬度,MPa	—	—	—	—	—	1.5~6.0	—	—	QB/T 5011
粒度,mm	—	≤0.4	—	—	—	—	—	—	QB/T 5012

a 冰糖中的蔗糖分检验方法按 QB/T 5010 规定的方法测定；方糖中的蔗糖分检验方法按 QB/T 5011 规定的方法测定。

b 红糖中的总糖分以总糖分（蔗糖分＋还原糖分）表示，蔗糖分、还原糖分检验方法按 QB/T 2343.2 规定的方法测定；绵白糖总糖分的检验方法按 QB/T 5012 规定的方法测定。

c 绵白糖中的还原糖分检验方法按 QB/T 5012 规定的方法测定；冰糖中的还原糖分检验方法按 QB/T 5010 规定的方法测定；方糖中的还原糖分检验方法按 QB/T 5011 规定的方法测定。

d 绵白糖中的电导灰分检验方法按 QB/T 5012 规定的方法测定；冰糖中的电导灰分检验方法按 QB/T 5010 规定的方法测定；方糖中的电导灰分检验方法按 QB/T 5011 规定的方法测定。

e 绵白糖中的干燥失重检验方法按 QB/T 5012 规定的方法测定；冰糖中的干燥失重检验方法按 QB/T 5010 规定的方法测定；方糖中的干燥失重检验方法按 QB/T 5011 规定的方法测定；红糖中干燥失重的检验方法按 GB 5009.3—2016 第二法规定的方法测定。

表 3　赤砂糖、原糖、冰片糖、黄砂糖、液体糖、糖霜理化指标

项目	指标							检验方法
	赤砂糖	原糖	冰片糖	黄砂糖	液体糖		糖霜	
					全蔗糖糖浆	转化糖浆		
糖度,%	—	≥98.0	—	—	—	—	—	GB 15108
干物质（固形物）含量,g/100 g	—	—	—	—	≥65	≥70	—	附录 B 中 B.1
蔗糖分,g/100 g	—	—	—	≥98.5	—	—	≥94.5	GB/T 35887
总糖分a,g/100 g	≥92.5	—	≥92.5	—	≥99.5（干物质中总糖分）		—	QB/T 2343.2
还原糖分,g/100 g	—	—	7.0~12.0	≤0.1	—	≥60	≤0.04	GB/T 35887
电导灰分,g/100 g	—	—	—	≤0.15	≤0.15	—	≤0.04	GB/T 35887
干燥失重b,g/100 g	≤3.5	—	≤5.5	≤0.15	—	—	≤0.6	GB/T 35887
色值c,IU	—	3000	—	≤800	≤100	≤1000	≤60	GB/T 35887
混浊度,MAU	—	—	—	—	—	—	—	GB/T 35887
不溶于水杂质d,mg/kg	≤100	≤350	≤80	≤40	—	—	—	GB/T 35887
灰分,g/100 g	—	≤0.5	—	—	≤0.16	≤0.2	—	GB 15108
葡聚糖,mg/kg	—	≤400	—	—	—	—	—	GB 15108
安全系数,SF	—	≤0.3	—	—	—	—	—	GB 15108
淀粉e,%	—	—	—	—	—	—	≤5.0	GB 5009.9
pH	—	—	—	—	5.0~6.5	4.5~5.5	—	附录 B 中 B.2
抗结剂（二氧化硅）f,%	—	—	—	—	—	—	≤1.5	附录 B 中 B.3

a 液体糖的总糖分以干物质中的总糖分（蔗糖分＋还原糖分）表示，其中转化糖浆干物质中蔗糖分和还原糖分的检验方法按 GB 5009.8 规定的方法测定；全蔗糖糖浆干物质中蔗糖分和还原糖分的检验方法按 GB/T 35887 规定的方法测定。

b 赤砂糖中干燥失重的检验方法按 QB/T 2343.2 规定的方法测定；冰片糖中干燥失重的检验方法按 GB 5009.3—2016 第二法规定的方法测定。

c 原糖中色值的检验方法按 GB 15108 规定的方法测定。

d 赤砂糖、冰片糖中不溶于水杂质的检验方法按 QB/T 2343.2 规定的方法测定。

e 添加食用淀粉的糖霜，淀粉指标为≤5.0%，而添加了抗结剂的糖霜，淀粉指标为不得检出。

f 添加食用淀粉的糖霜，抗结剂指标为不得检出，而添加了抗结剂的糖霜，抗结剂指标为≤1.5%。

4.7　食品添加剂限量

食品添加剂限量除应符合食品安全国家标准及相关规定外，同时符合表 4 或表 5 的要求。

表 4　白砂糖、绵白糖、冰糖、方糖、红糖、精幼砂糖食品添加剂限量

项　目	指标							检验方法
	白砂糖	绵白糖	单晶体冰糖	多晶体冰糖	方糖	红糖	精幼砂糖	
二氧化硫残留量（以 SO_2 计），mg/kg	≤15		≤20				≤6	GB 5009.34

表 5　赤砂糖、液体糖、冰片糖、糖霜、黄砂糖、原糖食品添加剂限量

项　目	指　标						检验方法
	赤砂糖	液体糖	冰片糖	糖霜	黄砂糖	原糖	
二氧化硫残留量（以 SO_2 计），mg/kg	≤30				≤10	≤40	GB 5009.34

4.8　微生物限量

应符合表 6 或表 7 的要求。

表 6　白砂糖、绵白糖、冰糖、方糖、精幼砂糖、红糖微生物限量

项　目	指　标							检验方法
	白砂糖	绵白糖	单晶体冰糖	多晶体冰糖	方糖	精幼砂糖	红糖	
菌落总数，CFU/g	≤100						≤400	GB 4789.2
大肠菌群，MPN/g	≤3.0							GB 4789.3
霉菌及酵母，CFU/g	≤35							GB 4789.15
致病菌（沙门氏菌、志贺氏菌、金黄色葡萄球菌、溶血性链球菌）（在 25 g 糖中）	不得检出							GB 4789.4 GB 4789.5 GB 4789.10 GB 4789.11
螨（在 250 g 糖中）	不得检出							GB 13104—2014 附录 A

表 7　赤砂糖、冰片糖、糖霜、黄砂糖、液体糖、原糖微生物限量

项　目	指　标						检验方法
	赤砂糖	冰片糖	糖霜	黄砂糖	液体糖	原糖	
菌落总数，CFU/g	≤400		≤100			—	GB 4789.2
大肠菌群，MPN/g	≤3.0					—	GB 4789.3
霉菌及酵母，CFU/g	≤35					—	GB 4789.15
致病菌（沙门氏菌、志贺氏菌、金黄色葡萄球菌、溶血性链球菌）（在 25 g 糖中）	不得检出						GB 4789.4 GB 4789.5 GB 4789.10 GB 4789.11
螨（在 250 g 糖中）	不得检出						GB 13104—2014 附录 A

4.9　净含量

应符合国家质量监督检验检疫总局令 2005 年第 75 号的要求，检验方法按 JJF 1070 的规定执行。

4.10　其他要求

除上述要求外，还应符合附录 A 的要求。

5　检验规则

申请绿色食品认证的食品应按照本文件中 4.5～4.9 以及附录 A 所确定的项目进行检验。每批产品交收（出厂）前，都应进行交收（出厂）检验，交收（出厂）检验内容包括包装、标签、净含量、感官、干燥失重、混浊度、色值。其他要求按 NY/T 1055 的规定执行。

6　标签

按 GB 7718 的规定执行。

7 包装、运输和储存

7.1 包装

按 NY/T 658 的规定执行。包装储运图示标志按 GB/T 191 的规定执行。

7.2 运输和储存

按 NY/T 1056 的规定执行。

附　录　A
（规范性）
绿色食品食用糖产品申报检验项目

表 A.1 规定了除 4.5～4.9 所列项目外，依据食品安全国家标准和绿色食品生产实际情况，绿色食品申报检验还应检验表 A.1 规定的项目。

表 A.1　污染物项目

单位为毫克每千克

检验项目	指　标	检验方法
总砷（以 As 计）	≤0.5	GB 5009.11
铅（以 Pb 计）	≤0.5	GB 5009.12

附 录 B
（规范性）
干物质、pH、抗结剂的测定方法

B.1 干物质（固形物）含量的测定

B.1.1 仪器

阿贝折光仪：精度为 0.000 1 单位折光率。

B.1.2 仪器校正

在 20 ℃时，以蒸馏水校正折光仪的折光率为 1.333 0，相当于干物质（固形物）含量为零。

B.1.3 测定

将折光仪放置在光线充足的位置，与恒温水浴连接，将折光仪棱镜的温度调节至 20 ℃，分开两面棱镜，用玻璃棒加少量样品（1 滴～3 滴）于固定的棱镜面上，立即闭合棱镜。停留几分钟，使样品达到棱镜的温度。调节棱镜的螺旋至视场分为明暗两部分，转动补偿器旋钮，消除虹彩并使明暗分界线清晰，继续调节螺旋使明暗分界线对准在十字线上。从标尺上读取折光率（精确至 0.000 1）和干物质百分浓度（精确至 0.01），再立即重读 1 次，每个试样至少读取 2 个读数，取其算术平均值。清洗并完全擦干 2 个棱镜，将上述样品进行第 2 次测定。取 2 次测定平均值，即为本样品的干物质含量（若温度不是 20 ℃，则应按 QB/T 4093—2010 中附录 A 的规定进行温度校正）。

B.2 pH 的测定

称取样品 20.0 g 于 50 mL 烧杯中，加水 20 mL 溶解，测量样液温度，调节酸度计的温度补偿，然后测定样液的 pH。

B.3 抗结剂（二氧化硅）的测定

称取 100 g 样品用水溶解后，用滤纸过滤，过滤完毕用蒸馏水冲洗滤纸 3 次后将不溶物连带滤纸再按 HG 2791 中的方法进行测定。

ICS 67.080.10
CCS B 31

中华人民共和国农业行业标准

NY/T 426—2021
代替 NY/T 426—2012

绿色食品　柑橘类水果

Green food—Citrus fruit

2021-05-07 发布

2021-11-01 实施

中华人民共和国农业农村部 发布

前　言

本文件按照 GB/T 1.1—2020《标准化工作导则　第 1 部分:标准化文件的结构和起草规则》的规定起草。

本文件代替 NY/T 426—2012《绿色食品　柑橘类水果》,与 NY/T 426—2012 相比,除结构调整和编辑性改动外,主要技术变化如下:

a) 修改了感官要求(见 4.3 表 1,2012 年版 4.3 表 1);

b) 修改了甜橙类可滴定酸、杂交柑橘类可溶性固形物的理化要求;增加了柠檬类可滴定酸、柑橘类水果维生素 C 的理化要求(见 4.4 表 2,2012 年版 4.4 表 2);

c) 删除了 2,4-滴、哒螨灵、毒死蜱、克螨特、氯氟氰菊酯、氯氰菊酯 6 项农药残留限量(2012 年版 4.5 表 3 和附录 A 表 A.1);

d) 修改了吡虫啉、甲氰菊酯、乐果、马拉硫磷、氰戊菊酯、三氯杀螨醇、杀扑磷、水胺硫磷、溴氰菊酯、克百威、咪鲜胺、溴螨酯 12 项农药残留限量(见 4.5 表 3,2012 年版 4.5 表 3 和附录 A 表 A.1);

e) 增加了苯醚甲环唑、吡唑醚菌酯、丙溴磷、啶虫脒、乙螨唑、螺螨酯 6 项农药残留限量(见 4.5 表 3 和附录 A 表 A.1);

f) 修改了检验规则(见第 5 章,2012 年版第 5 章);

g) 增加了附录 B(见附录 B)。

本文件由农业农村部农产品质量安全监管司提出。

本文件由中国绿色食品发展中心归口。

本文件起草单位:四川省农业科学院农业质量标准与检测技术研究所、农业农村部柑桔及苗木质量监督检验测试中心、农业农村部食品质量监督检验测试中心(成都)、四川省农业科学院研究开发中心、中国绿色食品发展中心、四川省绿色食品发展中心、重庆市绿色食品发展中心、湖南省农产品加工研究所、象山甬红果蔬有限公司、仁寿县春满园果业专业合作社。

本文件主要起草人:杨晓凤、雷绍荣、焦必宁、张宪、闫志农、李高阳、商希坤、尹全、陈爱华、赵希娟、刘炜、陈敏、刘茜、郭萍、李绮丽、陈龙飞、顾莹、严实。

本文件及其所代替文件的历次版本发布情况为:

——2000 年首次发布为 NY/T 426—2000,2012 年第一次修订;

——本次为第二次修订。

绿色食品　柑橘类水果

1　范围

本文件规定了绿色食品柑橘类水果的术语和定义、要求、检验规则、标签、包装、运输和储存。

本文件适用于绿色食品宽皮柑橘类、甜橙类、柚类、柠檬类、金柑类和杂交柑橘类等柑橘类水果的鲜果，柑橘类水果类别(名称)详见附录B。

2　规范性引用文件

下列文件中的内容通过文中的规范性引用而构成本文件必不可少的条款。其中，注日期的引用文件，仅该日期对应的版本适用于本文件；不注日期的引用文件，其最新版本(包括所有的修改单)适用于本文件。

GB/T 191　包装储运图示标志

GB 5009.12　食品安全国家标准　食品中铅的测定

GB 5009.15　食品安全国家标准　食品中镉的测定

GB 5009.86　食品安全国家标准　食品中抗坏血酸的测定

GB 7718　食品安全国家标准　预包装食品标签通则

GB/T 8210　柑橘鲜果检验方法

GB/T 12947　鲜柑橘

GB/T 20769　水果和蔬菜中450种农药及相关化学品残留量的测定　液相色谱-串联质谱法

GB 23200.19　食品安全国家标准　水果和蔬菜中阿维菌素残留量的测定　液相色谱法

GB 23200.113　食品安全国家标准　植物源性食品中208种农药及其代谢物残留量的测定　气相色谱-质谱联用法

NY/T 391　绿色食品　产地环境质量

NY/T 393　绿色食品　农药使用准则

NY/T 394　绿色食品　肥料使用准则

NY/T 658　绿色食品　包装通用准则

NY/T 1055　绿色食品　产品检验规则

NY/T 1056　绿色食品　储藏运输准则

NY/T 1189　柑橘储藏

NY/T 1778　新鲜水果包装标识　通则

3　术语和定义

GB/T 12947界定的以及下列术语和定义适用于本文件。

3.1

果实缺陷　fruit defects

果实在生长发育和采摘储运过程中，由于自然、生物、机械或人为因素的作用，对果实造成的损伤、病虫危害、浮皮、裂果、冻伤、腐烂、水肿、枯水、日灼等。

4　要求

4.1　产地环境

应符合NY/T 391的规定。

4.2　生产过程

生产过程中农药和肥料的使用应分别符合 NY/T 393 和 NY/T 394 的规定。

4.3 感官

应符合表 1 的规定。

表 1　感官要求

项目	要求	检验方法
果形	具有该品种特征果形,形状一致;果蒂完整、平齐,无萎蔫现象	GB/T 8210
色泽	具有该品种成熟果实特征色泽,着色均匀	
果面	洁净	
风味	具有该品种特征香气,汁液丰富,酸甜适度,无异味	
果实缺陷	无机械伤、雹伤、裂果、冻伤、腐烂现象;允许单果有轻微的日灼、干疤、油斑、网纹、病虫斑等缺陷,但单果斑点不超过 4 个,小果型品种每个斑点直径≤1.5 mm,其他果型品种每个斑点直径≤2.5 mm。无水肿、枯水果,允许有极轻微浮皮果	

4.4 理化指标

应符合表 2 的规定。

表 2　理化指标

项目	指标						检验方法
	宽皮柑橘类	甜橙类	柚类	柠檬类	金柑类	杂交柑橘类	
可溶性固形物,%	≥9.5	≥10.0	≥10.0	≥7.0	≥10.0	≥11.0	GB/T 8210
可滴定酸,g/100 mL	≤1.0	≤1.0	≤1.0	≥4.5	≤1.0	≤1.0	
维生素 C,mg/100 g	≥10.0	≥30.0	≥30.0	≥20.0	≥10.0	≥20.0	GB 5009.86

4.5 农药残留限量

应符合食品安全国家标准及相关规定,同时应符合表 3 的规定。

表 3　农药残留限量

单位为毫克每千克

序号	项目	指标	检验方法
1	阿维菌素(abamectin)	≤0.01	GB 23200.19
2	苯醚甲环唑(difenoconazole)	≤0.2	GB 23200.113
3	丙溴磷(profenofos)	≤0.01	GB 23200.113
4	乐果(dimethoate)	≤0.01	GB 23200.113
5	联苯菊酯(bifenthrin)	≤0.01	GB 23200.113
6	马拉硫磷(malathion)	≤0.01	GB 23200.113
7	氰戊菊酯(fenvalerate)	≤0.01	GB 23200.113
8	三氯杀螨醇(dicofol)	≤0.01	GB 23200.113
9	杀扑磷(methidathion)	≤0.01	GB 23200.113
10	水胺硫磷(isocarbophos)	≤0.01	GB 23200.113
11	溴氰菊酯(deltamethrin)	≤0.01	GB 23200.113
12	溴螨酯(bromopropylate)	≤0.01	GB 23200.113
13	甲氰菊酯(fenpropathrin)	≤2	GB 23200.113
14	乙螨唑(etoxazole)	≤0.1	GB 23200.113
15	克百威(carbonfuran)	≤0.01	GB/T 20769
16	咪鲜胺(prochloraz)	≤0.01	GB/T 20769
17	多菌灵(carbendazim)	≤0.5	GB/T 20769
18	啶虫脒(acetamiprid)	≤0.5	GB/T 20769
19	螺螨酯(spirodiclofen)	≤0.4	GB/T 20769
20	吡虫啉(imidacloprid)	≤0.7	GB/T 20769

4.6 其他要求

除上述要求外,还应符合附录 A 的规定。

5 检验规则

绿色食品申报检验应按照 4.3～4.5 以及附录 A 所确定的项目进行检验。其他要求应符合 NY/T 1055 的规定。本文件规定的农药残留量检验方法,如有其他国家标准和行业标准方法,且其检出限或定量限能满足限量值要求时,在检测时可采用。

6 标签

包装储运图示标志按 GB/T 191 的规定执行,标签按 GB 7718 的规定执行。

7 包装、运输和储存

7.1 包装

按 NY/T 658 和 NY/T 1778 的规定执行。

7.2 运输和储存

按 NY/T 1056 和 NY/T 1189 的规定执行。

附　录　A

（规范性）

绿色食品柑橘类水果产品申报检验项目

表 A.1 规定了除 4.3～4.5 所列项目外，依据食品安全国家标准和绿色食品生产实际情况，绿色食品柑橘类水果申报检验时还应检验的项目。

表 A.1　污染物和农药残留项目

单位为毫克每千克

序号	检验项目	指标	检验方法
1	铅（以 Pb 计）	≤0.1	GB 5009.12
2	镉（以 Cd 计）	≤0.05	GB 5009.15
3	抑霉唑（imazalil）	≤5	GB 23200.113
4	噻嗪酮（buprofezin）	≤0.5	GB/T 20769
5	噻螨酮（hexythiazox）	≤0.5	GB/T 20769
6	吡唑醚菌酯（pyraclostrobin）	≤2	GB/T 20769

附　录　B

（资料性）

柑橘类水果类别（名称）说明

柑橘类水果类别（名称）说明见表B.1。

表B.1　柑橘类水果类别（名称）说明

序号	类别	代表品种
1	宽皮柑橘类	温州蜜柑、南丰蜜橘、椪柑、皇帝柑（贡柑）、蕉柑、红橘、砂糖橘、本地早等
2	甜橙类	新会橙、锦橙、脐橙、血橙、冰糖橙、夏橙等
3	柚类	琯溪蜜柚、沙田柚、文旦柚、胡柚、鸡尾葡萄柚、马叙葡萄柚等
4	柠檬类	尤力克、里斯本、北京柠檬、香柠檬等
5	金柑类	金橘、罗浮、金弹、长寿金柑、四季橘等
6	杂交柑橘类	爱媛28号、春见、不知火、沃柑、濑户香、明日见、甘平、清见、默科特、大雅柑等

ICS 67.080.10
B 31

中华人民共和国农业行业标准

NY/T 427—2016
代替 NY/T 427—2007

绿色食品 西甜瓜

Green food—Watermelon and muskmelon

2016-10-26 发布

2017-04-01 实施

中华人民共和国农业部 发布

前　言

本标准按照 GB/T 1.1 2009 给出的规则起草。

本标准代替 NY/T 427 2007《绿色食品　西甜瓜》。与 NY/T 427 2007 相比,除编辑性修改外,主要技术变化如下:

——修改了标准的英文名称;

——修改了标准的适用范围;

——修改了西甜瓜的感官指标;

——修改了西甜瓜的理化指标:删除了哈密瓜的理化指标;

——修改了西甜瓜的卫生指标:删除了无机砷、总汞、氟、亚硝酸盐、乙酰甲胺磷、马拉硫磷、辛硫磷、乐果、敌敌畏、溴氰菊酯、氰戊菊酯、氯氰菊酯、百菌清、三氟酮项目和指标;增加了啶虫脒、甲霜灵、腈苯唑、霜霉威、戊唑醇、烯酰吗啉、啶酰菌胺、醚菌酯、氯氟氰菊酯、噻虫嗪、嘧菌酯、吡唑醚菌酯项目和指标;修改了毒死蜱、多菌灵的指标;

——删除了净含量;

——增加了附录 A(规范性附录)。

本标准由农业部农产品质量安全监管局提出。

本标准由中国绿色食品发展中心归口。

本标准起草单位:河南省农业科学院农业质量标准与检测技术研究所、农业部农产品质量监督检验测试中心(郑州)、中国绿色食品发展中心、河南省绿色食品发展中心、河南省农业科学院园艺研究所、洛阳市新大农业科技有限公司。

本标准主要起草人:汪红、王铁良、司敬沛、魏亮亮、王会锋、赵光华、陈倩、陈丛梅、张志华、钟红舰、尚兵、许超、赵卫星、常高正、刘勇。

本标准的历次版本发布情况为:

——NY/T 427—2000、NY/T 427—2007。

绿色食品 西甜瓜

1 范围

本标准规定了绿色食品西甜瓜的术语和定义、要求、检验规则、标签、包装、运输和储存。

本标准适用千绿色食品西瓜和甜瓜(包括薄皮甜瓜和厚皮甜瓜)。

2 规范性引用文件

下列文件对于本文件的应用是必不可少的。凡是注日期的引用文件,仅注日期的版本适用于本文件。凡是不注日期的引用文件,其最新版本(包括所有的修改单)适用于本文件。

GB/T 191 包装储运图示标志

GB 5009.12 食品安全国家标准 食品中铅的测定

GB 5009.15 食品安全国家标准 食品中镉的测定

GB/T 5009.146 植物性食品中有机氯和拟除虫菊酯类农药多种残留量的测定

GB 7718 食品安全国家标准 预包装食品标签通则

GB/T 12456 食品中总酸的测定

GB/T 20769 水果和蔬菜中 450 种农药及相关化学品残留量的测定 液相色谱-串联质谱法

NY/T 391 绿色食品 产地环境质量

NY/T 393 绿色食品 农药使用准则

NY/T 394 绿色食品 肥料使用准则

NY/T 658 绿色食品 包装通用准则

NY/T 1055 绿色食品 产品检验规则

NY/T 1056 绿色食品 贮藏运输准则

NY/T 1453 蔬菜及水果中多菌灵等 16 种农药残留测定 液相色谱-质谱-质谱联用法

NY/T 2637 水果和蔬菜可溶性固形物含量的测定 折射仪法

3 术语和定义

下列术语和定义适用于本文件。

3.1

薄皮甜瓜 oriental melon

果肉厚度一般不大于 2.5 cm 的甜瓜。

3.2

厚皮甜瓜 muskmelon

果肉厚度一般大于 2.5 cm 的甜瓜。

4 要求

4.1 产地环境

应符合 NY/T 391 的规定。

4.2 生产过程

生产过程中农药使用应符合 NY/T 393 的规定,肥料使用应符合 NY/T 394 的规定。

4.3 感官

应符合表 1 的规定。

表 1　感官要求

项　目	要　求			检测方法
	西瓜	薄皮甜瓜	厚皮甜瓜	
果实外观	果实完整,新鲜清洁,果形端正,具有本品种应有的形状和特征			用目测法进行果实外观、成熟度、雹伤、日灼、病虫斑及机械伤等感官项目的检测,滋味和气味采用口尝和鼻嗅的方法进行检测
滋味、气味	具有本品种应有的滋味	具有本品种应有的滋味和气味,无异味		
果面缺陷	无明显果面缺陷(缺陷包括雹伤、日灼、病虫斑及机械伤等)			
成熟度	发育充分,成熟适度,具有适于市场或储存要求的成熟度			

4.4　理化指标

应符合表 2 的规定。

表 2　理化指标

项　目	指　标			检测方法
	西瓜	薄皮甜瓜	厚皮甜瓜	
可溶性固形物,%	≥10.5	≥9.0	≥11.0	NY/T 2637
总酸(以柠檬酸计),g/kg	≤2.0			GB/T 12456

4.5　农药残留限量

农药残留限量应符合相关食品安全国家标准及规定,同时应符合表 3 的规定。

表 3　农药残留限量

单位为毫克每千克

序号	项　目	指　标		检测方法
		西瓜	甜瓜	
1	毒死蜱	≤0.015		GB/T 20769
2	啶虫脒	—	≤0.01	GB/T 20769
3	甲霜灵	—	≤0.01	GB/T 20769
4	腈苯唑	≤0.2	≤0.01	GB/T 20769
5	霜霉威	—	≤0.01	GB/T 20769
6	戊唑醇	≤0.15	≤0.01	GB/T 20769
7	烯酰吗啉	≤0.01	—	GB/T 20769
8	啶酰菌胺	≤0.01	—	GB/T 20769
9	醚菌酯	≤1	—	GB/T 20769
10	氯氟氰菊酯	—	≤0.01	GB/T 5009.146
11	噻虫嗪	—	≤0.01	GB/T 20769
12	多菌灵	—	≤0.01	GB/T 20769
13	嘧菌酯	—	≤0.01	NY/T 1453

5　检验规则

申请绿色食品的西甜瓜产品应按照 4.3～4.5 以及附录 A 所确定的项目进行检验,其他要求应符合 NY/T 1055 的规定。本标准规定的农药残留量检测方法,如有其他国家标准、行业标准以及部文公告的检测方法,且其检出限和定量限能满足限量值要求时,在检测时可采用。

6 标签

应符合 GB 7718 的规定。

7 包装、运输和储存

7.1 包装按 NY/T 658 的规定执行,包装储运图示标志按 GB/T 191 的规定执行。

7.2 运输和储存按 NY/T 1056 的规定执行。

附 录 A

（规范性附录）

绿色食品西甜瓜产品申报检验项目

表 A.1 规定了除 4.3～4.5 所列项目外,按食品安全国家标准和绿色食品生产实际情况,绿色食品西甜瓜申报检验还应检验的项目。

表 A.1 污染物、农药残留项目

单位为毫克每千克

序号	项 目	指 标		检测方法
		西瓜	甜瓜	
1	铅(以 Pb 计)	≤0.1		GB5009.12
2	镉(以 Cd 计)	≤0.05		GB5009.15
3	氯氟氰菊酯	≤0.05	—	GB/T 5009.146
4	啶虫脒	≤2	—	GB/T 20769
5	甲霜灵	≤0.2	—	GB/T 20769
6	霜霉威	≤5	—	GB/T 20769
7	烯酰吗啉	—	≤0.5	GB/T 20769
8	啶酰菌胺	—	≤3	GB/T 20769
9	醚菌酯	—	≤1	GB/T 20769
10	吡唑醚菌酯	≤0.5		GB/T 20769
11	噻虫嗪	≤0.2	—	GB/T 20769
12	多菌灵	≤0.5	—	GB/T 20769
13	嘧菌酯	≤1	—	NY/T 1453

ICS 67.080.10
X 24

中华人民共和国农业行业标准

NY/T 431—2017
代替 NY/T 431—2009

绿色食品　果(蔬)酱

Green food—Fruit jam and vegetable paste

2017-06-12 发布

2017-10-01 实施

中华人民共和国农业部 发布

前　言

本标准按照 GB/T 1.1—2009 给出的规则起草。

本标准代替 NY/T 431—2009《绿色食品　果(蔬)酱》。与 NY/T 431—2009 相比,除编辑性修改外主要技术变化如下:

——修改了范围和规范性引用文件;

——修改了术语和定义;

——修改了分类;

——修改了感官要求;

——修改了理化指标,合并了水果酱和番茄酱的可溶性固形物、番茄红素的限量要求,修改了总糖的限量要求、取消了 pH 的限量要求;

——删除了汞、铜、胭脂红、苋菜红、柠檬黄、日落黄、二氧化硫、亚硝酸盐、百菌清、溴氰菊酯、氯氰菊酯、氯氟氰菊酯、氰戊菊酯、联苯菊酯、三唑酮、毒死蜱和敌敌畏的限量要求,增加了新红及其铝色淀、糖精钠、环己基氨基磺酸钠和环己基氨基磺酸钙、展青霉素、多菌灵、烯酰吗啉、克百威和氧乐果的限量要求;

——修改了微生物项目。

本标准由农业部农产品质量安全监管局提出。

本标准由中国绿色食品发展中心归口。

本标准起草单位:湖南省食品测试分析中心、中国绿色食品发展中心、北京丘比食品有限公司。

本标准主要起草人:李绮丽、陈兆云、李高阳、单杨、张菊华、尚雪波、肖轲、谭欢、潘兆平、李志坚、何双。

本标准所代替标准的历次版本发布情况为:

——NY/T 431—2009。

绿色食品　果(蔬)酱

1　范围

本标准规定了绿色食品果(蔬)酱的术语和定义、分类、要求、检验规则、标签、包装、运输和储存。

本标准适用于以水果、蔬菜为主要原料,经破碎、打浆、灭菌、浓缩等工艺生产的绿色食品块状酱或泥状酱;不适用于以果蔬为主要原料,配以辣椒、盐、香辛料等调味料生产的调味酱产品。

2　规范性引用文件

下列文件对于本文件的应用是必不可少的。凡是注日期的引用文件,仅注日期的版本适用于本文件。凡是不注日期的引用文件,其最新版本(包括所有的修改单)适用于本文件。

GB/T 191　包装储运图示标志

GB 4789.2　食品安全国家标准　食品微生物学检验　菌落总数测定

GB 4789.3　食品安全国家标准　食品微生物学检验　大肠菌群计数

GB 4789.4　食品安全国家标准　食品微生物学检验　沙门氏菌检验

GB 4789.10—2016　食品安全国家标准　食品微生物学检验　金黄色葡萄球菌检验

GB 4789.15　食品安全国家标准　食品微生物学检验　霉菌和酵母计数

GB 4789.26　食品安全国家标准　食品微生物学检验　商业无菌检验

GB/T 5009.8　食品中蔗糖的测定

GB 5009.11　食品安全国家标准　食品中总砷及无机砷的测定

GB 5009.12　食品安全国家标准　食品中铅的测定

GB 5009.16　食品安全国家标准　食品中锡的测定

GB 5009.28　食品安全国家标准　食品中苯甲酸、山梨酸和糖精钠的测定

GB 5009.35　食品安全国家标准　食品中合成着色剂的测定

GB 5009.97　食品安全国家标准　食品中环己基氨基磺酸钠的测定

GB 5749　生活饮用水卫生标准

GB 7718　食品安全国家标准　预包装食品标签通则

GB/T 10786　罐头食品的检验方法

GB/T 14215—2008　番茄酱罐头

GB/T 20769　水果和蔬菜中450种农药及相关化学品残留量的测定　液相色谱-串联质谱法

JJF 1070　定量包装商品净含量计量检验规则

NY/T 392　绿色食品　食品添加剂使用准则

NY/T 658　绿色食品　包装通用准则

NY/T 1055　绿色食品　产品检验规则

NY/T 1056　绿色食品　储藏运输准则

NY/T 1650　苹果及山楂制品中展青霉素的测定　高效液相色谱法

国家质量监督检验检疫总局令2005年第75号　定量包装商品计量监督管理办法

3　术语和定义

下列术语和定义适用于本文件。

3.1

果(蔬)酱　fruit jam and vegetable paste

以水果、蔬菜和糖等为主要原料,经预处理、打浆(或破碎)、配料、浓缩、包装等工序制成的酱状产品。

4 分类

4.1 块状果(蔬)酱
成品中含有部分果(蔬)块的果(蔬)酱。

4.2 泥状果(蔬)酱
成品均匀细腻,不含果(蔬)块的果(蔬)酱。

5 要求

5.1 原料和辅料
5.1.1 原料应符合相应绿色食品标准的要求。

5.1.2 加工用水应符合 GB 5749 的要求。

5.1.3 食品添加剂应符合 NY/T 392 的要求。

5.2 感官
应符合表1的要求。

表 1 感官要求

项 目		要 求	检验方法
组织形态	块状酱	酱体呈软凝胶状,徐徐流散,酱体保持部分果(蔬)块,无汁液析出,无结晶晶体	随机抽取 100 g~200 g 样品,平铺于清洁的白瓷盘中,在自然光线下用目测法检验其组织状态、色泽,嗅其气味,品尝其滋味,观察其杂质
	泥状酱	酱体细腻均匀,黏稠适度,徐徐流散,无汁液析出(允许有少量析水),无结晶晶体	
色泽		具有该品种应有的色泽且颜色均匀,无杂色	
气味和滋味		具有该品种固有的风味,无焦煳味、发酵酸败味及其他异味	
杂质		无正常视力可见外来杂质	

5.3 理化指标
应符合表2的要求。

表 2 理化要求

项 目	指 标			检验方法
	水果酱	番茄酱	其他蔬菜酱	
可溶性固形物,%	≥45	≥20	—	GB/T 10786
总糖(以转化糖计),%	≤60			GB/T 5009.8
番茄红素,mg/100 g	—	≥20	—	GB/T 14215—2008 中的附录 A

5.4 农药残留限量和食品添加剂限量
应符合食品安全国家标准及相关规定,同时应符合表3的要求。

表 3 农药残留和食品添加剂限量

项 目	指 标			检验方法
	水果酱	番茄酱	其他蔬菜酱	
苯甲酸及其钠盐(以苯甲酸计),g/kg	不得检出(<0.005)			GB 5009.28
山梨酸及其钾盐(以山梨酸计),g/kg	≤0.5			
糖精钠,g/kg	不得检出(<0.005)			
环己基氨基磺酸钠和环己基氨基磺酸钙(以环己基氨基磺酸计),g/kg	不得检出(<0.010)			GB 5009.97

表 3（续）

项　目	指　标			检验方法
	水果酱	番茄酱	其他蔬菜酱	
多菌灵(carbendazim)，mg/kg	≤0.5	≤3	—	GB/T 20769
克百威(carbofuran)，mg/kg	≤0.01			
赤藓红及其铝色淀(以赤藓红计)，mg/kg	不得检出(<0.2)			GB 5009.35
注：根据产品的颜色测定相应的色素。				

5.5　净含量

应符合国家质量监督检验检疫总局令 2005 年第 75 号的要求。检验方法按照 JJF 1070 的规定执行。

6　检验规则

申报绿色食品的果(蔬)酱应按照本标准 5.2~5.5 以及附录 A 所确定的项目进行检验。每批产品交收(出厂)前,都应进行交收(出厂)检验,交收(出厂)检验内容包括包装、标签、净含量、感官、可溶性固形物、总糖、菌落总数、大肠菌群。其他要求按照 NY/T 1055 的规定执行。

7　标签

按照 GB 7718 的规定执行。

8　包装、运输和储存

8.1　包装

按照 NY/T 658 的规定执行,包装储运图示标志按照 GB/T 191 的规定执行。

8.2　运输和储存

按照 NY/T 1056 的规定执行。

附　录　A

（规范性附录）

绿色食品果(蔬)酱申报检验项目

表 A.1 和表 A.2 规定了除 5.2～5.5 所列项目外,依据食品安全国家标准和绿色食品果(蔬)酱生产实际情况,绿色食品果(蔬)酱申报检验还应检验的项目。

表 A.1　污染物、农药残留、食品添加剂和真菌毒素项目

项　目	指　标			检验方法
	水果酱	番茄酱	其他蔬菜酱	
总砷(以 As 计),mg/kg	≤0.5			GB 5009.11
铅(以 Pb 计),mg/kg	≤1.0			GB 5009.12
锡ᵃ(以 Sn 计),mg/kg	≤250			GB 5009.16
新红及其铝色淀(以新红计),mg/kg	不得检出(<0.5)			GB 5009.35
展青霉素ᵇ,μg/kg	≤50	—	—	NY/T 1650
烯酰吗啉(dimethomorph),mg/kg	≤0.05ᶜ	≤1	—	GB/T 20769
氧乐果(omethoate),mg/kg	≤0.01			

注:根据产品的颜色测定相应的色素。

ᵃ　仅限于采用镀锡薄板容器包装的食品。

ᵇ　仅适用于山楂酱、苹果酱。

ᶜ　仅适用于草莓酱。

表 A.2　微生物项目

项　目	采样方案及限量				检验方法
	n	c	m	M	
金黄色葡萄球菌ᵃ	5	1	100 CFU/g	1 000 CFU/g	GB 4789.10—2016 中的第二法
沙门氏菌ᵃ	5	0	0/25 g	—	GB 4789.4
大肠菌群	≤3.0 MPN/g				GB 4789.3
菌落总数	≤1 500 CFU/g				GB 4789.2
霉菌	≤50 CFU/g				GB 4789.15
商业无菌ᵇ	符合商业无菌				GB 4789.26

注:n 为同一批次产品采集的样品件数;c 为最大可允许超出 m 值的样品数;m 为微生物指标可接受水平的限量值;M 为微生物指标的最高安全限量值。

ᵃ　仅适用于预包装非罐头类食品。

ᵇ　仅适用于罐头食品。

ICS 67.160.10
CCS X 61

中华人民共和国农业行业标准

NY/T 432—2021
代替 NY/T 432—2014

绿色食品　白酒

Green food—Baijiu

2021-05-07 发布
2021-11-01 实施

中华人民共和国农业农村部 发布

前　　言

本文件按照 GB/T 1.1—2020《标准化工作导则　第 1 部分:标准化文件的结构和起草规则》的规定起草。

本文件代替 NY/T 432—2014《绿色食品　白酒》,与 NY/T 432—2014 相比,除结构调整和编辑性改动外,主要技术变化如下:

a)　更改了白酒的英文名称(见封面);

b)　增加了白酒的分类(见第 4 章);

c)　增加了原料中食品添加剂的规定(见 5.1);

d)　增加了生产过程的规定(见 5.2);

e)　更改白酒的感官评价用语(见表 1、表 2,2014 版的表 1);

f)　更改了酒精度、固形物、甲醇、氰化物等理化指标及检验方法(见表 3、表 4,2014 版表 2、表 3 和表 4);

g)　增加了米香型白酒的乳酸乙酯、β—苯乙醇等指标(见表 3、表 4);

h)　删除了标志的相关内容(见 2014 版的 6.1);

i)　更改了包装、运输、储存的部分内容(见第 8 章,2014 版的第 7 章)。

本文件由农业农村部农产品质量安全监管司提出。

本文件由中国绿色食品发展中心归口。

本文件起草单位:广东省农业科学院农业质量标准与监测技术研究所、广东省农业标准化协会、中国绿色食品发展中心、农业农村部农产品及加工品质量监督检验测试中心(广州)、中国贵州茅台酒厂(集团)有限责任公司、贵州国台酒业股份有限公司、甘肃红川酒业有限责任公司、青岛市华测检测技术有限公司、深圳市华测检测有限公司。

本文件主要起草人:陈岩、刘雯雯、杨慧、唐伟、赵洁、王富华、朱娜、张剑勇、王莉、吴建霞、卢君、耿安静、廖若昕、杨桂玲、陈辉、王有成。

本文件及其所代替文件的历次版本发布情况为:

——2000 年首次发布为 NY/T 432—2000,2014 年第一次修订;

——本次为第二次修订。

绿色食品　白酒

1　范围

本文件规定了绿色食品白酒的术语和定义、要求、检验规则、标签、包装、运输和储存。

本文件适用于不同香型、不同酒精度的绿色食品白酒。

2　规范性引用文件

下列文件中的内容通过文中的规范性引用而构成本文件必不可少的条款。其中，注日期的引用文件，仅该日期对应的版本适用于本文件；不注日期的引用文件，其最新版本（包括所有的修改单）适用于本文件。

GB/T 191　包装储运图示标志

GB 2757　食品安全国家标准　蒸馏酒及其配制酒

GB 5009.12　食品安全国家标准　食品中铅的测定

GB 5009.36　食品安全国家标准　食品中氰化物的测定

GB 5009.225　食品安全国家标准　酒中乙醇浓度的测定

GB 5009.266　食品安全国家标准　食品中甲醇的测定

GB 7718　食品安全国家标准　预包装食品标签通则

GB 8951　食品安全国家标准　蒸馏酒及其配制酒生产卫生规范

GB/T 10345　白酒分析方法

GB/T 10346　白酒检验规则和标志、包装、运输、储存

GB/T 15109　白酒工业术语

JJF 1070　定量包装商品净含量计量检验规则

NY/T 391　绿色食品　产地环境质量

NY/T 392　绿色食品　食品添加剂使用准则

NY/T 658　绿色食品　包装通用准则

NY/T 1055　绿色食品　产品检验规则

NY/T 1056　绿色食品　储藏运输准则

国家质量监督检验检疫总局令 2005 年第 75 号　定量包装商品计量监督管理办法

3　术语和定义

GB/T 15109 界定的术语和定义适用于本文件。

4　分类

4.1　浓香型白酒

4.2　酱香型白酒

4.3　清香型白酒

4.4　浓酱兼香型白酒

4.5　米香型白酒

4.6　凤香型白酒

4.7　豉香型白酒

4.8　芝麻香型白酒

4.9 特香型白酒

4.10 老白干香型白酒

4.11 其他香型白酒

5 要求

5.1 原料

原料应符合相应的绿色食品产品标准的规定,食品添加剂应符合 NY/T 392 的规定,加工用水应符合 NY/T 391 的规定。

5.2 生产过程

应符合 GB 8951 的规定。

5.3 感官

高度酒和低度酒的感官要求应分别符合表 1、表 2 的规定。

表 1 高度酒感官要求

项目	要求					检验方法[b]
	浓香型	酱香型	清香型	浓酱兼香型	米香型	
色泽和外观	无色或微黄色,清亮透明,无悬浮物,无沉淀[a]					GB/T 10345
香气	具有以浓郁窖香为主的、舒适的复合香气	酱香突出,香气幽雅,空杯留香持久	清香纯正,具有乙酸乙酯为主体的优雅、谐调的复合香气	浓酱谐调,优雅馥郁	米香纯正,清雅	
口味	酒体绵甜醇厚,谐调爽净,余味悠长	酒体醇厚,丰满细腻,诸味协调,回味悠长	酒体柔和谐调,绵甜爽净,余味悠长	细腻丰满,回味爽净	酒体醇和,绵甜、爽洌,回味怡畅	
风格	具有本品典型的风格					
[a] 当酒的温度低于 10 ℃时,允许出现白色絮状沉淀物质或失光,10 ℃以上应逐渐恢复正常。						
[b] 其他各种香型的白酒感官要求参照相应产品国家标准的优级产品标准执行。						

表 2 低度酒感官要求

项目	要求					检验方法[b]
	浓香型	酱香型	清香型	浓酱兼香型	米香型	
色泽和外观	无色或微黄色,清亮透明,无悬浮物,无沉淀[a]					GB/T 10345
香气	具有较浓郁的窖香为主的复合香气	酱香较突出,香气较幽雅,空杯留香久	清香纯正,具有乙酸乙酯为主体的清雅、谐调的复合香气	浓酱谐调,优雅舒适	米香纯正,清雅	
口味	酒体绵甜醇和,谐调爽净,余味较长	酒体醇和,协调,味长	酒体柔和谐调,绵甜爽净,余味较长	醇和丰满,回味爽净	酒体醇和,绵甜、爽洌,回味较怡畅	
风格	具有本品典型的风格					
[a] 当酒的温度低于 10 ℃时,允许出现白色絮状沉淀物质或失光,10 ℃以上应逐渐恢复正常。						
[b] 其他各种香型的白酒感官要求参照相应产品国家标准的优级产品标准执行。						

5.4 理化指标

高度酒、低度酒的理化指标应分别符合表 3、表 4 的规定。

表 3 绿色食品高度酒理化指标

项目	指标					检验方法[c]
	浓香型	酱香型	清香型	浓酱兼香型	米香型	
酒精度(20 ℃),%vol	40[a]～68	44[b]～58	40[a]～68	40[a]～68	40[a]～68	GB 5009.225

表 3（续）

项目	指　标					检验方法[e]
	浓香型	酱香型	清香型	浓酱兼香型	米香型	
总酸(以乙酸计),g/L	≥0.40	≥1.40	≥0.40	≥0.50	≥0.30	GB/T 10345
总酯(以乙酸乙酯计),g/L	≥2.00	≥2.00	≥1.00	≥2.00	≥0.80	
乙酸乙酯,g/L	—	—	0.60～2.60	—	—	
乳酸乙酯,g/L	—	—	—	—	≥0.50	
β-苯乙醇,g/L	—	—	—	—	≥0.03	
己酸乙酯,g/L	1.20～3.50	≤0.40	—	0.60～2.00	—	
固形物,g/L	≤0.40[c]	≤0.70	≤0.40[c]	≤0.60	≤0.40[c]	
甲醇[d],g/L	≤0.5					GB 5009.266
氰化物[d],mg/L	≤2.0					GB 5009.36

  [a] 不含 40%vol。

  [b] 不含 44%vol。

  [c] 酒精度在 40%vol～49%vol 的酒,固形物可小于等于 0.50 g/L。

  [d] 甲醇、氰化物指标均按 100%酒精度折算。

  [e] 其他各种香型的白酒理化指标参照相应产品国家标准的优级产品标准执行。

表 4　绿色食品低度酒理化指标

项目	指　标					检验方法[b]
	浓香型	酱香型	清香型	浓酱兼香型	米香型	
酒精度(20 ℃),% vol	25～40	32～44	25～40	25～40	25～40	GB 5009.225
总酸(以乙酸计),g/L	≥0.30	≥0.80	≥0.25	≥0.30	≥0.25	GB/T 10345
总酯(以乙酸乙酯计),g/L	≥1.50	≥1.20	≥0.70	≥1.40	≥0.45	
乙酸乙酯,g/L	—	—	0.40～2.20	—	—	
乳酸乙酯,g/L	—	—	—	—	≥0.30	
β-苯乙醇,g/L	—	—	—	—	≥0.015	
己酸乙酯,g/L	0.70～2.20	≤0.40	—	0.50～1.60	—	
固形物,g/L	≤0.70	≤0.70	≤0.70	≤0.50	≤0.70	
甲醇[a],g/L	≤0.5					GB 5009.266
氰化物[a],mg/L	≤2.0					GB 5009.36

  [a] 甲醇、氰化物指标均按 100%酒精度折算。

  [b] 其他各种香型的白酒理化指标参照相应产品国家标准的优级产品标准执行。

5.5　污染物限量

应符合食品安全国家标准及相关规定,同时应符合表 5 的规定。

表 5　污染物限量

项目	指标	检验方法
铅(以 Pb 计),mg/L	≤0.2	GB 5009.12

5.6　净含量

应符合国家质量监督检验检疫总局令 2005 年第 75 号的规定,检验方法按 JJF 1070 的规定执行。

6　检验规则

申报绿色食品的白酒产品应按照本文件中5.3～5.6所确定的项目进行检验。每批产品交收(出厂)前,都应进行交收(出厂)检验,交收(出厂)检验内容包括包装、标签、净含量、感官、理化指标。其他要求应符合 NY/T 1055 的规定。

7　标签

应符合 GB 2757 及 GB 7718 的规定,酒精度实测值与标签标示值允许差为±1.0%vol。

8 包装、运输和储存

8.1 包装

应按 NY/T 658 的规定执行,包装储运图示标志按 GB/T 191 的规定执行,其他要求应符合 GB/T 10346 的规定。

8.2 运输和储存

运输和储存应按 NY/T 1056 的规定执行。运输和储存时应保持清洁、阴凉、干燥,严防日晒、雨淋,严禁火种,不应直接接触潮湿地面,室内储存温度宜保持在 10 ℃～25 ℃。

———————

ICS 67.040
CCS X 10

中华人民共和国农业行业标准

NY/T 433—2021
代替 NY/T 433—2014

绿色食品　植物蛋白饮料

Green food—Plant protein beverage

2021-05-07 发布

2021-11-01 实施

中华人民共和国农业农村部　发布

前　　言

本文件按照 GB/T 1.1—2020《标准化工作导则　第 1 部分:标准化文件的结构和起草规则》的规定起草。

本文件代替 NY/T 433—2014《绿色食品　植物蛋白饮料》,与 NY/T 433—2014 相比,除结构调整和编辑性改动外,主要技术变化如下:

　　a)　分类中删除了复合蛋白饮料,增加了复合植物蛋白饮料(见 3.6,2014 版的 3.7);

　　b)　理化指标中增加了棕榈烯酸/总脂肪酸、亚麻酸/总脂肪酸、花生酸/总脂肪酸、山嵛酸/总脂肪酸、油酸/总脂肪酸、亚油酸/总脂肪酸、(花生酸+山嵛酸)/总脂肪酸(见表 2);

　　c)　更改了杏仁露蛋白质和脂肪指标(见表 2,2014 版的表 2);

　　d)　污染物指标值由对植物蛋白饮料的单一要求更改为分类要求;删除了总砷;更改了铅和锡指标,增加了铬和镉指标(见表 3、附录 A 表 A.1,2014 版的附录 A 表 A.1);

　　e)　更改了农残指标(见表 3,2014 版的表 3);

　　f)　真菌毒素中删除了黄曲霉毒素 M1、脱氧雪腐镰刀菌烯醇、玉米赤霉烯酮(见 2014 版的表 3);

　　g)　更改了微生物限量(见附录 A 表 A.2,2014 版的附录 A 表 A.2)。

本文件由农业农村部农产品质量安全监管司提出。

本文件由中国绿色食品发展中心归口。

本文件起草单位:农业农村部乳品质量监督检验测试中心、中国绿色食品发展中心、聊城好佳一生物乳业有限公司、承德乐野食品有限公司。

本文件主要起草人:孙亚范、张志华、张宪、王凤玲、金一尘、张宗城、闫磊、王佳佳、赵新华。

本文件及其所代替文件的历次版本发布情况为:

——2000 年首次发布为 NY/T 433—2000,2014 年第一次修订;

——本次为第二次修订。

绿色食品 植物蛋白饮料

1 范围

本文件规定了绿色食品植物蛋白饮料的术语和定义、分类、要求、检验规则、标签、包装、运输和储存。

本文件适用于以一种或多种含有一定蛋白质的绿色食品植物果实、种子或种仁等为原料,添加或不添加其他食品原辅料和(或)食品添加剂,经加工或发酵制成的饮料。

2 规范性引用文件

下列文件中的内容通过文中的规范性引用而构成本文件必不可少的条款。其中,注日期的引用文件,仅该日期对应的版本适用于本文件;不注日期的引用文件,其最新版本(包括所有的修改单)适用于本文件。

GB/T 191 包装储运图示标志

GB 4789.1 食品安全国家标准 食品微生物学检验 总则

GB 4789.2 食品安全国家标准 食品微生物学检验 菌落总数测定

GB 4789.3 食品安全国家标准 食品微生物学检验 大肠菌群计数

GB 4789.4 食品安全国家标准 食品微生物学检验 沙门氏菌检验

GB 4789.10 食品安全国家标准 食品微生物学检验 金黄色葡萄球菌检验

GB 4789.15 食品安全国家标准 食品微生物学检验 霉菌和酵母计数

GB/T 4789.21 食品卫生微生物学检验 冷冻饮品、饮料检验

GB 4789.26 食品安全国家标准 食品微生物学检验 商业无菌检验

GB 4789.35 食品安全国家标准 食品微生物学检验 乳酸菌检验

GB 5009.5 食品安全国家标准 食品中蛋白质的测定

GB 5009.6 食品安全国家标准 食品中脂肪的测定

GB 5009.12 食品安全国家标准 食品中铅的测定

GB 5009.15 食品安全国家标准 食品中镉的测定

GB 5009.16 食品安全国家标准 食品中锡的测定

GB 5009.22 食品安全国家标准 食品中黄曲霉毒素 B 族和 G 族的测定

GB 5009.28 食品安全国家标准 食品中苯甲酸、山梨酸和糖精钠的测定

GB 5009.36 食品安全国家标准 食品中氰化物的测定

GB 5009.96 食品安全国家标准 食品中赭曲霉毒素 A 的测定

GB 5009.97 食品安全国家标准 食品中环己基氨基磺酸钠的测定

GB 5009.123 食品安全国家标准 食品中铬的测定

GB/T 5009.144 植物性食品中甲基异柳磷残留量的测定

GB/T 5009.183 植物蛋白饮料中脲酶的定性测定

GB 5009.237 食品安全国家标准 食品中 pH 的测定

GB 5009.263 食品安全国家标准 食品中阿斯巴甜和阿力甜的测定

GB 7718 食品安全国家标准 预包装食品标签通则

GB/T 12143 饮料通用分析方法

GB 12695 食品安全国家标准 饮料生产卫生规范

GB/T 20770 粮谷中 486 种农药及相关化学品残留量的测定 液相色谱-串联质谱法

GB 28050 食品安全国家标准 预包装食品营养标签通则

GB/T 30885—2014 植物蛋白饮料 豆奶和豆奶饮料

GB/T 31324—2014 植物蛋白饮料 杏仁露

NY/T 433—2021

GB/T 31325—2014　植物蛋白饮料　核桃露(乳)

JJF 1070　定量包装商品净含量计量检验规则

NY/T 391　绿色食品　产地环境质量

NY/T 392　绿色食品　食品添加剂使用准则

NY/T 422　绿色食品　食用糖

NY/T 658　绿色食品　包装通用准则

NY/T 1055　绿色食品　产品检验规则

NY/T 1056　绿色食品　储藏运输准则

QB/T 2132　植物蛋白饮料　豆奶(豆浆)和豆奶饮料

国家质量监督检验检疫总局令 2005 年第 75 号　定量包装商品计量监督管理办法

3　术语和定义

下列术语和定义适用于本文件。

3.1

豆奶(乳)类　soymilk and soymilk beverage

3.1.1

豆奶(乳)　soymilk

以大豆为主要原料,添加或不添加食品辅料和食品添加剂,经加工制成的产品。如纯豆奶(乳)、调制豆奶(乳)、浓浆豆奶(乳)等。经发酵工艺制成的产品称为发酵豆奶(乳),也可称为酸豆奶(乳)。

3.1.2

豆奶(乳)饮料　soymilk beverage

以大豆、大豆粉、大豆蛋白为主要原料,可添加食糖、营养强化剂、食品添加剂、其他食品辅料。经加工制成的、大豆固形物含量较低的产品。经发酵工艺制成的产品称为发酵豆奶(乳)饮料。

3.2

椰子汁(乳)　coconut beverage

以新鲜的椰子、椰子果肉制品(如椰子果浆、椰子果粉等)为原料,经加工制得的产品。以椰子果肉制品(椰子果浆、椰子果粉)为原料生产的产品称为复原椰子汁(乳)。

3.3

杏仁乳(露)　almond beverage

以杏仁为原料,可添加食品辅料、食品添加剂。经加工、调配后制得的产品。产品中去皮杏仁的质量比例应大于 2.5%。不应使用除杏仁外的其他杏仁制品及其他含有蛋白质和脂肪的植物果实、种子、果仁及其制品。

3.4

核桃露(乳)　walnat beverage

以核桃仁为原料,可添加食品辅料、食品添加剂。经加工、调配后制得的产品。产品中去皮核桃仁的质量比例应大于 3%。不应使用除核桃仁外的其他核桃制品及其他含有蛋白质和脂肪的植物果实、种子、果仁及其制品。

3.5

花生乳(露)　peanut beverage

以花生仁为主要原料,经磨碎、提浆等工艺制得的浆液中加入水、糖液等调制而成的乳状饮料。

3.6

复合植物蛋白饮料　mixed plant protein beverage

以两种或两种以上含有一定蛋白质的植物果实、种子、种仁为原料,添加或不添加其他食品原辅料和(或)食品添加剂,经加工或发酵制成的饮料,如花生核桃、核桃杏仁、花生杏仁复合植物蛋白饮料。

206

3.7

其他植物蛋白饮料 other plant protein beverage

以腰果、榛子、南瓜子、葵花籽等为原料,经磨碎等工艺制得的浆液加入水、糖液等调制而成的饮料。

4 要求

4.1 原料要求

4.1.1 原料应符合绿色食品标准要求。

4.1.2 食用糖等配料应符合 NY/T 422 及相应绿色食品标准要求。

4.1.3 食品添加剂应符合 NY/T 392 的规定要求。

4.1.4 加工用水应符合 NY/T 391 的规定要求。

4.1.5 发酵菌种等辅料应符合相应的国家标准和使用规定。

4.2 生产过程

应符合 GB 12695 的规定。

4.3 感官

应符合表1的规定。

表 1 感官要求

项目	要求	检验方法
滋味和气味	具有本品种固有的香气及滋味,无异味	打开包装立即嗅其气味,品尝滋味
性状	均匀的乳浊状或悬浊状	取 50 mL 混合均匀的样品,置于 100 mL 洁净烧杯中,在室温条件下,自然光明亮处用肉眼观察性状、色泽和杂质,并在 12 h 后观察稳定性
色泽	色泽鲜亮一致,无变色现象	
杂质	无肉眼可见外来杂质	
稳定性	振摇均匀后 12 h 内无明显沉淀、析水、脂肪上浮,保持均匀体系	

4.4 理化指标

应符合表2的规定。

表 2 理化指标

项目	指标						检验方法
	豆乳ᵃ	椰子汁(乳)	杏仁露(乳)	核桃乳(露)	花生露(乳)	其他植物蛋白饮料	
总固形物,g/100 mL	≥4.0	—					GB/T 30885—2014 中 6.2
可溶性固形物ᵇ(20 ℃,以折光计),g/100 g	—	≥8.0 低糖产品为 3.0~6.0	≥8.0	≥7.5	≥8.0(浓甜型) ≥4.0(清淡型)	≥8.0	GB/T 12143
蛋白质,g/100 g	≥2.0	≥0.5	≥0.55	≥0.8		≥0.5	GB 5009.5
脂肪,g/100 g	≥0.8	≥1.0	≥1.30	≥2.0	≥1.0		GB 5009.6
pH	—		6.6~8.5	—	6.0~8.0	—	GB 5009.237
氰化物(以 HCN 计),g/100 g	—		≤0.05				GB 5009.36
脲酶试验	阴性		—				GB/T 5009.183
棕榈烯酸/总脂肪酸,%	—		≥0.50				GB/T 31324—2014 附录 A
亚麻酸/总脂肪酸,%	—		≤0.12	≥6.5			杏仁露(露)为 GB/T 31324—2014 附录 A,核桃露(乳)为 GB/T 31325—2014 附录 A

表2（续）

项目	指标						检验方法
	豆乳[a]	椰子汁（乳）	杏仁露（乳）	核桃乳（露）	花生露（乳）	其他植物蛋白饮料	
花生酸/总脂肪酸,%	—		≤0.12		—		GB/T 31324—2014 附录A
山嵛酸/总脂肪酸,%	—		<0.05		—		GB/T 31324—2014 附录A
油酸/总脂肪酸,%		—		≤28		—	GB/T 31325—2014 附录A
亚油酸/总脂肪酸,%		—		≥50		—	GB/T 31325—2014 附录A
（花生酸＋山嵛酸）/总脂肪酸,%		—		≤0.2		—	GB/T 31325—2014 附录A

含花生的复合植物蛋白饮料执行花生乳指标；杏仁核桃乳执行核桃乳指标。原料中含有杏仁,则氰化物指标应按杏仁露（乳）执行；原料中含有豆类,则脲酶试验指标应按豆乳执行。

[a] 豆乳类中豆奶（乳）的总固形物、蛋白质和脂肪的指标为表内所述。对豆奶（乳）饮料,该三项的指标为表内所述的50%。

[b] 不适用于无糖产品。

4.5 污染物、农药残留、食品添加剂和真菌毒素限量

污染物、农药残留、食品添加剂和真菌毒素限量应符合食品安全国家标准及相关规定,同时应符合表3的规定。

表3 污染物、农药残留、食品添加剂和真菌毒素限量

项目	指标						检验方法
	豆乳	椰子乳（汁）	杏仁露（乳）	核桃露（乳）	花生露（乳）	其他植物蛋白饮料	
铅（以 Pb 计）,mg/kg	≤0.05	≤0.3	≤0.03		≤0.3	≤0.3	GB 5009.12
锡（以 Sn 计）[a],mg/kg			≤100				GB 5009.16
甲草胺,μg/kg	≤8		—		不得检出（<3.70）	—	GB/T 20770
氯嘧磺隆,μg/kg	不得检出（<10）			—			GB/T 20770
克百威,μg/kg	不得检出（<6.53）	—		不得检出（<6.53）			GB/T 20770
灭线磷,μg/kg	不得检出（<1.38）	—		不得检出（<1.38）		—	GB/T 20770
甲咪唑烟酸,μg/kg			—		不得检出（<2.95）	—	GB/T 20770
烯禾啶,μg/kg	≤80		—		≤80	—	GB/T 20770
甲基异柳磷,μg/kg	不得检出（<4）	—		不得检出（<4）		—	GB/T 5009.144
苯甲酸及其钠盐（以苯甲酸计）,mg/kg			不得检出（<5）				GB 5009.28
糖精钠,mg/kg			不得检出（<5）				GB 5009.28
环己基氨基磺酸钠及环己基氨基磺酸钙（以环己基氨基磺酸计）,mg/kg			不得检出（<10）				GB 5009.97
阿力甜,mg/kg			不得检出（<1.0）				GB 5009.263
黄曲霉毒素 B1,μg/kg			不得检出（<1）				GB 5009.22

表 3（续）

项目	指标						检验方法
	豆乳	椰子乳（汁）	杏仁露（乳）	核桃露（乳）	花生露（乳）	其他植物蛋白饮料	
赭曲霉毒素 A，μg/kg	不得检出（<0.5）	—					GB 5009.96

含花生的复合植物蛋白饮料执行花生乳指标；杏仁核桃乳执行核桃乳指标。

ᵃ　仅适用于镀锡薄板容器包装产品。

4.6　净含量

应符合国家质量监督检验检疫总局令 2005 年第 75 号的要求。检验方法按 JJF 1070 的规定执行。

5　检验规则

申报绿色食品应按照本文件中 4.3～4.6 以及附录 A 所确定的项目进行检验。其他要求应符合 NY/T 1055 的规定。本标准规定的农药残留限量的检测方法如有其他国家标准、行业标准方法，且其最低检出限能满足限量值要求时，在检测时可以采用。出厂检验还应增加总固形物、可溶性固形物、蛋白质、脂肪和菌落总数。

6　标签

6.1　标签应符合 GB 7718、GB 28050 的规定。

6.2　未杀菌（活菌）型产品，需冷藏储存和运输等产品应在标签上标识储存和运输条件。

6.3　要标示产品类型：以椰子果肉制品为原料的产品应标注为复原椰子汁（乳）；花生露（乳）应标示浓甜型或清淡型；豆奶（乳）类应标示豆奶（乳）或豆奶（乳）饮料。

7　包装、运输和储存

7.1　包装

按 NY/T 658 的规定执行。储运图示按 GB/T 191 的规定执行。

7.2　运输和储存

按 NY/T 1056 的规定执行。

附 录 A

（规范性）

绿色食品植物蛋白饮料产品申报检验项目

表 A.1 和表 A.2 规定了除 4.3～4.6 所列项目外,依据食品安全国家标准和绿色食品植物蛋白饮料生产实际情况,绿色食品申报检验还应检验的项目。

表 A.1 污染物和食品添加剂限量

项目	指标						试验方法
	豆乳类	椰子乳（汁）	杏仁乳（露）	核桃乳（露）	花生乳（露）	其他植物蛋白饮料	
镉（以 Cd 计）,mg/kg	≤0.015	—		≤0.03		—	GB 5009.15
铬（以 Cr 计）,mg/kg	≤0.1	—					GB 5009.123
山梨酸及其钾盐（以山梨酸计）,g/kg	≤0.5						GB 5009.28

A.2 微生物限量

项目	采样方案及限量				检验方法
	n	c	m	M	
菌落总数[a]	5	2	10^2 CFU/g	10^4 CFU/g	GB 4789.2
大肠菌群	5	2	1 CFU/g	10 CFU/g	GB 4789.3
霉菌和酵母	≤20 CFU/g				GB 4789.15
沙门氏菌	5	0	0/25 g	—	GB 4789.4
金黄色葡萄球菌	5	1	100 CFU/g	1 000 CFU/g	GB 4789.10
仅适用于非罐头包装产品。罐头包装产品的微生物限量仅为商业无菌,检验方法按 GB/T 4789.26 执行。					
注 1:n 为同一批次产品应采集的样品件数;c 为最大可允许超出 m 值的样品数;m 为微生物指标可接受水平的限量值;M 为微生物指标的最高安全限量值。					
注 2:采样方法按 GB 4789.1 和 GB/T 4789.21 执行。					
[a] 不适用于未杀菌（活菌）型的产品,活菌型产品乳酸菌数应≥10^6 CFU/g(mL),按照 GB 4789.35 规定的方法测定。					

ICS 67.080.01
X 24

中华人民共和国农业行业标准

NY/T 434—2016
代替 NY/T 434—2007

绿色食品　果蔬汁饮料

Green food—Fruit and vegetable drinks

2016-10-26 发布

2017-04-01 实施

中华人民共和国农业部 发布

前　言

本标准按照 GB/T 1.1—2009 给出的规则起草。

本标准代替 NY/T 434—2007《绿色食品　果蔬汁饮料》。与 NY/T 434—2007 相比,除编辑性修改外,主要技术变化如下:

——增加了果蔬汁饮料的分类;

——增加了展青霉素项目及其指标值;

——增加了赭曲霉毒素 A 项目及其指标值;

——增加了化学合成色素新红及其铝色淀、赤藓红及其铝色淀项目及其指标值;

——增加了食品添加剂阿力甜项目及其指标值;

——增加了农药残留项目吡虫啉、啶虫脒、联苯菊酯、氯氰菊酯、灭蝇胺、噻螨酮、腐霉利、甲基硫菌灵、嘧霉胺、异菌脲、2,4-滴项目及其指标值;

——修改了锡的指标值;

——删除了总汞、总砷指标;

——删除了铜、锌、铁、铜锌铁总和指标;

——删除了志贺氏菌、溶血性链球菌指标。

本标准由农业部农产品质量安全监管局提出。

本标准由中国绿色食品发展中心归口。

本标准起草单位:农业部乳品质量监督检验测试中心、山东沾化浩华果汁有限公司、中国绿色食品发展中心。

本标准主要起草人:张进、何清毅、高文瑞、孙亚范、刘亚兵、梁胜国、张志华、陈倩、李卓、程艳宇、朱青、苏希果。

本标准的历次版本发布情况为:

——NY/T 434—2000、NY/T 434—2007。

绿色食品　果蔬汁饮料

1　范围

本标准规定了绿色食品果蔬汁饮料的术语和定义、要求、检验规则、标签、包装、运输和储存。

本标准适用于绿色食品果蔬汁饮料,不适用于发酵果蔬汁饮料(包括果醋饮料)。

2　规范性引用文件

下列文件对于本文件的应用是必不可少的。凡是注日期的引用文件,仅注日期的版本适用于本文件。凡是不注日期的引用文件,其最新版本(包括所有的修改单)适用于本文件。

GB/T 191　包装储运图示标志

GB 4789.2　食品安全国家标准　食品微生物学检验　菌落总数测定

GB 4789.3　食品安全国家标准　食品微生物学检验　大肠菌群计数

GB 4789.4　食品安全国家标准　食品微生物学检验　沙门氏菌检验

GB 4789.10　食品安全国家标准　食品微生物学检验　金黄色葡萄球菌检验

GB 4789.15　食品安全国家标准　食品微生物学检验　霉菌和酵母计数

GB 4789.26　食品安全国家标准　食品微生物学检验　商业无菌检验

GB 5009.12　食品安全国家标准　食品中铅的测定

GB 5009.16　食品安全国家标准　食品中锡的测定

GB 5009.28　食品安全国家标准　食品中苯甲酸、山梨酸和糖精钠的测定

GB 5009.34　食品安全国家标准　食品中二氧化硫的测定

GB 5009.35　食品安全国家标准　食品中合成着色剂的测定

GB 5009.97　食品安全国家标准　食品中环己基氨基磺酸钠的测定

GB 5009.263　食品安全国家标准　食品中阿斯巴甜和阿力甜的测定

GB 7718　食品安全国家标准　预包装食品标签通则

GB/T 12143　饮料通用分析方法

GB/T 12456　食品中总酸的测定

GB 12695　饮料企业良好生产规范

GB/T 23379　水果、蔬菜及茶叶中吡虫啉残留的测定　高效液相色谱法

GB/T 23502　食品中赭曲霉毒素 A 的测定　免疫亲和层析净化高效液相色谱法

GB/T 31121　果蔬汁类及其饮料

JJF 1070　定量包装商品净含量计量检验规则

NY/T 391　绿色食品　产地环境质量

NY/T 392　绿色食品　食品添加剂使用准则

NY/T 422　绿色食品　食用糖

NY/T 658　绿色食品　包装通用准则

NY/T 761　蔬菜和水果中有机磷、有机氯、拟除虫菊酯和氨基甲酸酯类农药多残留的测定

NY/T 1055　绿色食品　产品检验规则

NY/T 1056　绿色食品　储藏运输准则

NY/T 1650　苹果和山楂制品中展青霉素的测定　高效液相色谱法

NY/T 1680　蔬菜水果中多菌灵等 4 种苯并咪唑类农药残留量的测定　高效液相色谱法

国家质量监督检验检疫总局令 2005 年第 75 号　定量包装商品计量监督管理办法

3 术语和定义

GB/T 31121 界定的术语和定义适用于本文件。

4 要求

4.1 原料要求

4.1.1 水果和蔬菜原料符合绿色食品要求。

4.1.2 食用糖应符合 NY/T 422 的要求。

4.1.3 其他辅料应符合相应绿色食品标准的要求。

4.1.4 食品添加剂应符合 NY/T 392 的要求。

4.1.5 加工用水应符合 NY/T 391 的要求。

4.2 生产过程

应符合 GB 12695 的规定。

4.3 感官

应符合表1的规定。

表 1 感官要求

项 目	要 求	检验方法
色 泽	具有所标示的该种(或几种)水果、蔬菜制成的汁液(浆)相符的色泽,或具有与添加成分相符的色泽	取50 g混合均匀的样品于100 mL洁净的无色透明烧杯中,置于明亮处目测其色泽、杂质,嗅其气味,品尝其滋味
滋味和气味	具有所标示的该种(或几种)水果、蔬菜制成的汁液(浆)应有的滋味和气味,或具有与添加成分相符的滋味和气味;无异味	
杂 质	无肉眼可见的外来杂质	

4.4 理化指标

应符合表2的规定。

表 2 理化指标

单位为克每百克

项 目	指 标										检验方法
	果蔬汁(浆)				浓缩果蔬汁(浆)	果蔬汁(浆)类饮料					
	原榨果汁	果汁	蔬菜汁	果(蔬菜)浆	复合果蔬汁(浆)		果蔬汁饮料	果肉(浆)饮料	复合果蔬汁饮料	果蔬汁饮料浓浆	水果饮料	
可溶性固形物	≥8.0	≥8.0	≥4.0	≥8.0(果浆)≥4.0(蔬菜浆)	≥4.0	≥12.0[浓缩果汁(浆)]≥6.0[浓缩蔬菜汁(浆)]	≥4.0	≥4.5	≥4.0	≥4.0	≥4.5	GB/T 12143

表 2 （续）

项 目	果蔬汁(浆)					浓缩果蔬汁(浆)	果蔬汁(浆)类饮料					检验方法
	原榨果汁	果汁	蔬菜汁	果(蔬菜)浆	复合果蔬汁(浆)		果蔬汁饮料	果肉(浆)饮料	复合果蔬汁饮料	果蔬汁饮料浓浆	水果饮料	
总酸(以柠檬酸计)	≥0.1	≥0.1	—	≥0.1(果浆)	—	≥0.2[浓缩果汁(浆)]	—	≥0.1	—	—	≥0.1	GB/T 12456

主原料包括水果和蔬菜的产品,项目的指标值按蔬菜原料的相应产品执行。

4.5 污染物限量、农药残留限量、食品添加剂限量和真菌毒素限量

污染物限量农药残留限量、食品添加剂限量和真菌毒素限量应符合食品安全国家标准及相关规定,同时应符合表 3 的规定。

表 3 污染物、农药残留、食品添加剂和真菌毒素限量

项 目	指 标	检验方法
吡虫啉,mg/kg	≤0.1	GB/T 23379
联苯菊酯,mg/kg	≤0.05	NY/T 761
氯氰菊酯,mg/kg	≤0.01	
腐霉利,mg/kg	≤0.2	
异菌脲,mg/kg	≤0.2	
甲基硫菌灵,mg/kg	≤0.5	NY/T 1680
苯甲酸及其钠盐(以苯甲酸计),mg/kg	不得检出(<5)	GB 5009.28
糖精钠,mg/kg	不得检出(<5)	
环己基氨基磺酸钠和环己基氨基磺酸钙(以环己基氨基磺酸钠计),mg/kg	不得检出(<10)	GB 5009.97
锡(以 Sn 计)^a,mg/kg	≤100	GB 5009.16
新红及其铝色淀(以新红计)^b,mg/kg	不得检出(<0.5)	GB 5009.35
赤藓红及其铝色淀(以赤藓红计)^b,mg/kg	不得检出(<0.2)	
阿力甜,mg/kg	不得检出(<2.5)	GB 5009.263
赭曲霉毒素 A^c,μg/kg	≤20	GB/T 23502

a 仅适用于镀锡薄板容器包装产品。

b 仅适用于红色的产品。

c 仅适用于葡萄汁产品。

4.6 净含量

应符合国家质量监督检验检疫总局令 2005 年第 75 号的要求,检验方法按 JJF 1070 的规定执行。

5 检验规则

申报绿色食品的产品应按照 4.3~4.6 以及附录 A 所确定的项目进行检验。每批产品交收(出厂)前,都应进行交收(出厂)检验,交收(出厂)检验内容包括包装、标志、标签、净含量、感官、可溶性固形物、总酸、微生物。其他要求按 NY/T 1055 的规定执行。

6 标签

按 GB 7718 的规定执行。

7 包装、运输和储存

7.1 包装

按 NY/T 658 的规定执行。包装储运图示标志按 GB/T 191 的规定执行。

7.2 运输和储存

按 NY/T 1056 的规定执行。

附　录　A

（规范性附录）

绿色食品果蔬汁饮料产品申报检验项目

表 A.1 和表 A.2 规定了除 4.3～4.6 所列项目外，依据食品安全国家标准和绿色食品生产实际情况，绿色食品申报检验还应检验的项目。

表 A.1　污染物和食品添加剂项目

序号	检验项目	指　标	检验方法
1	铅（以 Pb 计），mg/kg	≤0.05（果蔬汁类） ≤0.5［浓缩果蔬汁（浆）］	GB 5009.12
2	二氧化硫残留量（以 SO_2 计），mg/kg	≤10	GB 5009.34
3	苋菜红及其铝色淀（以苋菜红计）[a]，mg/kg	≤50	GB 5009.35
4	胭脂红及其铝色淀（以胭脂红计）[a]，mg/kg	≤50	
5	日落黄及其铝色淀（以日落黄计）[b]，mg/kg	≤100	
6	柠檬黄及其铝色淀（以柠檬黄计）[b]，mg/kg	≤100	
7	山梨酸及其钾盐（以山梨酸计），mg/kg	≤500	GB 5009.28
8	展青霉素[c]，μg/kg	≤50	NY/T 1650

[a]　仅适用于红色的产品。
[b]　仅适用于黄色的产品。
[c]　仅适用于苹果汁、山楂汁产品。

表 A.2　微生物项目

序号	检验项目	采样方案及限量（若非指定，均以/25 g 或/25 mL 表示）				检验方法
		n	c	m	M	
1	菌落总数，CFU/g			≤100		GB 4789.2
2	大肠菌群，MPN/g			<3		GB 4789.3
3	霉菌和酵母[b]，CFU/g			≤20		GB 4789.15
4	沙门氏菌	5	0	0	—	GB 4789.4
5	金黄色葡萄球菌	5	1	100 CFU/g(mL)	1 000 CFU/g(mL)	GB 4789.10

罐头包装产品的微生物要求仅为商业无菌，检验方法按 GB 4789.26 的规定执行。

注：n 为同一批次产品应采集的样品件数；c 为最大可允许超出 m 值的样品数；m 为致病菌指标可接受水平的限量值；M 为致病菌指标的最高安全限量值。

ICS 67.080.01
CCS X 24，X 26

中华人民共和国农业行业标准

NY/T 435—2021

代替 NY/T 435—2012

绿色食品 水果、蔬菜脆片

Green food—Fruit and vegetable crisp

2021-05-07 发布

2021-11-01 实施

中华人民共和国农业农村部 发布

前　言

本文件按照 GB/T 1.1—2020《标准化工作导则　第 1 部分:标准化文件的结构和起草规则》的规定起草。

本文件代替 NY/T 435—2012《绿色食品　水果、蔬菜脆片》,与 NY/T 435—2012 相比,除结构调整和编辑性改动外,主要技术变化如下:

a)　更改了理化指标中二氧化硫的限量要求和检测方法(见 5.4 表 2,2012 年版 5.4 表 2);

b)　更改了乙酰磺胺酸钾的检测方法(见 5.5 表 3,2012 年版 5.5 表 3);

c)　增加了没食子酸丙酯的限量要求(见 5.5 表 3);

d)　更改了油脂抗氧化剂混合使用的限量要求(见 5.5 表 3,2012 年版 5.5 表 3);

e)　增加了微生物指标的采样方案(见 5.6 表 4);

f)　增加了霉菌与酵母总数的限量要求(见 5.6 表 4);

g)　删除了志贺氏菌的检测要求(2012 年版 5.6 表 4);

h)　增加了出厂检测的项目要求(见第 6 章)。

本文件由农业农村部农产品质量安全监管司提出。

本文件由中国绿色食品发展中心归口。

本文件起草单位:中国农业大学、中国农业科学院农业质量标准与检测技术研究所、农业农村部食品质量监督检验测试中心(石河子)、中国绿色食品发展中心、广西南宁品亚商贸有限公司、良品铺子营养食品有限责任公司、新疆叶河源果业股份有限公司、山东烟台中泉食品有限公司。

本文件主要起草人:劳菲、廖小军、吴继红、徐贞贞、雷用东、张宪、黄忠华、张文龙、王崇、吴旷雷、刘璐。

本文件及其所代替文件的历次版本发布情况为:

——2000 年首次发布为 NY/T 435—2000,2012 年第一次修订;

——本次为第二次修订。

绿色食品　水果、蔬菜脆片

1　范围

本文件规定了绿色食品水果、蔬菜脆片的术语和定义、产品分类、要求、检验规则、标签、包装、运输和储存。

本文件适用于绿色食品水果、蔬菜(含食用菌)脆片。

2　规范性引用文件

下列文件中的内容通过文中的规范性引用而构成本文件必不可少的条款。其中,注日期的引用文件,仅该日期对应的版本适用于本文件;不注日期的引用文件,其最新版本(包括所有的修改单)适用于本文件。

GB/T 191　包装储运图示标志
GB 4789.2　食品安全国家标准　食品微生物学检验　菌落总数测定
GB 4789.3　食品安全国家标准　食品微生物学检验　大肠菌群计数
GB 4789.4　食品安全国家标准　食品微生物学检验　沙门氏菌检验
GB 4789.10　食品安全国家标准　食品微生物学检验　金黄色葡萄球菌检验
GB 4789.15　食品安全国家标准　食品微生物学检验　霉菌和酵母计数
GB 5009.3　食品安全国家标准　食品中水分的测定
GB 5009.6　食品安全国家标准　食品中脂肪的测定
GB 5009.11　食品安全国家标准　食品中总砷及无机砷的测定
GB 5009.12　食品安全国家标准　食品中铅的测定
GB 5009.15　食品安全国家标准　食品中镉的测定
GB 5009.17　食品安全国家标准　食品中总汞及有机汞的测定
GB 5009.28　食品安全国家标准　食品中苯甲酸、山梨酸和糖精钠的测定
GB 5009.32　食品安全国家标准　食品中 9 种抗氧化剂的测定
GB 5009.34　食品安全国家标准　食品中二氧化硫的测定
GB 5009.35　食品安全国家标准　食品中合成着色剂的测定
GB 5009.97　食品安全国家标准　食品中环己基氨基磺酸钠的测定
GB 5009.185　食品安全国家标准　食品中展青霉素的测定
GB 5009.227　食品安全国家标准　食品中过氧化值的测定
GB 5009.229　食品安全国家标准　食品中酸价的测定
GB 7718　食品安全国家标准　预包装食品标签通则
GB 14881　食品安全国家标准　食品生产通用卫生规范
GB/T 23787　非油炸水果、蔬菜脆片
GB 28050　食品安全国家标准　预包装食品营养标签通则
JJF 1070　定量包装商品净含量计量检验规则
NY/T 391　绿色食品　产地环境质量
NY/T 392　绿色食品　食品添加剂使用准则
NY/T 422　绿色食品　食用糖
NY/T 658　绿色食品　包装通用准则
NY/T 751　绿色食品　食用植物油
NY/T 1055　绿色食品　产品检验规则

NY/T 435—2021

NY/T 1056　绿色食品　储藏运输准则
NY/T 1435　水果、蔬菜及其制品中二氧化硫总量的测定
SN/T 3538　出口食品中六种合成甜味剂的检测方法　液相色谱-质谱/质谱法
国家质量监督检验检疫总局令 2005 年第 75 号　定量包装商品计量监督管理办法

3　术语和定义

下列术语和定义适用于本文件。

3.1

水果、蔬菜脆片　fruit and vegetable crisp

以水果、蔬菜(含食用菌)为主要原料,经或不经切片(条、块),采用减压油炸脱水或非油炸脱水工艺,添加或不添加其他辅料制成的口感酥脆的即食型水果、蔬菜干制品。

4　产品分类

4.1　油炸型

采用减压油炸脱水工艺制成的水果、蔬菜脆片。

4.2　非油炸型

采用真空冷冻干燥、微波真空干燥、压差闪蒸、气流膨化等非油炸脱水工艺制成的水果、蔬菜脆片。

5　要求

5.1　原料

5.1.1　水果、蔬菜应符合相应的绿色食品标准要求。

5.1.2　食用糖应符合 NY/T 422 的规定。

5.1.3　食用植物油应符合 NY/T 751 的规定。

5.1.4　食品添加剂应符合 NY/T 392 的规定。

5.1.5　加工用水应符合 NY/T 391 的规定。

5.1.6　其他原辅料应符合相应的绿色食品标准,或国家标准、行业标准、地方标准的要求。

5.2　生产过程

加工过程应符合 GB 14881 的规定。

5.3　感官

应符合表 1 的规定。

表 1　水果、蔬菜脆片感官要求

项目	指标	检测方法
色泽	色泽均匀,具有该水果、蔬菜经加工后应有的正常色泽	取 20 g～50 g 样品,置于清洁、干燥的白瓷盘中,在自然光下观察色泽、组织形态和杂质,嗅其气味,品其滋味和口感
滋味、香气和口感	具有该水果、蔬菜经加工后应有的滋味与香气,无异味,口感酥脆	
组织形态	块状、片状、条状或该品种应有的形状,各种形态应基本完好,厚薄均匀	
杂质	无肉眼可见外来杂质	

5.4　理化指标

应符合表 2 的规定。

表 2　水果、蔬菜脆片理化指标

项目	指标		检验方法
	油炸型	非油炸型	
筛下物,%	≤5.0		GB/T 23787

222

表 2（续）

项目	指标		检验方法
	油炸型	非油炸型	
水分，%	≤5.0		GB 5009.3
脂肪，g/100 g	≤20.0	≤5.0	GB 5009.6
酸价（以脂肪计），mg/g	≤3.0	—	GB 5009.229
过氧化值（以脂肪计），g/100 g	≤0.25	—	GB 5009.227
二氧化硫残留量[a]，mg/kg	不得检出（<3.0）		GB 5009.34

注： 检验方法明确检出限的，"不得检出"后括号中内容为检出限；检验方法只明确定量限的，"不得检出"后括号中内容为定量限。

[a] 香菇脆片除外。

5.5 污染物、食品添加剂和真菌毒素限量

应符合相应食品安全国家标准及规定，同时符合表 3 的规定。

表 3 污染物、食品添加剂和真菌毒素限量

项目	指标	检验方法
总汞（以 Hg 计），mg/kg	≤0.01	GB 5009.17
铅（以 Pb 计），mg/kg	≤0.2	GB 5009.12
镉（以 Cd 计），mg/kg	≤0.1	GB 5009.15
无机砷（以 As 计），mg/kg	≤0.2	GB 5009.11
苯甲酸及其钠盐，g/kg	不得检出（<0.05）	GB 5009.28
糖精钠，g/kg	不得检出（<0.05）	GB 5009.28
乙酰磺胺酸钾，mg/kg	不得检出（<1.0）	SN/T 3538
环己基氨基磺酸钠，g/kg	不得检出（<0.10）	GB 5009.97
丁基羟基茴香醚（BHA，以脂肪计）[a]，mg/kg	≤150	GB 5009.32
二丁基羟基甲苯（BHT，以脂肪计）[a]，mg/kg	≤50	
特丁基对苯二酚（TBHQ，以脂肪计）[a]，mg/kg	≤100	
没食子酸丙酯（PG，以脂肪计）[a]，mg/kg	≤100	
BHA、BHT、TBHQ、PG 中任何两种及以上混合使用的总量[a]，mg/kg	混合使用时各自用量占其最大使用量的比例之和≤1	
胭脂红及其铝色淀[b]，mg/kg	不得检出（<0.5）	GB 5009.35
苋菜红及其铝色淀[b]，mg/kg	不得检出（<0.2）	
赤藓红及其铝色淀[b]，mg/kg	不得检出（<0.5）	
柠檬黄及其铝色淀[b]，mg/kg	不得检出（<0.5）	
日落黄及其铝色淀[b]，mg/kg	不得检出（<0.5）	
新红及其铝色淀[b]，mg/kg	不得检出（<0.5）	
亮蓝及其铝色淀[b]，mg/kg	不得检出（<0.2）	
展青霉素[c]，μg/kg	不得检出（<6）	GB 5009.185

注： 检验方法明确检出限的，"不得检出"后括号中内容为检出限；检验方法只明确定量限的，"不得检出"后括号中内容为定量限。

[a] 仅适用于油炸型水果蔬菜脆片。
[b] 根据产品的颜色只测定相应的着色剂，如红色产品只测胭脂红、苋菜红、赤藓红和新红；对于复合型产品需将同一颜色类型的部分组成分析样品进行测定。
[c] 仅适用于以苹果和山楂为原料制成的水果脆片。

5.6 微生物限量

应符合表 4 的规定。

表 4 微生物限量

微生物	采样方案及限量				检验方法
	n	c	m	M	
菌落总数	≤500 CFU/g				GB 4789.2
霉菌和酵母	≤50 CFU/g				GB 4789.15
大肠菌群	<3 MPN/g				GB 4789.3
沙门氏菌	5	0	0/25 g	——	GB 4789.4
金黄色葡萄球菌	5	0	0/25 g	——	GB 4789.10

注1:n 为同一批次产品应采集的样品件数;c 为最大可允许超出 m 值的样品数;m 为微生物指标可接受水平的限量值;M 为微生物指标的最高安全限量值。

注2:菌落总数、大肠菌群等采样方案以最新国家标准为准。

5.7 净含量

应符合国家质量监督检验检疫总局令 2005 年第 75 号的要求,检验方法按 JJF 1070 的规定执行。

5.8 其他要求

除上述要求外,还应符合附录 A 的规定。

6 检验规则

申报绿色食品认证的产品应按照本文件中 5.3～5.7 以及附录 A 所确定的项目进行检验。每批次产品交收(出厂)前,都应进行交收(出厂)检验,交收(出厂)检验应包括包装、标签、净含量、筛下物、水分、脂肪、过氧化值、菌落总数、大肠菌群。其他要求应符合 NY/T 1055 的规定。

7 标签

标签应符合 GB 7718 和和 GB 28050 的规定。

8 包装、运输和储存

8.1 包装

应符合 NY/T 658 和 GB/T 191 的规定。

8.2 运输和储存

应符合 NY/T 1056 的规定。

附 录 A

（规范性）

绿色食品水果、蔬菜脆片产品申报检验项目

表 A.1 规定了除 5.3～5.7 所列项目外，依据食品安全国家标准和绿色食品生产实际情况，绿色食品申报检验还应检验的项目。

表 A.1 食品添加剂项目

序号	检验项目	指 标	检验方法
1	香菇制品的二氧化硫残留量，mg/kg	≤50	NY/T 1435

ICS 67.080.01
B 31

中华人民共和国农业行业标准

NY/T 436—2018
代替 NY/T 436—2009

绿色食品 蜜饯

Green food—Preserved fruits

2018-05-07 发布
2018-09-01 实施

中华人民共和国农业农村部 发布

前　言

本标准按照 GB/T 1.1—2009 给出的规则起草。

本标准代替 NY/T 436—2009《绿色食品　蜜饯》。与 NY/T 436—2009 相比，除编辑性修改外主要技术变化如下：

——取消了无机砷、铜靛蓝、乙酰磺胺酸钾、滑石粉的项目；

——增加了阿力甜、新红及其铝色淀、展青霉素项目及其限量值；

——修改了铅限量值。

本标准由农业农村部农产品质量安全监管局提出。

本标准由中国绿色食品发展中心归口。

本标准起草单位：农业农村部乳品质量监督检验测试中心、河北怡达食品集团有限公司。

本标准主要起草人：张均媚、刘忠、刘壮、何清毅、张进、王金华、刘伟娟、刘亚兵、王春天、王洪亮、高文瑞、姜珊、赵亚鑫、王强、刘陶然、李卓、薛刚、赵荣、王佳佳。

本标准所代替标准的历次版本发布情况为：

——NY/T 436—2000、NY/T 436—2009。

绿色食品 蜜饯

1 范围

本标准规定了绿色食品蜜饯的术语和定义,产品分类,要求,检验规则,标签,包装、运输和储存。

本标准适用于绿色食品蜜饯。

2 规范性引用文件

下列文件对于本文件的应用是必不可少的。凡是注日期的引用文件,仅注日期的版本适用于本文件。凡是不注日期的引用文件,其最新版本(包括所有的修改单)适用于本文件。

GB/T 191 包装储运图示标志

GB 4789.2 食品安全国家标准 食品微生物学检验 菌落总数的测定

GB 4789.3 食品安全国家标准 食品微生物学检验 大肠菌群计数

GB 4789.4 食品安全国家标准 食品微生物学检验 沙门氏菌检验

GB 4789.10—2016 食品安全国家标准 食品微生物学检验 金黄色葡萄球菌检验

GB 4789.15 食品安全国家标准 食品微生物学检验 霉菌和酵母计数

GB 4789.36 食品安全国家标准 食品微生物学检验 大肠埃希氏菌 O157:H7NM 检验

GB 5009.3 食品安全国家标准 食品中水分的测定

GB 5009.12 食品安全国家标准 食品中铅的测定

GB 5009.28—2016 食品安全国家标准 食品中苯甲酸、山梨酸和糖精钠的测定

GB 5009.34 食品安全国家标准 食品中二氧化硫的测定

GB 5009.35 食品安全国家标准 食品中合成着色剂的测定

GB 5009.44 食品安全国家标准 食品中氯化物的测定

GB 5009.97—2016 食品安全国家标准 食品中环己基氨基磺酸钠的测定

GB 5009.185 食品安全国家标准 食品中展青霉素的测定

GB 5009.246 食品安全国家标准 食品中二氧化钛的测定

GB 5009.263 食品安全国家标准 食品中阿斯巴甜和阿力甜的测定

GB 7718 食品安全国家标准 预包装食品标签通则

GB 8956 食品安全国家标准 蜜饯生产卫生规范

GB/T 10782—2006 蜜饯通则

CCAA 0020 食品安全管理体系 果蔬制品生产企业要求

JJF 1070 定量包装商品净含量计量检验规则

NY/T 391 绿色食品 产地环境质量

NY/T 392 绿色食品 食品添加剂使用准则

NY/T 422 绿色食品 食用糖

NY/T 658 绿色食品 包装通用准则

NY/T 750 绿色食品 热带、亚热带水果

NY/T 752 绿色食品 蜂产品

NY/T 844 绿色食品 温带水果

NY/T 1040 绿色食品 食用盐

NY/T 1055 绿色食品 产品检验规则

NY/T 1056 绿色食品 储藏运输准则

国家质量监督检验检疫总局令 2005 年第 75 号 定量包装商品计量监督管理办法

3 术语和定义

下列术语和定义适用于本文件。

3.1

蜜饯 preserved fruit

以果蔬等为主要原料,添加(或不添加)食品添加剂和其他辅料,经糖或蜂蜜或食盐腌制(或不腌制)等工艺制成的制品。

本定义等同于 GB/T 10782—2006 定义 3.1。

4 产品分类

4.1 糖渍类

原料经糖(或蜂蜜)熬煮或浸渍,干燥(或不干燥)等工艺制成的带有湿润糖液面或浸渍在浓糖液中的制品,如糖青梅、蜜樱桃、蜜金橘、红绿瓜、糖桂花、糖玫瑰、炒红果等。

4.2 糖霜类

原料经加糖熬煮、干燥等工艺制成的表面附有白色糖霜的制品,如糖冬瓜条、糖橘饼、红绿丝、金橘饼、姜片等。

4.3 果脯类

原料经加糖渍、干燥等工艺制成的略有透明感、表面无糖霜析出的制品,如杏脯、桃脯、苹果脯、梨脯、枣脯、海棠脯、地瓜脯、胡萝卜脯、番茄脯等。

4.4 凉果类

原料经盐渍、糖渍、干燥等工艺制成的半干态制品,如加应子、西梅、黄梅、雪花梅、陈皮梅、八珍梅、丁香榄、福果、丁香李等。

4.5 话化类

原料经盐渍、糖渍(或不糖渍)、干燥等工艺制成的制品,分为不加糖和加糖两类,如话梅、话李、话杏、九制陈皮、甘草榄、甘草金橘、相思梅、杨梅干、佛手果、芒果干、陈皮丹、盐津葡萄等。

4.6 果糕类

原料加工成酱状,经成型、干燥(或不干燥)等工艺制成的制品,分为糕类、条类和片类,如山楂糕、山楂条、果丹皮、山楂片、陈皮糕、酸枣糕等。

5 要求

5.1 原料要求

5.1.1 温带水果应符合 NY/T 844 的要求;热带、亚热带水果应符合 NY/T 750 的要求;蔬菜应符合相应产品的绿色食品标准要求。

5.1.2 加工用糖、盐和蜂蜜应分别符合 NY/T 422、NY/T 1040 和 NY/T 752 的要求。

5.1.3 食品添加剂应符合 NY/T 392 的要求。

5.1.4 加工用水应符合 NY/T 391 的要求。

5.2 生产过程

按照 CCAA 0020 和 GB 8956 的规定执行。

5.3 感官

应符合表 1 的要求。

表 1 感官要求

项目	指标								检验方法
	糖渍类	糖霜类	果脯类	凉果类	话化类	果糕类			
						糕类	条(果丹皮)类	片类	
色泽	具有该品种所应有的色泽,色泽基本一致								取适量试样置于洁净的白色盘(瓷盘或同类容器)中,在自然光下观察色泽和状态,检查有无异物,闻其气味,用温开水漱口,品尝滋味
组织状态	糖渗透均匀,表面糖汁呈黏稠或微呈干燥状	果(块)形状完整,表面干燥、有糖霜	糖分渗透均匀,有透明感,无返砂,不流糖	糖(盐)液渗透均匀,无霉变	果(块)形状完整,表面干燥有糖霜或盐霜	组织细腻,软硬适度,略有弹性,不牙碜,呈糕状,不流糖	组织细腻,形状基本完整,厚薄均匀,略有韧性,不牙碜	组织细腻,不牙碜,片形基本完整,厚薄均匀,有酥松感	
滋味与气味	具有该品种应有的滋味与气味,酸甜适口,无异味								
杂质	无肉眼可见杂质								

5.4 理化指标

理化要求应符合表2的要求。

表 2 理化指标

单位为克每百克

项目	指标										检验方法
	糖渍类		糖霜类	果脯类	凉果类	话化类		果糕类			
	干燥	不干燥				不加糖类	加糖类	糕类	条(果丹皮)类	片类	
水分	≤35	≤85	≤20	≤35	≤35	≤30	≤35	≤55	≤30	≤20	GB 5009.3
总糖(以葡萄糖计)	≤70		≤85	≤85	≤70	≤6	≤60	≤75	≤70	≤80	GB/T 10782—2006
氯化钠	≤4	—	—	—	≤8	≤35	≤15	—	—	—	GB 5009.44

5.5 污染物、食品添加剂和真菌毒素限量

污染物、食品添加剂和真菌毒素限量应符合食品安全国家标准及相关规定,同时符合表3的要求。

表 3 食品添加剂和真菌毒素限量

单位为毫克每千克

项　　目	指　　标	检验方法
二氧化硫[a]	≤350	GB 5009.34
糖精钠	不得检出(<5)	GB 5009.28—2016 第一法
环己基氨基磺酸钠及环己基氨基磺酸钙(以环己基氨基磺酸钠计)	不得检出(<0.03)	GB 5009.97—2016 第三法
阿力甜	不得检出(<5.0)	GB 5009.263
苯甲酸及其钠盐(以苯甲酸计)	不得检出(<5)	GB 5009.28—2016 第一法
新红及其铝色淀(以新红计)[b]	不得检出(<0.5)	GB 5009.35
赤藓红及其铝色淀(以赤藓红计)[b]	不得检出(<0.2)	GB 5009.35
二氧化钛(TiO₂)	不得检出(<0.3)	GB 5009.246
展青霉素[c]	≤0.025	GB 5009.185
[a]　生产中不得使用硫黄; [b]　仅适用于红色蜜饯; [c]　仅适用于苹果、山楂制成的蜜饯。		

5.6 净含量

应符合国家质量监督检验检疫总局令 2005 年第 75 号的要求,检验方法按照 JJF 1070 的规定执行。

6 检验规则

申报绿色食品应按照 5.1.1、5.3~5.6 以及附录 A 所确定的项目进行检验。每批次产品交收(出厂)前,都应进行交收(出厂)检验,交收(出厂)检验内容包括包装、标志、标签、净含量、感官、理化指标、微生物。其他要求应符合 NY/T 1055 的规定。本标准规定的农药残留限量检测方法,如有其他国家标准、行业标准以及部文公告的检测方法,且检出限和定量限能满足限量值要求时,在检测时可采用。

7 标签

按照 GB 7718 的规定执行,储运图示按照 GB/T 191 的规定执行。

8 包装、运输和储存

8.1 包装

按照 NY/T 658 的规定执行。

8.2 运输和储存

按照 NY/T 1056 的规定执行。

附　录　A

（规范性附录）

绿色食品蜜饯产品申报检验项目

表 A.1 和表 A.2 规定了除 5.3～5.6 所列项目外,依据食品安全国家标准和绿色食品生产实际情况,绿色食品蜜饯申报检验还应检验的项目。

表 A.1　农药残留、食品添加剂项目

单位为毫克每千克

检验项目	指标	检验方法
铅(以 Pb 计)	≤1.0	GB 5009.12
山梨酸及其钾盐(以山梨酸计)	≤500	GB 5009.28
苋菜红及其铝色淀(以苋菜红计)[a]	≤50	GB 5009.35
胭脂红及其铝色淀(以胭脂红计)[a]	≤50	GB 5009.35
柠檬黄及其铝色淀(以柠檬黄计)[b]	≤100	GB 5009.35
日落黄及其铝色淀(以日落黄计)[b]	≤100	GB 5009.35
亮蓝及其铝色淀(以亮蓝计)[c]	≤25	GB 5009.35
[a]　适用于红色产品。		
[b]　适用于黄色产品。		
[c]　适用于绿色产品。		

表 A.2　微生物项目

微生物	采样方案及限量(若非指定,均以/25 g 表示)				检验方法
	n	c	m	M	
菌落总数	5	2	10^3 CFU/g	10^4 CFU/g	GB 4789.2
大肠菌群	5	2	10 CFU/g	10^2 CFU/g	GB 4789.3
霉菌	≤50 CFU/g				GB 4789.15
沙门氏菌	5	0	0	—	GB 4789.4
金黄色葡萄球菌	5	1	100 CFU/g	1 000 CFU/g	GB 4789.10—2016 第二法
大肠埃希氏菌 O157:H7	5	0	0	—	GB 4789.36
注:n 为同一批次产品采集的样品件数;c 为最大可允许超出 m 值的样品数;m 为微生物指标可接受水平的限量值;M 为微生物指标的最高安全限量值。					

ICS 67.080.20
X 26

中华人民共和国农业行业标准

NY/T 437—2012
代替 NY/T 437—2000

绿色食品 酱腌菜

Green food—Pickled vegetables

2012-12-07 发布

2013-03-01 实施

中华人民共和国农业部 发布

前　言

本标准按照 GB/T 1.1 给出的规则起草。

本标准代替 NY/T 437—2000《绿色食品　酱腌菜》。与 NY/T 437—2000 相比,除编辑性修改外, 主要技术变化如下:

——修改了术语和定义、产品分类、感官、理化指标;

——把砷修改为无机砷;

——部分推荐性的检测方法修改为强制性的检测方法;

——规定了马拉硫磷、对硫磷、甲拌磷、苯甲酸、糖精钠指标的检出限;

——规定了致病菌为沙门氏菌、志贺氏菌、金黄色葡萄球菌、溶血性链球菌;

——增加了新红、赤藓红、环己基氨基磺酸钠、乙酰磺胺酸钾、脱氢乙酸指标;

——增加了附录 A。

本标准由农业部农产品质量安全监管局提出。

本标准由中国绿色食品发展中心归口。

本标准起草单位:农业部食品质量监督检验测试中心(上海)。

本标准主要起草人:朱建新、孟瑾、韩奕奕。

本标准所代替标准的历次版本发布情况为:

——NY/T 437—2000。

绿色食品　酱腌菜

1　范围

本标准规定了绿色食品酱腌菜的术语和定义、要求、检验规则、标志和标签、包装、运输和储存。

本标准适用于绿色食品预包装的酱腌菜产品。不适用于散装的酱腌菜产品。

2　规范性引用文件

下列文件对于本文件的应用是必不可少的。凡是注日期的引用文件，仅注日期的版本适用于本文件。凡是不注日期的引用文件，其最新版本（包括所有的修改单）适用于本文件。

GB 4789.3　食品安全国家标准　食品微生物学检验　大肠菌群计数

GB 4789.4　食品安全国家标准　食品微生物学检验　沙门氏菌检验

GB 4789.5　食品安全国家标准　食品微生物学检验　志贺氏菌检验

GB 4789.10　食品安全国家标准　食品微生物学检验　金黄色葡萄球菌检验

GB/T 4789.11　食品卫生微生物学检验　溶血性链球菌检验

GB/T 4789.26　食品卫生微生物学检验　罐头食品商业无菌的检验

GB 5009.3　食品安全国家标准　食品中水分的测定

GB/T 5009.7　食品中还原糖的测定

GB/T 5009.11　食品中总砷及无机砷的测定

GB 5009.12　食品安全国家标准　食品中铅的测定

GB/T 5009.15　食品中镉的测定

GB/T 5009.17　食品中总汞及有机汞的测定

GB/T 5009.18　食品中氟的测定

GB/T 5009.19　食品中有机氯农药多组分残留量的测定

GB/T 5009.20　食品中有机磷农药残留量的测定

GB/T 5009.22　食品中黄曲霉毒素 B_1 的测定

GB/T 5009.28　食品中糖精钠的测定

GB/T 5009.29　食品中山梨酸、苯甲酸的测定

GB 5009.33　食品安全国家标准　食品中硝酸盐与亚硝酸盐的测定

GB/T 5009.35　食品中合成着色剂的测定

GB/T 5009.54　酱腌菜卫生标准的分析方法

GB/T 5009.97　食品中环己基氨基磺酸钠的测定

GB/T 5009.121　食品中脱氢乙酸的测定

GB/T 5009.140　饮料中乙酰磺胺酸钾的测定

GB 5749　生活饮用水卫生标准

GB 7718　食品安全国家标准　预包装食品标签通则

GB/T 12456　食品中总酸的测定

GB/T 12457　食品中氯化钠的测定

JJF 1070　定量包装商品净含量计量检验规则

NY/T 391　绿色食品　产地环境技术条件

NY/T 392　绿色食品　食品添加剂使用准则

NY/T 422　绿色食品　食用糖

NY/T 658　绿色食品　包装通用准则

NY/T 1040　绿色食品　食用盐

NY/T 1055　绿色食品　产品检验规则

NY/T 1056　绿色食品　储藏运输准则

国家质量监督检验检疫总局令 2005 年第 75 号　定量包装商品计量监督管理办法

中国绿色食品商标标志设计使用规范手册

3　术语和定义

下列术语和定义适用于本文件。

3.1

酱腌菜　pickled vegetable

以新鲜蔬菜为主要原料,采用不同腌渍工艺制作而成的各种蔬菜制品的总称。

3.2

酱渍菜　pickled vegetable with soy paste

蔬菜咸坯经脱盐脱水后,再经甜酱、黄酱渍而成的制品。如扬州酱菜、镇江酱菜等。

3.3

糖醋渍菜　sugared and vinegared vegetable

蔬菜咸坯经脱盐脱水后,再用糖渍、醋渍或糖醋渍制作而成的制品。如白糖蒜、蜂蜜蒜米、甜酸藠头、糖醋萝卜等。

3.4

酱油渍菜　pickled vegetable with soy sauce

蔬菜咸坯经脱盐脱水后,用酱油与调味料、香辛料混合浸渍而成的制品。如五香大头菜、榨菜萝卜、辣油萝卜丝、酱海带丝等。

3.5

虾油渍菜　pickled vegetable with shrimp oil

新鲜蔬菜先经盐渍或不经盐渍,再用新鲜虾油浸渍而成的制品。如锦州虾油小菜、虾油小黄瓜等。

3.6

盐水渍菜　salt solution vegetable

以新鲜蔬菜为原料,用盐水及香辛料混合腌制,经发酵或非发酵而成的制品。如泡菜、酸黄瓜、盐水笋等。

3.7

盐渍菜　salted vegetable

以新鲜蔬菜为原料,用食盐腌渍而成的湿态、半干态、干态制品。如咸大头菜、榨菜、萝卜干等。

3.8

糟渍菜　pickled vegetable with lees

蔬菜咸坯用酒糟或醪糟糟渍而成的制品。如糟瓜等。

3.9

其他类　compound flavoring paste

除了以上分类以外,其他以蔬菜为原料制作而成的制品。如糖冰姜、藕脯、酸甘蓝、米糠萝卜等。

4　要求

4.1　原料要求

应为新鲜洁净、成熟适度,无病虫害及霉变的非叶菜类蔬菜。产地环境应符合 NY/T 391 的规定。

4.2　辅料要求

4.2.1 白砂糖

应符合 NY/T 422 的规定。

4.2.2 食用盐

应符合 NY/T 1040 的规定。

4.2.3 加工用水

应符合 GB 5749 的规定。

4.2.4 其他原料

应符合绿色食品的有关要求。

4.3 食品添加剂

食品添加剂的使用应符合 NY/T 392 的规定。

4.4 感官要求

应符合表 1 的规定。

表 1 酱腌菜的感官要求

项 目	要 求								检验方法
	酱渍菜	糖醋渍菜	酱油渍菜	虾油渍菜	盐水渍菜	盐渍菜	糟渍菜	其他类	
色泽	红褐色,有光泽	乳白、金黄或红褐色,有光泽	红褐色,有光泽	具有该产品应有的色泽					取适量试样置于洁净的白色容器中,在自然光下观察色泽、形态和杂质。闻其气味,用温开水漱口,品尝滋味
滋味和气味	具有该产品应有的滋、气味,无异味								
形态	具有该产品应有的形态								
杂质	无正常视力可见异物								

4.5 理化指标

4.5.1 酱渍菜、糖醋渍菜、酱油渍菜、糟渍菜

应符合表 2 的规定。

表 2 酱渍菜、糖醋渍菜、酱油渍菜、糟渍菜的理化指标

单位为克每百克

项 目	指 标				检测方法
	酱渍菜	糖醋渍菜	酱油渍菜	糟渍菜	
水分	≤85.0	≤80.0	≤85.0	≤75.0	GB 5009.3
食盐(以 NaCl 计)	≥3.0	≤4.0	≥3.0		GB/T 12457
还原糖(以葡萄糖计)	≥1.0	—	—	≥10.0	GB/T 5009.7
总酸(以乳酸计)	≤2.0	≤3.0	≤2.0		GB/T 12456
氨基酸态氮(以 N 计)	≥0.15	—	≥0.15		GB/T 5009.54

4.5.2 虾油渍菜、盐水渍菜、盐渍菜、其他类

应符合表 3 的规定。

表 3 虾油渍菜、盐水渍菜、盐渍菜、其他类的理化指标

单位为克每百克

项 目	指 标				检测方法
	虾油渍菜	盐水渍菜	盐渍菜	其他类	
水分	≤75.0	≤90.0		≤75.0	GB 5009.3
食盐(以 NaCl 计)	≤20.0	≤6.0	≤15.0	≥3.0	GB/T 12457
总酸(以乳酸计)	≤2.0				GB/T 12456
氨基酸态氮(以 N 计)	≥0.15	—			GB/T 5009.54

4.6 污染物、农药残留、食品添加剂和真菌毒素限量

应符合相关食品安全国家标准的规定,同时符合表 4 的规定。

表 4 污染物、农药残留、食品添加剂和真菌毒素限量

项 目	指 标	检测方法
无机砷(以 As 计),mg/kg	≤0.05	GB/T 5009.11
铅(Pb),mg/kg	≤0.2	GB 5009.12
镉(Cd),mg/kg	≤0.05	GB/T 5009.15
总汞(Hg),mg/kg	≤0.01	GB/T 5009.17
氟(F),mg/kg	≤1.0	GB/T 5009.18
亚硝酸盐(以 $NaNO_2$ 计),mg/kg	≤4	GB 5009.33
六六六,mg/kg	≤0.05	GB/T 5009.19
滴滴涕,mg/kg	≤0.05	GB/T 5009.19
乐果,mg/kg	≤0.02	GB/T 5009.20
倍硫磷,mg/kg	≤0.02	GB/T 5009.20
杀螟硫磷,mg/kg	≤0.02	GB/T 5009.20
敌敌畏,mg/kg	≤0.02	GB/T 5009.20
马拉硫磷,mg/kg	不得检出(<0.03)	GB/T 5009.20
对硫磷,mg/kg	不得检出(<0.02)	GB/T 5009.20
甲拌磷,mg/kg	不得检出(<0.02)	GB/T 5009.20
苯甲酸,g/kg	不得检出(<0.001)	GB/T 5009.29
山梨酸,g/kg	≤0.25	GB/T 5009.29
糖精钠,g/kg	不得检出(<0.000 15)	GB/T 5009.28
环己基氨基磺酸钠,g/kg	不得检出(<0.000 2)	GB/T 5009.97
新红,g/kg	不得检出(<0.000 2)	GB/T 5009.35
赤藓红,g/kg	不得检出(<0.000 72)	GB/T 5009.35
黄曲霉毒素 B_1,$\mu g/kg$	≤5.0	GB/T 5009.22

4.7 微生物要求

4.7.1 罐装食品

应符合商业无菌的规定。检验方法按 GB/T 4789.26 的规定执行。

4.7.2 非罐装食品

应符合表 5 的规定。

表 5 微生物限量

项　目	指　标	检测方法
大肠菌群,MPN/g	≤0.3	GB 4789.3
致病菌(沙门氏菌、志贺氏菌、金黄色葡萄球菌、溶血性链球菌)	0/25 g	GB 4789.4 GB 4789.5 GB 4789.10 GB/T 4789.11

4.8 净含量

应符合国家质量监督检验检疫总局令 2005 第 75 号的规定,检验方法按 JJF 1070 规定执行。

5 检验规则

申请绿色食品认证的产品应按照本标准中 4.4～4.8 以及表 A.1 所确定的项目进行检验。其他要求应符合 NY/T 1055 的规定。

6 标志和标签

6.1 标志使用应符合《中国绿色食品商标标志设计使用规范手册》的规定。

6.2 标签应符合 GB 7718 的规定。

7 包装、运输和储存

7.1 包装应符合 NY/T 658 的规定。

7.2 运输和储存应符合 NY/T 1056 的规定。

附　录　A

（规范性附录）

绿色食品酱腌菜产品认证检验规定

A.1　表 A.1 规定了除 4.4～4.8 所列项目外,依据食品安全国家标准和绿色食品生产实际情况,绿色食品申报检验还应检验的项目。

表 A.1　依据食品安全国家标准绿色食品酱腌菜产品认证检验必检项目

单位为克每千克

项　目	指　标	检测方法
乙酰磺胺酸钾	≤0.3	GB/T 5009.140
脱氢乙酸	≤0.3	GB/T 5009.121

A.2　如食品安全国家标准酱腌菜产品及相关国家规定中上述项目和指标有调整,且严于本标准规定,按最新国家标准及规定执行。

ICS 67.080.20
X 26

中华人民共和国农业行业标准

NY/T 654—2020

代替 NY/T 654—2012

绿色食品 白菜类蔬菜

Green food—*Brassica rapa*

2020-08-26 发布

2021-01-01 实施

中华人民共和国农业农村部 发布

前　言

本标准按照 GB/T 1.1—2009 给出的规则起草。

本标准代替 NY/T 654—2012《绿色食品　白菜类蔬菜》。与 NY/T 654—2012 相比,除编辑性修改外主要技术变化如下:

——结球白菜改为大白菜;

——增加了生产过程;

——将菜薹感官要求中"允许 1 朵～2 朵花蕾开放"改为"允许少量花蕾开放";

——删除感官要求中的"相似品种";

——4.2 中抽样方法执行标准调整为 NY/T 896 和 NY/T 2103;

——修订了卫生指标,删除了三唑磷、氟氯氰菊酯、嘧霉胺、除虫脲;增加了氧乐果、克百威、丙溴磷、哒螨灵、阿维菌素、虫螨腈、烯酰吗啉;修订了限量值和相应的检测方法;

——增加了附录 A。

本标准由农业农村部农产品质量安全监管司提出。

本标准由中国绿色食品发展中心归口。

本标准起草单位:农业农村部蔬菜品质监督检验测试中心(北京)、中国绿色食品发展中心、北京市农业绿色食品办公室、北京本忠盛达蔬菜种植专业合作社、北京茂源广发农业发展有限公司。

本标准主要起草人:钱洪、徐东辉、陈兆云、周绪宝、温雅君、刘中笑、王永生、韩永茂、黄晓冬。

本标准所代替标准的历次版本发布情况为:

——NY/T 654—2002、NY/T 654—2012。

绿色食品　白菜类蔬菜

1　范围

本标准规定了绿色食品白菜类蔬菜的要求、检验规则、标签、包装、运输和储存。

本标准适用于绿色食品白菜类蔬菜,包括大白菜、普通白菜、乌塌菜、紫菜薹、菜薹、薹菜等。各蔬菜的英文名、学名、别名参见附录 A。

2　规范性引用文件

下列文件对于本文件的应用是必不可少的。凡是注日期的引用文件,仅注日期的版本适用于本文件。凡是不注日期的引用文件,其最新版本(包括所有的修改单)适用于本文件。

GB 2763　食品安全国家标准　食品中农药最大残留限量

GB 5009.12　食品安全国家标准　食品中铅的测定

GB 5009.15　食品安全国家标准　食品中镉的测定

GB/T 20769　水果和蔬菜中 450 种农药及相关化学品残留量的测定方法　液相色谱-串联质谱法

GB 23200.113　食品安全国家标准　植物源性食品中 208 种农药及其代谢物残留量的测定　气相色谱-质谱联用法

JJF 1070　定量包装商品净含量计量检验规则

NY/T 391　绿色食品　产地环境质量

NY/T 393　绿色食品　农药使用准则

NY/T 394　绿色食品　肥料使用准则

NY/T 658　绿色食品　包装通用准则

NY/T 761　蔬菜和水果中有机磷、有机氯、拟除虫菊酯和氨基甲酸酯类农药多残留的测定

NY/T 896　绿色食品　产品抽样准则

NY/T 1055　绿色食品　产品检验规则

NY/T 1056　绿色食品　储藏运输准则

NY/T 1379　蔬菜中 334 种农药多残留的测定　气相色谱质谱法和液相色谱质谱法

NY/T 1741　蔬菜名称和计算机编码

NY/T 2103　蔬菜抽样技术规范

国家质量监督检验检疫总局令 2005 年第 75 号　定量包装商品计量监督管理办法

3　要求

3.1　产地环境

应符合 NY/T 391 的要求。

3.2　生产过程

生产过程中农药使用应符合 NY/T 393 的规定,肥料使用应符合 NY/T 394 的规定。

3.3　感官

应符合表 1 的规定。

表 1　感官要求

蔬菜	要　求	检验方法
大白菜	同一品种,色泽正常,新鲜,清洁,植株完好,结球较紧实,修整良好;无异味、无异常外来水分;无腐烂、烧心、老帮、焦边、凋萎叶、胀裂、侧芽萌发、抽薹、冻害、病虫害及机械伤	品种特征、色泽、新鲜、清洁、腐烂、冻害、病虫害及机械伤等外观特征,用目测法鉴定
菜薹、紫菜薹	同一品种、新鲜、清洁,表面有光泽;不脱水,无皱缩;无腐烂、发霉;无异味、无异常外来水分;无冷害、冻害、凋萎叶、黄叶、病虫害及机械伤;无白心,薹茎长度较一致,粗细较均匀,茎叶嫩绿,叶形完整;允许少量花蕾开放	异味用嗅的方法鉴定烧心、病虫害症状不明显而有怀疑者,应剖开检测
其他白菜类蔬菜	同一品种,色泽正常,新鲜,清洁,完好;无黄叶、受损叶、腐烂;无异味、无异常外来水分。无冷害、冻害、病虫害及机械伤	

3.4　农药残留限量

应符合食品安全国家标准及相关规定,同时符合表 2 的规定。

表 2　农药残留限量

单位为毫克每千克

项目	指标	检验方法
克百威(carbofuran)	≤ 0.01	GB/T 20769
氧乐果(omethoate)	≤ 0.01	GB 23200.113
毒死蜱(chlorpyrifos)	≤ 0.01	GB 23200.113
氟虫腈(fipronil)	≤ 0.01	GB 23200.113
氯氰菊酯(cypermethrin)	≤ 1	GB 23200.113
啶虫脒(acetamiprid)	≤ 0.1	GB/T 20769
吡虫啉(imidacloprid)	≤ 0.2	GB/T 20769
多菌灵(carbendazim)	≤ 0.1	GB/T 20769
百菌清(chlorothalonil)	≤ 0.01	NY/T 761
三唑酮(triadimefon)	≤ 0.01	GB 23200.113
腐霉利(procymidone)	≤ 0.2	GB 23200.113
氯氟氰菊酯(cyhalothrin)	≤ 0.01	GB 23200.113
丙溴磷(profenofos)	≤ 0.01	GB 23200.113
哒螨灵(pyridaben)	≤ 0.01	GB 23200.113
阿维菌素(abamectin)	≤ 0.01	NY/T 1379
虫螨腈(chlorfenapyr)	≤ 2	NY/T 1379
烯酰吗啉(dimethomorph)	≤ 0.01	GB/T 20769

3.5　净含量

应符合国家质量监督检验检疫总局令 2005 年第 75 号的要求,检验方法按 JJF 1070 的规定执行。

4　检验规则

申报绿色食品应按照 3.3~3.5 以及附录 B 所确定的项目进行检验。其他要求应符合 NY/T 1055 的规定。农药残留检测取样部位应符合 GB 2763 的规定。本标准规定的农药残留量检验方法,如有其他国家标准、行业标准以及部文公告的检测方法,且其检出限和定量限能满足限量值要求时,在检测时可采用。

4.1　组批

同产地、同一品种、同时采收的白菜类蔬菜作为一个检验批次。批发市场同产地、同一品种、同规格、同批号的白菜类蔬菜作为一个检验批次。超市相同进货渠道、同一品种、同规格、同批号的白菜类蔬菜作为一个检验批次。

4.2　抽样方法

应按照 NY/T 896 和 NY/T 2103 中的有关规定执行。

5　标签

应符合国家有关法规的要求。

6　包装、运输和储存

6.1　包装

6.1.1　应符合 NY/T 658 的规定。

6.1.2　按产品的品种、规格分别包装,同一件包装内的产品应摆放整齐。

6.1.3　每批产品所用的包装、单位净含量应一致。

6.1.4　包装检验规则

逐件称量抽取的样品,每件的净含量不应低于包装外标签的净含量。

6.2　运输和储存

应符合 NY/T 1056 的规定。

附　录　A
（资料性附录）
绿色食品白菜类蔬菜产品英文名、学名及别名对照表

表 A.1 给出了绿色食品白菜类蔬菜产品英文名、学名及别名对照，供使用本标准时参考。

表 A.1　绿色食品白菜类蔬菜产品英文名、学名及别名对照表

白菜类蔬菜	英文名	学名	别名
大白菜	Chinese cabbage	*Brassica campestris* L. ssp. *pekinensis*（Lour.）Olsson	结球白菜、黄芽菜、包心白菜等
普通白菜	pak-choi	*Brassica campestris* L. ssp. *chinensis*（L.）*Makino* var. *communis* Tsen et Lee	白菜、小白菜、青菜、油菜
乌塌菜	wuta-cai	*Brassica campestris* L. ssp. *chinensis*（L.）*Makino* var. *rosularis* Tsen et Lee	塌菜、黑菜、塌棵菜、塌地菘等
紫菜薹	purple cai-tai	*Brassica campestris* L. ssp. *chinensis*（L.）*Makino* var. *purpurea* Bailey	红菜薹
菜薹	flowering Chinese cabbage	*Brassica campestris* L. ssp. *chinensis*（L.）var. *utilis* Tsen et Lee	菜心、绿菜薹、菜尖、薹心菜
薹菜	tai-cai	*Brassica campestris* L. ssp. *chinensis*.（L.）*Makino* var. *tai-tsai* Hort	
注：白菜类蔬菜分类参照 NY/T 1741 和《中国蔬菜栽培学》（第二版）。			

附 录 B

（规范性附录）

绿色食品白菜类蔬菜申报检验项目

表 B.1 规定了除 3.3～3.4 所列项目外,依据食品安全国家标准和绿色食品白菜类蔬菜生产实际情况,绿色食品申报检验还应检验的项目。

表 B.1 污染物项目

单位为毫克每千克

项目	指标	检验方法
铅（以 Pb 计）	≤0.3	GB 5009.12
镉（以 Cd 计）	≤0.2	GB 5009.15

ICS 65.080.20
X 26

中华人民共和国农业行业标准

NY/T 655—2020

代替 NY/T 655—2012

绿色食品　茄果类蔬菜

Green food—Solanaceous vegetables

2020-08-26 发布

2021-01-01 实施

中华人民共和国农业农村部 发布

前　言

本标准按照 GB/T 1.1—2009 给出的规则起草。

本标准代替 NY/T 655—2012《绿色食品　茄果类蔬菜》。与 NY/T 655—2012 相比,除编辑性修改外主要技术变化如下:

——增加了生产过程要求;

——修改了范围和感官要求;

——删除了农药残留限量指标中的乙烯菌核利、腐霉利、氯氰菊酯、百菌清、联苯菊酯、乙酰甲胺磷、敌敌畏、甲萘威、抗蚜威、异菌脲、氟氰戊菊酯、乐果、辛硫磷、溴氰菊酯、氰戊菊酯、多菌灵、吡虫啉,增加了克百威、氟虫腈、氧乐果、水胺硫磷、嘧霉胺、阿维菌素、三唑磷、丙溴磷、苯醚甲环唑、烯酰吗啉、涕灭威、三唑酮、甲基异柳磷、甲氨基阿维菌素苯甲酸盐;

——修改了检验方法;

——删除了对标志的要求;

——增加了附录 A。

本标准由农业农村部农产品质量安全监管司提出。

本标准由中国绿色食品发展中心归口。

本标准起草单位:广东省农业科学院农产品公共监测中心、农业农村部蔬菜水果质量监督检验测试中心(广州)、中国绿色食品发展中心、莱芜市莱城区明利特色蔬菜种植专业合作社、湘潭市仙女蔬菜产销专业合作社。

本标准主要起草人:耿安静、王富华、周绪宝、刘香香、陈智慧、穆建华、廖若昕、徐赛、陈明新、赵启强。

本标准所代替标准的历次版本发布情况为:

——NY/T 655—2002、NY/T 655—2012。

绿色食品　茄果类蔬菜

1　范围

本标准规定了绿色食品茄果类蔬菜的要求、检验规则、标签、包装、运输和储存。

本标准适用于绿色食品茄果类蔬菜,包括番茄、茄子、辣椒、甜椒、酸浆、香瓜茄等。各蔬菜的学名、英文名及别名参见附录 A。

2　规范性引用文件

下列文件对于本文件的应用是必不可少的。凡是注日期的引用文件,仅注日期的版本适用于本文件。凡是不注日期的引用文件,其最新版本(包括所有的修改单)适用于本文件。

GB/T 191　包装储运图示标志

GB 5009.12　食品安全国家标准　食品中铅的测定

GB 5009.15　食品安全国家标准　食品中镉的测定

GB 7718　食品安全国家标准　预包装食品标签通则

GB/T 20769　水果和蔬菜中 450 种农药及相关化学品残留量的测定　液相色谱-串联质谱法

GB 23200.113　食品安全国家标准　植物源性食品中 208 种农药及其代谢物残留量的测定　气相色谱-质谱联用法

JJF 1070　定量包装商品净含量计量检验规则

NY/T 391　绿色食品　产地环境质量

NY/T 393　绿色食品　农药使用准则

NY/T 394　绿色食品　肥料使用准则

NY/T 658　绿色食品　包装通用准则

NY/T 761　蔬菜和水果中有机磷、有机氯、拟除虫菊酯和氨基甲酸酯类农药多残留的测定

NY/T 1055　绿色食品　产品检验规则

NY/T 1056　绿色食品　储藏运输准则

NY/T 1379　蔬菜中 334 种农药多残留的测定　气相色谱质谱法和液相色谱质谱法

SB/T 10158　新鲜蔬菜包装与标识

国家质量监督检验检疫总局令 2005 年第 75 号　定量包装商品计量监督管理办法

3　要求

3.1　产地环境

应符合 NY/T 391 的规定。

3.2　生产过程

应分别符合 NY/T 393 和 NY/T 394 的规定。

3.3　感官

应符合表 1 的规定。

表 1 感官要求

项目	要求	检验方法
外观	同一品种或相似品种；具有本品种应有的形状，成熟适度；果腔充实，果坚实，富有弹性；同一包装大小基本整齐一致	品种特征、色泽、新鲜、清洁、腐烂、冻害、病虫害及机械伤等外观特征，用目测法鉴定
色泽	色泽一致，具有本品应有的颜色	
气味	具有本产品应有的风味，无异味	异味用嗅的方法鉴定
清洁度	果面新鲜、清洁，无肉眼可见杂质	病虫害症状不明显但疑似者，应用刀剖开目测
缺陷	无病虫害伤、机械损伤、腐烂、揉烂、冷害、冻害、畸形、裂果、空洞果、疤痕、色斑等	

3.4 农药残留限量

农药残留限量应符合食品安全国家标准及相关规定，同时符合表 2 中的规定。

表 2 农药残留限量

单位为毫克每千克

项目	指标	检验方法
克百威(carbofuran)	≤0.01	GB/T 20769
氟虫腈(fipronil)	≤0.01	GB 23200.113
氧乐果(omethoate)	≤0.01	GB 23200.113
水胺硫磷(isocarbophos)	≤0.01	GB 23200.113
毒死蜱(chlorpyrifos)	≤0.01	GB 23200.113
三唑磷(triazophos)	≤0.01	NY/T 761
涕灭威(aldicarb)	≤0.01	NY/T 761
阿维菌素(abamectin)	≤0.01	NY/T 1379
氯氟氰菊酯(cyhalothrin)	≤0.01	GB 23200.113
丙溴磷(profenofos)	≤0.01	GB 23200.113
甲氨基阿维菌素苯甲酸盐(emamectin benzoate)	≤0.01	GB/T 20769
三唑酮(triadimefon)	≤0.01	GB 23200.113
苯醚甲环唑(difenoconazole)	≤0.5(番茄、辣椒) ≤0.01(番茄、辣椒除外)	GB 23200.113
嘧霉胺(pyrimethanil)	≤0.5(番茄) ≤0.01(番茄除外)	GB 23200.113
烯酰吗啉(dimethomorph)	≤1.0(番茄、辣椒) ≤0.01(番茄、辣椒除外)	GB/T 20769

3.5 净含量

应符合国家质量监督检验检疫总局令 2005 年第 75 号要求，检验方法按 JJF 1070 的规定执行。

4 检验规则

申请绿色食品认证的产品应按照 3.3～3.5 以及附录 B 所确定的项目进行检验。其他要求应符合 NY/T 1055 的规定。本标准规定的农药残留量检测方法，如有其他国家标准、行业标准以及部文公告的检测方法，且其检出限和定量限能满足限量值要求时，在检测时可采用。

5 标签

应符合 GB 7718 的规定。

6 包装、运输和储存

6.1 包装

6.1.1 包装应符合 NY/T 658 的规定。

6.1.2 按产品的品种、规格分别包装,同一件包装内的产品应摆放整齐紧密。

6.1.3 每批产品所用的包装、单位净含量应一致。

6.2 运输和储存

6.2.1 应符合 NY/T 1056 的规定。

6.2.2 运输前应进行预冷。运输过程中注意防冻、防雨淋、防晒、通风散热。

6.2.3 储存时应按品种、规格分别储存。储存温度:适宜产品的储存温度。储存的空气相对湿度:番茄保持在 90%;辣椒和茄子保持在 85%~90%。

6.2.4 库内堆码应保持气流均匀流通。

附　录　A

（资料性附录）

茄果类蔬菜学名、英文名及别名对照表

表 A.1 给出了绿色食品茄果类蔬菜学名、英文名及别名对照。

表 A.1　茄果类蔬菜分类及学名、别名对照表

蔬菜名称	学名	英文名	别名
番茄	*Lycopersicon esculentum* Mill.	tomato	蕃柿、西红柿、洋柿子、小西红柿、樱桃西红柿、樱桃番茄、小柿子
茄子	*Solanum melongena* L.	eggplant	矮瓜、吊菜子、落苏、茄瓜
辣椒	*Capsicum annuum* L.	pepper	牛角椒、长辣椒、菜椒
甜椒	*Capsicum annuum* var. *grossum*	sweet pepper	灯笼椒、柿子椒
酸浆	*Physalis alkekengi* L.	husk tomato	姑娘、挂金灯、金灯、锦灯笼、泡泡草
香瓜茄	*Solanum muricatum* Ait	melon pear	人参果

附　录　B

（规范性附录）

绿色食品茄果类蔬菜产品申报检验项目

表 B.1 规定了除 3.3～3.5 所列项目外，依据食品安全国家标准和绿色食品茄果类蔬菜生产实际情况，绿色食品申报检验还应检验的项目。

表 B.1　污染物和农药残留项目

单位为毫克每千克

项目	指标	检验方法
铅（以 Pb 计）	≤0.1	GB 5009.12
镉（以 Cd 计）	≤0.05	GB 5009.15
甲基异柳磷（isofenphos-methyl）	≤0.01	GB 23200.113

ICS 67.100.01
CCS X 16

中华人民共和国农业行业标准

NY/T 657—2021
代替 NY/T 657—2012

绿色食品 乳与乳制品

Green food—Milk and milk product

2021-05-07 发布

2021-11-01 实施

中华人民共和国农业农村部 发布

前　言

本文件按照 GB/T 1.1—2020《标准化工作导则　第 1 部分：标准化文件的结构和起草规则》的规定起草。

本文件代替 NY/T 657—2012《绿色食品　乳制品》，与 NY/T 657—2012 相比，除结构调整和编辑性改动外，主要变化如下：

a)　修改了标准名称；

b)　修改了感官要求；

c)　删除了干酪理化指标中非脂物质水分；

d)　删除了污染物限量中无机砷、硝酸盐；

e)　增加了总砷、除虫脲、毒死蜱、丙环唑、阿苯达唑、阿维菌素、糖精钠、环己基氨基磺酸钠和环己基氨基磺酸钙、阿力甜、三聚氰胺的限量值要求；

f)　修改了磺胺类、黄曲霉毒素 M_1 的限量值；

g)　删除了六六六、滴滴涕。

本文件由农业农村部农产品质量安全监管司提出。

本文件由中国绿色食品发展中心归口。

本文件起草单位：唐山市畜牧水产品质量监测中心、农业农村部乳品质量监督检验测试中心（天津）、中国绿色食品发展中心、石家庄君乐宝乳业有限公司、黑龙江省完达山乳业股份有限公司。

本文件主要起草人：杜瑞焕、强立新、唐伟、张宗城、刘艳辉、邢希双、黄晓春、李爱军、汤学英、张立田、项爱丽、王磊、毛晓江、朱可明、马春文、兰翠娟、刘洋、齐彪、曹丽、霍路曼、张晓利、李颖、乔燕、郭丽辉、曹慧慧、任芳、侯蔷、李艺、董李学、王利、王铁军、王晓丽、郭俊武、柴艳兵、董耀勇、穆立涛、张耀广。

本文件及其所代替文件的历次版本发布情况为：

——2002 年首次发布为 NY/T 657—2002，2007 年第一次修订，2012 年第二次修订；

——本次为第三次修订。

绿色食品 乳与乳制品

1 范围

本文件规定了绿色食品乳与乳制品的要求、检验规则、标签、包装、运输和储存。

本文件适用于绿色食品牛羊乳及其制品，包括生乳、巴氏杀菌乳、灭菌乳、调制乳、发酵乳、炼乳、乳粉、干酪、再制干酪和奶油；不适用于乳清制品、婴幼儿配方奶粉和人造奶油。

2 规范性引用文件

下列文件中的内容通过文中的规范性引用而构成本文件必不可少的条款。其中，注日期的引用文件，仅该日期对应的版本适用于本文件；不注日期的引用文件，其最新版本（包括所有的修改单）适用于本文件。

GB 4789.2 食品安全国家标准 食品微生物学检验 菌落总数测定

GB 4789.3—2016 食品安全国家标准 食品微生物学检验 大肠菌群计数

GB 4789.4 食品安全国家标准 食品微生物学检验 沙门氏菌检验

GB 4789.10—2016 食品安全国家标准 食品微生物学检验 金黄色葡萄球菌检验

GB 4789.15 食品安全国家标准 食品微生物学检验 霉菌和酵母计数

GB 4789.26 食品安全国家标准 食品微生物学检验 商业无菌检验

GB/T 4789.27—2008 食品卫生微生物学检验 鲜乳中抗生素残留检验

GB 4789.30 食品安全国家标准 食品微生物学检验 单核细胞增生李斯特氏菌检验

GB 4789.35 食品安全国家标准 食品微生物学检验 乳酸菌检验

GB 5009.2 食品安全国家标准 食品相对密度的测定

GB 5009.3 食品安全国家标准 食品中水分的测定

GB 5009.5 食品安全国家标准 食品中蛋白质的测定

GB 5009.6 食品安全国家标准 食品中脂肪的测定

GB 5009.8 食品安全国家标准 食品中果糖、葡萄糖、蔗糖、麦芽糖、乳糖的测定

GB 5009.11 食品安全国家标准 食品中总砷及无机砷的测定

GB 5009.12 食品安全国家标准 食品中铅的测定

GB 5009.16 食品安全国家标准 食品中锡的测定

GB 5009.17 食品安全国家标准 食品中总汞及有机汞的测定

GB 5009.24 食品安全国家标准 食品中黄曲霉毒素 M 族的测定

GB 5009.28 食品安全国家标准 食品中苯甲酸、山梨酸和糖精钠的测定

GB 5009.33 食品安全国家标准 食品中亚硝酸盐与硝酸盐的测定

GB 5009.97—2016 食品安全国家标准 食品中环己基氨基磺酸钠的测定

GB 5009.123 食品安全国家标准 食品中铬的测定

GB 5009.239 食品安全国家标准 食品酸度的测定

GB 5009.263 食品安全国家标准 食品中阿斯巴甜和阿力甜的测定

GB 5413.30 食品安全国家标准 乳和乳制品杂质度的测定

GB 5413.38 食品安全国家标准 生乳冰点的测定

GB 5413.39 食品安全国家标准 乳和乳制品中非脂乳固体的测定

GB 7718 食品安全国家标准 预包装食品标签通则

GB 12693 食品安全国家标准 乳制品良好生产规范

GB 14880 食品安全国家标准 食品营养强化剂使用标准

GB/T 20772　动物肌肉中 461 种农药及相关化学品残留量的测定　液相色谱-串联质谱法

GB/T 22388—2008　原料乳与乳制品中三聚氰胺检测方法

GB/T 22972　牛奶和奶粉中噻苯达唑、阿苯达唑、芬苯达唑、奥芬达唑、苯硫氨酯残留量的测定　液相色谱-串联质谱法

GB/T 22985　牛奶和奶粉中恩诺沙星、达氟沙星、环丙沙星、沙拉沙星、奥比沙星、二氟沙星和麻保沙星残留量的测定　液相色谱-串联质谱法

GB/T 22990　牛奶和奶粉中土霉素、四环素、金霉素、强力霉素残留量的测定　液相色谱-紫外检测法

GB 23200.45　食品安全国家标准　食品中除虫脲残留量的测定　液相色谱-质谱法

GB 29696　食品安全国家标准　牛奶中阿维菌素类药物多残留的测定　高效液相色谱法

农业部 1025 号公告—23—2008　动物源食品中磺胺类药物残留检测　液相色谱-串联质谱法

JJF 1070　定量包装商品净含量计量检验规则

NY/T 391　绿色食品　产地环境质量

NY/T 392　绿色食品　食品添加剂使用准则

NY/T 471　绿色食品　饲料及饲料添加剂使用准则

NY/T 472　绿色食品　兽药使用准则

NY/T 658　绿色食品　包装通用准则

NY/T 800　生鲜牛乳中体细胞的测定方法

NY/T 1055　绿色食品　产品检验规则

NY/T 1056　绿色食品　储藏运输准则

国家质量监督检验检疫总局令 2005 年第 75 号　定量包装商品计量监督管理办法

3　要求

3.1　产地环境

产地环境应符合 NY/T 391 的规定。

3.2　投入品

饲料应符合 NY/T 471 的规定,兽药应符合 NY/T 472 的规定,养殖用水应符合 NY/T 391 的规定。

3.3　原料要求

生乳应符合表 1、表 11、表 21、表 22、表 A.1 的规定。

3.4　辅料要求

3.4.1　辅料应符合相应绿色食品标准或国家标准的规定。

3.4.2　加工用水应符合 NY/T 391 的规定。

3.4.3　食品添加剂应符合 NY/T 392 的规定。

3.5　生产过程

应符合 GB 12693 的规定。

3.6　感官要求

3.6.1　生乳的感官要求

应符合表 1 的规定。

表 1　生乳的感官要求

项　目	要　求	检验方法
色泽	呈乳白色或微黄色	取适量试样置于 50 mL 烧杯中,在自然光下观察色泽和组织状态。闻其气味,用温开水漱口,品尝滋味
滋味、气味	具有乳固有的香味,无异味	
组织状态	呈均匀一致液体,无凝块、无沉淀、无正常视力可见异物	

3.6.2 巴氏杀菌乳的感官要求

应符合表 2 的规定。

表 2　巴氏杀菌乳的感官要求

项　目	要　求	检验方法
色泽	呈乳白色或微黄色	取适量试样置于 50 mL 烧杯中,在自然光下观察色泽和组织状态。闻其气味,用温开水漱口,品尝滋味
滋味、气味	具有乳固有的香味,无异味	
组织状态	呈均匀一致液体,无凝块、无沉淀、无正常视力可见异物	

3.6.3 灭菌乳的感官要求

应符合表 3 的规定。

表 3　灭菌乳的感官要求

项　目	要　求	检验方法
色泽	呈乳白色或微黄色	取适量试样置于 50 mL 烧杯中,在自然光下观察色泽和组织状态。闻其气味,用温开水漱口,品尝滋味
滋味、气味	具有乳固有的香味,无异味	
组织状态	呈均匀一致液体,无凝块、无沉淀、无正常视力可见异物	

3.6.4 调制乳的感官要求

应符合表 4 的规定。

表 4　调制乳的感官要求

项　目	要　求	检验方法
色泽	呈调制乳应有的色泽	取适量试样置于 50 mL 烧杯中,在自然光下观察色泽和组织状态。闻其气味,用温开水漱口,品尝滋味
滋味、气味	具有调制乳应有的香味,无异味	
组织状态	呈均匀一致液体,无凝块、可有与配方相符的辅料的沉淀物、无正常视力可见异物	

3.6.5 发酵乳的感官要求

应符合表 5 的规定。

表 5　发酵乳的感官要求

项　目	要　求		检验方法
	发酵乳	风味发酵乳	
色泽	色泽均匀一致,呈乳白色或微黄色	具有与添加剂成分相符的色泽	取适量试样置于 50 mL 烧杯中,在自然光下观察色泽和组织状态。闻其气味,用温开水漱口,品尝滋味
滋味、气味	具有发酵乳特有的滋味、气味	具有与添加成分相符的滋味和气味	
组织状态	组织细腻、均匀,允许少量乳清析出;风味发酵乳具有添加成分特有的组织状态		

3.6.6 炼乳的感官要求

应符合表 6 的规定。

表 6　炼乳的感官要求

项　目	要　求			检验方法
	淡炼乳	加糖炼乳	调制炼乳	
色泽	呈均匀一致的乳白色或乳黄色,有光泽		具有辅料应有的色泽	取适量试样置于 50 mL 烧杯中,在自然光下观察色泽和组织状态。闻其气味,用温开水漱口,品尝滋味
滋味、气味	具有乳的滋味和气味	具有乳的香味,甜味纯正	具有乳和辅料应有的滋味和气味	
组织状态	组织细腻,质地均匀,黏度适中			

3.6.7 乳粉的感官要求

应符合表 7 的规定。

表 7 乳粉的感官要求

项 目	要 求		检验方法
	乳粉	调制乳粉	
色泽	呈均匀一致的乳黄色	具有应有的色泽	取适量试样置于 50 mL 烧杯中，在自然光下观察色泽和组织状态。闻其气味，用温开水漱口，品尝滋味
滋味、气味	具有纯正的乳香味	具有应有的滋味、气味	
组织状态	干燥均匀的粉末		

3.6.8 干酪的感官要求

应符合表 8 的规定。

表 8 干酪的感官要求

项 目	要 求	检验方法
色泽	具有该类产品正常的色泽	取适量试样置于 50 mL 烧杯中，在自然光下观察色泽和组织状态。闻其气味，用温开水漱口，品尝滋味
滋味、气味	具有该类产品特有的滋味和气味	
组织状态	组织细腻，质地均匀，具有该类产品应有的硬度	

3.6.9 再制干酪的感官要求

应符合表 9 的规定。

表 9 再制干酪的感官要求

项 目	要 求	检验方法
色泽	色泽均匀	取适量试样置于 50 mL 烧杯中，在自然光下观察色泽和组织状态。闻其气味，用温开水漱口，品尝滋味
滋味、气味	易溶于口，有奶油润滑感，并有产品特有的滋味、气味	
组织状态	外表光滑；结构细腻、均匀、润滑，应有与产品口味相关原料的可见颗粒。无正常视力可见的外来杂质	

3.6.10 奶油的感官要求

应符合表 10 的规定。

表 10 稀奶油、奶油和无水奶油的感官要求

项 目	要 求	检验方法
色泽	呈均匀一致的乳白色、乳黄色或相应辅料应有的色泽	取适量试样置于 50 mL 烧杯中，在自然光下观察色泽和组织状态。闻其气味，用温开水漱口，品尝滋味
滋味、气味	具有稀奶油、奶油、无水奶油或相应辅料应有的滋味和气味，无异味	
组织状态	均匀一致，允许有相应辅料的沉淀物，无正常视力可见异物	

3.7 理化指标

3.7.1 生乳的理化指标

应符合表 11 的规定。

表 11 生乳的理化指标

项 目	指 标	检验方法
冰点ᵃ，℃	−0.560～−0.500	GB 5413.38
相对密度，(20 ℃/4 ℃)	≥1.027	GB 5009.2
蛋白质，g/100 g	≥2.95	GB 5009.5
脂肪，g/100 g	≥3.1	GB 5009.6
杂质度，mg/L	≤4.0	GB 5413.30
非脂乳固体，g/100 g	≥8.2	GB 5413.39

表 11（续）

项　目		指　标	检验方法
酸度,°T	牛乳[b]	12～18	GB 5009.239
	羊乳	6～13	
体细胞,SCC/mL		≤400 000	NY/T 800
[a]　挤出 3 h 后检测。			
[b]　仅适用于荷斯坦奶牛。			

3.7.2　巴氏杀菌乳的理化指标

应符合表 12 的规定。

表 12　巴氏杀菌乳的理化指标

项　目		指　标	检验方法
脂肪[a],g/100 g		≥3.1	GB 5009.6
蛋白质,g/100 g	牛乳	≥2.95	GB 5009.5
	羊乳	≥2.95	
酸度,°T	牛乳	12～18	GB 5009.239
	羊乳	6～13	
非脂乳固体,g/100 g		≥8.1	GB 5413.39
[a]　仅适用于全脂产品。			

3.7.3　灭菌乳的理化指标

应符合表 13 的规定。

表 13　灭菌乳的理化指标

项　目		指　标	检验方法
脂肪[a],g/100 g		≥3.1	GB 5009.6
蛋白质,g/100 g	牛乳	≥2.95	GB 5009.5
	羊乳	≥2.95	
酸度,°T	牛乳	12～18	GB 5009.239
	羊乳	6～13	
非脂乳固体,g/100 g		≥8.1	GB 5413.39
[a]　仅适用于全脂产品。			

3.7.4　调制乳的理化指标

应符合表 14 的规定。

表 14　调制乳的理化指标

单位为克每百克

项　目		指　标	检验方法
脂肪[a]		≥2.5	GB 5009.6
蛋白质	牛乳	≥2.3	GB 5009.5
	羊乳		
[a]　仅适用于全脂产品。			

3.7.5　发酵乳的理化指标

应符合表 15 的规定。

表 15　发酵乳的理化指标

项　目	指　标		检验方法
	发酵乳	风味发酵乳	
脂肪ª，g/100 g	≥3.1	≥2.5	GB 5009.6
蛋白质，g/100 g	≥2.95	≥2.3	GB 5009.5
非脂乳固体，g/100 g	≥8.1	—	GB 5413.39
酸度，°T	≥70.0		GB 5009.239

3.7.6　炼乳的理化指标

应符合表 16 的规定。

表 16　炼乳的理化指标

项　目	指　标				检验方法
	淡炼乳	加糖炼乳	调制炼乳		
			调制淡炼乳	调制加糖炼乳	
蛋白质，g/100 g	≥非脂乳固体ª的34%		≥4.1	≥4.6	GB 5009.5
脂肪(X)，g/100 g	7.5≤X＜15.0		≥7.5	≥8.0	GB 5009.6
乳固体ᵇ，g/100 g	≥25.0	≥28.0	—	—	GB 5413.39
蔗糖，g/100 g	—	≥45.0	—	≥48.0	GB 5009.8
水分，g/100 g	—	≥27.0	—	≥28.0	GB 5009.3
酸度，°T	≤48.0				GB 5009.239
ª　非脂乳固体(g/100 g)＝100－脂肪(g/100 g)－水分(g/100 g)－蔗糖(g/100 g)。 ᵇ　乳固体＝100－水分(g/100 g)－蔗糖(g/100 g)。					

3.7.7　乳粉的理化指标

应符合表 17 的规定。

表 17　乳粉的理化指标

项　目		指　标		检验方法
		乳粉	调制乳粉	
蛋白质，g/100 g		≥非脂乳固体ª的34%	≥16.5	GB 5009.5
脂肪(X)ª，g/100 g	全脂	≥26.0	—	GB 5009.6
	半脱脂	1.5＜X＜26.0		
	脱脂	≤1.5		
复原乳酸度，°T	牛乳	≤18		GB 5009.239
	羊乳	7～14		
杂质度，mg/kg		≤16	—	GB 5413.30
水分，g/100 g		≤5.0		GB 5009.3
ª　非脂乳固体(g/100 g)＝100－脂肪(g/100 g)－水分(g/100 g)－蔗糖(g/100 g)。				

3.7.8　干酪的理化指标

应符合表 18 的规定。

表 18　干酪的理化指标

项　目	指　标					检验方法
	高脂干酪	全脂干酪	中脂干酪	部分脱脂干酪	脱脂干酪	
脂肪(干物质中)ª，g/100 g	≥60.0	45.0～59.9	25.0～44.9	10.0～24.9	＜10.0	GB 5009.6
ª　脂肪(干物质中)＝[干酪的脂肪质量/(干酪总质量－干酪水分质量)\]×100%。						

3.7.9　再制干酪的理化指标

应符合表 19 的规定。

表 19　再制干酪的理化指标

单位为克每百克

项　目	指　标					检验方法
脂肪(干物质中,X)ᵃ	60.0≤X≤75.0	45.0≤X<60.0	25.0≤X<45.0	10.0≤X<25.0	X<10.0	GB 5009.6
干物质ᵇ	≥44	≥41	≥31	≥29	≥25	GB 5009.3

> ᵃ 干物质中脂肪含量 X＝[再制干酪脂肪质量/(再制干酪总质量－再制干酪水分质量)]×100%。
> ᵇ 干物质含量＝[(再制干酪总质量－再制干酪水分质量)/再制干酪总质量]×100%。

3.7.10　奶油的理化指标

应符合表20的规定。

表 20　奶油的理化指标

项　目	指　标			检验方法
	稀奶油	奶油	无水奶油	
水分,g/100 g	—	≤16.0	≤0.1	GB 5009.3
脂肪ᵃ,g/100 g	≥10.0	≥80.0	≥99.8	GB 5009.6
酸度ᵇ,°T	≤30.0	≤20.0	—	GB 5009.239
非脂乳固体ᶜ,g/100 g	—	≤2.0	—	GB 5413.39

> ᵃ 无水奶油的脂肪(g/100 g)＝100－水分(g/100 g)。
> ᵇ 不适用于以发酵稀奶油为原料的产品。
> ᶜ 非脂乳固体(g/100 g)＝100－脂肪(g/100 g)－水分(g/100 g)(含盐奶油应减去盐含量)。

3.8　食品营养强化剂

应符合 GB 14880 的规定。

3.9　污染物、农药残留、兽药残留、食品添加剂和真菌毒素限量

污染物、农药残留、兽药残留、食品添加剂和真菌毒素限量应符合相关食品安全国家标准及相关规定,同时应符合表21的规定。

表 21　污染物、农药残留、兽药残留、食品添加剂和真菌毒素限量

项　目	指　标										检验方法
	生乳	巴氏杀菌乳	灭菌乳	调制乳	发酵乳	炼乳	乳粉	干酪	再制干酪	奶油	
铅ᵃ(以 Pb 计),mg/kg(L)	≤0.02			≤0.04	≤0.02	≤0.15	≤0.2	≤0.2	≤0.2	≤0.05	GB 5009.12
铬(以 Cr 计),mg/kg(L)	≤0.3					≤2.0					GB 5009.123
锡ᵇ(以 Sn 计),mg/kg(L)	≤250					≤10.0	≤250				GB 5009.16
亚硝酸盐(以 NaNO₂计),mg/kg(L)	≤0.2					≤0.5	≤2.0			≤0.5	GB 5009.33
除虫脲,mg/kg(L)	≤0.01										GB 23200.45
毒死蜱,mg/kg(L)	≤0.01										GB/T 20772
青霉素	阴性										GB/T 4789.27—2008 第二法
链霉素	阴性										
庆大霉素	阴性										
卡那霉素	阴性										
四环素,μg/kg(L)	不得检出(牛奶<5、奶粉<25)										GB/T 22990
金霉素,μg/kg(L)	≤100										GB/T 22990
土霉素,μg/kg(L)	≤100										GB/T 22990
磺胺类,μg/kg(L)	不得检出(<0.5)										农业部 1025 号公告—23—2008
阿维菌素,μg/kg(L)	不得检出(<1)										GB 29696
苯甲酸及其钠盐,g/kg(L)	≤0.05										GB 5009.28
糖精钠,g/kg(L)	—	不得检出(<0.005)									GB 5009.28

表 21（续）

项 目	指 标										检验方法
	生乳	巴氏杀菌乳	灭菌乳	调制乳	发酵乳	炼乳	乳粉	干酪	再制干酪	奶油	
环己基氨基磺酸钠和环己基氨基磺酸钙(以环己基氨基磺酸计),g/kg(L)	—	不得检出(<0.01)									GB 5009.97—2016 第二法
L-α-天冬氨酰-N-(2,2,4,4-四甲基-3-硫化三亚甲基)-D-丙氨酰胺(又名阿力甜),mg/kg(L)	—	不得检出(<1.0)									GB 5009.263
三聚氰胺,mg/kg(L)	不得检出(<2)										GB/T 22388—2008 第一法
黄曲霉毒素 M₁,μg/kg(L)	不得检出(液态乳、酸奶<0.005;乳粉、奶油、奶酪<0.02)										GB 5009.24

注 1:除虫脲、毒死蜱为生乳、巴氏杀菌乳、灭菌乳、调制乳、发酵乳限量值;炼乳、乳粉的指标值分别为生乳的 4 倍和 8 倍;干酪、再制干酪和奶油按照"(产品中脂肪含量/生乳中脂肪含量)×生乳指标值"计算。
注 2:四环素、金霉素、土霉素单个或组合≤100 μg/kg。

a 风味发酵乳铅的限量值≤0.04 mg/kg(L)。
b 仅限于采用镀锡薄板容器包装的食品。

3.10 微生物限量

3.10.1 生乳的微生物限量

应符合表 22 的规定。

表 22 生乳的微生物限量

项 目	指 标	检验方法
菌落总数,CFU/mL	≤500 000	GB 4789.2

注:菌落总数采样方案以最新国家标准为准。

3.10.2 微生物要求

灭菌乳、灭菌工艺生产的调制乳应符合商业无菌的要求,检测方法按照 GB/T 4789.26 的规定执行;其他乳制品应符合相应的国家标准。

3.11 净含量

应符合国家质量监督检验检疫总局令 2005 第 75 号的要求,检验方法按 JJF 1070 的规定执行。

4 检验规则

申报绿色食品应按照本文件中 3.6～3.11 以及附录 A 所确定的项目进行检验。其他要求应符合 NY/T 1055 的规定。出厂检验时应参照 3.7 与表 A.2 检测蛋白质、脂肪、非脂乳固体、酸度、水分、杂质度、酵母和霉菌、菌落总数、大肠菌群等指标。

5 标签

标签应符合 GB 7718 的规定。

6 包装、运输和储存

6.1 包装

包装应符合 NY/T 658 的规定。

6.2 运输和储存

运输和储存应符合 NY/T 1056 的规定,生乳、巴氏杀菌乳、发酵乳、干酪、再制干酪等需冷藏储存与运输,其他乳制品应按照相应国家标准储存与运输。

附　录　A
（规范性）
绿色食品乳与乳制品申报检验项目

表 A.1 和表 A.2 规定了除 3.6～3.11 所列项目外，依据食品安全国家标准和绿色食品生产实际情况，绿色食品申报检验还应检验的项目。

表 A.1　污染物、农药残留和兽药残留项目

项　目	指　标										检验方法
	生乳	巴氏杀菌乳	灭菌乳	调制乳	发酵乳	炼乳	乳粉	干酪	再制干酪	奶油	
总砷(以 As 计),mg/kg	≤0.1					—	≤0.5	—		—	GB 5009.11
总汞(以 Hg 计),mg/kg	≤0.01					—	—	—		—	GB 5009.17
丙环唑[a],mg/kg	≤0.01					GB/T 20772					
恩诺沙星[b],μg/kg	≤100										GB/T 22985
阿苯达唑,μg/kg	≤100										GB/T 22972

[a] 丙环唑为生乳、巴氏杀菌乳、灭菌乳、调制乳、发酵乳限量值；炼乳、乳粉的指标值分别为生乳的 4 倍和 8 倍；干酪、再制干酪和奶油按照"(产品中脂肪含量/生乳中脂肪含量)×生乳指标值"计算。

[b] 恩诺沙星指恩诺沙星与环丙沙星之和。

表 A.2　微生物和致病菌项目

乳制品类别	致病菌指标	采样方案及限量 (若非指定,均以/25 g 或/25 mL 表示)				检验方法
		n	c	m	M	
巴氏杀菌乳、非灭菌工艺生产的调制乳	菌落总数	5	2	50 000 CFU/g(mL)	100 000 CFU/g(mL)	GB 4789.2
	大肠菌群	5	2	1 CFU/g (mL)	5 CFU/g (mL)	GB 4789.3—2016 平板计数法
	沙门氏菌	5	0	0	—	GB 4789.4
	金黄色葡萄球菌	5	0	0	—	GB 4789.10—2016 定性检验
发酵乳	大肠菌群	5	2	1 CFU/g (mL)	5 CFU/g (mL)	GB 4789.3—2016 平板计数法
	金黄色葡萄球菌	5	0	0	—	GB 4789.10—2016 定性检验
	沙门氏菌	5	0	0	—	GB 4789.4
	酵母和霉菌	≤100 CFU/g(mL)				GB 4789.15
	乳酸菌数[a]	≥1×10^6 CFU/g(mL)				GB 4789.35
炼乳	菌落总数	5	2	30 000 CFU/g(mL)	100 000 CFU/g(mL)	GB 4789.2
	大肠菌群	5	1	10 CFU/g (mL)	100 CFU/g (mL)	GB 4789.3—2016 平板计数法
	金黄色葡萄球菌	5	0	0	—	GB 4789.10—2016 定性检验
	沙门氏菌	5	0	0	—	GB 4789.4

表 A.2（续）

乳制品类别	致病菌指标	采样方案及限量（若非指定,均以/25 g 或/25 mL 表示）				检验方法
		n	c	m	M	
乳粉	菌落总数[b]	5	2	50 000 CFU/g(mL)	200 000 CFU/g(mL)	GB 4789.2
	大肠菌群	5	1	10 CFU/g (mL)	100 CFU/g (mL)	GB 4789.3—2016 平板计数法
	金黄色葡萄球菌	5	2	10 CFU/g (mL)	100 CFU/g (mL)	GB 4789.10—2016 平板计数法
	沙门氏菌	5	0	0	—	GB 4789.4
干酪	大肠菌群	5	2	100 CFU/g	1 000 CFU/g	GB 4789.3—2016 平板计数法
	金黄色葡萄球菌	5	2	100 CFU/g	1 000 CFU/g	GB 4789.10—2016 平板计数法
	沙门氏菌	5	0	0	—	GB 4789.4
	单核细胞增生李斯特氏菌	5	0	0	—	GB 4789.30
	酵母和霉菌[c]	≤50 CFU/g				GB 4789.15
再制干酪	菌落总数	5	2	100 CFU/g	1 000 CFU/g	GB 4789.2
	大肠菌群	5	2	100 CFU/g	1 000 CFU/g	GB 4789.3—2016 平板计数法
	金黄色葡萄球菌	5	2	100 CFU/g	1 000 CFU/g	GB 4789.10—2016 平板计数法
	沙门氏菌	5	0	0	—	GB 4789.4
	单核细胞增生李斯特氏菌	5	0	0	—	GB 4789.30
	酵母和霉菌	≤50 CFU/g(mL)				GB 4789.15
奶油	菌落总数[d]	5	2	10 000 CFU/g(mL)	100 000 CFU/g(mL)	GB 4789.2
	大肠菌群	5	2	10 CFU/g (mL)	100 CFU/g (mL)	GB 4789.3—2016 平板计数法
	金黄色葡萄球菌	5	1	10 CFU/g (mL)	100 CFU/g (mL)	GB 4789.10—2016 平板计数法
	沙门氏菌	5	0	0	—	GB 4789.4
	霉菌	≤90 CFU/g(mL)				GB 4789.15

注 1:n 为同一批次产品应采集的样品件数;c 为最大可允许超出 m 值的样品数;m 为微生物指标可接受水平的限量值;M 为微生物指标的最高安全限量值。

注 2:采样方案以最新国家标准为准。

[a] 不适用于发酵后经热处理的产品。

[b] 不适用于添加活性菌种的产品。

[c] 不适用于霉菌成熟干酪。

[d] 不适用于以发酵稀奶油为原料的产品。

ICS 67.080.20
X 26

中华人民共和国农业行业标准

NY/T 743—2020

代替 NY/T 743—2012

绿色食品 绿叶类蔬菜

Green food—Leaf vegetables

2020-08-26 发布

2021-01-01 实施

中华人民共和国农业农村部 发布

前　言

本标准按照 GB/T 2.1—2009 给出的规则起草。

本标准代替 NY/T 743—2012《绿色食品　绿叶类蔬菜》,与 NY/T 743—2012 相比,除编辑性修改外主要技术变化如下:

——调整了范围,删除了薰衣草、独行菜、菜用黄麻、藤三七、土人参、根香芹菜、荆芥、迷迭香、鼠尾草、百里香、牛至、香蜂花、香茅、琉璃苣、藿香、芸香等,增加了马齿苋、蕺菜、蒲公英、马兰和蒌蒿;

——增加了生产过程;

——删除感官要求中的"相似品种";

——4.2 中抽样方法执行标准调整为 NY/T 896 和 NY/T 2103;

——修订了卫生指标,删除了哒螨灵;增加了甲拌磷、氧乐果、克百威、氟虫腈、阿维菌素、虫螨腈、异菌脲、烯酰吗啉;修订了限量值及相应的检测方法;

——增加了附录 A。

本标准由农业农村部农产品质量安全监管司提出。

本标准由中国绿色食品发展中心归口。

本标准起草单位:农业农村部蔬菜品质监督检验测试中心(北京)、中国绿色食品发展中心、北京本忠盛达蔬菜种植专业合作社、北京茂源广发农业发展有限公司。

本标准主要起草人:钱洪、陈兆云、徐东辉、刘中笑、唐伟、王永生、韩永茂、张延国。

本标准所代替标准的历次版本发布情况为:

——NY/T 743—2003、NY/T 743—2012。

绿色食品 绿叶类蔬菜

1 范围

本标准规定了绿色食品绿叶类蔬菜的要求、检验规则、标签、包装、运输和储存。

本标准适用于绿色食品绿叶类蔬菜,包括菠菜、芹菜、落葵、莴苣(包括结球莴苣、莴笋、油麦菜、皱叶莴苣等)、蕹菜、茴香(包括小茴香、球茎茴香)、苋菜、青葙、芫荽、叶恭菜、茼蒿(包括大叶茼蒿、小叶茼蒿、蒿子秆)、荠菜、冬寒菜、番杏、菜苜蓿、紫背天葵、榆钱菠菜、菊苣、鸭儿芹、苦苣、苦荬菜、菊花脑、酸模、珍珠菜、芝麻菜、白花菜、香芹菜、罗勒、薄荷、紫苏、莳萝、马齿苋、蕺菜、蒲公英、马兰、蒌蒿等。各蔬菜的英文名、学名、别名参见附录 A。

2 规范性引用文件

下列文件对于本文件的应用是必不可少的。凡是注日期的引用文件,仅注日期的版本适用于本文件。凡是不注日期的引用文件,其最新版本(包括所有的修改单)适用于本文件。

GB 2763 食品安全国家标准 食品中农药最大残留限量

GB 5009.12 食品安全国家标准 食品中铅的测定

GB 5009.15 食品安全国家标准 食品中镉的测定

GB/T 20769 水果和蔬菜中 450 种农药及相关化学品残留量的测定方法 液相色谱-串联质谱法

GB 23200.113 食品安全国家标准 植物源性食品中 208 种农药及其代谢物残留量的测定 气相色谱-质谱联用法

JJF 1070 定量包装商品净含量计量检验规则

NY/T 391 绿色食品 产地环境质量

NY/T 393 绿色食品 农药使用准则

NY/T 394 绿色食品 肥料使用准则

NY/T 658 绿色食品 包装通用准则

NY/T 761 蔬菜和水果中有机磷、有机氯、拟除虫菊酯和氨基甲酸酯类农药多残留的测定

NY/T 896 绿色食品 产品抽样准则

NY/T 1055 绿色食品 产品检验规则

NY/T 1056 绿色食品 储藏运输准则

NY/T 1379 蔬菜中 334 种农药多残留的测定 气相色谱质谱法和液相色谱质谱法

NY/T 1741 蔬菜名称和计算机编码

NY/T 2103 蔬菜抽样技术规范

国家质量监督检验检疫总局令 2005 年第 75 号 定量包装商品计量监督管理办法

3 要求

3.1 产地环境

应符合 NY/T 391 的要求。

3.2 生产过程

生产过程中农药使用应符合 NY/T 393 的规定,肥料使用应符合 NY/T 394 的规定。

3.3 感官

应符合表 1 的规定。

表 1 感官要求

蔬菜	要 求	检验方法
芹菜	同一品种,具有该品种特有的外形和颜色特征。新鲜、清洁,整齐,紧实(适用时),鲜嫩,切口整齐(如有),无糠心、分蘖、褐茎。无腐烂、异味、冷害、冻害、病虫害及机械伤。无异常外来水分	品种特征、成熟度、新鲜、清洁、腐烂、畸形、开裂、黄叶、抽薹、冷害、冻害、灼伤、病虫害及机械伤害等外观特征用目测法鉴定
菠菜	同一品种,清洁,外观鲜嫩,表面有光泽,不脱水,无皱缩;整修完好;颜色浓绿、叶片厚。无抽薹和黄叶,无异常外来水分;无腐烂、异味、灼伤、冷害、冻害、病虫害及机械伤。无异常外来水分	病虫害症状不明显而有怀疑者,应剖开检测
莴苣	同一品种,具有该品种固有的色泽,清洁,整修良好,外形完好,成熟度适宜;外观新鲜,不失水,无老叶、黄叶和残叶;茎秆鲜嫩、直,无抽薹、空心、裂口;无现蕾;无腐烂、异味、灼伤、冷害、冻害、病虫害及机械伤。无异常外来水分	异味用嗅的方法鉴定
其他绿叶类蔬菜	同一品种,成熟适度,色泽正,新鲜、清洁。无腐烂、畸形、开裂、黄叶、抽薹、异味、灼伤、冷害、冻害、病虫害及机械伤。无异常外来水分	

3.4 农药残留限量

应符合食品安全国家标准及相关规定,同时符合表 2 的规定。

表 2 农药残留限量

单位为毫克每千克

项目	指标	检验方法
克百威(carbofuran)	≤0.01	GB/T 20769
氧乐果(omethoate)	≤0.01	GB 23200.113
毒死蜱(chlorpyrifos)	≤0.01	GB 23200.113
氟虫腈(fipronil)	≤0.01	GB 23200.113
啶虫脒(acetamiprid)	≤0.1	GB/T 20769
吡虫啉(imidacloprid)	≤0.1	GB/T 20769
多菌灵(carbendazim)	≤0.01	GB/T 20769
百菌清(chlorothalonil)	≤0.01	NY/T 761
嘧霉胺(pyrimythanil)	≤0.01	GB 23200.113
苯醚甲环唑(difenoconazole)	≤0.1	GB 23200.113
腐霉利(procymidone)	≤0.01	GB 23200.113
氯氰菊酯(cypermethrin)	≤1	GB 23200.113
氯氟氰菊酯(cyhalothrin)	≤0.01	GB 23200.113
异菌脲(iprodione)	≤0.01	GB 23200.113
阿维菌素(abamectin)	≤0.01	NY/T 1379
虫螨腈(chlorfenapyr)	≤0.01	NY/T 1379
烯酰吗啉(dimethomorph)	≤10	GB/T 20769

3.5 净含量

应符合国家质量监督检验检疫总局令 2005 年第 75 号的要求,检验方法按 JJF 1070 的规定执行。

4 检验规则

申报绿色食品应按照 3.3～3.5 以及附录 B 所确定的项目进行检验。其他要求应符合 NY/T 1055 的规定。农药残留检测取样部位应符合 GB 2763 的规定。本标准规定的农药残留量检验方法,如有其他国家标准、行业标准以及部文公告的检测方法,且其检出限和定量限能满足限量值要求时,在检测时可采用。

4.1 组批

同产地、同一品种、同时采收的绿叶类蔬菜作为一个检验批次。批发市场同产地、同一品种、同规格、同批号的绿叶类蔬菜作为一个检验批次。超市相同进货渠道、同一品种、同规格、同批号的绿叶类蔬菜作为一个检验批次。

4.2 抽样方法

按照 NY/T 896 和 NY/T 2103 的有关规定执行。

5 标签

应符合国家有关法规的要求。

6 包装、运输和储存

6.1 包装

6.1.1 应符合 NY/T 658 的规定。

6.1.2 按产品的品种、规格分别包装,同一件包装内的产品应摆放整齐。

6.1.3 每批产品所用的包装、单位净含量应一致。

6.1.4 包装检验规则

逐件称量抽取的样品,每件的净含量不应低于包装外标签的净含量。

6.2 运输和储存

应符合 NY/T 1056 的规定。

附 录 A

（资料性附录）

绿色食品绿叶类蔬菜产品英文名、学名及别名对照表

表 A.1 给出了绿色食品绿叶类蔬菜产品英文名、学名及别名对照，供使用本标准时参考。

表 A.1 绿色食品绿叶类蔬菜产品英文名、学名及别名对照表

绿叶类蔬菜	英文名	学名	别名
菠菜	spinach	*Spinacia oleracea* L.	菠薐、波斯草、赤根草、角菜、波斯菜、红根菜
芹菜	celery	*Apium graveolens* L.	芹、旱芹、药芹、野圆荽、塘蒿、苦堇
落葵	malabar spinach	*Basella* sp.	木耳菜、胭脂菜、藤菜、软浆叶
莴苣	lettuce	*Lactuca sativa* L.	生菜、千斤菜、包括茎用莴苣（莴笋）、皱叶莴苣、直立莴苣（也叫长叶莴苣、散叶莴苣，如油麦菜）、结球莴苣等
蕹菜	water spinach	*Ipomoea aquatica* Forsk.	竹叶菜、空心菜、藤菜、藤藤菜、通菜
茴香	fennel	*Foeniculum* Mill	包括意大利茴香、小茴香和球茎茴香
苋菜	edible amaranth	*Amaranthus mangostanus* L.	苋、米苋、赤苋、刺苋
青葙	feather cockscomb	*Celosia argentea* L.	土鸡冠、青箱子、野鸡冠
芫荽	Coriander	*Coriandrum sativum* L.	香菜、胡荽、香荽
叶菾菜	swiss chard	*Beta vulgaris* L. var. *cicla* L.	莙荙菜、厚皮菜、牛皮菜、火焰菜
茼蒿	garland chrysanthemum	*Chrysanthemum* sp.	包括大叶茼蒿（板叶茼蒿、菊花菜、大花茼蒿、大叶蓬蒿）、小叶茼蒿（花叶茼蒿或细叶茼蒿）和蒿子秆
荠菜	shepherd's purse	*Capsella bursa-pastoris* L.	护生草、菱角草、地米菜、扇子草
冬寒菜	curled mallow	*Malva verticillata* L. (syn. *M. crispa* L.)	冬葵、葵菜、滑肠菜、葵、滑菜、冬苋菜、露葵
番杏	New Zealand spinach	*Tetragonia expansa* Murr.	新西兰菠菜、洋菠菜、夏菠菜、毛菠菜
菜苜蓿	california burclover	*Medicago hispida* Gaertn.	草头、黄花苜蓿、南苜蓿、刺苜蓿
紫背天葵	gynura	*Gynura bicolor* DC.	血皮菜、观音苋、红凤菜
榆钱菠菜	garden orach	*Atriplex hortensis* L.	食用滨藜、洋菠菜、山菠菜、法国菠菜、山菠菠草
菊苣	chicory	*Cichorium intybus* L.	欧洲菊苣、吉康菜、法国苣荬菜
鸭儿芹	Japanese hornwort	*Cryptotaenia japonica* Hassk.	鸭脚板、三叶芹、山芹菜、野蜀葵、三蜀芹、水芹菜
苦苣	endive	*Cichorium endivia* L.	花叶生菜、花苣、菊苣菜
苦荬菜	common sowthistle	*Sonchus arvensis* L.	取麻菜、苦苣菜
菊花脑	vegetable chrysanthemum	*Chrysanthemum nankingense* Hand.-Mazt.	路边黄、菊花叶、黄菊仔、菊花菜
酸模	garden sorrel	*Rumex acetosa* L.	山菠菜、野菠菜、酸溜溜
珍珠菜	clethra loosestrife	*Artemisia lactiflora* Wallich ex DC.	野七里香、角菜、白苞菜、珍珠花、野脚艾
芝麻菜	roquette	*Eruca sativa* Mill.	火箭生菜、臭菜
白花菜	african spider herb	*Cleome gynandra* L.	羊角菜、凤蝶菜
香芹菜	parsley	*Petroselinum crispum*（Mill.）Nym. ex A. V. Hill (*P. hortense* Hoffm.)	洋芫荽、旱芹菜、荷兰芹、欧洲没药、欧芹、法国香菜、旱芹菜
罗勒	basil	*Ocimum basilicum* L.	毛罗勒、九层塔、光明子、寒陵香、零陵香
薄荷	mint	*Mentha haplocalyx* Briq.	田野薄荷、蕃荷菜、苏薄荷、仁丹草
紫苏	perilla	*Perilla frutescens*（L.）Britt.	荏、赤苏、白苏、回回苏、香苏、苏叶

表 A.1（续）

绿叶类蔬菜	英文名	学名	别名
莳萝	dill	*Anethum graveolens* L.	土茴香、洋茴香、茴香草
马齿苋	purslane	*Portulaca oleracea* L.	马齿菜、长命菜、五星草、瓜子菜、马蛇子菜
蕺菜	heartleaf houttuynia herb	*Houttuynia cordata* Thumb.	鱼腥草、蕺儿根、侧耳根、狗贴耳、鱼鳞草
蒲公英	dandelion	*Taraxacum mongolicum* Hand.-Mazz.	黄花苗、黄花地丁、婆婆丁、蒲公草
马兰		*Kalimeris indica*(L.) Sch.-Bip.	马兰头、红梗菜、紫菊、田边菊、鸡儿肠、竹节草
蒌蒿	seleng wormood	*Artemisia selengensis* Turcz. ex Bess.	芦蒿、水蒿
注:绿叶类蔬菜分类参照 NY/T 1741 和《中国蔬菜栽培学》(第二版)。			

附　录　B

（规范性附录）

绿色食品绿叶类蔬菜产品申报检验项目

　　表 B.1 规定了除 3.3～3.4 所列项目外，依据食品安全国家标准和绿色食品绿叶类蔬菜生产实际情况，绿色食品申报检验还应检验的项目。

表 B.1　农药残留、污染物项目

单位为毫克每千克

检验项目	指标	检验方法
甲拌磷（phorate）	≤0.01	GB 23200.113
铅（以 Pb 计）	≤0.3	GB 5009.12
镉（以 Cd 计）	≤0.2	GB 5009.15

ICS 67.080.20
X 26

中华人民共和国农业行业标准

NY/T 744—2020

代替 NY/T 744—2012

绿色食品　葱蒜类蔬菜

Green food—Alliaceous vegetables

2020-08-26 发布

2021-01-01 实施

中华人民共和国农业农村部 发布

前　言

本标准按照 GB/T 1.1—2009 给出的规则起草。

本标准代替 NY/T 744—2012《绿色食品　葱蒜类蔬菜》。与 NY/T 744—2012 相比，除编辑性修改外主要技术变化如下：

——修改了标准的适用范围；

——修改了感官指标；

——修改了卫生指标：删除了敌敌畏、乙酰甲胺磷、三唑磷、溴氰菊酯、氰戊菊酯、百菌清、乐果项目和指标；增加了辛硫磷、二甲戊灵、噻虫嗪、甲拌磷、乙氧氟草醚、六六六、苯醚甲环唑项目和指标；修改了毒死蜱、吡虫啉、氯氰菊酯、腐霉利、氯氟氰菊酯、多菌灵、氟虫腈的指标；

——删除了组批；

——删除了抽样方法；

——增加了附录 A。

本标准由农业农村部农产品质量安全监管司提出。

本标准由中国绿色食品发展中心归口。

本标准起草单位：河南省农业科学院农业质量标准与检测技术研究所、农业农村部农产品质量监督检验测试中心（郑州）、中国绿色食品发展中心、河南省绿色食品发展中心、郑州毛庄绿园实业有限公司、菏泽天鸿果蔬股份有限公司。

本标准主要起草人：贾斌、王铁良、刘进玺、郭洁、王会锋、尚兵、樊恒明、魏亮亮、张志华、张宪、魏红、李淑芳、马莹、赵光华、马芳、刘旭。

本标准所代替标准的历次版本发布情况为：

——NY/T 744—2003、NY/T 744—2012。

绿色食品　葱蒜类蔬菜

1　范围

本标准规定了绿色食品葱蒜类蔬菜的要求、检验规则、标签、包装、运输和储存等。

本标准适用于绿色食品葱蒜类蔬菜,包括韭菜、韭黄、韭薹、韭花、大葱、洋葱、大蒜、蒜苗、蒜薹、薤、韭葱、细香葱、分葱、胡葱、楼葱等。各葱蒜类蔬菜的英文名、学名、别名参见附录 A。

2　规范性引用文件

下列文件对于本文件的应用是必不可少的。凡是注日期的引用文件,仅注日期的版本适用于本文件。凡是不注日期的引用文件,其最新版本(包括所有的修改单)适用于本文件。

GB/T 191　包装储运图示标志

GB 5009.12　食品安全国家标准　食品中铅的测定

GB 5009.15　食品安全国家标准　食品中镉的测定

GB 7718　食品安全国家标准　预包装食品标签通则

GB/T 20769　水果和蔬菜中 450 种农药及相关化学品残留量的测定　液相色谱-串联质谱法

GB 23200.113　食品安全国家标准　植物源性食品中 208 种农药及其代谢物残留量的测定　气相色谱-质谱联用法

JJF 1070　定量包装商品净含量计量检验规则

NY/T 391　绿色食品　产地环境质量

NY/T 393　绿色食品　农药使用准则

NY/T 394　绿色食品　肥料使用准则

NY/T 658　绿色食品　包装通用准则

NY/T 761　蔬菜和水果中有机磷、有机氯、拟除虫菊酯和氨基甲酸酯类农药多残留的测定

NY/T 1055　绿色食品　产品检验规则

NY/T 1056　绿色食品　储藏运输准则

NY/T 1741　蔬菜名称和计算机编码

SB/T 10158　新鲜蔬菜包装与标识

国家质量监督检验检疫总局令 2005 年第 75 号　定量包装商品计量监督管理办法

3　要求

3.1　产地环境

应符合 NY/T 391 的规定。

3.2　生产过程

生产过程中农药使用应符合 NY/T 393 的规定,肥料使用应符合 NY/T 394 的规定。

3.3　感官

应符合表 1 的规定。

表 1　绿色食品葱蒜类蔬菜感官要求

项　目	要　求	检验方法
外观	同一品种,具有本品种应有的形状、色泽和特征,整齐规则,大小均匀,清洁,整齐	外观、成熟度及缺陷等感官项目,用目测的方法鉴定;气味用鼻嗅的方法鉴定;滋味用口尝的方法鉴定
滋味、气味	具有本品种应有的滋味和气味,无异味	

表 1（续）

项 目	要 求	检验方法
成熟度	成熟适度,具有适于市场销售或储存要求的成熟度	外观、成熟度及缺陷等感官项目,用目测的方法鉴定;气味用鼻嗅的方法鉴定;滋味用口尝的方法鉴定
缺陷	无机械伤、霉变、腐烂、虫蚀、病斑点、畸形	

3.4 农药残留限量

农药残留限量应符合食品安全国家标准及相关规定,同时应符合表 2 的规定。

表 2 农药残留限量

单位为毫克每千克

项 目	指 标	检验方法
毒死蜱(chlorpyrifos)	≤0.01	GB 23200.113
吡虫啉(imidacloprid)	≤0.01(韭菜和小葱除外) ≤0.15(小葱)	GB/T 20769
氯氰菊酯(cypermethrin)	≤0.01(洋葱除外)	NY/T 761
腐霉利(procymidone)	≤0.01(韭菜除外)	GB 23200.113
氯氟氰菊酯(cyhalothrin)	≤0.01	GB 23200.113
多菌灵(carbendazim)	≤0.01	GB/T 20769
氟虫腈(fipronil)	≤0.01	GB 23200.113
辛硫磷(phoxim)	不得检出(≤0.02)(大蒜和韭菜除外)	GB/T 20769
二甲戊灵(pendimethalin)	≤0.01(大蒜、韭菜和洋葱除外) ≤0.05(洋葱)	GB 23200.113
噻虫嗪(thiamethoxam)	≤0.01(韭菜除外) ≤0.02(韭菜)	GB/T 20769
甲拌磷(phorate)	≤0.01	GB 23200.113
乙氧氟草醚(oxyfluorfen)	≤0.01(大蒜、青蒜和蒜薹除外)	GB 23200.113
六六六(HCH)	≤0.05	GB 23200.113
苯醚甲环唑(difenoconazole)	≤0.01(大蒜和洋葱除外) ≤0.2(洋葱)	GB 23200.113

3.5 净含量

应符合国家质量监督检验检疫总局令 2005 年第 75 号的要求,检验方法按 JJF 1070 的规定执行。

4 检验规则

申报绿色食品的葱蒜类蔬菜产品应按照 3.3～3.5 以及附录 B 所确定的项目进行检验。其他要求应符合 NY/T 1055 的规定。本标准规定的农药残留量检测方法,如有其他国家标准、行业标准以及部文公告的检测方法,且其检出限和定量限能满足限量值要求时,在检测时可采用。

5 标签

应符合 GB 7718 的规定。

6 包装、运输和储存

6.1 包装应符合 NY/T 658 的规定,包装储运图示标志应符合 GB/T 191 的规定。

6.2 新鲜葱蒜类蔬菜的包装应符合 SB/T 10158 的规定。

6.3 运输和储存应符合 NY/T 1056 的规定。

附　录　A

（资料性附录）

绿色食品葱蒜类蔬菜产品英文名、学名及别名对照表

表 A.1 给出了绿色食品葱蒜类蔬菜产品英文名、学名及别名对照，供使用本标准时参考。

表 A.1　绿色食品葱蒜类蔬菜产品英文名、学名及别名对照表

序号	葱蒜类蔬菜	英文名	学名	别名
1	韭菜	Chinese chives	*Allium tuberosum* Rottl. ex Spr.	韭、草钟乳、起阳草、懒人菜、披菜
2	韭黄	Chinese chives		
3	韭薹	scape of Chinese chives		
4	韭花	flower of Chinese chives		
5	大葱	welsh onion	*Allium fistulosum* L. var. *giganteum* Makino	水葱、青葱、木葱、汉葱、小葱
6	洋葱	onion	*Allium cepa* L.	葱头、圆葱、株葱、冬葱、橹葱
7	大蒜	garlic	*Allium sativum* L.	蒜、胡蒜、蒜子、蒜瓣、蒜头
8	蒜苗	garlic bolt		蒜黄、青蒜
9	蒜薹	scape of garlic		蒜毫
10	薤	scallion	*Allium chinese* G. Don. (ayn. *A. bakeri* Regel.)	藠子、藠头、荞头、菜芝
11	韭葱	leek	*Allium porrum* L.	扁葱、扁叶葱、洋蒜苗、洋大蒜
12	细香葱	chive	*Allium schoenoprasum* L.	四季葱、香葱、细葱、蝦夷葱
13	分葱	bunching onion	*Allium fistulosum* L. var. *caespitosum* Makino	四季葱、菜葱、冬葱、红葱头
14	胡葱	shallot	*Allium ascalonicum* L.	火葱、蒜头葱、瓣子葱、肉葱
15	楼葱	storey onion	*Allium fistulosum* L. var. *viviparum* Makino	龙爪葱、龙角葱

注：葱蒜类蔬菜分类参照 NY/T 1741 和《中国蔬菜栽培学》（第二版）（中国农业科学院蔬菜花卉研究所主编）。

附　录　B
（规范性附录）
绿色食品葱蒜类蔬菜产品申报检验项目

表B.1规定了除3.3～3.5所列项目外，按食品安全国家标准和绿色食品葱蒜类蔬菜生产实际情况，绿色食品申报检验还应检验的项目。

表B.1　污染物、农药残留项目

单位为毫克每千克

项目	指　标	检验方法
铅（lead）（以Pb计）	≤0.1	GB 5009.12
镉（cadmium）（以Cd计）	≤0.05	GB 5009.15
吡虫啉（imidacloprid）	≤0.5（韭菜）	GB/T 20769
氯氰菊酯（cypermethrin）	≤0.01（洋葱）	NY/T 761
腐霉利（procymidone）	≤0.2（韭菜）	GB 23200.113
辛硫磷（phoxim）	≤0.1（大蒜） ≤0.05（韭菜）	GB/T 20769
二甲戊灵（pendimethalin）	≤0.1（大蒜） ≤0.2（韭菜）	GB 23200.113
乙氧氟草醚（oxyfluorfen）	≤0.05（大蒜） ≤0.1（青蒜和蒜薹）	GB 23200.113
苯醚甲环唑（difenoconazole）	≤0.2（大蒜）	GB 23200.113

ICS 67.080.20
X 26

中华人民共和国农业行业标准

NY/T 745—2020

代替 NY/T 745—2012

绿色食品　根菜类蔬菜

Green food—Root vegetables

2020-08-26 发布

2021-01-01 实施

中华人民共和国农业农村部 发布

前　言

本标准按照 GB/T 1.1—2009 给出的规则起草。

本标准代替 NY/T 745—2012《绿色食品　根菜类蔬菜》，与 NY/T 745—2012 相比，除编辑性修改外主要技术变化如下：

——调整了范围，删除了四季萝卜和桔梗；

——增加了生产过程；

——删除感官要求中的"相似品种"；

——4.2 中抽样方法执行标准调整为 NY/T 896 和 NY/T 2103；

——修订了卫生指标，删除了除虫脲、腐霉利、三唑酮；增加了甲拌磷、虫螨腈、烯酰吗啉；并修订了限量值和相应的检测方法。

——增加了附录 A。

本标准由农业农村部农产品质量安全监管司提出。

本标准由中国绿色食品发展中心归口。

本标准起草单位：农业农村部蔬菜品质监督检验测试中心（北京）、中国绿色食品发展中心、北京市农业绿色食品办公室、北京本忠盛达蔬菜种植专业合作社、北京茂源广发农业发展有限公司。

本标准主要起草人：钱洪、李凌云、陈兆云、徐东辉、刘中笑、周绪宝、王永生、韩永茂、黄晓冬。

本标准所代替标准的历次版本发布情况为：

——NY/T 745—2003、NY/T 745—2012。

绿色食品　根菜类蔬菜

1　范围

本标准规定了绿色食品根菜类蔬菜的要求、检验规则、标签、包装、运输和储存等。

本标准适用于绿色食品根菜类蔬菜，包括萝卜、胡萝卜、芜菁、芜菁甘蓝、美洲防风、根恭菜、婆罗门参、黑婆罗门参、牛蒡、山葵、根芹菜等。各蔬菜的英文名、学名、别名参见附录 A。

2　规范性引用文件

下列文件中对于本文件的应用是必不可少的。凡是注日期的引用文件，仅注日期的版本适用于本文件。凡是不注日期的引用文件，其最新版本（包括所有的修改单）适用于本文件。

GB 2763　食品安全国家标准　食品中农药最大残留限量

GB 5009.12　食品安全国家标准　食品中铅的测定

GB 5009.15　食品安全国家标准　食品中镉的测定

GB/T 20769　水果和蔬菜中 450 种农药及相关化学品残留量的测定方法　液相色谱-串联质谱法

GB 23200.113　食品安全国家标准　植物源性食品中 208 种农药及其代谢物残留量的测定　气相色谱-质谱联用法

JJF 1070　定量包装商品净含量计量检验规则

NY/T 391　绿色食品　产地环境质量

NY/T 393　绿色食品　农药使用准则

NY/T 394　绿色食品　肥料使用准则

NY/T 658　绿色食品　包装通用准则

NY/T 761　蔬菜和水果中有机磷、有机氯、拟除虫菊酯和氨基甲酸酯类农药多残留的测定

NY/T 896　绿色食品　产品抽样准则

NY/T 1055　绿色食品　产品检验规则

NY/T 1056　绿色食品　储藏运输准则

NY/T 1379　蔬菜中 334 种农药多残留的测定　气相色谱质谱法和液相色谱质谱法

NY/T 1741　蔬菜名称和计算机编码

NY/T 2103　蔬菜抽样技术规范

国家质量监督检验检疫总局令 2005 年第 75 号　定量包装商品计量监督管理办法

3　要求

3.1　产地环境

应符合 NY/T 391 的要求。

3.2　生产过程

生产过程中农药使用应符合 NY/T 393 的规定，肥料使用应符合 NY/T 394 的规定。

3.3　感官

应符合表 1 的规定。

表 1 感官要求

蔬菜	要 求	检验方法
胡萝卜	同一品种,具有品种固有的特征;新鲜、清洁、成熟适度,色泽均匀、自然鲜亮;根形完整良好,形状均匀,无裂根、分杈、瘤包,无抽薹,无青头。无畸形、腐烂、异味、冻害、病虫害及机械伤。无异常外来水分	品种特征、成熟度、根形、畸形、清洁、腐烂、分叉、冻害、病虫害及机械伤害等外观特征用目测法鉴定 异味用嗅的方法鉴定 糠心、黑心、病虫害症状不明显而有怀疑者,应剖开检测
萝卜	同一品种,具有品种固有的色泽;具有萝卜正常的滋味,肉质鲜嫩,无异味;新鲜,清洁,成熟适度,色泽正、形状正常、表皮光滑;无抽薹,无裂根、歧根,无糠心、黑皮、黑心、粗皮。无畸形、皱缩、腐烂、异味、冻害、病虫害及机械伤。无异常外来水分	
其他根菜类蔬菜	同一品种,具有品种固有的色泽和形状,成熟适度,新鲜、清洁,根形完好。无畸形、腐烂、异味、冻害、病虫害及机械伤。无异常外来水分	

3.4 农药残留限量

应符合食品安全国家标准及相关规定,同时应符合表 2 的规定。

表 2 农药残留限量

单位为毫克每千克

项目	指标	检验方法
毒死蜱(chlorpyrifos)	≤ 0.01	GB 23200.113
百菌清(chlorothalonil)	≤ 0.01	NY/T 761
多菌灵(carbendazim)	≤ 0.01	GB/T 20769
虫螨腈(chlorfenapyr)	≤ 0.01	NY/T 1379
烯酰吗啉(dimethomorph)	≤ 0.01	GB/T 20769
氯氰菊酯(cypermethrin)	≤ 0.01	GB 23200.113
吡虫啉(imidacloprid)	≤ 0.5	GB/T 20769

3.5 净含量

应符合国家质量监督检验检疫总局令 2005 年第 75 号的要求,检验方法按 JJF 1070 的规定执行。

4 检验规则

申报绿色食品应按照 3.3~3.5 以及附录 B 所确定的项目进行检验。其他要求应符合 NY/T 1055 的规定。农药残留检测取样部位应符合 GB 2763 的规定。本标准规定的农药残留量检验方法,如有其他国家标准、行业标准以及部文公告的检测方法,且其检出限和定量限能满足限量值要求时,在检测时可采用。

4.1 组批

同产地、同一品种、同时采收的根菜类蔬菜作为一个检验批次。批发市场同产地、同一品种、同规格、同批号的根菜类蔬菜作为一个检验批次。超市相同进货渠道、同一品种、同规格、同批号的根菜类蔬菜作为一个检验批次。

4.2 抽样方法

按照 NY/T 896 和 NY/T 2103 的有关规定执行。

5 标签

应符合国家有关法规的要求。

6 包装、运输和储存

6.1 包装

6.1.1 应符合 NY/T 658 的规定。

6.1.2 按产品的品种、规格分别包装,同一件包装内的产品应摆放整齐。

6.1.3 每批产品所用的包装、单位净含量应一致。

6.1.4 **包装检验规则**

逐件称量抽取的样品,每件的净含量不应低于包装外标签的净含量。

6.2 **运输和储存**

应符合 NY/T 1056 的规定。

附 录 A
（资料性附录）
绿色食品根菜类蔬菜产品英文名、学名及别名对照表

表 A.1 给出了绿色食品根菜类蔬菜产品英文名、学名及别名对照，供使用本标准时参考。

表 A.1 绿色食品根菜类蔬菜产品英文名、学名及别名对照表

根菜类蔬菜	英文名	学名	别名
萝卜	radish	*Raphanus sativus* L.	莱菔、芦菔、葵、地苏
胡萝卜	carrot	*Daucus carota* L. var. *sativa* DC.	红萝卜、黄萝卜、番萝卜、丁香萝卜、赤珊瑚、黄根
芜菁	turnip	*Brassica campestris* L. ssp. *rapifera* Matzg	蔓菁、圆根、盘菜、九英菘
芜菁甘蓝	rutabaga	*Brassica napobrassica* Mill.	洋蔓菁、洋大头菜、洋疙瘩、根用甘蓝、瑞典芜菁
美洲防风	american parsnip	*Pastinaca sativa* L.	芹菜萝卜、蒲芹萝卜、欧防风
根恭菜	table beet	*Beta vulgaris* L. var. *rapacea* Koch.	红菜头、紫菜头、火焰菜
婆罗门参	salsify	*Tragopogon porrifolius* L.	西洋牛蒡、西洋白牛蒡
黑婆罗门参	black salsify	*Scorzonera hispanica* L.	鸦葱、菊牛蒡、黑皮牡蛎菜
牛蒡	edible burdock	*Arctium lappa* L.	大力子、蝙蝠刺、东洋萝卜
山葵	wasabi	*Eutrema wasabi* (Siebold) Maxim.	瓦萨比、山姜、泽葵、山萮菜
根芹菜	root celery	*Apium graveolens* L. var. *rapaceum* DC.	根用芹菜、根芹、根用塘蒿、旱芹菜根
注：根菜类蔬菜分类参照 NY/T 1741 和《中国蔬菜栽培学》（第二版）。			

附　录　B

（规范性附录）

绿色食品根菜类蔬菜产品申报检验项目

表 B.1 规定了除表 2 所列项目外，依据食品安全国家标准和绿色食品根菜类蔬菜生产实际情况，绿色食品申报检验还应检验的项目。

表 B.1　污染物、农药残留项目

单位为毫克每千克

项目	指标	检验方法
甲拌磷（phorate）	≤0.01	GB 23200.113
铅（以 Pb 计）	≤0.1	GB 5009.12
镉（以 Cd 计）	≤0.1	GB 5009.15

ICS 67.080.20
X 26

中华人民共和国农业行业标准

NY/T 746—2020

代替 NY/T 746—2012

绿色食品 甘蓝类蔬菜

Green food—*Brassica olercea*

2020-08-26 发布

2021-01-01 实施

中华人民共和国农业农村部 发布

NY/T 746—2020

前　言

本标准按照 GB/T 1.1—2009 给出的规则起草。

本标准代替 NY/T 746—2012《绿色食品　甘蓝类蔬菜》，与 NY/T 746—2012 相比，除编辑性修改外主要技术变化如下：

——增加了生产过程；

——删除感官要求中的"相似品种"；

——4.2 中抽样方法执行标准调整为 NY/T 896 和 NY/T 2103；

——修订了卫生指标，删除了乙酰甲胺磷、三唑磷、五氯硝基苯、百菌清、灭幼脲、除虫脲、三唑酮；增加了毒死蜱、虫螨腈、噻虫嗪、烯酰吗啉；修订了限量值及相应的检测方法。

——增加了附录 A。

本标准由农业农村部农产品质量安全监管司提出。

本标准由中国绿色食品发展中心归口。

本标准起草单位：农业农村部蔬菜品质监督检验测试中心（北京）、中国绿色食品发展中心、北京本忠盛达蔬菜种植专业合作社、北京茂源广发农业发展有限公司。

本标准主要起草人：钱洪、徐东辉、乔春楠、张宪、李凌云、王永生、韩永茂、刘广洋。

本标准所代替标准的历次版本发布情况为：

——NY/T 746—2003、NY/T 746—2012。

绿色食品　甘蓝类蔬菜

1　范围

本标准规定了绿色食品甘蓝类蔬菜的要求、检验规则、标签、包装、运输和储存。

本标准适用于绿色食品甘蓝类蔬菜,包括结球甘蓝、赤球甘蓝、抱子甘蓝、皱叶甘蓝、羽衣甘蓝、花椰菜、青花菜、球茎甘蓝、芥蓝等。各蔬菜的英文名、学名、别名参见附录A。

2　规范性引用文件

下列文件中对于本文件的应用是必不可少的。凡是注日期的引用文件,仅注日期的版本适用于本文件。凡是不注日期的引用文件,其最新版本(包括所有的修改单)适用于本文件。

GB 2763　食品安全国家标准　食品中农药最大残留限量

GB 5009.12　食品安全国家标准　食品中铅的测定

GB 5009.15　食品安全国家标准　食品中镉的测定

GB/T 20769　水果和蔬菜中450种农药及相关化学品残留量的测定方法　液相色谱-串联质谱法

GB 23200.113　食品安全国家标准　植物源性食品中208种农药及其代谢物残留量的测定　气相色谱-质谱联用法

JJF 1070　定量包装商品净含量计量检验规则

NY/T 391　绿色食品　产地环境质量

NY/T 393　绿色食品　农药使用准则

NY/T 394　绿色食品　肥料使用准则

NY/T 658　绿色食品　包装通用准则

NY/T 896　绿色食品　产品抽样准则

NY/T 1055　绿色食品　产品检验规则

NY/T 1056　绿色食品　储藏运输准则

NY/T 1379　蔬菜中334种农药多残留的测定　气相色谱质谱法和液相色谱质谱法

NY/T 1741　蔬菜名称和计算机编码

NY/T 2103　蔬菜抽样技术规范

国家质量监督检验检疫总局令2005年第75号　定量包装商品计量监督管理办法

3　要求

3.1　产地环境

应符合NY/T 391的要求。

3.2　生产过程

生产过程中农药使用应符合NY/T 393的规定,肥料使用应符合NY/T 394的规定。

3.3　感官

应符合表1的规定。

表1　感官要求

蔬菜	要　求	检验方法
结球甘蓝	同一品种,叶球大小整齐,外观一致,结球紧实,整修良好;新鲜,清洁;无裂球、抽薹、烧心;无腐烂、畸形、异味、灼伤、冻害、病虫害及机械伤;无异常外来水分	品种特征、成熟度、新鲜、清洁、腐烂、开裂、冻害、散花、畸形、抽薹、灼伤、病虫害及机械伤害等外观特征用目测法鉴定病虫害症状不明显而有怀疑者,应剖开检测异味用嗅的方法鉴定

表 1（续）

蔬菜	要　　求	检验方法
青花菜	同一品种，外观一致；新鲜，清洁，成熟适度；花球圆整，完好；花球紧实，不松散；色泽一致；花蕾细小、紧实，未开放；花茎鲜嫩，分支花茎短；修整良好，主花茎切削平整，无变色，髓部组织致密，不空心；无腐烂、发霉、畸形、异味、开裂、灼伤、冻害、病虫害及机械伤；无异常外来水分	品种特征、成熟度、新鲜、清洁、腐烂、开裂、冻害、散花、畸形、抽薹、灼伤、病虫害及机械伤害等外观特征用目测法鉴定 病虫害症状不明显而有怀疑者，应剖开检测 异味用嗅的方法鉴定
花椰菜	同一品种，具有品种固有的性状，外观一致；新鲜，清洁；花球圆整，完好；各小花球肉质花茎短缩，花球紧实；色泽一致；无腐烂、畸形、异味、开裂、灼伤、冻害、病虫害及机械伤；无异常外来水分	
芥蓝	同一品种，新鲜，清洁；花蕾不开放；花薹长短一致，粗细均匀；薹叶浓绿、圆滑鲜嫩，叶形完整；不脱水，无黄叶和侧薹；无腐烂、异味、灼伤、冻害、病虫害及机械伤	
其他甘蓝类蔬菜	同一品种，成熟适度，色泽正常，新鲜，清洁，完好。无腐烂、畸形、异味、开裂、灼伤、冻害、病虫害及机械伤；无异常外来水分	

3.4 农药残留限量

应符合食品安全国家标准及相关规定，同时符合表 2 的规定。

表 2　农药残留限量

单位为毫克每千克

项目	指标	检验方法
啶虫脒（acetamiprid）	≤0.1	GB/T 20769
吡虫啉（imidacloprid）	≤0.5	GB/T 20769
多菌灵（carbendazim）	≤0.01	GB/T 20769
腐霉利（procymidone）	≤0.01	GB 23200.113
毒死蜱（chlorpyrifos）	≤0.01	GB 23200.113
虫螨腈（chlorfenapyr）	≤1	NY/T 1379
噻虫嗪（thiamethoxam）	≤0.2	GB/T 20769
烯酰吗啉（dimethomorph）	≤1	GB/T 20769
氯氰菊酯（cypermethrin）	≤0.5	GB 23200.113
氯氟氰菊酯（cyhalothrin）	≤0.01	GB 23200.113

3.5 净含量

应符合国家质量监督检验检疫总局令 2005 年第 75 号的要求，检验方法按 JJF 1070 的规定执行。

4　检验规则

申报绿色食品应按照 3.3～3.5 以及附录 B 所确定的项目进行检验。其他要求应符合 NY/T 1055 的规定。农药残留检测取样部位应符合 GB 2763 的规定。本标准规定的农药残留量检验方法，如有其他国家标准、行业标准以及部文公告的检测方法，且其检出限和定量限能满足限量值要求时，在检测时可采用。

4.1　组批

同产地、同一品种、同时采收的甘蓝类蔬菜作为一个检验批次。批发市场同产地、同一品种、同规格、同批号的甘蓝类蔬菜作为一个检验批次。超市相同进货渠道、同一品种、同规格、同批号的甘蓝类蔬菜作为一个检验批次。

4.2 抽样方法

按照 NY/T 896 和 NY/T 2103 的有关规定执行。

5 标签

应符合国家有关法规的要求。

6 包装、运输和储存

6.1 包装

6.1.1 应符合 NY/T 658 的规定。

6.1.2 按产品的品种、规格分别包装,同一件包装内的产品应摆放整齐。

6.1.3 每批产品所用的包装、单位净含量应一致。

6.1.4 包装检验规则

逐件称量抽取的样品,每件的净含量不应低于包装外标签的净含量。

6.2 运输和储存

应符合 NY/T 1056 的规定。

附　录　A
（资料性附录）
绿色食品甘蓝类蔬菜产品英文名、学名及别名对照表

表 A.1 给出了绿色食品甘蓝类蔬菜产品英文名、学名及别名对照，供使用本标准时参考。

表 A.1　绿色食品甘蓝类蔬菜产品英文名、学名及别名对照表

甘蓝类蔬菜	英文名	学名	别名
结球甘蓝	cabbage	*Brassica oleracea* L. var. *capitata* L.	洋甘蓝、卷心菜、包心菜、包菜、圆甘蓝、椰菜、茴子白、莲花白、高丽菜
赤球甘蓝	red cabbage	*Brassica oleracea* L. var. *rubra* DC.	红玉菜、紫甘蓝、红色高丽菜
抱子甘蓝	Brussels sprouts	*Brassica oleracea* L. var. *germmifera* Zenk	芽甘蓝、子持甘蓝
皱叶甘蓝	Savoy cabbage	*Brassica oleracea* L. var. *bullata* DC.	缩叶甘蓝
羽衣甘蓝	kales	*Brassica oleracea* L. var. *acephala* DC.	绿叶甘蓝、叶牡丹、花苞菜
花椰菜	cauliflower	*Brassica oleracea* L. var. *botrytis* L.	花菜、菜花，包括松花菜
青花菜	broccoli	*Brassica oleracea* L. var. *italica* Plenck	绿菜花、意大利花椰菜、木立花椰菜、西兰花、嫩茎花椰菜
球茎甘蓝	kohlrabi	*Brassica oleracea* L. var. *caulorapa* DC.	苤蓝、擘蓝、菘、玉蔓菁、芥蓝头
芥蓝	Chinese kale	*Brassica alboglabra* Bailey	白花芥蓝
注：甘蓝类蔬菜分类参照 NY/T 1741 和《中国蔬菜栽培学》(第二版)。			

附　录　B

（规范性附录）

绿色食品甘蓝类蔬菜产品申报检验项目

表 B.1 规定了除 3.3～3.4 所列项目外，依据食品安全国家标准和绿色食品甘蓝类蔬菜生产实际情况，绿色食品申报检验还应检验的项目。

表 B.1　污染物项目

单位为毫克每千克

项目	指标	检验方法
铅（以 Pb 计）	≤0.3	GB 5009.12
镉（以 Cd 计）	≤0.05	GB 5009.15

ICS 67.080.20
X 26

中华人民共和国农业行业标准

NY/T 747—2020
代替 NY/T 747—2012

绿色食品　瓜类蔬菜

Green food—Gourd vegetables

2020-08-26 发布

2021-01-01 实施

中华人民共和国农业农村部 发布

前　言

本标准按照 GB/T 1.1—2009 给出的规则起草。

本标准代替 NY/T 747—2012《绿色食品　瓜类蔬菜》,与 NY/T 747—2012 相比,除编辑性修改外主要技术变化如下:

——修改了标准的适用范围,删除了癞苦瓜、飞碟瓜,将普通丝瓜和有棱丝瓜合并为丝瓜;

——增加了生产过程要求;

——增加了部分瓜类蔬菜的感官要求;

——删除了灭蝇胺、异菌脲、乙烯菌核利、乙酰甲胺磷、抗蚜威、三唑磷、乐果、氰戊菊酯,增加了阿维菌素、啶虫脒、氟虫腈、克百威、噻虫嗪、烯酰吗啉、氧乐果,修改了百菌清、溴氰菊酯、氯氰菊酯、三唑酮、甲霜灵、腐霉利、毒死蜱、吡虫啉、氯氟氰菊酯的限量指标;

——修改了检验方法;

——删除了标志的要求;

——修改了运输和储存的部分内容;

——增加了附录 A。

本标准由农业农村部农产品质量安全监管司提出。

本标准由中国绿色食品发展中心归口。

本标准起草单位:广东省农业科学院农产品公共监测中心、中国绿色食品发展中心、农业农村部蔬菜水果质量监督检验测试中心(广州)、山东思远蔬菜专业合作社、徐闻县正茂蔬菜种植有限公司。

本标准主要起草人:廖若昕、张志华、刘雯雯、赵晓丽、王富华、陈岩、耿安静、燕增文、李进权。

本标准所代替标准的历次版本发布情况为:

——NY/T 747—2003、NY/T 747—2012。

绿色食品　瓜类蔬菜

1 范围

本标准规定了绿色食品瓜类蔬菜的要求、检验规则、标签、包装、运输和储存。

本标准适用于绿色食品瓜类蔬菜，包括黄瓜、冬瓜、节瓜、南瓜、笋瓜、西葫芦、越瓜、菜瓜、丝瓜、苦瓜、瓠瓜、蛇瓜、佛手瓜等(学名、英文名及别名参见附录 A)。

2 规范性引用文件

下列文件对于本文件的应用是必不可少的。凡是注日期的引用文件，仅注日期的版本适用于本文件。凡是不注日期的引用文件，其最新版本(包括所有的修改单)适用于本文件。

GB 5009.12　食品安全国家标准　食品中铅的测定

GB 5009.15　食品安全国家标准　食品中镉的测定

GB 7718　食品安全国家标准　预包装食品标签通则

GB/T 20769　水果和蔬菜中 450 种农药及相关化学品残留量的测定　液相色谱-串联质谱法

GB 23200.113　食品安全国家标准　植物源性食品中 208 种农药及其代谢物残留量的测定　气相色谱-质谱联用法

JF 1070　定量包装商品净含量计量检验规则

NY/T 391　绿色食品　产地环境质量

NY/T 393　绿色食品　农药使用准则

NY/T 394　绿色食品　肥料使用准则

NY/T 658　绿色食品　包装通用准则

NY/T 761　蔬菜和水果中有机磷、有机氯、拟除虫菊酯和氨基甲酸酯类农药多残留的测定

NY/T 1055　绿色食品　产品检验规则

NY/T 1056　绿色食品　储藏运输准则

NY/T 1379　蔬菜中 334 种农药多残留的测定　气相色谱质谱法和液相色谱质谱法

NY/T 2790　瓜类蔬菜采后处理与产地储藏技术规范

国家质量监督检验检疫总局令 2005 年第 75 号　定量包装商品计量监督管理办法

3 要求

3.1 产地环境

应符合 NY/T 391 的规定。

3.2 生产过程

生产过程中农药使用应符合 NY/T 393 的规定，肥料使用应符合 NY/T 394 的规定。

3.3 感官

应符合表 1 的规定。

表 1　感官要求

项目	要求	检验方法
黄瓜	同一品种或相似品种；外观新鲜、有光泽，无萎蔫；瓜条充分膨大，瓜条完整，瓜条直；果面清洁，无杂物、无异常外来水分；无异味；无冷害、冻害及机械伤；无病斑、腐烂或变质；无病虫害及其所造成的损伤	品种特征、色泽、新鲜、清洁、腐烂、畸形、开裂、冻害、表面水分、病虫害及机械伤害等外观特征，用目测法鉴定气味用嗅的方法鉴定病虫害症状不明显但疑似者，应用刀剖开目测

表1（续）

项目	要求	检验方法
苦瓜	同一品种或相似品种；外观新鲜，瘤状饱满，具有果实固有色泽，不脱水、无皱缩；果身发育均匀，果形完整，果蒂完好，果柄切口水平、整齐；无裂果；果面清洁、无杂物、无异常外来水分；无异味；无冷害、冻害及机械伤；无病斑、腐烂或变质；无病虫害及其所造成的损伤	
丝瓜	同一品种或相似品种；外观新鲜，具有果实固有色泽，不脱水、无皱缩；瓜条完整，瓜条匀直，无膨大、细缩部分，无畸形果，无裂果；种子未完全形成，瓜肉中未呈现木质脉经；果面清洁、无杂物、无异常外来水分；无异味；无冷害、冻害及机械伤；无腐烂、发霉或变质；无病虫害及其所造成的损伤	
西葫芦	同一品种或相似品种；外观新鲜，具有果实固有色泽；外观形状完好，果实大小整齐，均匀，外观一致；果面清洁、无杂物；无异味；无冷害、冻害及机械伤；无腐烂、发霉或变质；无病虫害及其所造成的损伤	品种特征、色泽、新鲜、清洁、腐烂、畸形、开裂、冻害、表面水分、病虫害及机械伤害等外观特征，用目测法鉴定 气味用嗅的方法鉴定 病虫害症状不明显但疑似者，应用刀剖开目测
南瓜	同一品种或相似品种；外观新鲜，具有果实固有色泽和形状，颜色、大小均匀；瓜体完整，果形正常；无畸形、开裂；发育充分，瓜体充实，肉质紧密，不松软；果面清洁、无杂物；无异味；无冷害、冻害、灼害、机械伤和斑痕；无腐烂、发霉或变质；无病虫害及其所造成的损伤	
冬瓜	同一品种或相似品种；外观新鲜，具有果实固有色泽和形状，颜色、大小均匀；瓜体完整，瓜形端正，发育充分；肉质紧密，不松软；果面清洁、无杂物；无异味；无冷害、冻害、灼害及机械伤；无腐烂或变质；无病虫害及其所造成的损伤	
佛手瓜	同一品种或相似品种；外观新鲜，具有果实固有色泽和形状，颜色、大小均匀；瓜皮光滑鲜亮无刺，瓜形端正；发育充分，瓜皮结实，无"胎萌"现象；肉质脆嫩肥厚；无纤维果肉；无畸形；果面清洁、无杂物、无异常外来水分；无异味；无冷害、冻害、灼害、机械伤和斑痕；无腐烂或变质；无病虫害及其所造成的损伤	
其他瓜类蔬菜	同一品种或相似品种；具有果实固有色泽、形状和风味，成熟适度；果面清洁、无杂物、无异常外来水分；无畸形果、裂果；无异味；无冷害、冻害、灼害及机械伤；无腐烂、发霉或变质；无病虫害及其所造成的损伤	

3.4 农药残留限量

应符合食品安全国家标准及相关规定，同时应符合表2的规定。

表2 农药残留限量

单位为毫克每千克

项目	指标	检验方法
毒死蜱（chlorpyrifos）	≤0.01	GB 23200.113
氟虫腈（fipronil）	≤0.01	GB 23200.113
克百威（carbofuran）	≤0.01	GB/T 20769
氧乐果（omethoate）	≤0.01	GB 23200.113
阿维菌素（abamectin）	≤0.01	NY/T 1379
百菌清（chlorothalonil）	≤0.01	NY/T 761
吡虫啉（imidacloprid）	≤0.5（黄瓜、节瓜） ≤0.01（黄瓜、节瓜除外）	GB/T 20769

表 2（续）

项目	指标	检验方法
啶虫脒(acetamiprid)	≤1(黄瓜) ≤0.2(节瓜) ≤0.01(黄瓜、节瓜除外)	GB/T 20769
多菌灵(carbendazim)	≤0.1(黄瓜) ≤0.01(黄瓜除外)	GB/T 20769
腐霉利(procymidone)	≤2(黄瓜) ≤0.01(黄瓜除外)	GB 23200.113
甲霜灵(metalaxyl)	≤0.01	GB/T 20769
氯氟氰菊酯(cyhalothrin)	≤0.01	GB 23200.113
氯氰菊酯(cypermethrin)	≤0.01	GB 23200.113
噻虫嗪(thiamethoxam)	≤5(黄瓜) ≤0.01(黄瓜除外)	GB/T 20769
三唑酮(triadimefon)	≤0.1(黄瓜) ≤0.01(黄瓜除外)	GB 23200.113
烯酰吗啉(dimethomorph)	≤5(黄瓜) ≤1(苦瓜) ≤0.01(黄瓜、苦瓜除外)	GB/T 20769
溴氰菊酯(deltamethrin)	≤0.01	GB 23200.113

3.5 净含量

应符合国家质量监督检验检疫总局令 2005 第 75 号的要求,检验方法按 JJF 1070 的规定执行。

4 检验规则

申报绿色食品应按照 3.3～3.5 以及附录 B 所确定的项目进行检验。其他要求应符合 NY/T 1055 的规定。本标准规定的农药残留量检测方法,如有其他国家标准、行业标准以及部文公告的检测方法,且其检出限和定量限能满足限量值要求时,在检测时可采用。

5 标签

应符合 GB 7718 的规定。

6 包装、运输和储存

6.1 包装

6.1.1 包装应符合 NY/T 658 的规定。

6.1.2 按产品的品种、规格分别包装,同一件包装内的产品应摆放整齐紧密。

6.1.3 每批产品所用的包装、单位净含量应一致。

6.2 运输和储存

6.2.1 运输和储存应符合 NY/T 1056 的规定。

6.2.2 运输前应根据品种、运输方式、路程等确定是否进行预冷。运输过程中注意防冻、防雨淋、防晒,通风散热。

6.2.3 储存时应按品种、规格分别储存,储存应满足 NY/T 2790 的规定。

附　录　A
（资料性附录）
瓜类蔬菜学名、英文名及别名对照表

表 A.1 给出了绿色食品瓜类蔬菜学名、英文名及别名对照。

表 A.1　瓜类蔬菜学名、英文名及别名对照表

蔬菜名称	学名	英文名	别名
黄瓜	*Cucumis sativus* L.	cucumber	胡瓜、刺瓜、青瓜、吊瓜
冬瓜	*Benincasa hispida* Cogn.	wax gourd	白冬瓜、白瓜、东瓜、濮瓜、水芝、地芝、枕瓜
节瓜	*Benincasa hispida* Cogn. var. *chieh-qua* How.	chiehqua	小冬瓜、北瓜、毛瓜
南瓜	*Cucurbita moschata* Duch.	pumpkin	番瓜、饭瓜、番南瓜、麦瓜、倭瓜、金瓜、中国南瓜
笋瓜	*Cucurbita maxima* Duch. ex Lam.	winter squash	印度南瓜、北瓜、搅瓜、玉瓜
西葫芦	*Cucurbita pepo* L.	summer squash	美洲南瓜、角瓜、白瓜、小瓜、金丝搅瓜、飞碟瓜
越瓜	*Cucumis melo* L. var. *conomon* Makino	oriental pickling melon	菜瓜、稍瓜、生瓜、白瓜
菜瓜	*Cucumis melo* L. var. *flexuosus* Naud.	snake melon	蛇甜瓜、生瓜、羊角瓜
丝瓜	*Luffa cylindrica* Roem.	luffa	天丝瓜、天罗、蛮瓜、布瓜
苦瓜	*Momordica charantia* L.	balsam pear	凉瓜、锦荔枝、君子菜、癞葡萄、癞瓜
瓠瓜	*Lagenaria siceraria* (Molina) Standl.	bottle gourd	扁蒲、葫芦、蒲瓜、棒瓜、瓠子、夜开花
蛇瓜	*Trichosanthes anguina* L.	snake gourd	蛇丝瓜、蛇王瓜、蛇豆
佛手瓜	*Sechium edule* Swartz	chayote	合手瓜、合掌瓜、洋丝瓜、隼人瓜、菜肴梨、洋茄子、安南瓜、寿瓜

附　录　B
（规范性附录）
绿色食品瓜类蔬菜申报检验项目

表 B.1 规定了除 3.3～3.5 所列项目外，依据食品安全国家标准和绿色食品瓜类蔬菜生产实际情况，绿色食品申报检验还应检验的项目。

表 B.1　污染物项目

单位为毫克每千克

项目	指标	检验方法
铅（以 Pb 计）	≤0.1	GB 5009.12
镉（以 Cd 计）	≤0.05	GB 5009.15

ICS 67.080.20
X 26

中华人民共和国农业行业标准

NY/T 748—2020

代替 NY/T 748—2012

绿色食品　豆类蔬菜

Green food—Legume vegetables

2020-08-26 发布

2021-01-01 实施

中华人民共和国农业农村部 发布

NY/T 748—2020

前　　言

本标准按照 GB/T 1.1—2009 给出的规则起草。

本标准代替 NY/T 748—2012《绿色食品　豆类蔬菜》，与 NY/T 748—2012 相比，除编辑性修改外主要技术变化如下：

——增加了生产过程要求；

——修改了感官要求；

——删除了乙酰甲胺磷、乐果、甲萘威，增加了水胺硫磷、克百威、甲胺磷、氧乐果、氟虫腈、氟氯氰菊酯，修改了三唑磷、多菌灵、毒死蜱、氯氰菊酯、氰戊菊酯、氯氟氰菊酯、敌敌畏、百菌清、溴氰菊酯的限量指标；

——删除了标志的要求；

——修改了运输和储存的部分内容；

——增加了附录 A。

本标准由农业农村部农产品质量安全监管司提出。

本标准由中国绿色食品发展中心归口。

本标准起草单位：广东省农业科学院农产品公共监测中心、中国绿色食品发展中心、农业农村部蔬菜水果质量监督检验测试中心(广州)、兰州介实农产品有限公司、湘潭市仙女蔬菜产销专业合作社。

本标准主要起草人：杨慧、张志华、李丽、徐赛、王富华、陈岩、耿安静、于洋、赵启强。

本标准所代替标准的历次版本发布情况为：

——NY/T 748—2003、NY/T 748—2012。

绿色食品 豆类蔬菜

1 范围

本标准规定了绿色食品豆类蔬菜的要求、检验规则、标签、包装、运输和储存。

本标准适用于绿色食品豆类蔬菜,包括菜豆、多花菜豆、长豇豆、扁豆、莱豆、蚕豆、刀豆、豌豆、食荚豌豆、四棱豆、菜用大豆、黎豆等(学名、英文名及别名参见附录A)。

2 规范性引用文件

下列文件对于本文件的应用是必不可少的。凡是注日期的引用文件,仅注日期的版本适用于本文件。凡是不注日期的引用文件,其最新版本(包括所有的修改单)适用于本文件。

GB 5009.12 食品安全国家标准 食品中铅的测定

GB 5009.15 食品安全国家标准 食品中镉的测定

GB 7718 食品安全国家标准 预包装食品标签通则

GB/T 20769 水果和蔬菜中450种农药及相关化学品残留量的测定 液相色谱-串联质谱法

GB 23200.113 食品安全国家标准 植物源性食品中208种农药及其代谢物残留量的测定 气相色谱-质谱联用法

JJF 1070 定量包装商品净含量计量检验规则

NY/T 391 绿色食品 产地环境质量

NY/T 393 绿色食品 农药使用准则

NY/T 394 绿色食品 肥料使用准则

NY/T 658 绿色食品 包装通用准则

NY/T 761 蔬菜和水果中有机磷、有机氯、拟除虫菊酯和氨基甲酸酯类农药多残留的测定

NY/T 1055 绿色食品 产品检验规则

NY/T 1056 绿色食品 储藏运输准则

NY/T 1202 豆类蔬菜储藏保鲜技术规程

SB/T 10158 新鲜蔬菜包装与标识

国家质量监督检验检疫总局令2005年第75号 定量包装商品计量监督管理办法

3 要求

3.1 产地环境

应符合NY/T 391的规定。

3.2 生产过程

生产过程中农药和肥料使用应分别符合NY/T 393和NY/T 394的规定。

3.3 感官

应符合表1的规定。

表1 感官要求

项目	要求	检验方法
外观	同一品种或相似品种;不含任何可见杂物;外观新鲜、清洁;无失水、皱缩;成熟适度;无异常外来水分;食荚豆类蔬菜要求豆荚鲜嫩,豆荚大小一致、长短均匀;食豆豆类蔬菜籽粒饱满,大小均匀	外观、色泽、缺陷等特征用目测法进行鉴定;气味用嗅觉的方法进行鉴定;缺陷症状不明显而疑似者,应用刀剖开鉴定

表1（续）

项目	要求	检验方法
色泽	色泽一致，具有本品种应有的颜色	外观、色泽、缺陷等特征用目测法进行鉴定；气味用嗅觉的方法进行鉴定；缺陷症状不明显而疑似者,应用刀剖开鉴定
缺陷	无病虫害伤、机械损伤、腐烂、冷害、冻害、畸形、色斑等	
气味	具有本品种应有的气味,无异味	

3.4 农药残留限量

应符合食品安全国家标准及相关规定,同时符合表2的规定。

表2 农药残留限量

单位为毫克每千克

项目	指标	检验方法
克百威(carbofuran)	≤0.01	GB/T 20769
三唑磷(triazophos)	≤0.01	GB 23200.113
氟虫腈(fipronil)	≤0.01	GB 23200.113
氧乐果(omethoate)	≤0.01	GB 23200.113
甲胺磷(methamidophos)	≤0.01	GB 23200.113
毒死蜱(chlorpyrifos)	≤0.01	GB 23200.113
多菌灵(carbendazim)	≤0.01	GB/T 20769
氯氰菊酯(cypermethrin)	≤0.01	GB 23200.113
百菌清(chlorothalonil)	≤0.01	NY/T 761
敌敌畏(dichlorvos)	≤0.01	GB 23200.113
溴氰菊酯(deltamethrin)	≤0.01	GB 23200.113
氰戊菊酯(fenvalerate)	≤0.01	GB 23200.113
氟氯氰菊酯(cyfluthrin)	≤0.01	GB 23200.113
氯氟氰菊酯(cyhalothrin)	≤0.01	GB 23200.113
水胺硫磷(isocarbophos)	≤0.01	GB 23200.113
三唑酮(triadimefon)	≤0.05(豌豆) ≤0.01(其他豆类)	GB 23200.113

3.5 净含量

应符合国家质量监督检验检疫总局令2005第75号的要求,检验方法按JJF 1070的规定执行。

4 检验规则

申报绿色食品应按照3.3～3.5以及附录B所确定的项目进行检验。其他要求应符合NY/T 1055的规定。本标准规定的农药残留量检测方法,如有其他国家标准、行业标准以及部文公告的检测方法,且其检出限和定量限能满足限量值要求时,在检测时可采用。

5 标签

应符合GB 7718的规定。

6 包装、运输和储存

6.1 包装

6.1.1 应符合NY/T 658的规定。

6.1.2 用于包装的容器如泡沫箱、塑料箱、纸箱等,应符合SB/T 10158的规定。

6.1.3 按产品的品种、规格分别包装,同一件包装内的产品应摆放整齐紧密。

6.1.4 每批产品所用的包装、单位质量应一致。

6.2 运输和储存

6.2.1 应符合 NY/T 1056 的规定。

6.2.2 运输前应进行预冷。运输过程中注意防冻、防雨淋、防晒、通风、散热。

6.2.3 按品种、规格分别储藏,储存应满足 NY/T 1202 的规定。

6.2.4 储藏和运输环境洁净卫生,不与有毒有害、易污染环境等物质一起储藏和运输。

附　录　A

（资料性附录）

常见豆类蔬菜学名、英文名及别名对照表

表 A.1 给出了绿色食品豆类蔬菜学名、英文名及别名对照。

表 A.1　常见豆类蔬菜学名、英文名及别名对照表

蔬菜名称	学名	英文名	别名
菜豆	*Phaseolus vulgaris* L.	kidney bean	四季豆、芸豆、玉豆、豆角、芸扁豆、京豆、敏豆
多花菜豆	*Phaseolus coccineus* L.（*syn. P. multiflorus* Willd.）	scarlet runner bean	龙爪豆、大白芸豆、荷包豆、红花菜豆
长豇豆	*Vigna unquiculata* W. ssp. *sesquipedalis*（L.）Verd	asparagus bean	豆角、长豆角、带豆、筷豆、长荚豇豆
扁豆	*Dolichos lablab* L.	lablab	峨嵋豆、眉豆、沿篱豆、鹊豆、龙爪豆
菜豆	*Phaseolus lunatus* L.	lima bean	利马豆、雪豆、金甲豆、棉豆、荷包豆、白豆、观音豆
蚕豆	*Vicia faba* L.	broad bean	胡豆、罗汉豆、佛豆、寒豆
刀豆	*Canavalia gladiata*（Jarq）DC.	swordbean	大刀豆、关刀豆、菜刀豆
豌豆	*Pisum sativum* L.	vegetable pea	雪豆、回豆、麦豆、青斑豆、麻豆、青小豆
食荚豌豆	*Pisum sativum* L. var. *macrocarpon* Ser.	sugar pod garden pea	荷兰豆
四棱豆	*Psophocarpus tetragonolobus*（L.）DC.	winged bean	翼豆、四稔豆、杨桃豆、四角豆、热带大豆
菜用大豆	*Glycine max*（L.）Merr.	soya bean	毛豆、枝豆
黎豆	*Stizolobium capitatum* Kuntze	yokohama bean	狸豆、虎豆、狗爪豆、八升豆、毛毛豆、毛胡豆

附　录　B

（规范性附录）

绿色食品豆类蔬菜申报检验项目

表 B.1 规定了除 3.3～3.5 所列项目外,依据食品安全国家标准和绿色食品豆类蔬菜生产实际情况,绿色食品申报检验还应检验的项目。

表 B.1　污染物和农药残留项目

单位为毫克每千克

项目	限量	检测方法
铅(以 Pb 计)	≤0.2	GB 5009.12
镉(以 Cd 计)	≤0.1	GB 5009.15
辛硫磷(phoxim)	≤0.05	GB/T 20769

ICS 67.080.20
B 31

中华人民共和国农业行业标准

NY/T 749—2018
代替 NY/T 749—2012

绿色食品 食用菌

Green food—Edible mushroom

2018-05-07 发布

2018-09-01 实施

中华人民共和国农业农村部 发布

前　言

本标准按照 GB/T 1.1—2009 给出的规则起草。

本标准代替 NY/T 749—2012《绿色食品　食用菌》。与 NY/T 749—2012 相比,除编辑性修改外主要技术变化如下:

——修改了适用范围,取消了虫草、灵芝、野生食用菌以及人工培养食用菌菌丝体及其菌丝粉,增加了大球盖菇、滑子菇、长根菇、真姬菇、绣球菌、榆黄蘑、元蘑、姬松茸、黑皮鸡枞、暗褐网柄牛肝菌、裂褶菌等食用菌以及国家批准可食用的其他食用菌;

——修改了感官要求,取消了松茸以及其他野生食用菌的感官要求,增加了白灵菇、姬松茸、元蘑、猴头菇、榛蘑感官分级要求;

——修改了安全卫生指标,取消了六六六、滴滴涕、毒死蜱、敌敌畏、志贺氏菌项目及其限量,增加了氯氟氰菊酯、氟氯氰菊酯、咪鲜胺、氟氰戊菊酯、马拉硫磷、吡虫啉、菌落总数项目及其限量,修改了溴氰菊酯、百菌清限量值,将沙门氏菌、金黄色葡萄球菌项目调整到附录 A;

——修改了附录 A,取消了氯氟氰菊酯、氟氯氰菊酯、咪鲜胺项目及其限量,增加了氯菊酯、氰戊菊酯、腐霉利、除虫脲、代森锰锌、甲基阿维菌素苯甲酸盐项目及其限量以及致病菌项目及其限量。

本标准由农业农村部农产品质量安全监管局提出。

本标准由中国绿色食品发展中心归口。

本标准起草单位:农业农村部农产品质量监督检验测试中心(昆明)、云南省农业科学院质量标准与检测技术研究所、农业农村部食用菌产品质量监督检验测试中心、云南锦翔菌业股份有限公司。

本标准主要起草人:汪庆平、黎其万、周昌艳、汪禄祥、刘宏程、严红梅、梅文泉、谢锦明。

本标准所代替标准的历次版本发布情况为:

——NY/T 749—2003、NY/T 749—2012。

绿色食品 食用菌

1 范围

本标准规定了绿色食品食用菌的术语和定义、要求、检验规则、标签、包装、运输和储存。

本标准适用于人工培养的绿色食品食用菌鲜品、食用菌干品(包括压缩食用菌、食用菌干片、食用菌颗粒)和食用菌粉,包括香菇、金针菇、平菇、草菇、双孢蘑菇、茶树菇、猴头菇、大球盖菇、滑子菇、长根菇、白灵菇、真姬菇、鸡腿菇、杏鲍菇、竹荪、灰树花、黑木耳、银耳、毛木耳、金耳、羊肚菌、绣球菌、榛蘑、榆黄蘑、口蘑、元蘑、姬松茸、黑皮鸡枞、暗褐网柄牛肝菌、裂褶菌等食用菌以及国家批准可食用的其他食用菌。不适用于食用菌罐头、腌渍食用菌、水煮食用菌和食用菌熟食制品。

2 规范性引用文件

下列文件对于本文件的应用是必不可少的。凡是注日期的应用文件,仅注日期的版本适用于本文件。凡是不注日期的引用文件,其最新版本(包括所有的修改单)适用于本文件。

GB/T 191 包装储运图示标志

GB 4789.2 食品安全国家标准 食品微生物学检验 菌落总数测定

GB 4789.3 食品安全国家标准 食品微生物学检验 大肠菌群计数

GB 4789.4 食品安全国家标准 食品微生物学检验 沙门氏菌检验

GB 4789.10—2016 食品安全国家标准 食品微生物学检验 金黄色葡萄球菌检验

GB 4789.15 食品安全国家标准 食品微生物学检验 霉菌和酵母计数

GB 5009.3 食品安全国家标准 食品中水分的测定

GB 5009.4 食品安全国家标准 食品中灰分的测定

GB 5009.11 食品安全国家标准 食品中总砷及无机砷的测定

GB 5009.12 食品安全国家标准 食品中铅的测定

GB 5009.15 食品安全国家标准 食品中镉的测定

GB 5009.17 食品安全国家标准 食品中总汞和有机汞的测定

GB 5009.34 食品安全国家标准 食品中亚硫酸盐的测定

GB/T 5009.147 植物性食品中除虫脲残留量的测定

GB 5009.189 食品安全国家标准 银耳中米酵菌酸的测定

GB/T 6192 黑木耳

GB 7718 食品安全国家标准 预包装食品标签通则

GB/T 12533 食用菌中杂质的测定

GB 14881 食品安全国家标准 食品生产通用卫生规范

GB/T 20769 水果和蔬菜中450种农药及相关化学品残留量的测定 液相色谱-串联质谱法

GB/T 23189 平菇

GB/T 23190 双孢蘑菇

GB/T 23775 压缩食用菌

JJF 1070 定量包装商品净含量计量检验规则

LY/T 1696 姬松茸

LY/T 1919 元蘑干制品

LY/T 2132 森林食品 猴头菇干制品

LY/T 2465 榛蘑

NY/T 391 绿色食品 产地环境质量

NY/T 749—2018

NY/T 392　绿色食品　食品添加剂使用准则

NY/T 393　绿色食品　农药使用准则

NY/T 658　绿色食品　包装通用准则

NY/T 761　蔬菜和水果中有机磷、有机氯、拟除虫菊酯和氨基甲酸酯类农药多残留的测定

NY/T 833　草菇

NY/T 834　银耳

NY/T 836　竹荪

NY/T 1055　绿色食品　产品检验规则

NY/T 1056　绿色食品　储藏运输准则

NY/T 1061　香菇等级规格

NY/T 1257　食用菌荧光物质的检测

NY/T 1836　白灵菇等级规格

SN 0157　出口水果中二硫代氨基甲酸酯残留量检验方法

国家质量监督检验检疫总局令 2005 年第 75 号　定量包装商品计量监督管理办法

3　术语和定义

下列术语和定义适用于本文件。

3.1

食用菌鲜品　fresh edible mushroom

经过挑选或预冷、冷冻和包装的新鲜食用菌产品。

3.2

食用菌干品　dried edible mushroom

以食用菌鲜品为原料,经热风干燥、冷冻干燥等工艺加工而成的食用菌脱水产品,以及再经压缩成型、切片、粉碎等工艺加工而成的食用菌产品,如压缩食用菌、食用菌干片、食用菌颗粒等。

3.3

食用菌粉　edible mushroom powder

以食用菌干品为原料,经研磨、粉碎等工艺加工而成的粉状食用菌产品。

3.4

杂质　extraneous matter

除食用菌以外的一切有机物(包括非标称食用菌以外的杂菌)和无机物。

4　要求

4.1　产地环境及生产过程

食用菌人工培养产地土壤、水质、基质应符合 NY/T 391 的要求,农药使用应符合 NY/T 393 的要求,食品添加剂使用应符合 NY/T 392 的要求,加工过程应符合 GB 14881 的要求。不应使用转基因食用菌品种。

4.2　感官

4.2.1　黑木耳、平菇、双孢蘑菇、草菇、银耳、竹荪、香菇、白灵菇、姬松茸、元蘑、猴头菇、榛蘑

应分别符合 GB/T 6192、GB/T 23189、GB/T 23190、NY/T 833、NY/T 834、NY/T 836、NY/T 1061、NY/T 1836、LY/T 1696、LY/T 1919、LY/T 2132、LY/T 2465 中第二等级及以上等级的规定。

4.2.2　其他食用菌

应符合表 1 的规定。

表 1　感官要求

项　目	要　求			检测方法
	食用菌鲜品	食用菌干品	食用菌粉	
外观形状	菇形正常,饱满有弹性,大小一致	菇形正常,或菇片均匀,或菌颗粒粗细均匀,或压缩食用菌块状规整	呈疏松状,菌粉粗细均匀	目测法观察菇的形状、大小、菌颗粒和菌粉粗细均匀程度,以及压缩食用菌块形是否规整,手捏法判断菇的弹性
色泽、气味	具有该食用菌的固有色泽和香味,无酸、臭、霉变、焦煳等异味			目测法和鼻嗅法
杂质	无肉眼可见外来异物(包括杂菌)			GB/T 12533
破损菇	≤5%	≤10% (压缩品残缺块≤8%)	—	随机取样 500 g(精确至 0.1 g),分别拣出破损菇、虫蛀菇、霉烂菇、压缩品残缺块,用台秤称量,分别计算其质量百分比
虫蛀菇	无			
霉烂菇	无		—	

4.3　理化指标

应符合表 2 的规定。

表 2　理化指标

项　目	指　标			检测方法
	食用菌鲜品	食用菌干品	食用菌粉	
水分,%	≤90(花菇≤86)	≤12.0(冻干品≤6.0) (香菇、黑木耳≤13.0,银耳≤15.0)	≤9.0	GB 5009.3
灰分(以干基计),%	≤8.0			GB 5009.4
干湿比	—	(1:7~1:10)ᵃ(黑木耳≥1:12)	—	GB/T 23775
注:其他理化指标应符合相应食用菌产品的国家标准、行业标准或地方标准要求。 ᵃ　仅适用于压缩食用菌。				

4.4　污染物限量、农药残留限量和食品添加剂限量

应符合食品安全国家标准及相关规定,同时符合表 3 的规定。

表 3　污染物、农药残留和食品添加剂限量

单位为毫克每千克

项　目	指　标		检测方法
	食用菌鲜品	食用菌干品(含食用菌粉)	
镉(以 Cd 计)	≤0.2(香菇≤0.5,姬松茸≤1.0)	≤1.0(香菇≤2.0,姬松茸≤5.0)	GB 5009.15
马拉硫磷	≤0.03		NY/T 761
乐果	≤0.02		NY/T 761
氯氟氰菊酯和高效氯氟氰菊酯	≤0.02		NY/T 761
氟氯氰菊酯和高效氟氯氰菊酯	≤0.01		NY/T 761
溴氰菊酯	≤0.01		NY/T 761
氯氰菊酯和高效氯氰菊酯	≤0.05		NY/T 761
氟氰戊菊酯	≤0.01		NY/T 761
咪鲜胺和咪鲜胺锰盐	≤0.01		GB/T 20769
多菌灵	≤1		GB/T 20769
百菌清	≤0.01		NY/T 761
吡虫啉	≤0.5		GB/T 20769
二氧化硫残留(以 SO₂ 计)	≤10	≤50	GB 5009.34

4.5 净含量

应符合国家质量监督检验检疫总局令 2005 年第 75 号的规定,检验方法按 JJF 1070 的规定执行。

5 检验规则

申报绿色食品的食用菌产品应按照本标准中 4.2～4.5 以及附录 A 所确定的项目进行检验。其他要求应符合 NY/T 1055 的规定。本标准规定的农药残留限量检测方法,如有其他国家标准、行业标准以及部文公告的检测方法,且其检出限和定量限能满足限量值要求时,在检测时可采用。

6 标签

6.1 储运图示应符合 GB/T 191 的规定。
6.2 标签应符合 GB 7718 的规定。

7 包装、运输和储存

7.1 包装应符合 NY/T 658 的规定。
7.2 运输和储存应符合 NY/T 1056 的规定。

附　录　A

（规范性附录）

绿色食品食用菌产品申报检验项目

表 A.1 和表 A.2 规定了除 4.2～4.5 所列项目外，依据食品安全国家标准和绿色食品生产实际情况，绿色食品食用菌产品申报检验还需检验的项目。

表 A.1　污染物和农药残留项目

单位为毫克每千克

项　目	指　标		检测方法
	食用菌鲜品	食用菌干品（含食用菌粉）	
总砷（以 As 计）	≤0.5	≤1.0	GB 5009.11
铅（以 Pb 计）	≤1.0	≤2.0	GB 5009.12
总汞（以 Hg 计）	≤0.1	≤0.2	GB 5009.17
噻菌灵	≤5		GB/T 20769
氯菊酯	≤0.1		NY/T 761
氰戊菊酯和 S-氰戊菊酯	≤0.2		NY/T 761
腐霉利	≤5		NY/T 761
除虫脲	≤0.3		GB/T 5009.147
甲基阿维菌素苯甲酸盐	≤0.02		GB/T 20769
代森锰锌	≤1		SN 0157
米酵菌酸	—	≤0.25（银耳）	GB 5009.189
荧光增白剂	阴性（白色食用菌）	—	NY/T 1257

表 A.2　微生物项目

微生物	采样方案[a] 及限量（若非指定，均以/25 g 表示）				检验方法
	n	c	m	M	
菌落总数	5	2	10^3（CFU/g）	10^4（CFU/g）	GB 4789.2
大肠菌群	5	2	10（CFU/g）	10^2（CFU/g）	GB 4789.3
霉菌	≤50（CFU/g）				GB 4789.15
沙门氏菌[b]	5	0	0	—	GB 4789.4
金黄色葡萄球菌[b]	5	1	100 CFU/g	1 000 CFU/g	GB 4789.10—2016 第二法

[a] n 为同一批次产品采集的样品件数；c 为最大可允许超出 m 值的样品数；m 为致病菌指标可接受水平的限量值；M 为致病菌指标的最高安全限量值。

[b] 仅适用于即食型食用菌产品。

ICS 67.080.20
X 26

中华人民共和国农业行业标准

NY/T 750—2020

代替 NY/T 750—2011

绿色食品 热带、亚热带水果

Green food—Tropical and subtropical fruits

2020-08-26 发布

2021-01-01 实施

中华人民共和国农业农村部 发布

前　言

本标准按照 GB/T 1.1—2009 给出的规则起草。

本标准代替 NY/T 750—2011《绿色食品　热带、亚热带水果》。本标准与 NY/T 750—2011 相比,除编辑性修改外,主要技术变化如下:

——修改了感官要求;删除了果柄长度的要求;

——修改了菠萝、荔枝、龙眼、香蕉、芒果、枇杷、番木瓜、毛叶枣、人心果、火龙果、菠萝蜜、番荔枝、青梅的可食率限量,修改了菠萝、橄榄、杨梅、荔枝、龙眼、香蕉、枇杷、番石榴、杨桃、红毛丹、毛叶枣、人心果、莲雾、西番莲、火龙果、菠萝蜜、番荔枝的可溶性固形物限量,修改了菠萝、橄榄、杨梅、荔枝、龙眼、香蕉、芒果、枇杷、杨桃、红毛丹、毛叶枣、人心果、莲雾、山竹、火龙果、菠萝蜜、番荔枝的可滴定酸限量;

——删除了六六六、滴滴涕、乐果、马拉硫磷、二嗪磷、亚胺硫磷、敌百虫、辛硫磷、杀螟硫磷等农药残留项目,增加了咪鲜胺、啶虫脒、灭多威、克百威、氧乐果、甲氰菊酯等农药残留项目;

——删除了氟、无机砷、总汞项目及指标值;

——修改了检验方法。

本标准由农业农村部农产品质量安全监管司提出。

本标准由中国绿色食品发展中心归口。

本标准起草单位:中国热带农业科学院农产品加工研究所、农业农村部食品质量监督检验测试中心(湛江)、中国绿色食品发展中心、海南省绿色食品办公室、海南北纬十八度果业有限公司、高州市华峰果业发展有限公司。

本标准主要起草人:林玲、李涛、马雪、杨春亮 、叶剑芝、王绥大、高晓冬、谭林威、苏子鹏、李琪、齐宁利、杨健荣、罗成、刘丽丽。

本标准所代替标准的历次版本发布情况为:

——NY/T 750—2003、NY/T 750—2011。

绿色食品　热带、亚热带水果

1 范围

本标准规定了绿色食品热带、亚热带水果的术语和定义、要求、检验规则、标签、包装、运输和储存。

本标准适用于绿色食品热带和亚热带水果，包括荔枝、龙眼、香蕉、菠萝、芒果、枇杷、黄皮、番木瓜、番石榴、杨梅、杨桃、橄榄、红毛丹、毛叶枣、莲雾、人心果、西番莲、山竹、火龙果、菠萝蜜、番荔枝和青梅。

2 规范性引用文件

下列文件对于本文件的应用是必不可少的。凡是注日期的引用文件，仅注日期的版本适用于本文件。凡是不注日期的引用文件，其最新版本（包括所有的修改单）适用于本文件。

GB 5009.12　食品安全国家标准　食品中铅的测定

GB 5009.15　食品安全国家标准　食品中镉的测定

GB 5009.34　食品安全国家标准　食品中二氧化硫的测定

GB 7718　食品安全国家标准　预包装食品标签通则

GB/T 12456　食品中总酸的测定

GB/T 20769　水果和蔬菜中450种农药及相关化学品残留量的测定　液相色谱-串联质谱法

GB 23200.8　食品安全国家标准　水果和蔬菜中500种农药及相关化学品残留量的测定　气相色谱-质谱法

NY/T 391　绿色食品　产地环境质量

NY/T 393　绿色食品　农药使用准则

NY/T 394　绿色食品　肥料使用准则

NY/T 515　荔枝

NY/T 658　绿色食品　包装通用准则

NY/T 761　蔬菜和水果中有机磷、有机氯、拟除虫菊酯和氨基甲酸酯类农药多残留的测定

NY/T 1055　绿色食品　产品检验规则

NY/T 1056　绿色食品　储藏运输准则

NY/T 1379　蔬菜中334种农药多残留的测定　气相色谱质谱法和液相色谱质谱法

NY/T 2637　水果和蔬菜可溶性固形物含量的测定　折射仪法

3 术语和定义

NY/T 515中界定的以及下列术语和定义适用于本文件。

3.1

后熟　after ripening

在采收后继续发育完成成熟的过程。

3.2

日灼　sunburn

果树在生长发育期间，由于强烈日光辐射增温所引起的果树器官和组织灼伤。

4 要求

4.1 产地环境

应符合NY/T 391的规定。

4.2 生产过程

生产过程中农药和肥料使用应分别符合 NY/T 393 和 NY/T 394 的规定。

4.3 感官

应符合表1的规定。

表 1 感官

项目	要　　求	检验方法
果实外观	具有本品种成熟时固有的形状和色泽;果实完整,果形端正,新鲜,无裂果、变质、腐烂、可见异物和机械伤	把样品置于洁净的白瓷盘中,置于自然光线下,品种特征、色泽、新鲜度、机械伤、成熟度、病虫害等用目测法进行检验;气味和滋味采用鼻嗅和口尝方法进行检验
病虫害	无果肉褐变、病果、虫果、病斑	
气味和滋味	具有该品种正常的气味和滋味,无异味	
成熟度	发育正常,具有适于鲜食或加工要求的成熟度	

4.4 理化指标

应符合表2的规定。

表 2 理化指标

单位为百分号

水果名称	可食率	可溶性固形物	可滴定酸(以柠檬酸计)	检验方法
黄皮	—	≥13	—	可食率:取样果 200 g~500 g(单果重≥400 g 的果实可酌情取 3 个~5 个),称量全果质量,并将果皮、果肉和种子分开,称量果皮加种子的质量。以全果质量减去果皮加种子的质量后的值除以全果质量所得的百分比 可溶性固形物按 NY/T 2637 规定的方法测定;可滴定酸按 GB/T 12456 规定的方法测定
菠萝	≥58	≥12	≤0.9	
橄榄	—	≥11	≤1.2	
杨梅	—	≥10	≤1.2	
荔枝	≥63	≥16	≤0.4	
龙眼	≥62	≥16	≤0.1	
香蕉	≥55	≥21	≤0.6	
芒果	≥57	≥10	≤1.1	
枇杷	≥60	≥9	≤0.8	
番石榴	—	≥10	≤0.3	
番木瓜	≥76	≥10	≤0.3	
杨桃	—	≥7.5	≤0.4	
红毛丹	≥40	≥14	≤1.5	
毛叶枣	≥78	≥9	≤0.8	
人心果	≥78	≥18	≤1.0	
莲雾	—	≥6	≤0.3	
西番莲[a]	≥30	≥13	≤4.0	
山竹	≥30	≥13	≤0.6	
火龙果	≥62	≥10	≤0.5	
菠萝蜜	≥41	≥17	≤0.4	
番荔枝	≥52	≥17	≤0.4	
青梅	≥75	≥6.0	≥4.3	
[a]　西番莲可食率为果汁率。				

4.5 农药残留限量和食品添加剂限量

农药残留限量除应符合食品安全国家标准及相关规定外,同时符合表3的要求。

表 3 农药残留限量

单位为毫克每千克

项　　目	指　　标	检验方法
氧乐果(omethoate)	≤0.01	NY/T 1379
敌敌畏(dichlorvos)	≤0.01	NY/T 761
倍硫磷(fenthion)	≤0.01	NY/T 1379

表 3（续）

项　　目	指　　标	检验方法
氯氰菊酯（cypermethrin）	≤0.01（橄榄、杨桃、荔枝、龙眼、芒果、番木瓜、毛叶枣、红毛丹）	NY/T 761
多菌灵（carbendazim）	≤0.5（荔枝、芒果、菠萝、橄榄、香蕉）	GB/T 20769
百菌清（chlorothalonil）	≤0.01	NY/T 761
溴氰菊酯（deltmethrin）	≤0.01	NY/T 761
氰戊菊酯（fenvalerate）	≤0.01	NY/T 761
氯氟氰菊酯（cyhalothrin）	≤0.01（荔枝、橄榄、芒果、龙眼、香蕉、枇杷、黄皮、番石榴、杨桃、红毛丹、毛叶枣、莲雾、人心果、火龙果、番荔枝）	NY/T 761
咪鲜胺（prochloraz）	≤0.01	GB/T 20769
灭多威（methomyl）	≤0.01	GB/T 20769
克百威（carbofuran）	≤0.01	GB/T 20769
甲氰菊酯（fenpropathrin）	≤2	NY/T 761
毒死蜱（chlorpyrifos）	≤0.01（荔枝、龙眼）	GB 23200.8
二氧化硫（sulfur dioxide）	≤30（荔枝、龙眼）	GB 5009.34

5　检验规则

申报绿色食品应按照 4.3～4.5 以及附录 A 所确定的项目进行检验。其他要求应符合 NY/T 1055 的规定。本标准规定的农药残留量检测方法，如有其他国家标准、行业标准以及部文公告的检测方法，且其检出限和定量限能满足限量值要求时，在检测时可采用。

6　标签

按 GB 7718 的规定执行。

7　包装、运输和储存

7.1　包装

按 NY/T 658 的规定执行。

7.2　运输和储存

7.2.1　对于香蕉、番木瓜、红毛丹、人心果、芒果、西番莲、番石榴、番荔枝等呼吸跃变型水果，在运输、储存过程中应按同一批次、同一成熟度，每种水果单独运输、储存。

　　a）　长途运输应控温运输，延长储存期。

　　b）　储存仓库应注意二氧化碳及乙烯浓度变化情况，及时通风换气，防止因二氧化碳及乙烯催熟呼吸跃变型水果，导致其鲜度下降，储存期降低。

7.2.2　其他非呼吸跃变型水果按 NY/T 1056 的相关规定执行。

附 录 A

（规范性附录）

绿色食品热带、亚热带水果申报检验项目

表 A.1 规定了除 4.3～4.5 所列项目外，依据食品安全国家标准和绿色食品热带、亚热带水果生产实际情况，绿色食品热带、亚热带水果申报检验还应检验的项目。

表 A.1 污染物和农药残留项目

单位为毫克每千克

检验项目	指 标	检验方法
铅（以 Pb 计）	≤0.1	GB 5009.12
镉（以 Cd 计）	≤0.05	GB 5009.15
啶虫脒（acetamiprid）	≤2	GB/T 20769

ICS 67.200.20
CCS X 14

中华人民共和国农业行业标准

NY/T 751—2021
代替 NY/T 751—2017

绿色食品 食用植物油

Green food—Edible vegetable oil

2021-05-07 发布

2021-11-01 实施

中华人民共和国农业农村部 发布

前　言

本文件按照 GB/T 1.1—2020《标准化工作导则　第 1 部分:标准化文件的结构和起草规则》的规定起草。

本文件代替 NY/T 751—2017《绿色食品　食用植物油》,与 NY/T 751—2017 相比,除结构调整和编辑性改动外,主要技术变化如下:

a) 增加了茶叶籽油、紫苏籽油、精炼椰子油、秋葵籽油、南瓜籽油 5 个品种,并在要求中增加其相应技术指标(见 1、4.3.1 表 2、4.4 表 3,2017 版 1、3.3 表 2、3.4 表 3);

b) 增加了邻苯二甲酸二(2-乙基己基)酯、邻苯二甲酸二异壬酯、邻苯二甲酸二丁酯的限量值(见4.5 表 4);

c) 更改了脂肪酸组成、冷冻试验、溶剂残留量的检测方法(见 4.3.2、4.4 表 3,2017 版 3.3 表 2、3.4表 3);

d) 更改了部分产品酸价和过氧化值的限值(见 4.4 表 3,2017 版 3.4 表 3);

e) 删除了特征指标折光指数、碘值、皂化值、不皂化物的指标(见 2017 版 3.3 表 2)。

本文件由农业农村部农产品质量安全监管司提出。

本文件由中国绿色食品发展中心归口。

本文件起草单位:山东省农业科学院农业质量标准与检测技术研究所、农业农村部食品质量监督检验测试中心(济南)、山东裕农健康产业有限公司、中国绿色食品发展中心、山东省标准化研究院、山东标准检测技术有限公司、青岛谱尼测试技术有限公司、中国农业科学院油料作物研究所、山东鲁花集团有限公司、湖南省食品测试分析中心、济南市农业信息中心、山东省绿色食品发展中心、山东玉皇粮油食品有限公司、山东省十里香芝麻制品股份有限公司。

本文件主要起草人:万书波、滕葳、赵善仓、张志华、张宪、李倩、张树秋、王磊、甄爱华、嵇春波、苏家永、董燕婕、范丽霞、胥清翠、赵领军、张良晓、任显凤、徐薇、李高阳、赵煜坤、段银琴、徐峰、李秋、刘学锋、沈小刚、孟伟国、郑莹。

本文件及其所代替文件的历次版本发布情况为:

——2003 年首次发布为 NY/T 751—2003,2006 年第一次修订,2007 年第二次修订,2011 年第三次修订,2017 年第四次修订。

——本次为第五次修订。

绿色食品　食用植物油

1　范围

本文件规定了绿色食品食用植物油的术语和定义,要求,检验规则,标签,包装、运输和储存。

本文件适用于绿色食品食用植物油,包括菜籽油、大豆油、花生油、芝麻油、亚麻籽油、葵花籽(仁)油、玉米油、油茶籽油、茶叶籽油、米糠油、核桃油、红花籽油、葡萄籽油、橄榄油、牡丹籽油、棕榈(仁)油、沙棘籽油、紫苏籽油、精炼椰子油、秋葵籽油、南瓜籽油及食用植物调和油。

2　规范性引用文件

下列文件中的内容通过文中的规范性引用而构成本文件必不可少的条款。其中,注日期的引用文件,仅该日期对应的版本适用于本文件;不注日期的引用文件,其最新版本(包括所有的修改单)适用于本文件。

GB/T 191　包装储运图示标志

GB 2716　食品安全国家标准　植物油

GB 2763　食品安全国家标准　食品中农药最大残留限量

GB 5009.11　食品安全国家标准　食品中总砷及无机砷的测定

GB 5009.12　食品安全国家标准　食品中铅的测定

GB 5009.22　食品安全国家标准　食品中黄曲霉毒素B族和G族的测定

GB 5009.27　食品安全国家标准　食品中苯并(a)芘的测定

GB 5009.32　食品安全国家标准　食品中9种抗氧化剂的测定

GB 5009.168　食品安全国家标准　食品中脂肪酸的测定

GB 5009.227　食品安全国家标准　食品中过氧化值的测定

GB 5009.229　食品安全国家标准　食品中酸价的测定

GB 5009.236　食品安全国家标准　动植物油脂水分及挥发物的测定

GB 5009.262　食品安全国家标准　食品中溶剂残留量的测定

GB 5009.271　食品安全国家标准　食品中邻苯二甲酸酯的测定

GB/T 5525　植物油脂　透明度、气味、滋味鉴定法

GB 5526　植物油脂检验　比重测定法

GB/T 5531　粮油检验　植物油脂加热试验

GB 5536　植物油脂检验　熔点测定法

GB 7718　食品安全国家标准　预包装食品标签通则

GB 8955　食品安全国家标准　食用植物油及其制品生产卫生规范

GB 14881　食品安全国家标准　食品生产通用卫生规范

GB/T 15688　动植物油脂　不溶性杂质含量的测定

GB/T 17374　食用植物油销售包装

GB/T 20795　植物油脂烟点测定

GB 28050　食品安全国家标准　预包装食品营养标签通则

GB/T 35877　粮油检验　动植物油脂冷冻试验

JJF 1070　定量包装商品净含量计量检验规则

NY/T 393　绿色食品　农药使用准则

NY/T 658　绿色食品　包装通用准则

NY/T 1055　绿色食品　产品检验规则

NY/T 1056　绿色食品　储藏运输准则

NY/T 2002　菜籽油中芥酸的测定

国家质量监督检验检疫总局令 2005 年第 75 号　定量包装商品计量监督管理办法

3　术语和定义

GB 2716 界定的术语和定义适用于本文件。

4　要求

4.1　原料及生产加工

4.1.1　原料应符合绿色食品相关标准规定。

4.1.2　单一品种的食用植物油中不应添加其他品种的食用油,食用植物调和油应为本文件所涵盖的单品种食用植物油 2 种或 2 种以上调和,并注明所有原料油成分。

4.1.3　绿色食品食用植物油中不应添加矿物油等非食用植物油、不合格的原料油、回收油和香精、香料。

4.1.4　绿色食品食用植物油生产及加工过程应符合 GB 14881 和 GB 8955 的规定。

4.2　感官

应符合表 1 的规定。

表 1　感官要求

序号	项　目	要　求	检测方法
1	气味、滋味、状态	具有产品应有的气味和滋味,无焦臭、酸败及其他异味;具有产品应有的状态,无正常视力可见的外来异物	GB 2716
2	色泽	具有产品应有的色泽	
3	透明度/20 ℃	澄清、透明(棕榈仁油在 40 ℃条件下)	GB/T 5525

4.3　特征指标

4.3.1　相对密度

应符合表 2 的规定。

表 2　相对密度

种　类	相对密度(d^{20}_{20})	检测方法	种　类	相对密度(d^{20}_{20})	检测方法
菜籽油	0.914～0.920	GB 5526	红花籽油	0.922～0.927	GB 5526
大豆油	0.919～0.925		葡萄籽油	0.920～0.926	
花生油	0.914～0.917		橄榄油	—	
芝麻油	0.915～0.924		牡丹籽油	0.910～0.938	
亚麻籽油	0.927 6～0.938 2		沙棘籽油	—	
葵花籽(仁)油	0.918～0.923		棕榈油[a]	0.891～0.899	
玉米油	0.917～0.925		棕榈仁油[b]	0.897～0.912	
油茶籽油	0.912～0.922		紫苏籽油	0.920～0.936	
茶叶籽油	0.900～0.930		精炼椰子油	0.908～0.921	
米糠油	0.914～0.925		秋葵籽油	—	
核桃油	0.902～0.929		南瓜籽油	0.910～0.930	
[a]　棕榈油相对密度(50 ℃/20 ℃水)。					
[b]　棕榈仁油相对密度(40 ℃/20 ℃水)。					

4.3.2　脂肪酸组成

按各产品相应的国家或行业标准规定执行(花生油中油酸≥35.0%、菜籽油中油酸≥8.0%),检测方法按 GB 5009.168 的规定执行。

4.4　理化指标

应符合表 3 的规定。

表 3 理化指标

序号	项目		指标	检测方法
1	熔点,℃		棕榈油 33~39,棕榈仁油 25~28	GB 5536
2	水分及挥发物,g/100 g	浸出油	≤0.10[精炼芝麻油、棕榈油≤0.05;大豆油、玉米油、花生油、葵花籽(仁)油、油茶籽油、南瓜籽油≤0.15;芝麻香油、亚麻籽油、橄榄油、沙棘籽油、秋葵籽油≤0.20]	GB 5009.236
		压榨油	≤0.10(精炼芝麻油、棕榈油≤0.05;大豆油、玉米油、南瓜籽油≤0.15;芝麻香油、亚麻籽油、橄榄油、沙棘籽油、秋葵籽油≤0.20)	
3	酸价(以 KOH 计),mg/g	浸出油	≤2.0(棕榈油、食用植物调和油≤0.20;精炼椰子油≤0.30;精炼芝麻油≤0.6;亚麻籽油、核桃油、葡萄籽油、米糠油、红花籽油、紫苏油≤1.0;茶叶籽油、芝麻香油、秋葵籽油、橄榄油、沙棘籽油≤3.0)	GB 5009.229
		压榨油	≤1.0[棕榈油、食用植物调和油≤0.20;精炼椰子油≤0.30;精炼芝麻油≤0.6;花生油、葵花籽(仁)油≤1.5;菜籽油、油茶籽油、大豆油、玉米油、牡丹籽油≤2.0;南瓜籽油≤2.5;茶叶籽油、芝麻香油、秋葵籽油、橄榄油、沙棘籽油≤3.0]	
4	过氧化值,g/100 g	压榨油	≤0.25[棕榈油、精炼椰子油≤0.13;葵花籽(仁)油、米糠油、红花籽油≤0.19;精炼芝麻油、亚麻籽油、核桃油、玉米油、芝麻香油、茶叶籽油、橄榄油、食用植物调和油、沙棘籽油≤0.25]	GB 5009.227
		浸出油	≤0.25[南瓜籽油≤0.10;菜籽油、棕榈油、精炼椰子油≤0.13;大豆油、葡萄籽油、牡丹籽油、秋葵籽油、紫苏油≤0.15;花生油、葵花籽(仁)油、米糠油、红花籽油≤0.19]	
5	不溶性杂质,g/100 g		≤0.05(橄榄油、精炼椰子油≤0.10;沙棘籽油≤0.15)	GB/T 15688
6	加热试验[a](280 ℃)		无析出物,允许油色变浅或不变	GB/T 5531
7	冷冻试验[b](0 ℃冷藏 5.5 h)		澄清、透明	GB/T 35877
8	烟点[c],℃		花生油、大豆油、葵花籽(仁)油、油茶籽油≥190;菜籽油、玉米油、米糠油≥205;其他油不做烟点试验	GB/T 20795
9	芥酸[d],%		≤3.0	NY/T 2002
10	溶剂残留量[e],mg/kg		不得检出(<2)	GB 5009.262

注:检验方法明确检出限的,"不得检出"后括号中内容为检出限;检验方法只明确定量限的,"不得检出"后括号中内容为定量限。

[a] 芝麻油、亚麻籽油、红花籽油、葡萄籽油、牡丹籽油、棕榈油、橄榄油、紫苏油、精炼椰子油、沙棘籽油、南瓜籽油、食用植物调和油不做加热试验。

[b] 压榨花生油、芝麻油、亚麻籽油、红花籽油、葡萄籽油、牡丹籽油、棕榈油、橄榄油、精炼椰子油、沙棘籽油、南瓜籽油不做冷冻试验。

[c] 仅适用于浸出油。

[d] 仅适用于低芥酸菜籽油和含低芥酸菜籽油的调和油。

4.5 污染物限量、食品添加剂限量和真菌毒素限量

应符合食品安全国家标准及相关规定,同时符合表 4 的规定。

表 4 污染物、食品添加剂和真菌毒素限量

序号	项目	指标	检测方法
1	苯并(a)芘[a],μg/kg	≤5	GB 5009.27
2	黄曲霉毒素 B_1,μg/kg	≤5	GB 5009.22
3	邻苯二甲酸二(α-乙基己酯)DEHP,mg/kg	≤1.5	GB 5009.271
4	邻苯二甲酸二异壬酯(DINP),mg/kg	≤9.0	
5	邻苯二甲酸二丁酯(DBP),mg/kg	≤0.3	

表 4（续）

序号	项　目	指　标	检测方法
6	特丁基对苯二酚（TBHQ），mg/kg	≤100	GB 5009.32
7	叔丁基羟基茴香醚（BHA），mg/kg	≤150	
8	2,6-二叔丁基对甲酚（BHT），mg/kg	≤50	
9	TBHQ、BHA 和 BHT 中任何两种混合使用的总量，mg/kg	≤150	—
ª　不适用于棕榈（仁）油。			

4.6　农药残留限量

应符合 GB 2763 中植物油和相应种类植物油限量标准的要求及 NY/T 393 的规定。

4.7　净含量

应符合国家质量监督检验检疫总局令 2005 年第 75 号的要求。检测方法按 JJF 1070 的规定执行。

4.8　其他要求

除上述要求外，还应符合附录 A 的要求。

5　检验规则

申报绿色食品的食用植物油应按照本文件中 4.2～4.7 以及附录 A 所确定的项目进行检验。其他要求应符合 NY/T 1055 的要求。

6　标签

6.1　按 GB 7718 和 GB 28050 的规定执行。储运图示按 GB/T 191 的规定执行。

6.2　食用植物调和油的标签标识按 GB 2716 的规定执行。

7　包装、运输和储存

7.1　包装

按 GB/T 17374 和 NY/T 658 的规定执行。

7.2　运输和储存

按 NY/T 1056 的规定执行。

附　录　A

(规范性)

绿色食品食用植物油产品申报检验项目

　　表 A.1 规定了除 4.2~4.7 所列项目外,依据食品安全国家标准和绿色食品生产实际情况,绿色食品食用植物油申报检验时还应检验的项目。

表 A.1　污染物、食品添加剂项目

单位为毫克每千克

项目	指标	检测方法
总砷(以 As 计)	≤0.1	GB 5009.11
铅(以 Pb 计)	≤0.1	GB 5009.12
没食子酸丙酯(PG)	≤100	GB 5009.32

ICS 67.180.10
B 47

中华人民共和国农业行业标准

NY/T 752—2020
代替 NY/T 752—2012

绿色食品　蜂产品

Green food—Bee product

2020-08-26 发布

2021-01-01 实施

中华人民共和国农业农村部 发布

前　言

本标准按照 GB/T 1.1—2009 给出的规则起草。

本标准代替 NY/T 752—2012《绿色食品　蜂产品》。与 NY/T 752—2012 相比，除编辑性修改外主要技术变化如下：

——增加了蜂蜜和蜂王浆中喹诺酮类残留限量指标；

——增加了蜂王浆中硝基咪唑类残留限量指标；

——增加了蜂花粉中总糖、黄酮类化合物、酸度理化指标；

——修订了蜂蜜中淀粉酶活性指标；

——删除了蜂花粉中六六六、滴滴涕残留限量指标；

——删除了附录 A 蜂蜜中锌理化指标；

——修改了蜂花粉中微生物指标；

——更新或替换了一部分检测方法。

本标准由农业农村部农产品质量安全监管司提出。

本标准由中国绿色食品发展中心归口。

本标准起草单位：农业农村部蜂产品质量监督检验测试中心（北京）、中国绿色食品发展中心、武汉市葆春蜂王浆有限责任公司、绿纯（北京）科技有限公司。

本标准主要起草人：陈兰珍、李熠、周金慧、张金振、金玥、黄京平、张宪、朱黎、谢勇、辛金艳。

本标准所代替标准的历次版本发布情况为：

——NY/T 752—2003、NY/T 752—2012。

绿色食品 蜂产品

1 范围

本标准规定了绿色食品蜂产品的分类、要求、检验规则、标签、包装、运输和储存。

本标准适用于绿色食品蜂蜜、蜂王浆（包括蜂王浆冻干粉）、蜂花粉。不适用于巢蜜、蜂胶、蜂蜡及其制品。

2 规范性引用文件

下列文件对于本文件的应用是必不可少的。凡是注日期的引用文件，仅注日期的版本适用于本文件。凡是不注日期的引用文件，其最新版本（包括所有的修改单）适用于本文件。

GB 4789.1 食品安全国家标准 食品微生物学检验 总则

GB 4789.2 食品安全国家标准 食品微生物学检验 菌落总数测定

GB 4789.3 食品安全国家标准 食品微生物学检验 大肠菌群计数

GB 4789.4 食品安全国家标准 食品微生物学检验 沙门氏菌检验

GB 4789.5 食品安全国家标准 食品微生物学检验 志贺氏菌检验

GB 4789.10 食品安全国家标准 食品微生物学检验 金黄色葡萄球菌检验

GB 4789.15 食品安全国家标准 食品微生物学检验 霉菌和酵母计数

GB 5009.3 食品安全国家标准 食品中水分的测定

GB 5009.4 食品安全国家标准 食品中灰分的测定

GB 5009.5 食品安全国家标准 食品中蛋白质的测定

GB 5009.8 食品安全国家标准 食品中果糖、葡萄糖、蔗糖、麦芽糖、乳糖的测定

GB 5009.11 食品安全国家标准 食品中总砷及无机砷的测定

GB 5009.12 食品安全国家标准 食品中铅的测定

GB 5009.15 食品安全国家标准 食品中镉的测定

GB 7718 食品安全国家标准 预包装食品标签通则

GB 9697 蜂王浆

GB/T 18932.1 蜂蜜中碳-4植物糖含量测定方法 稳定碳同位素比率法

GB/T 18932.10 蜂蜜中溴螨酯、4,4′-二溴二苯甲酮残留量的测定方法 气相色谱/质谱法

GB/T 18932.16 蜂蜜中淀粉酶值的测定方法 分光光度法

GB/T 18932.17 蜂蜜中16种磺胺残留量的测定方法 液相色谱-串联质谱法

GB/T 18932.18 蜂蜜中羟甲基糠醛含量的测定方法 液相色谱-紫外检测法

GB/T 18932.19 蜂蜜中氯霉素残留量的测定方法 液相色谱-串联质谱法

GB/T 18932.23 蜂蜜中土霉素、四环素、金霉素、强力霉素残留量的测定方法 液相色谱-串联质谱法

GB/T 18932.24 蜂蜜中呋喃它酮、呋喃西林、呋喃妥因和呋喃唑酮代谢物残留量的测定方法 液相色谱-串联质谱法

GB/T 20573 蜜蜂产品术语

GB/T 20757 蜂蜜中十四种喹诺酮类药物残留量的测定 液相色谱-串联质谱法

GB/T 21167 蜂王浆中硝基呋喃类代谢物残留量的测定 液相色谱-串联质谱法

GB/T 21169 蜂蜜中双甲脒及其代谢物残留量测定 液相色谱法

GB/T 21528 蜜蜂产品生产管理规范

GB/T 21532 蜂王浆冻干粉

GB/T 22945 蜂王浆中链霉素、双氢链霉素和卡那霉素残留量的测定 液相色谱-串联质谱法

GB/T 22947　蜂王浆中十八种磺胺类药物残留量的测定　液相色谱-串联质谱法

GB/T 22995　蜂蜜中链霉素、双氢链霉素和卡那霉素残留量的测定　液相色谱-串联质谱法

GB 23200.100　食品安全国家标准 蜂王浆中多种菊酯类农药残留量的测定　气相色谱法

GB/T 23407　蜂王浆中硝基咪唑类药物及其代谢物残留量的测定　液相色谱-质谱/质谱法

GB/T 23409　蜂王浆中土霉素、四环素、金霉素、强力霉素残留量的测定　液相色谱-质谱/质谱法

GB/T 23410　蜂蜜中硝基咪唑类药物及其代谢物残留量的测定　液相色谱-质谱/质谱法

GB/T 23411　蜂王浆中 17 种喹诺酮类药物残留量的测定　液相色谱-质谱/质谱法

GB/T 23869　花粉中总汞的测定方法

GB 28050　食品安全国家标准　预包装食品营养标签通则

GB/T 30359　蜂花粉

GB 31636　食品安全国家标准　花粉

GH/T 18796　蜂蜜

农业部 781 号公告—7—2006　蜂蜜中氟氯苯氰菊酯残留量的测定　气相色谱法

农业部 781 号公告—9—2006　蜂蜜中氟胺氰菊酯残留量的测定　气相色谱法

JJF 1070　定量包装商品净含量计量检验规则

NY/T 391　绿色食品　产地环境质量

NY/T 393　绿色食品　农药使用准则

NY/T 472　绿色食品　兽药使用准则

NY/T 658　绿色食品　包装通用准则

NY/T 1055　绿色食品　产品检验规则

NY/T 1056　绿色食品　储藏运输准则

SN/T 0852　进出口蜂蜜检验规程

SN/T 2063　进出口蜂王浆中氯霉素残留量的检测方法　液相色谱-串联质谱法

国家质量监督检验检疫总局令 2005 年第 75 号　定量包装商品计量监督管理办法

3　术语和定义

GH/T 18796、GB 9697、GB/T 20573、GB/T 21532 和 GB/T 30359 界定的以及下列术语和定义适用于本文件。

3.1

蜂蜜　honey；bee honey

由工蜂采集植物的花蜜、分泌物或蜜露，与自身分泌物结合后，在巢脾内转化、脱水、储存至成熟的天然甜味物质。

3.2

蜂王浆、蜂皇浆　royal jelly

工蜂咽下腺和上颚腺分泌的，主要用于饲喂蜂王和蜂幼虫的乳白色、淡黄色或浅橙色浆状物质。

3.3

蜂王浆冻干粉、蜂皇浆冻干粉　lyophilized royal jelly powder

通过真空冷冻干燥方法加工制成的脱水蜂王浆粉末。

3.4

蜂花粉　bee pollen

工蜂采集显花植物花蕊中的花粉粒，加入唾液和花蜜混合而成的物质。

4　要求

4.1　产地环境

应符合 NY/T 391 的要求。

4.2 原料生产

应符合 NY/T 393、NY/T 472 的要求。

4.3 生产过程

应符合 GB/T 21528 的要求。

4.4 感官

4.4.1 蜂蜜

蜂蜜感官要求,应符合表 1 的规定。

表 1 蜂蜜感官要求

项　目	要求	检验方法
色泽	依蜜源品种不同,从水白色至深琥珀色或深色	
气味、滋味	具有蜜源植物的花的气味。单一花种蜂蜜应具有该种蜜源植物的花的气味。无酒味等其他异味;口感甜润或细腻	GH/T 18796
状态	常温下呈黏稠流体状,或部分及全部结晶。无发酵状态	
杂质	不得含有蜜蜂肢体、幼虫、蜡屑及肉眼可见杂质(含蜡屑巢蜜除外)	

4.4.2 蜂王浆

蜂王浆感官要求,应符合表 2 的规定。

表 2 蜂王浆感官要求

项　目	要求	检验方法
色泽	乳白色、淡黄色或浅橙色,有光泽;冰冻状态有冰晶的光泽	
气味、滋味	解冻状态时,应有类似花蜜或花粉的香味和辛香味;气味纯正,不得有发酵、酸败气味;有明显的酸、涩、辛辣和甜味感,上颚和咽喉有刺激感;咽下或吐出后,咽喉刺激感仍会存留一些时间;冰冻状态时,初品尝有颗粒感,逐渐消失,并出现与解冻状态同样的口感	GB 9697
状态	常温或解冻后呈黏浆状,具有流动性	
杂质	不应有气泡及肉眼可见杂质	

4.4.3 蜂王浆冻干粉

蜂王浆冻干粉感官要求,应符合表 3 的规定。

表 3 蜂王浆冻干粉感官要求

项　目	要求	检验方法
色泽	乳白色或淡黄色	
气味、滋味	有蜂王浆香气,气味纯正,不得有发酵、发臭等异味。有明显的酸、涩、辛辣味,回味略甜	GB/T 21532
状态	粉末状	
杂质	无肉眼可见杂质	

4.4.4 蜂花粉

蜂花粉感官要求,应符合表 4 的规定。

表 4 蜂花粉感官要求

项　目	要求	检测方法
色泽	单一品种蜂花粉应具有该品种蜂花粉特有的颜色	
气味、滋味	具有蜂花粉应有的滋味和气味,无异味	GB 31636
状态	粉末或不规则的扁圆形团粒(颗粒),无虫蛀,无霉变	
杂质	无正常视力可见外来异物	

4.5 理化指标

4.5.1 蜂蜜

应符合表5的规定。

表5 蜂蜜理化指标

项　目	指　标	检验方法
水分,g/100 g 荔枝蜂蜜、龙眼蜂蜜、柑橘蜂蜜、鹅掌柴蜂蜜、乌桕蜂蜜 其他蜂蜜	≤23 ≤20	SN/T 0852
果糖和葡萄糖,g/100 g	≥60	GB 5009.8
蔗糖,g/100 g 桉树蜂蜜、柑橘蜂蜜、荔枝蜂蜜、野桂花蜂蜜和紫花苜蓿蜂蜜 其他蜂蜜	≤10 ≤5	GB 5009.8
酸度(1 mol/L 氢氧化钠),mL/kg	≤40	SN/T 0852
羟甲基糠醛(HMF),mg/kg	≤40	GB/T 18932.18
淀粉酶活性,mL/(g·h) 荔枝蜂蜜、龙眼蜂蜜、柑橘蜂蜜、鹅掌柴蜂蜜 其他蜂蜜	≥4 ≥8	GB/T 18932.16
碳-4 植物糖,g/100 g	≤7	GB/T 18932.1

4.5.2 蜂王浆及其冻干粉

应符合表6的规定。

表6 蜂王浆及其冻干粉理化指标

项　目	指　标		检验方法
	蜂王浆	蜂王浆冻干粉	
10-羟基-2-癸烯酸,g/100 g	≥1.8	≥5.0	
水分,g/100 g	≤67.5	≤3.0	
蛋白质,g/100 g	11~16	≥33	
总糖(以葡萄糖计),g/100 g	≤15	≤45	GB 9697
灰分,g/100 g	≤1.5	≤4.0	
酸度(1 mol/L 氢氧化钠),mL/100 g	30~53	90~159	
淀粉	不得检出	不得检出	

4.5.3 蜂花粉

应符合表7的规定。

表7 蜂花粉理化指标

项　目	指　标	检验方法
水分,g/100 g	≤6	GB 5009.3
蛋白质,g/100 g	≥15	GB 5009.5
灰分,g/100 g	≤5	GB 5009.4
单一品种蜂花粉率,%	≥90	GB/T 30359
碎花粉率,%	≤3	GB/T 30359
总糖(以还原糖计),g/100 g	15~50	GB/T 30359
黄酮类化合物(以无水芦丁计),mg/100 g	≥400	GB/T 30359
酸度(以 pH 表示)	≥4.4	GB/T 30359

4.6 污染物限量、农药残留限量和兽药残留限量

4.6.1 蜂蜜

污染物、农药残留和兽药残留限量应符合相关食品安全国家标准的规定,同时符合表8的规定。

表 8 蜂蜜中污染物、农药残留及兽药残留限量

单位为微克每千克

项　目	指　标	检验方法
总砷（以 As 计）	≤200	GB 5009.11
铅（以 Pb 计）	≤100	GB 5009.12
镉（以 Cd 计）	≤100	GB 5009.15
氟胺氰菊酯（Fluvalinate）	≤50	农业部 781 号公告—9—2006
氟氯苯氰菊酯（Flumethrin）	≤5	农业部 781 号公告—7—2006
溴螨酯（Bromopropylate）	≤100	GB/T 18932.10
双甲脒（Amitraz）	不得检出[a]	GB/T 21169
硝基呋喃类（Nitrofurans）［以 3-氨基-2-噁唑烷基酮（AOZ），或 5-吗啉甲基-3-氨基-2-噁唑烷基酮（AMOZ），或 1-氨基-2-内酰脲（AHD），或氨基脲（SEM）计］	不得检出[b]	GB/T 18932.24
氯霉素（Chloramphenicol）	不得检出（<0.1）	GB/T 18932.19
硝基咪唑类（Nitroimidazoles）	不得检出[c]	GB/T 23410
磺胺类（Sulfonamides）	不得检出[d]	GB/T 18932.17
土霉素/金霉素/四环素（总量）（Oxytetracycline/Chlortetracycline/Tetracycline）	≤300	GB/T 18932.23
链霉素（Streptomycin）	≤20	GB/T 22995
喹诺酮类（Quinolones）	不得检出（<2）	GB/T 20757

[a] 双甲脒检出限为 10 μg/kg，双甲脒代谢物（2,4-二甲基苯胺）检出限为 20 μg/kg。

[b] 3-氨基-2-噁唑烷基酮（AOZ）、5-吗啉甲基-3-氨基-2-噁唑烷基酮（AMOZ）、1-氨基-2-内酰脲（AHD）和氨基脲（SEM）的检出限分别为 0.2 μg/kg、0.2 μg/kg、0.5 μg/kg、0.5 μg/kg。

[c] 甲硝唑（MNZ）、二甲硝咪唑（DMZ）、洛硝哒唑（RNZ）、异丙硝唑（IPZ）的检出限为 1.0 μg/kg，2-羟甲基-1-甲基-5-硝基咪唑（HMMNI）、2-(2-羟异丙基)-1-甲基-5-硝基咪唑（IPZOH）、1-(2-羟乙基)-2-羟甲基-5-硝基咪唑（MNZOH）的检出限为 2.0 μg/kg。

[d] 磺胺甲噻二唑的检出限为 1.0 μg/kg；磺胺醋酰、磺胺嘧啶、磺胺吡啶、磺胺二甲异噁唑、磺胺甲基嘧啶、磺胺氯哒嗪、磺胺-6-甲氧嘧啶、磺胺邻二甲氧嘧啶、磺胺甲基异噁唑的检出限为 2.0 μg/kg；磺胺噻唑、磺胺甲氧哒嗪、磺胺间二甲氧嘧啶为 4.0 μg/kg；磺胺甲氧嘧啶、磺胺二甲嘧啶为 8.0 μg/kg；磺胺苯吡唑为 12.0 μg/kg。

4.6.2 蜂王浆及蜂王浆冻干粉

污染物、农药残留和兽药残留限量应符合相关食品安全国家标准的规定，同时符合表 9 的规定。

表 9 蜂王浆及蜂王浆冻干粉中污染物、农药残留及兽药残留限量

单位为微克每千克

项　目	指　标	检验方法
总砷（以 As 计）	≤200	GB 5009.11
铅（以 Pb 计）	≤200	GB 5009.12
氟胺氰菊酯（Fluvalinate）	≤20	GB 23200.100
硝基呋喃类（Nitrofurans）［以 3-氨基-2-噁唑烷基酮（AOZ），或 5-甲基吗啉-3-氨基-2-噁唑烷基酮（AMOZ），或 1-氨基-2-内酰脲（AHD），或氨基脲（SEM）计］	不得检出（<0.5）	GB/T 21167
氯霉素（Chloramphenicol）	不得检出（<0.3）	SN/T 2063
土霉素/金霉素/四环素（总量）（Oxytetracycline/Chlortetracycline/Tetracycline）	≤300	GB/T 23409
链霉素（Streptomycin）	≤20	GB/T 22945
磺胺类（Sulfonamides）	不得检出（<5.0）	GB/T 22947
硝基咪唑类（Nitroimidazoles）	不得检出[a]	GB/T 23407
喹诺酮类（Quinolones）	不得检出（<2.5）	GB/T 23411

[a] 甲硝唑（MNZ）、二甲硝咪唑（DMZ）、洛硝哒唑（RNZ）、异丙硝唑（IPZ）的检出限为 2.0 μg/kg，2-羟甲基-1-甲基-5-硝基咪唑（HMMNI）、2-(2-羟异丙基)-1-甲基-5-硝基咪唑（IPZOH）的检出限为 5.0 μg/kg。

4.6.3 蜂花粉

污染物、农药残留限量应符合相关食品安全国家标准的规定,同时符合表10的规定。

表 10　蜂花粉中污染物、农药残留限量

单位为微克每千克

项　目	指　标	检验方法
总砷（以As计）	≤200	GB 5009.11
铅（以Pb计）	≤500	GB 5009.12
总汞（以Hg计）	≤15	GB/T 23869

4.7　微生物限量

应符合表11～表14的规定。

表 11　蜂蜜中微生物限量

项　目	指　标	检验方法[a]
菌落总数,CFU/g	≤1 000	GB 4789.2
大肠菌群,MPN/g	≤0.3	GB 4789.3
霉菌计数,CFU/g	≤200	GB 4789.15
沙门氏菌	0/25 g	GB 4789.4
志贺氏菌	0/25 g	GB 4789.5
金黄色葡萄球菌	0/25 g	GB 4789.10
[a]　样品的分析及处理按GB 4789.1的规定执行。		

表 12　蜂王浆中微生物限量

项　目	指　标	检验方法[a]
菌落总数,CFU/g	≤200	GB 4789.2
大肠菌群,MPN/g	≤0.3	GB 4789.3
霉菌和酵母计数,CFU/g	≤50	GB 4789.15
沙门氏菌	0/25 g	GB 4789.4
志贺氏菌	0/25 g	GB 4789.5
金黄色葡萄球菌	0/25 g	GB 4789.10
[a]　样品的分析及处理按GB 4789.1的规定执行。		

表 13　蜂王浆冻干粉中微生物限量

项　目	指　标	检验方法[a]
菌落总数,CFU/g	≤1 000	GB 4789.2
大肠菌群,MPN/g	≤0.3	GB 4789.3
霉菌和酵母计数,CFU/g	≤50	GB 4789.15
沙门氏菌	0/25 g	GB 4789.4
志贺氏菌	0/25 g	GB 4789.5
金黄色葡萄球菌	0/25 g	GB 4789.10
[a]　样品的分析及处理按GB 4789.1的规定执行。		

表 14　蜂花粉中微生物限量

项　目	指　标	检验方法[a]
沙门氏菌	0/25 g	GB 4789.4
志贺氏菌	0/25 g	GB 4789.5
金黄色葡萄球菌	0/25 g	GB 4789.10
[a]　样品的分析及处理按GB 4789.1的规定执行。		

4.8　净含量

应符合国家质量监督检验检疫总局令2005年第75号的规定,检验方法按JJF 1070的规定执行。

5 检验规则

申请绿色食品应按照 4.4～4.8 以及附录 A 所确定的项目进行检验,每批产品交收(出厂)前,都应进行交收(出厂)检验,交收(出厂)检验内容包括包装、标志、净含量、感官、理化指标、微生物。其他要求应符合 NY/T 1055 的规定。

6 标签

标签应符合 GB 7718 及 GB 28050 的规定。

7 包装、运输和储存

7.1 包装应符合 NY/T 658 的规定。

7.2 运输和储存应符合 NY/T 1056 的规定。鲜蜂王浆原料及成品应及时生产和冷冻储存。

附 录 A

（规范性附录）

绿色食品　蜂产品申报检验项目

表 A.1 规定了除 4.4～4.8 所列项目外,依据食品安全国家标准和绿色食品蜂产品生产实际情况,绿色食品蜂产品申报检验还应检验的项目。

表 A.1 蜂花粉微生物项目

项目	采样方案及限量（若非指定,均以/25 g 表示）				检验方法
	n	c	m	M	
菌落总数	5	2	10^3 CFU/g	10^4 CFU/g	GB 4789.2
大肠菌群	5	2	4.3 MPN/g	46 MPN/g	GB 4789.3
霉菌	$\leqslant 2\times10^2$ CFU/g				GB 4789.15
注 1:n 为同一批次产品应采集的样品件数;c 为最大可允许超出 m 值的样品数;m 为微生物指标可接受水平限量值;M 为微生物指标的最高安全限量值。					
注 2:菌落总数、大肠菌群等采样方案以最新国家标准为准。					

ICS 67.120
CCS B 45

中华人民共和国农业行业标准

NY/T 753—2021
代替 NY/T 753—2012

绿色食品　禽肉

Green food—Poultry meat

2021-05-07 发布
2021-11-01 实施

中华人民共和国农业农村部　发布

NY/T 753—2021

前　言

本文件按照 GB/T 1.1—2020《标准化工作导则　第 1 部分:标准化文件的结构和起草规则》的规定起草。

本文件代替 NY/T 753—2012《绿色食品　禽肉》,与 NY/T 753—2012 相比,除结构调整和编辑性改动外,主要技术变化如下:

a) 增加了氯霉素指标,与甲砜霉素和氟苯尼考均移至附录 A 中(见表 A.1);

b) 增加了阿奇霉素指标(见表 3);

c) 增加了氧氟沙星指标(见表 3);

d) 增加了甲氧苄啶指标,更改了磺胺类药物检测方法,限量值由原来的 40 μg/kg 调整为 50 μg/kg(见表 3);

e) 增加了五氯酚酸钠指标(见表 3);

f) 增加了金刚烷胺指标(见表 3);

g) 增加了尼卡巴嗪指标,限量值符合 GB 31650 的规定(见表 A.1);

h) 更改了敌敌畏检测方法,调整了限量值,由原来的 30 μg/kg 调整为 10 μg/kg(见表 3);

i) 更改了四环素类药物检测方法,将土霉素、四环素和金霉素合并,以单个或组合计;多西环素移至附录 A 中(见表 A.1);

j) 更改了大肠菌群指标,由原来的 500 MPN/g 调整为 100 MPN/g(见表 4);

k) 更改表 A.1 中无机砷指标为总砷指标,由无机砷 0.05 mg/kg 改为总砷 0.5 mg/kg(见表 A.1);

l) 删除了单核细胞增生李斯特氏菌指标(见 2012 年版表 4);

m) 删除了表 A.1 中氟的指标(见 2012 年版表 A.1)。

本文件由农业农村部农产品质量安全监管司提出。

本文件由中国绿色食品发展中心归口。

本文件起草单位:农业农村部动物及动物产品卫生质量监督检验测试中心、安徽省公众检验研究院有限公司、农业农村部肉及肉制品质量监督检验测试中心、中国绿色食品发展中心、青岛海关技术中心、青岛九联集团股份有限公司、青岛市农产品质量安全中心、青岛正大有限公司、青岛农业大学、青岛市即墨区动物疫病预防与控制中心、青岛市畜牧兽医研究所。

本文件主要起草人:宋翠平、王玉东、李木子、刘舜舜、戴廷灿、张志华、张鸿伟、杨圣仁、董国强、张宪、李伟、陈静、王述柏、徐振浩、李伟红、王冬根、王健、曹旭敏、王娟、李维、袁东婕、宋晓萌、刘迎春、付红蕾、刘坤、王淑婷、秦立得、赵思俊、隋金钰、黄秀梅、孙晓亮、王晓茵、陈丕英。

本文件及其所代替文件的历次版本发布情况为:

——2003 年首次发布为 NY/T 753—2003,2012 年第一次修订;

——本次为第二次修订。

绿色食品 禽肉

1 范围

本文件规定了绿色食品禽肉的术语和定义、要求、检验规则、标签、包装、运输和储存。

本文件适用于绿色食品鲜禽肉、冷却禽肉及冷冻禽肉。

本文件不适用于禽头、禽内脏、禽脚(爪)等禽副产品。

2 规范性引用文件

下列文件中的内容通过文中的规范性引用而构成本文件必不可少的条款。其中,注日期的引用文件,仅该日期对应的版本适用于本文件;不注日期的引用文件,其最新版本(包括所有的修改单)适用于本文件。

GB/T 191　包装储运图示标志

GB 2762　食品安全国家标准　食品中污染物限量

GB 2763　食品安全国家标准　食品中农药最大残留限量

GB 4789.2　食品安全国家标准　食品微生物学检验　菌落总数测定

GB 4789.3　食品安全国家标准　食品微生物学检验　大肠菌群计数

GB 4789.4　食品安全国家标准　食品微生物学检验　沙门氏菌检验

GB 4789.6　食品安全国家标准　食品微生物学检验　致泻大肠埃希氏菌检验

GB 5009.3　食品安全国家标准　食品中水分的测定

GB 5009.11　食品安全国家标准　食品中总砷及无机砷的测定

GB 5009.12　食品安全国家标准　食品中铅的测定

GB 5009.15　食品安全国家标准　食品中镉的测定

GB 5009.17　食品安全国家标准　食品中总汞及有机汞的测定

GB 5009.123　食品安全国家标准　食品中铬的测定

GB 5009.228　食品安全国家标准　食品中挥发性盐基氮的测定

GB 7718　食品安全国家标准　预包装食品标签通则

GB 12694　食品安全国家标准　畜禽屠宰加工卫生规范

GB 13078　饲料卫生标准

GB 16869　鲜、冻禽产品(部分指标)

GB/T 19478　畜禽屠宰操作规程　鸡

GB/T 20366　动物源产品中喹诺酮类残留量的测定　液相色谱-串联质谱法

GB/T 20746　牛、猪的肝脏和肌肉中卡巴氧和喹乙醇及代谢物残留量的测定　液相色谱-串联质谱法

GB/T 20756　可食动物肌肉、肝脏和水产品中氯霉素、甲砜霉素和氟苯尼考残留量的测定　液相色谱-串联质谱法

GB/T 21311　动物源性食品中硝基呋喃类药物代谢物残留量检测方法　高效液相色谱-串联质谱法

GB/T 21316　动物源性食品中磺胺类药物残留量的测定　高效液相色谱-质谱质谱法

GB/T 21317　动物源性食品中四环素类兽药残留量检测方法　液相色谱-质谱-质谱法与高效液相色谱法

GB 23200.92　食品安全国家标准　动物源性食品中五氯酚残留量的测定　液相色谱-质谱法

GB 23200.94　食品安全国家标准　动物源性食品中敌百虫、敌敌畏、蝇毒磷残留量的测定　液相色谱-质谱/质谱法

GB/T 28640　畜禽肉冷链运输管理技术规范

GB 29690　食品安全国家标准　动物性食品中尼卡巴嗪残留标志物残留量的测定　液相色谱-串联质谱法

GB 31650　食品安全国家标准　食品中兽药最大残留限量

GB 31660.5　食品安全国家标准　动物性食品中金刚烷胺残留量的测定　液相色谱-串联质谱法

JJF 1070　定量包装商品净含量计量检验规则

NY/T 391　绿色食品　产地环境质量

NY/T 471　绿色食品　饲料及饲料添加剂使用准则

NY/T 472　绿色食品　兽药使用准则

NY/T 473　绿色食品　畜禽卫生防疫准则

NY/T 658　绿色食品　包装通用准则

NY/T 1055　绿色食品　产品检验规则

NY/T 1056　绿色食品　储藏运输准则

SN/T 1865　出口动物源食品中甲砜霉素、氟甲砜霉素和氟苯尼考胺残留量的测定　液相色谱-质谱质谱法

农业农村部公告第 250 号　食品动物中禁止使用的药品及其他化合物清单

农业农村部公告第 303 号　国家畜禽遗传资源目录

农业部公告第 2292 号　食品动物中停止使用洛美沙星、培氟沙星、氧氟沙星、诺氟沙星 4 种兽药

农医发〔2016〕3 号　农业部关于印发 2016 年动物及动物产品兽药残留监控计划的通知(附录 4　动物性食品中林可胺类和大环内酯类药物残留检测-液相色谱-串联质谱法)

国家质量监督检验检疫总局令 2005 年第 75 号　定量包装商品计量监督管理办法

3　术语和定义

下列术语和定义适用于本文件。

3.1

禽肉　poultry meat

活禽屠宰加工后可供食用的整禽或分割禽部分,不包括禽头、禽内脏、禽脚(爪)等禽副产品。

3.2

鲜禽肉　fresh poultry meat

活禽屠宰加工后,未经冷却、冻结处理的禽肉。

3.3

冷却禽肉　chilled poultry meat

活禽屠宰、分割后,肌肉中心温度保持 4 ℃ 以下而不冻结的禽肉。

3.4

冷冻禽肉　frozen poultry meat

活禽屠宰加工后,经冻结处理,肉中心温度保持 -15 ℃ 及以下的禽肉。

3.5

异物　impurity

正常视力可见的杂物或污染物。

示例:染黄的表皮、禽粪、胆汁、硬杆毛、其他异物(塑料、金属等)。

4　要求

4.1　产地环境和原料要求

4.1.1　禽种要求

原料活禽品种应符合农业农村部公告第 303 号的规定,应健康、无病,来自非疫病区。

4.1.2 环境要求

活禽的饲养环境应符合 NY/T 391 的规定;活禽的兽医卫生防疫应符合 NY/T 473 的规定。

4.1.3 原料要求

原料活禽在饲养时,饲料和投入品的使用应符合以下规定:饲料及饲料添加剂应符合 GB 13078 和 NY/T 471 的规定;污染物限量应符合 GB 2762 的规定;农药残留限量应符合 GB 2763 的规定;兽药使用和兽药残留限量应符合 NY/T 472 和 GB 31650 的规定;禁用药物和化合物应符合农业农村部第 250 号公告和农业部第 2292 号公告的规定。

4.2 屠宰加工要求

4.2.1 屠宰加工应符合 GB 12694、GB/T 19478、GB 16869 和 NY/T 473 的规定。

4.2.2 活禽经检疫、检验合格后,方可进行屠宰。屠宰加工用水应符合 NY/T 391 的规定。

4.2.3 对屠宰后的禽进行预冷却,应在 1 h 内,肉中心的温度降到 4 ℃ 以下。

4.2.4 对禽体进行修整,应去除禽体上的外伤、血点、血污、羽毛根、胆污、粪污、嗉囊及食道膨大部的污染。

4.2.5 预冷后对禽体进行分割时,环境温度应控制在 12 ℃ 以下。从活禽放血到包装、入冷库时间不应超过 2 h。

4.2.6 需冷冻的产品,应在 −28 ℃ 以下环境中,其中心温度应在 12 h 内达到 −15 ℃ 及以下,冻结后方可转入冷藏库储存。

4.3 感官

应符合表 1 的规定。

表 1 感官要求

项 目		指标		检验方法
		鲜禽肉(冷却禽肉)	冻禽肉(解冻后)	
组织状态		肌肉富有弹性,经指压后凹陷部位立即恢复原状	肌肉指压后凹陷部位恢复较慢,不易完全恢复原状	GB 16869
色 泽		表皮和肌肉切面有光泽,具有禽类品种应有的色泽		
气 味		具有禽类品种应有的气味,无异味		
煮沸后的肉汤		透明澄清,脂肪团聚于表面,具有禽类品种应有的滋味		
淤血	淤血面积大于 1 cm²	不允许存在		
	淤血面积小于 1 cm²	淤血片数不得超过抽样量的 2%		
异物		不得检出		
注:淤血面积以单一整禽或单一分割禽体的 1 片淤血面积计。				

4.4 理化指标

应符合表 2 的规定。

表 2 理化指标

项 目	指 标	检测方法
水分,g/100 g	≤77	GB 5009.3
冻禽肉解冻失水率,%	≤6	GB 16869
挥发性盐基氮,mg/100 g	≤15	GB 5009.228

4.5 农药残留及兽药残留限量

应符合食品安全国家标准及相关规定,同时应符合表 3 的规定。

表3 农药残留及兽药残留限量

单位为微克每千克

项 目	指 标	检测方法
敌敌畏(Dichlorvos)	不得检出(<10)	GB 23200.94
土霉素/四环素/金霉素(以单个或组合计)(Oxytetracycline/Tetracycline/Chlortetracycline)	≤100	GB/T 21317
阿奇霉素(Azithromycin)	不得检出(<1.0)	农医发〔2016〕3号 附录4
恩诺沙星(Enrofloxacin)[以恩诺沙星和环丙沙星之和计(Sum of Enrofloxacin and Ciprofloxacin)]	不得检出(<0.5)	GB/T 20366
氧氟沙星(Ofloxacin)	不得检出(<0.1)	GB/T 20366
磺胺类药物(Sulfonamides)(以总量计)	不得检出(<50)	GB/T 21316
甲氧苄啶(TMP)	不得检出(<50)	GB/T 21316
硝基呋喃类代谢物(Nitrofurans metabolites)[以3-氨基-2-噁唑烷基酮(AOZ)、5-吗啉甲基-3-氨基-2-噁唑烷基酮(AMOZ)、1-氨基-乙内酰脲(AHD)和氨基脲(SEM)计]	不得检出(<0.5)	GB/T 21311
喹乙醇代谢物(Olaquindox metabolite)[以3-甲基喹噁啉-2-羧酸(MQCA)计]	不得检出(<0.5)	GB/T 20746
五氯酚酸钠(Pentachlorophenol sodium)	不得检出(<1.0)	GB 23200.92
金刚烷胺(Amantadine)	不得检出(<1.0)	GB 31660.5
注:检验方法明确检出限的,"不得检出"后括号中内容为检出限;检验方法只明确定量限的,"不得检出"后括号中内容为定量限。		

4.6 微生物限量

应符合表4的规定。

表4 微生物限量

项目	指标	检测方法
菌落总数,CFU/g	≤5×10⁵	GB 4789.2
大肠菌群,MPN/g	<100	GB 4789.3
沙门氏菌	0/25 g	GB 4789.4
致泻大肠埃希氏菌	0/25 g	GB 4789.6

4.7 净含量

应符合国家质量监督检验检疫总局令2005年第75号的规定,检验方法按JJF 1070的规定执行。

4.8 其他要求

应符合附录A的规定。

5 检验规则

申请绿色食品认证的产品应按照本文件中4.3~4.7以及附录A所确定的项目进行检验。其他要求应符合NY/T 1055的规定。

6 标签

应符合GB 7718的规定。

7 包装、运输和储存

7.1 包装

按GB/T 191和NY/T 658的规定执行。

7.2 运输和储存

7.2.1 运输应符合NY/T 1056和GB/T 28640的规定。应使用卫生并具有防雨、防晒、防尘设施的专用

冷藏车船运输。运输过程中严格控制运输温度,鲜禽肉和冷却禽肉为 0 ℃～4 ℃,冷冻禽肉应低于
－18 ℃,温度变化为±1 ℃。

7.2.2　冻禽肉储存于－18 ℃以下的冷冻库内,库温昼夜变化幅度不超过 1 ℃;鲜禽肉和冷却禽肉应储存
在 0 ℃～4 ℃、相对湿度 85%～90%的冷却间内。

附　录　A

（规范性）

绿色食品　禽肉产品申报检验项目

表 A.1 规定了除 4.3～4.7 所列项目外,依据食品安全国家标准和绿色食品生产实际情况,绿色食品禽肉产品申报检验时还应检验的项目。

表 A.1　污染物和兽药残留项目

项目	指标	检测方法
总汞(以 Hg 计),mg/kg	≤0.05	GB 5009.17
总砷(以 As 计),mg/kg	≤0.5	GB 5009.11
铅(以 Pb 计),mg/kg	≤0.2	GB 5009.12
镉(以 Cd 计),mg/kg	≤0.1	GB 5009.15
铬(以 Cr 计),mg/kg	≤1.0	GB 5009.123
多西环素(Doxycycline),μg/kg	≤100	GB/T 21317
氯霉素(Chloramphenicol),μg/kg	不得检出(<0.1)	GB/T 20756
甲砜霉素(Thiamphenicol),μg/kg	≤50	GB/T 20756
氟苯尼考(Florfenicol)［以氟苯尼考和氟苯尼考胺之和计(Sum of Florfenicol and Florfenicol—amine)］	≤100	SN/T 1865
尼卡巴嗪(Nicarbazin)(以 4,4-二硝基均二苯脲计)［N,N'-bis-(4-nitrophenyl)urea］,μg/kg	≤200	GB 29690

ICS 67.120.20
CCS X 18

中华人民共和国农业行业标准

NY/T 754—2021
代替 NY/T 754—2011

绿色食品 蛋及蛋制品

Green food—Egg and egg product

2021-05-07 发布

2021-11-01 实施

中华人民共和国农业农村部 发布

NY/T 754—2021

前　　言

本文件按照 GB/T 1.1—2020《标准化工作导则　第 1 部分:标准化文件的结构和起草规则》的规定起草。

本文件代替 NY/T 754—2011《绿色食品　蛋与蛋制品》,与 NY/T 754—2011 相比,除结构调整和编辑性改动外,主要技术变化如下:

a)　增加了氟苯尼考、甲砜霉素、恩诺沙星、氧氟沙星、强力霉素、甲氧苄啶、金刚烷胺、甲硝唑、地美硝唑、氯霉素、诺氟沙星、培氟沙星、洛美沙星、山梨酸及其钾盐、苯甲酸及其钠盐的限量要求(见表 3、表 A.1);

b)　增加了即食蛋制品菌落总数、大肠菌群及致病菌限量要求(见表 5、表 A.2);

c)　更改了铅、磺胺类、土霉素、四环素、金霉素的限量要求(见表 3、表 A.1,2011 年版的表 3);

d)　删除了无机砷、铬、氟、六六六、滴滴涕 5 个参数(2011 年版的表 3);

e)　删除了非即食的蛋及蛋制品致病菌的要求(2011 年版的表 4);

f)　删除了加工品的药物残留限量要求(2011 年版的表 3)。

本文件由农业农村部农产品质量安全监管司提出。

本文件由中国绿色食品发展中心归口。

本文件起草单位:农业农村部肉及肉制品质量监督检验测试中心、湖南正信检测技术股份有限公司、农业农村部动物及动物产品卫生质量监督检验测试中心、安徽省公众检验研究院有限公司、中国绿色食品发展中心、江西农科西苑科技有限责任公司、江西新农园实业有限公司。

本文件主要起草人:李伟红、王冬根、戴廷灿、宋翠平、王玉东、刘翠芝、涂田华、张志华、张宪、饶璐雅、赖艳、魏益华、邱素艳、魏爱花、尹德凤、袁东婕、王希、曹旭敏、唐冰、秦立得、刘舜舜、宋晓、黄慧萍。

本文件及其所代替文件的历次版本发布情况为:

——2003 年首次发布为 NY/T 754—2003,2011 年第一次修订;

——本次为第二次修订。

绿色食品 蛋及蛋制品

1 范围

本文件规定了绿色食品蛋及蛋制品的术语和定义、要求、检验规则、标签、包装、运输和储存。

本文件适用于绿色食品禽蛋(鸡蛋、鸭蛋、鹅蛋、鸽子蛋、鹧鸪蛋、鹌鹑蛋等)、液态蛋(巴氏杀菌冰全蛋、冰蛋黄、冰蛋白、巴氏杀菌全蛋液、鲜全蛋液、巴氏杀菌蛋白液、鲜蛋白液、巴氏杀菌蛋黄液、鲜蛋黄液)、蛋粉和蛋片(巴氏杀菌全蛋粉、蛋黄粉、蛋白片)和皮蛋、卤蛋、咸蛋、咸蛋黄、糟蛋等蛋制品。

2 规范性引用文件

下列文件中的内容通过文中的规范性引用而构成本文件必不可少的条款。其中,注日期的引用文件,仅该日期对应的版本适用于本文件;不注日期的引用文件,其最新版本(包括所有的修改单)适用于本文件。

GB/T 191 包装储运图示标志

GB 2749 食品安全国家标准蛋与蛋制品

GB 4789.1 食品安全国家标准 食品微生物学检验 总则

GB 4789.2 食品安全国家标准 食品微生物学检验 菌落总数测定

GB 4789.3—2016 食品安全国家标准 食品微生物学检验 大肠菌群计数

GB 4789.4 食品安全国家标准 食品微生物学检验 沙门氏菌检验

GB 5009.3 食品安全国家标准 食品中水分的测定

GB 5009.5 食品安全国家标准 食品中蛋白质的测定

GB 5009.6 食品安全国家标准 食品中脂肪的测定

GB 5009.12 食品安全国家标准 食品中铅的测定

GB 5009.15 食品安全国家标准 食品中镉的测定

GB 5009.17 食品安全国家标准 食品中总汞及有机汞的测定

GB 5009.28 食品安全国家标准 食品中苯甲酸、山梨酸和糖精钠的测定

GB 5009.44 食品安全国家标准 食品中氯化物的测定

GB/T 5009.47 蛋与蛋制品卫生标准的分析方法

GB 5009.237 食品安全国家标准 食品中 pH 的测定

GB 5009.239 食品安全国家标准 食品酸度的测定

GB 7718 食品安全国家标准 预包装食品标签通则

GB 14881 食品安全国家标准 食品生产通用卫生规范

GB/T 21311 动物源性食品中硝基呋喃类药物代谢物残留量检测 高效液相色谱/串联质谱法

GB/T 21312 动物源性食品中 14 种喹喏酮类药物残留检测方法 液相色谱-质谱/质谱法

GB/T 21316 动物源性食品中磺胺类药物残留量的测定 液相色谱-质谱/质谱法

GB/T 21317 动物源性食品中四环素类兽药残留量检测方法 液相色谱-质谱/质谱法与高效液相色谱法

GB/T 22338 动物源性食品中氯霉素类药物残留量测定

GB 28050 食品安全国家标准 预包装食品营养标签通则

GB 31660.5 食品安全国家标准 动物性食品中金刚烷胺残留量的测定 液相色谱-串联质谱法

GB/T 34262 蛋与蛋制品术语和分类

农业部 1025 号公告—2—2008 动物性食品中甲硝唑、地美硝唑及其代谢物残留检测 液相色谱-串联质谱法

农业部 1025 号公告—23—2008　动物源食品中磺胺类药物残留检测　液相色谱-串联质谱法

JJF 1070　定量包装商品净含量计量检验规则

NY/T 391　绿色食品　产地环境质量

NY/T 392　绿色食品　食品添加剂使用准则

NY/T 471　绿色食品　饲料及饲料添加剂使用准则

NY/T 472　绿色食品　兽药使用准则

NY/T 473　绿色食品　畜禽卫生防疫准则

NY/T 658　绿色食品　包装通用准则

NY/T 1055　绿色食品　产品检验规则

NY/T 1056　绿色食品　储藏运输准则

国家质量监督检验检疫总局令 2005 年第 75 号　定量包装商品计量监督管理办法

中华人民共和国农业农村部公告第 303 号　国家畜禽遗传资源目录

3　术语和定义

GB 2749 和 GB/T 34262 界定的以及下列术语和定义适用于本文件。

3.1

液态蛋　liquid egg

以鲜禽蛋为原料,经打蛋、去壳、过滤、均质、灌装制成的液态蛋制品。

示例:不杀菌直接灌装的为鲜蛋液,包括鲜全蛋液、鲜蛋黄液和鲜蛋白液;均质后再经过巴氏杀菌处理的液态蛋为巴氏杀菌蛋液,包括巴氏杀菌全蛋液、巴氏杀菌蛋黄液和巴氏杀菌蛋白液。

4　要求

4.1　产地环境和原料要求

原料蛋禽应符合农业农村部公告第 303 号的规定,健康、无病,来自非疫病区,兽药使用应符合 NY/T 472 的有关要求。蛋禽的饲养环境、饲料及饲料添加剂和畜禽卫生防疫,应分别符合 NY/T 391、NY/T 471 和 NY/T 473 的要求。

4.2　加工要求

4.2.1　加工用水应符合 NY/T 391 的规定。

4.2.2　加工用原料鲜禽蛋类应符合绿色食品标准的要求。

4.2.3　加工过程应符合 GB 14881 的规定,食品添加剂的使用应符合 NY/T 392 的规定。

4.3　感官

应符合表 1 的规定。

表 1　感官要求

品种		要求	检验方法
鲜蛋		蛋壳清洁完整,灯光透视时,整个蛋呈橘黄色至橙红色,蛋黄不见或略见阴影。打开后,蛋黄凸起、完整、有韧性,蛋白澄清、透明、稀稠分明,无异味(除鹌鹑蛋和鹧鸪蛋)	取带壳鲜蛋在灯光下透视观察。去壳后置于白色瓷盘中,在自然光下观察色泽和状态,闻其气味
		蛋壳清洁完整,密布灰白色、红褐色、紫褐色的斑纹。打开后,蛋黄凸起、完整、有韧性,蛋白澄清、透明。稀稠分明,无异味(鹌鹑蛋、鹧鸪蛋)	
液态蛋	巴氏杀菌冰全蛋	坚洁均匀,呈黄色或淡黄色,具有冰禽全蛋的正常气味,无异味,无杂质	取适量试样置于白色瓷盘中,在自然光下观察色泽、状态和杂质,闻其气味
	冰蛋黄	坚洁均匀,呈黄色,具有冰禽蛋黄的正常气味,无异味,无杂质	
	冰蛋白	坚洁均匀,白色或乳白色,具有冰禽蛋白的正常气味,无异味,无杂质	
	巴氏杀菌全蛋液	均匀一致,呈淡黄色液体,具有禽蛋的正常气味,无异味,无蛋壳、血丝等杂质	
	鲜全蛋液		
	巴氏杀菌蛋白液	均匀一致,浅黄色液体,具有禽蛋蛋白的正常气味,无异味,无蛋壳、血丝等杂质	
	鲜蛋白液		

表 1（续）

品种		要求	检验方法
液态蛋	巴氏杀菌蛋黄液	均匀一致，呈黄色稠状液体，具有禽蛋蛋黄的正常气味，无异味，无蛋壳、血丝等杂质	取适量试样置于白色瓷盘中，在自然光下观察色泽、状态和杂质，闻其气味
	鲜蛋黄液		
蛋粉和蛋片	巴氏杀菌全蛋粉	呈粉末状或极易松散的块状，均匀淡黄色，具有禽全蛋粉的正常气味，无异味，无杂质	
	蛋黄粉	呈粉末状或极易松散的块状，均匀黄色，具有禽蛋黄粉的正常气味，无异味，无杂质	
	蛋白片	呈晶片状，均匀浅黄色，具有禽蛋白片的正常气味，无异味，无杂质	
皮蛋		蛋壳完整，无霉变，敲摇时无水响声，剖检时蛋体完整；蛋白呈青褐、棕褐或棕黄色，呈半透明状，有弹性，一般有松花花纹。蛋黄呈深浅不同的墨绿色或黄色，溏心或硬心。具有皮蛋应有的滋味和气味，无异味	取适量试样置于白色瓷盘中，在自然光下观察色泽、状态和杂质。尝其滋味，闻其气味
卤蛋		蛋粒基本完整，有弹性，有韧性，蛋白呈浅棕色至深褐色，蛋黄呈黄褐色至棕褐色，具有该产品应有的滋气味，无异味，无外来可见杂质	
咸蛋		蛋壳完整，无霉斑，灯光透视时可见蛋黄阴影。剖检时蛋白液化、澄清，蛋黄呈橘黄色或黄色环状凝胶体。具有咸蛋正常气味，无异味	取适量试样置于白色瓷盘中，在自然光下观察色泽、状态和杂质。尝其滋味，闻其气味
		熟咸蛋剥壳后蛋白完整，不粘壳，蛋白无"蜂窝"现象，蛋黄较结实，具有熟咸蛋固有的香味和滋味，咸淡适中，蛋黄松沙可口，蛋白细嫩	
咸蛋黄		球状凝胶体，表面无糊（退）溶，无裂纹，无虫蚀，稠密胶状，组织均匀，呈橘黄色或黄色，表面润滑，光亮，具有咸蛋黄正常的气味，无异味，无霉味，无明显可见蛋清，无可见杂质	
糟蛋		蛋形完整，蛋膜无破裂，蛋壳脱落或不脱落。蛋白呈乳白色、浅黄色、色泽均匀一致，呈糊状或凝固状。蛋黄完整，呈黄色或橘黄色，呈半凝固状。具有糟蛋正常的醇香味，无异味	

4.4 理化指标

应符合表 2 的规定。

表 2 理化指标

项目	指标							
	鲜蛋	巴氏杀菌冰全蛋	冰蛋黄	冰蛋白	巴氏杀菌/鲜全蛋液	巴氏杀菌/鲜蛋白液	巴氏杀菌/鲜蛋黄液	巴氏杀菌全蛋粉
水分，%	—	≤76.0	≤55.0	≤88.5	≤78.0	≤88.5	≤59.0	≤4.5
脂肪，%	—	≥10.0	≥26.0					≥42.0
蛋白质，%	—			—	≥11.0	≥9.5	≥14.0	
游离脂肪酸，%		≤4.0	≤4.0		≤4.0		≤4.0	≤4.5
酸度，%		—						
pH					6.9～8.0	8.0～9.5	6.0～7.0	
食盐，%（以 NaCl）								

项目	指标							检验方法
	蛋黄粉	蛋白片	皮蛋	卤蛋	咸蛋	咸蛋黄	糟蛋	
水分，%	≤4.0	≤16.0	—	≤70.0	—	≤20.0	—	GB 5009.3
脂肪，%	≥60.0					≥42.0		GB 5009.6
蛋白质，%	—							GB 5009.5
游离脂肪酸，%	≤4.5							GB/T 5009.47
酸度，%		≤1.2						GB 5009.239
pH			≥9.5					GB 5009.237
食盐，%（以 NaCl）				≤2.5	2.0～5.0	≤4.0		GB 5009.44

4.5 污染物限量和兽药残留限量

污染物限量和兽药残留限量应符合相关食品安全国家标准及相关规定，同时应符合表 3 的规定。

表 3　污染物限量和兽药残留限量

项目	指标	检验方法
总汞(以 Hg 计),mg/kg	≤0.03	GB 5009.17
苯甲酸及其钠盐(以苯甲酸计)[a]benzoic acid and its sodium salt,g/kg	不得检出(<0.005)	GB 5009.28
土霉素/金霉素(单个或组合)[b]oxytetracycline/chlortetracycline,µg/kg	≤200	GB/T 21317
四环素[b]tetracycline,µg/kg	不得检出(<50.0)	GB/T 21317
氯霉素[b]chloramphenicol,ug/kg	不得检出(<0.1)	GB/T 22338
氧氟沙星[b]levofloxacin,µg/kg	不得检出(<0.5)	GB/T 21312
诺氟沙星[b]norfloxacin,ug/kg	不得检出(<1.0)	GB/T 21312
培氟沙星[b]pefloxacin,ug/kg	不得检出(<1.0)	GB/T 21312
洛美沙星[b]lomefloxacin,ug/kg	不得检出(<0.5)	GB/T 21312
金刚烷胺[b]amantidine,µg/kg	不得检出(<1.0)	GB 31660.5
硝基呋喃类代谢物[b]nitrofuran metabolites[以 3-氨基-2-噁唑烷基酮(AOZ)、5-吗啉甲基-3-氨基-2-噁唑烷基酮(AMOZ)、1-氨基-乙内酰脲(AHD)和氨基脲(SEM)计],ug/kg	不得检出(<0.5)	GB/T 21311

注 1:对于巴氏杀菌全蛋粉、蛋黄粉和蛋白片表内总汞数值相应增高 7.5 倍。

注 2:检验方法明确检出限的,"不得检出"后括号中内容为检出限,检验方法只明确定量限的,"不得检出"后括号中内容为定量限。

[a]　仅蛋制品检此项目。

[b]　仅鲜蛋检此项目。

4.6　微生物

应符合表 4、表 5 的规定。

表 4　微生物限量

项目	指标						
	鲜蛋	巴氏杀菌冰全蛋	冰蛋黄	冰蛋白	巴氏杀菌全蛋粉	蛋黄粉	蛋白粉
菌落总数,CFU/g	≤100	≤5×10³	≤1×10⁶	≤1×10⁶	≤1×10⁴	≤5×10⁴	≤5×10⁴
大肠菌群,MPN/g	≤0.3	≤10	≤1×10⁴	≤1×10⁴	≤0.9	≤0.4	≤0.4

项目	指标								检验方法
	巴氏杀菌全蛋液	鲜全蛋液	巴氏杀菌蛋白液	鲜蛋白液	巴氏杀菌蛋黄液	鲜蛋黄液	生咸蛋	咸蛋黄	
菌落总数,CFU/g	≤5×10⁴	≤1×10⁶	≤3×10⁴	≤1×10⁶	≤3×10⁵	≤1×10⁶	≤500	≤1×10⁵	GB 4789.2
大肠菌群,MPN/g	≤10	≤1×10³	≤10	≤1×10³	≤10	≤1×10³	≤1	≤46	GB 4789.3—2016 MPN 计数法

表 5　即食蛋制品微生物限量

项目	采样方案[a]及限量(若非指定,均为/25 g 表示)				检验方法
	n	c	m	M	
菌落总数					
液蛋制品、干蛋制品、冰蛋制品	5	2	5×10⁴ CFU/g	1×10⁶ CFU/g	GB 4789.2
再制蛋(不含糟蛋)	5	2	1×10⁴ CFU/g	1×10⁵ CFU/g	
大肠菌群	5	2	10 CFU/g	100 CFU/g	GB 4789.3—2016 平板计数法

样品的采样及处理按 GB 4789.1 的规定执行。

注:n 为同一批次产品应采集的样品件数;c 为最大可允许超出 m 值的样品数;m 为致病菌指标可接受水平的限量值;M 为致病菌指标的最高安全限量值。

4.7　净含量

应符合国家质量监督检验检疫总局令 2005 年第 75 号的规定,检验方法按 JJF 1070 的规定执行。

4.8 其他要求

应符合附录 A 的规定。

5 检验规则

申报绿色食品蛋及蛋制品产品应按照本文件中 4.3～4.7 以及附录 A 所确定的项目进行检验。其他要求应符合 NY/T 1055 的规定。

6 标签

应符合 GB 7718 和 GB 28050 的规定。

7 包装、运输和储存

7.1 包装

应符合 NY/T 658 的规定。包装储运图示标志按照 GB/T 191 的规定执行。

7.2 运输和储存

应符合 NY/T 1056 的规定。

附　录　A
（规范性）
绿色食品　蛋及蛋制品产品申报检验项目

表 A.1 和表 A.2 规定了除 4.3～4.7 所列项目外，依据食品安全国家标准和绿色食品生产实际情况，绿色食品蛋及蛋制品产品申报检验还应检验的项目。

表 A.1　污染物、兽药残留和食品添加剂项目

项目	指标	检验方法
镉（以 Cd 计），mg/kg	≤0.05	GB 5009.15
铅（以 Pb 计），mg/kg	≤0.2（皮蛋除外） ≤0.5（皮蛋）	GB 5009.12
山梨酸及其钾盐（以山梨酸计）[a] sorbic acid and its potassium salt,g/kg	≤1.5	GB 5009.28
氟苯尼考[b] florfenicol,μg/kg	不得检出（<0.1）	GB/T 22338
甲砜霉素[b] thiamphenicol,μg/kg	不得检出（<0.1）	GB/T 22338
恩诺沙星[b] enrofloxacin（以恩诺沙星与环丙沙星之和计）sum of enrofloxacin and ciprofloxcin,μg/kg	不得检出（<1.2）	GB/T 21312
强力霉素[b] doxycycline,μg/kg	不得检出（<50.0）	GB/T 21317
磺胺类[b] sulfonamides（以总量计），μg/kg	不得检出（<0.5）	农业部 1025 号公告—23—2008
甲氧苄啶[b] trimethoprim,μg/kg	不得检出（<50.0）	GB/T 21316
甲硝唑[b] metronidazole,μg/kg	不得检出（<0.2）	农业部 1025 号公告—2—2008
地美硝唑[b] dimetridazole,μg/kg	不得检出（<0.2）	农业部 1025 号公告—2—2008
注 1：对于巴氏杀菌全蛋粉、蛋黄粉和蛋白片表内镉、铅数值相应增高 7.5 倍。		
注 2：检验方法明确检出限的，"不得检出"后括号中内容为检出限；检验方法只明确定量限的，"不得检出"后括号中内容为定量限。		
[a]　仅蛋制品检此项目。		
[b]　仅鲜蛋检此项目。		

表 A.2　即食蛋制品微生物限量

项目	采样方案[a] 及限量（若非指定，均为/25 g 表示）			检验方法
	n	c	m	
沙门氏菌	5	0	0	GB 4789.4
样品的采样及处理按 GB 4789.1 的规定执行。				
注：n 为同一批次产品应采集的样品件数；c 为最大可允许超出 m 值的样品数；m 为致病菌指标可接受水平的限量值。				

ICS 67.120.30
X 20

中华人民共和国农业行业标准

NY/T 840—2020
代替 NY/T 840—2012

绿色食品　虾

Green food—Shrimp

2020-08-26 发布

2021-01-01 实施

中华人民共和国农业农村部 发布

NY/T 840—2020

前　言

本标准按照 GB/T 1.1—2009 给出的规则起草。

本标准代替 NY/T 840—2012《绿色食品　虾》。与 NY/T 840—2012 相比,除编辑性修改外主要技术变化如下:

——适用范围增加了螯虾科;

——修改了感官指标;

——修改了多氯联苯限量;

——增加了亚硫酸盐指标;

——增加了铬指标。

本标准由农业农村部农产品质量安全监管司提出。

本标准由中国绿色食品发展中心归口。

本标准起草单位:中国水产科学研究院黄海水产研究所、中国绿色食品发展中心、山东海城生态科技集团有限公司、蓬莱汇洋食品有限公司、陕西省水产研究所、温州市农业科学研究院、湖北交投莱克现代农业科技有限公司。

本标准主要起草人:朱兰兰、周德庆、唐伟、刘德亭、王轰、杨元昊、苏来金、陈莘莘、赵峰、孙永、刘楠、王珊珊、李娜、马玉洁。

本标准所代替标准的历次版本发布情况为:

——NY/T 840—2004、NY/T 840—2012。

绿色食品　虾

1　范围

本标准规定了绿色食品虾的要求、检验规则、标签、包装、运输与储存。

本标准适用于绿色食品对虾科、长额虾科、褐虾科、长臂虾科和螯虾科的活虾、鲜虾、速冻生虾、速冻熟虾。冻虾的产品形式可以是冻全虾、去头虾、带尾虾和虾仁,不包括虾干制品。

2　规范性引用文件

下列文件对于本文件的应用是必不可少的。凡是注日期的引用文件,仅注日期的版本适用于本文件。凡是不注日期的引用文件,其最新版本(包括所有的修改单)适用于本文件。

GB/T 191　包装储运图示标志

GB 5009.11　食品安全国家标准　食品中总砷及无机砷的测定

GB 5009.12　食品安全国家标准　食品中铅的测定

GB 5009.15　食品安全国家标准　食品中镉的测定

GB 5009.17　食品安全国家标准　食品中总汞及有机汞的测定

GB 5009.34　食品安全国家标准　食品中亚硫酸盐的测定

GB 5009.123　食品安全国家标准　食品中铬的测定

GB 5009.190　食品安全国家标准　食品中指示性多氯联苯含量的测定

GB 5009.228　食品安全国家标准　食品中挥发性盐基氮的测定

GB 5749　生活饮用水卫生标准

GB 7718　食品安全国家标准　预包装食品标签通则

GB/T 19650　动物肌肉中478种农药及相关化学品残留量的测定　气相色谱-质谱法

GB/T 19857　水产品中孔雀石绿和结晶紫残留量的测定

GB/T 20756　可食动物肌肉、肝脏和水产品中氯霉素、甲砜霉素和氟苯尼考残留量的测定　液相色谱-串联质谱法

GB/T 21317　动物源性食品中四环素类兽药残留量检测方法　液相色谱-质谱/质谱法与高效液相色谱法

GB 29705　食品安全国家标准　水产品中氯氰菊酯、氰戊菊酯、溴氰菊酯多残留的测定　气相色谱法

农业部783号公告—1—2006　水产品中硝基呋喃类代谢物残留量的测定　液相色谱-串联质谱法

农业部783号公告—3—2006　水产品中敌百虫残留量的测定　气相色谱法

农业部1077号公告—1—2008　水产品中17种磺胺类及15种喹诺酮类药物残留量的测定　液相色谱-串联质谱法

农业部1077号公告—5—2008　水产品中喹乙醇代谢物残留量的测定　高效液相色谱法

农业部1163号公告—9—2009　水产品中己烯雌酚残留检测　气相色谱-质谱法

JJF 1070　定量包装商品净含量计量检验规则

NY/T 391　绿色食品　产地环境质量

NY/T 392　绿色食品　食品添加剂使用准则

NY/T 471　绿色食品　饲料及饲料添加剂使用准则

NY/T 658　绿色食品　包装通用准则

NY/T 755　绿色食品　渔药使用准则

NY/T 896　绿色食品　产品抽样准则

NY/T 901　绿色食品　香辛料及其制品

NY/T 1055　绿色食品　产品检验规则

NY/T 1056　绿色食品　储藏运输规则

NY/T 1891　绿色食品　海洋捕捞水产品生产管理规范

SC/T 3009　水产品加工质量管理规范

SC/T 3113　冻虾

SC/T 3114　冻螯虾

SC/T 8139　渔船设施卫生基本条件

国家质量监督检验检疫总局令 2005 年第 75 号　定量包装商品计量监督管理办法

中华人民共和国农业部令 2003 年第 31 号　水产养殖质量安全管理规定

3　要求

3.1　产地环境

生长水域应符合 NY/T 391 的规定。

3.2　捕捞

捕捞应符合 NY/T 1891 的规定。

3.3　养殖要求

3.3.1　种质与培育条件

选择健康的亲本,亲本的质量应符合国家或行业有关种质标准的规定,不得使用转基因虾亲本。种苗培育过程中不使用禁用药物;投喂饲料符合 NY/T 471 的规定。种苗出场前,进行检疫消毒。

3.3.2　养殖管理

养殖模式应采用健康养殖、生态养殖方式,符合中华人民共和国农业部令 2003 年第 31 号的规定;渔药使用应符合 NY/T 755 和国家的有关规定。

3.4　加工要求

原料虾应符合绿色食品要求,加工过程的质量管理应符合 SC/T 3009 的规定,食品添加剂的使用应符合 NY/T 392、NY/T 901 的规定。

3.5　感官

3.5.1　活虾

活虾具有本身固有的色泽和光泽,体形正常,无畸形,活动敏捷,无病态。在光线充足、无异味的环境下,按要求逐项检测。

3.5.2　鲜虾

应符合表 1 的规定。

表 1　鲜虾的感官要求

项　目	指　标	检验方法
色泽	1)色泽正常,无红变,甲壳光泽较好 2)尾扇不允许有任何程度变色,自然斑点不限 3)卵黄按不同产期呈现自然色泽,不允许在正常冷藏中变色	在光线充足、无异味的环境中,按NY/T 896 的规定抽样。将试样倒在白色陶瓷盘或不锈钢工作台上,逐项进行感官检验。气味及水煮实验:在容器中加入 500 mL 饮用水,将水烧开后,取约 100 g 用清水洗净的虾,放入容器中,盖上盖,煮 5 min 后,打开盖,嗅蒸汽气味,再品尝肉质
形态	1)虾体完整,连接膜可有一处破裂,但破裂处虾肉只能有轻微裂口 2)不允许有软壳虾 3)克氏原螯虾不允许有断螯	
气味	气味正常,无异味,具有虾的固有鲜味	

表1（续）

项 目	指 标	检验方法
肌肉组织	肉质紧密有弹性	
杂质	虾体清洁、未混入任何外来杂质包括触鞭、甲壳、附肢等；克氏原螯虾鳃丝呈白色，无异物，无附着物	
水煮实验	具有虾特有的鲜味，口感肌肉组织紧密有弹性，滋味鲜美	

3.5.3 冻虾

冻虾产品的虾体大小均匀，无干耗、无软化现象；单冻虾产品的个体间应易于分离，冰衣透明光亮；块冻虾的冻块平整不破碎，冰被清洁并均匀盖没虾体。冰衣、冰被用水符合 GB 5749 的规定，冻虾感官应符合 SC/T 3113 中一级品的要求，克氏原螯虾感官应符合 SC/T 3114 的要求，其他产品应满足相应的行业标准的要求。

3.6 理化指标

鲜虾、冻虾及加工品的理化指标应符合表2的规定。

表2 理化指标

项 目	指 标	检验方法
挥发性盐基氮，mg/100 g	≤15（淡水虾） ≤20（海水虾）	GB 5009.228

3.7 污染物限量和渔药残留限量

应符合食品安全国家标准及相关规定，同时符合表3的规定。

表3 污染物限量和渔药残留限量

项 目	指 标	检测方法
铅，mg/kg	≤0.2	GB 5009.12
喹诺酮类药物，mg/kg	不得检出（＜0.001）	农业部 1077 号公告—1—2008
磺胺类药物（17 种分别计），μg/kg	不得检出（＜1.0）	农业部 1077 号公告—1—2008
土霉素、金霉素、四环素（各组分分别计），mg/kg	不得检出（＜0.05）	GB/T 21317

3.8 净含量

应符合国家质量监督检验检疫总局令 2005 年第 75 号的规定，检验方法按 JJF 1070 的规定执行。

4 检验规则

申报绿色食品应按照 3.5～3.8 及附录 A 所确定的项目进行检验。其他要求应符合 NY/T 1055 的规定。

5 标签

预包装产品应符合 GB 7718 的规定。

6 包装、运输和储存

6.1 包装

按 GB/T 191、NY/T 658 的规定执行；活虾应有充氧和保活设施，鲜虾应装于无毒、无味、便于冲洗的容器中，确保虾的鲜度及虾体完好。

6.2　运输和储存

应符合 NY/T 1056 的有关规定。渔船应符合 SC/T 8139 的有关规定。活虾运输要有暂养、保活设施,应做到快装、快运、快卸,用水清洁、卫生;鲜虾用冷藏或保温车船运输,保持虾体温度在 0℃～4℃,所有虾产品的运输工具应清洁卫生,运输中防止日晒、虫害、有害物质的污染和其他损害。

活虾储存中应保证所需氧气充足。

鲜虾应储存于清洁库房,防止虫害和有害物质的污染及其他损害,储存时应保持虾体温度在 0℃～4℃。冻虾应储存在－18℃以下,满足保持良好品质的条件。

附 录 A

（规范性附录）

绿色食品 虾 申报检验项目

表 A.1 规定了除 3.4～3.8 所列项目外，依据食品安全国家标准和绿色食品虾生产实际情况，绿色食品申报检验还应检验的项目。

表 A.1 污染物、食品添加剂、渔药残留限量

项 目	指 标	检测方法
甲基汞,mg/kg	≤0.5	GB 5009.17
无机砷[a],mg/kg	≤0.5	GB 5009.11
铬,mg/kg	≤2.0	GB 5009.123
镉,mg/kg	≤0.5	GB 5009.15
多氯联苯[b], mg/kg	≤0.5	GB 5009.190
亚硫酸盐(以 SO$_2$计)[c],mg/kg	≤100	GB 5009.34
氯霉素,μg/kg	不得检出(<0.3)	GB/T 20756
硝基呋喃类代谢物,μg/kg	不得检出(<0.25)	农业部 783 号公告—1—2006
己烯雌酚,μg/kg	不得检出(<0.5)	农业部 1163 号公告—9—2009
敌百虫,mg/kg	不得检出(<0.04)	农业部 783 号公告—3—2006
孔雀石绿,μg/kg	不得检出(<0.5)	GB/T 19857
双甲脒,mg/kg	不得检出(<0.037 5)	GB/T 19650
喹乙醇代谢物,μg/kg	不得检出(<4)	农业部 1077 号公告—5—2008
溴氰菊酯,mg/kg	不得检出(<0.000 2)	GB 29705
[a] 对于制定无机砷限量的食品可先测定其总砷,当总砷水平不超过无机砷限量值时,不必测定无机砷;否则,需再测定无机砷。		
[b] 以 PCB28、PCB52、PCB101、PCB118、PCB138、PCB153 和 PCB180 的总和计。		
[c] 仅适用于鲜虾、冻虾。		

ICS 67.120.30
CCS B 50

中华人民共和国农业行业标准

NY/T 841—2021
代替 NY/T 841—2012

绿色食品　蟹

Green food—Crab

2021-05-07 发布

2021-11-01 实施

中华人民共和国农业农村部 发布

前　　言

本文件按照 GB/T 1.1—2020《标准化工作导则　第 1 部分:标准化文件的结构和起草规则》的规定起草。

本文件代替 NY/T 841—2012《绿色食品　蟹》,与 NY/T 841—2012 相比,除结构调整和编辑性改动外,主要技术变化如下:

a)　增加了铬、氟苯尼考的限量值要求(见表 A.1);

b)　增加了阿维菌素、红霉素、氯氰菊酯的限量值要求(见表 5);

c)　更改了氯霉素的限量值(见表 A.1,2012 年版表 A.1);

d)　更改了硝基呋喃类代谢物的限量值(见表 A.1,2012 年版表 5);

e)　更改了土霉素、金霉素、四环素、溴氰菊酯、磺胺类的检验方法(见表 5,2012 年版表 5);

f)　更改了五氯酚酸钠的检验方法(见表 A.1,2012 年版表 5);

g)　更改了多氯联苯、己烯雌酚的检验方法(见表 A.1,2012 年版表 A.1);

h)　更改了水产品抽样方法(见表 1、表 2、表 3,2012 年版表 1、表 2、表 3);

i)　删除了渔船的有关规定(2012 年版 3.1)。

本文件由农业农村部农产品质量安全监管司提出。

本文件由中国绿色食品发展中心归口。

本文件起草单位:唐山市农产品质量安全检验检测中心、农业农村部农产品质量安全风险评估实验站(唐山)、中国水产科学研究院黄海水产研究所、唐山海都水产食品有限公司、中国绿色食品发展中心、兴化市板桥故里水产品养殖有限公司。

本文件主要起草人:汤学英、齐彪、项爱丽、张立田、段晓然、邢希双、周德庆、马雪、周健强、李卫东、汤思凝、张谊、张晓利、李艺、霍路曼、葛凯、张宁、王岩、赵国玉、赵丽丽、康俊杰、乔晗、张鹤鹏、武侠均、董洁琼、林田、张建雄、刘博、董佳贝、陆超俊。

本文件及其所代替文件的历次版本发布情况为:

——2004 年首次发布为 NY/T 841—2004,2012 年第一次修订;

——本次为第二次修订。

绿色食品　蟹

1　范围

本文件规定了绿色食品蟹的要求、检验规则、标签、包装、运输和储存。

本文件适用于绿色食品蟹，包括淡水蟹活品，海水蟹活品及其初加工冻品。

2　规范性引用文件

下列文件中的内容通过文中的规范性引用而构成本文件必不可少的条款。其中，注日期的引用文件，仅该日期对应的版本适用于本文件；不注日期的引用文件，其最新版本（包括所有的修改单）适用于本文件。

GB 5009.11　食品安全国家标准　食品中总砷及无机砷的测定

GB 5009.12　食品安全国家标准　食品中铅的测定

GB 5009.15　食品安全国家标准　食品中镉的测定

GB 5009.17　食品安全国家标准　食品中总汞及有机汞的测定

GB 5009.123　食品安全国家标准　食品中铬的测定

GB 5009.190　食品安全国家标准　食品中指示性多氯联苯含量的测定

GB 5009.228　食品安全国家标准　食品中挥发性盐基氮的测定

GB 7718　食品安全国家标准　预包装食品标签通则

GB 13078　饲料卫生标准

GB/T 19857　水产品中孔雀石绿和结晶紫残留量的测定

GB/T 20756　可食动物肌肉、肝脏和水产品中氯霉素、甲砜霉素和氟苯尼考残留量的测定　液相色谱-串联质谱法

GB/T 21317　动物源性食品中四环素类兽药残留量检测方法　液相色谱-质谱/质谱法与高效液相色谱法

GB 23200.92　食品安全国家标准　动物源性食品中五氯酚残留量的测定　液相色谱-质谱法

GB 29684　食品安全国家标准　水产品中红霉素残留量的测定　液相色谱-串联质谱法

GB 29695　食品安全国家标准　水产品中阿维菌素和伊维菌素多残留的测定　高效液相色谱法

GB 29705　食品安全国家标准　水产品中氯氰菊酯、氰戊菊酯、溴氰菊酯多残留的测定　气相色谱法

农业部783号公告—1—2006　水产品中硝基呋喃类代谢物残留量的测定　液相色谱-串联质谱法

农业部1077号公告—1—2008　水产品中17种磺胺类及15种喹诺酮类药物残留量的测定　液相色谱-串联质谱法

农业部1163号公告—9—2009　水产品中己烯雌酚残留检测　气相色谱-质谱法

NY/T 391　绿色食品　产地环境质量

NY/T 471　绿色食品　饲料及饲料添加剂使用准则

NY/T 658　绿色食品　包装通用准则

NY/T 755　绿色食品　渔药使用准则

NY/T 896　绿色食品　产品抽样准则

NY/T 1055　绿色食品　产品检验规则

NY/T 1056　绿色食品　储藏运输准则

NY/T 1891　绿色食品　海洋捕捞水产品生产管理规范

SC/T 1111　河蟹养殖质量安全管理技术规程

中华人民共和国农业部令第 31 号 水产养殖质量安全管理规定

3 术语和定义

本文件没有需要界定的术语和定义。

4 要求

4.1 产地环境

应符合 NY/T 391 的规定。

4.2 捕捞

海水蟹捕捞应符合 NY/T 1891 的规定,淡水蟹捕捞应符合 SC/T 1111 的规定。

4.3 种质与培育条件

选择健康的亲本,亲本的质量应符合国家或行业有关种质标准的规定,不应使用转基因蟹亲本。种质基地水源充足、无污染、进排水方便,用水需沉淀、消毒,水质清新,整个育苗过程呈封闭式,无病原带入;种苗培育过程中不应使用禁用药物;投喂营养平衡,质量安全的饵料。种苗出场前苗种无病无伤、体态正常、个体健康,进行检疫消毒后方可出场。

4.4 养殖管理

养殖模式应符合中华人民共和国农业部令第 31 号的规定;饲料及饲料添加剂应符合 GB 13078 与 NY/T 471 的规定;养殖用水应符合 NY/T 391 的规定;兽药应符合 NY/T 755 的规定。

4.5 感官要求

4.5.1 淡水蟹

应符合表 1 的规定。

表 1 淡水蟹感官要求

项目		指标	检验方法
体色	背	青色、青灰色、墨绿色、青黑色、青黄色或黄色等固有色泽	取适量样品置于白色瓷盘上,在自然光下观察色泽和状态,嗅其气味。用目测、手指压、鼻嗅的方式按要求逐项检查
	腹	白色、乳白色、灰白色或淡黄色、灰色、黄色等固有色泽	
甲壳		坚硬,光洁,头胸甲隆起	
螯、足		一对螯足呈钳状,掌节密生黄色或褐色绒毛,四对步足,前后缘长有金色或棕色绒毛	
蟹体动作		活动有力,反应敏捷	
鳃		鳃丝清晰,无异物,无异臭味	
注:抽样方法应符合 NY/T 896 的规定。			

4.5.2 海水蟹

应符合表 2 的规定。

表 2 海水蟹感官要求

项目	指标	检验方法
外观	体表色泽正常、有光泽、脐上部无胃印	取适量样品置于白色瓷盘上,在自然光下观察色泽和状态,嗅其气味。用目测、手指压、鼻嗅、咀嚼的方式按要求逐项检查
气味	具有活蟹固有气味,无异味	
鳃	鳃丝清晰,呈灰白色或微褐色,无异味	
活力	反应灵敏,行动敏捷、有力,步足与躯体连接紧密	
水煮试验	具海水蟹固有的鲜美滋味,无异味,肌肉组织紧密、有弹性	
注:抽样方法应符合 NY/T 896 的规定。		

4.5.3 冻品

应符合表 3 的规定。

表3 初加工冻品感官要求

项目	指标	检验方法
外观	色泽正常,无黑斑或其他变质异色。腹面甲壳洁白、有光泽,脐上部无胃印	取适量样品置于白色瓷盘上,在自然光下观察色泽和状态,嗅其气味。用目测、手指压、鼻嗅、咀嚼的方式按要求逐项检查
组织及形态	体形肥满,品质新鲜。提起蟹体时螯足和步足硬直,与躯体连接紧密,腹部紧贴中央沟,用手指压腹部有坚实感。肉质紧密有弹性,蟹黄不流动。有双螯,残缺的步足不应超过2只,并不应集中于一侧	
气味和滋味	蒸煮后具有蟹固有的鲜味,肉质紧密,无氨味及其他不良气味和口味	
其他	无污染,无肉眼可见的外来杂质	
注:抽样方法应符合 NY/T 896 的规定。		

4.6 理化指标

应符合表4的规定。

表4 理化指标

项目	指标	检验方法
挥发性盐基氮[a],mg/100 g	≤15	GB 5009.228
[a] 仅适用于冻品。		

4.7 污染物限量、兽药限量

应符合食品安全国家标准及相关规定,同时应符合表5的规定。

表5 污染物、兽药残留限量

项目	指标	检验方法
铅(以 Pb 计),mg/kg	≤0.3	GB 5009.12
阿维菌素,μg/kg	不得检出(<2.0)	GB 29695
红霉素,μg/kg	不得检出(<0.5)	GB 29684
土霉素、金霉素、四环素(以总量计),μg/kg	不得检出(<50.0)	GB/T 21317
溴氰菊酯,μg/kg	不得检出(<0.2)	GB 29705
氯氰菊酯,μg/kg	不得检出(<0.2)	GB 29705
磺胺类(以总量计),μg/kg	不得检出(<1.0)	农业部 1077 号公告—1—2008
喹诺酮类药物,μg/kg	不得检出(<1.0)	农业部 1077 号公告—1—2008
注:检验方法明确检出限的,"不得检出"后括号中内容为检出限;检验方法只明确定量限的,"不得检出"后括号中内容为定量限。		

4.8 寄生虫限量

应符合表6的规定。

表6 寄生虫限量

项目	指标	检验方法
寄生虫(蟹奴)	不得检出	将试样放在白色瓷盘中,打开蟹体,肉眼观察或放大镜、解剖镜观察

4.9 其他要求

应符合附录 A 的规定。

5 检验规则

绿色食品申报检验应按照文件中 4.5～4.8 以及附录 A 所确定的项目进行检验。其他要求应符合 NY/T 1055 的规定。

6 标签

应符合 GB 7718 的规定。

7 包装、运输和储存

7.1 包装

应符合 NY/T 658 的规定,按等级规格分类包装。

7.2 运输

应符合 NY/T 1056 的规定。活蟹应在低温清洁的环境中装运,保证鲜活。运输工具在装货前应清洗、消毒,做到洁净、无毒、无异味。运输过程中,防温度剧变、挤压、剧烈震动,不应与有害物质混运,严防运输污染。

7.3 储存

应符合 NY/T 1056 的规定。活体出售,储存于洁净的环境中,也可在暂养池暂养,防止有毒有害物质的污染和损害,暂养水应符合 NY/T 391 的规定。初加工冻品应在活体状态下清洗(宰杀或去壳)后冷冻,应储存在-18 ℃或更低的温度下,不应与有毒、有害、有异味物品同库储存。

附 录 A

（规范性）

绿色食品蟹申报检验项目

表 A.1 规定了除 4.5～4.8 所列项目外，依据食品安全国家标准和绿色食品蟹生产实际情况，绿色食品申报检验还应检验的项目。

表 A.1 污染物、兽药残留项目

项目	指标	检验方法
无机砷(以 As 计)，mg/kg	≤0.5	GB 5009.11
甲基汞(以 Hg 计)，mg/kg	≤0.5	GB 5009.17
镉(以 Cd 计)，mg/kg	≤0.5	GB 5009.15
铬(以 Cr 计)，mg/kg	≤2.0	GB 5009.123
多氯联苯[a]，mg/kg	≤0.5	GB 5009.190
氟苯尼考[b]，μg/kg	≤100	GB/T 20756
己烯雌酚，μg/kg	不得检出(<0.5)	农业部 1163 号公告—9—2009
孔雀石绿，μg/kg	不得检出(<0.5)	GB/T 19857
氯霉素，μg/kg	不得检出(<0.1)	GB/T 20756
五氯酚酸钠[c]，μg/kg	不得检出(<1.0)	GB 23200.92
硝基呋喃类代谢物[d]，μg/kg	不得检出(<0.25)	农业部 783 号公告—1—2006
注：检验方法明确检出限的，"不得检出"后括号中内容为检出限；检验方法只明确定量限的，"不得检出"后括号中内容为定量限。		
[a] 多氯联苯以 PCB28、PCB52、PCB101、PCB118、PCB138、PCB153 和 PCB180 总和计。		
[b] 氟苯尼考为氟苯尼考与氟苯尼考胺之和。		
[c] 仅适用于淡水蟹。		
[d] 硝基呋喃类代谢物包括呋喃唑酮代谢物、呋喃它酮代谢物、呋喃西林代谢物和呋喃妥因代谢物。		

ICS 65.120.30
CCS B 50

中华人民共和国农业行业标准

NY/T 842—2021
代替 NY/T 842—2012

绿色食品 鱼

Green food—Fish

2021-05-07 发布

2021-11-01 实施

中华人民共和国农业农村部 发布

前　言

本文件按照 GB/T 1.1—2020《标准化工作导则　第 1 部分:标准化文件的结构和起草规则》的规定起草。

本文件代替 NY/T 842—2012《绿色食品　鱼》,与 NY/T 842—2012 相比,除结构调整和编辑性改动外,主要技术变化如下:

 a) 增加了氯氰菊酯、多西环素、新霉素、红霉素、氟苯尼考、甲砜霉素、阿苯达唑和青霉素项目限量及其检测方法(见表 3);

 b) 更改了敌百虫、土霉素、金霉素、四环素、磺胺类药物、多氯联苯和已烯雌酚的检测方法(见表 3,2012 年版表 3);

 c) 更改了镉、氯霉素、多氯联苯限量(见表 A.1,2012 年版表 A.1);

 d) 删除了甲醛项目、限量及检测方法(2012 年版表 3);

 e) 删除了引用的《水产养殖质量安全管理规范规定》(农业部令第 31 号—2003)(2012 年版 3.2.2)。

本文件由农业农村部农产品质量安全监管司提出。

本文件由中国绿色食品发展中心归口。

本文件起草单位:上海海洋大学、中国绿色食品发展中心、中国水产科学研究院黄海水产研究所、广州观星农业科技有限公司、广东恒兴集团有限公司。

本文件主要起草人:胡鲲、张志华、周德庆、舒锐、黄宣运、赵峰、王浩、刘雪婷、陈升、王雅丽、朱兰兰、陈天楠、王天威。

本文件及其所代替文件的历次版本发布情况为:

——2004 年首次发布为 NY/T 842—2004,2012 年第一次修订;

——本次为第二次修订。

绿色食品 鱼

1 范围

本文件规定了绿色食品鱼的要求、检验规则、标签、包装、运输和储存。

本文件适用于绿色食品活鱼、鲜鱼及仅去内脏或者分割加工后进行冷冻的初加工鱼产品。

本文件不适用于水发水产品。

2 规范性引用文件

下列文件中的内容通过文中的规范性引用而构成本文件必不可少的条款。其中，注日期的引用文件，仅该日期对应的版本适用于本文件；不注日期的引用文件，其最新版本（包括所有的修改单）适用于本文件。

GB 5009.11 食品安全国家标准 食品中总砷及无机砷的测定

GB 5009.12 食品安全国家标准 食品中铅的测定

GB 5009.15 食品安全国家标准 食品中镉的测定

GB 5009.17 食品安全国家标准 食品中总汞及有机汞的测定

GB/T 5009.18 食品中氟的测定

GB 5009.190 食品安全国家标准 食品中指示性多氯联苯含量的测定

GB 5009.208 食品安全国家标准 食品中生物胺的测定

GB 5009.228 食品安全国家标准 食品中挥发性盐基氮的测定

GB 7718 食品安全国家标准 预包装食品标签通则

GB/T 18109—2011 冻鱼

GB/T 19857 水产品中孔雀石绿和结晶紫残留量的测定

GB/T 20756 可食动物肌肉、肝脏和水产品中氯霉素、甲砜霉素和氟苯尼考残留量的测定

GB/T 21317 动物源性食品中四环素类兽药残留量检测方法 液相色谱-质谱/质谱法与高效液相色谱法

GB/T 21323 动物组织中氨基糖苷类药物残留量的测定 高效液相色谱-质谱/质谱法

GB 29682 食品安全国家标准 水产品中青霉素类药物多残留的测定 高效液相色谱法

GB 29687 食品安全国家标准 水产品中阿苯达唑及其代谢物多残留的测定 高效液相色谱法

GB 29705 食品安全国家标准 水产品中氯氰菊酯、氰戊菊酯、溴氰菊酯多残留的测定 气相色谱法

GB/T 30891 水产品抽样规范

GB 31660.1 食品安全国家标准 水产品中大环内酯类药物残留量的测定 液相色谱-串联质谱法

农业部 783 号公告—1—2006 水产品中硝基呋喃类代谢物残留量的测定 液相色谱-串联质谱法

农业部 1077 号公告—1—2008 水产品中 17 种磺胺类及 15 种喹诺酮类药物残留量的测定 液相色谱-串联质谱法

农业部 1077 号公告—5—2008 水产品中喹乙醇代谢物残留量的测定 高效液相色谱法

农业部 1163 号公告—9—2009 水产品中己烯雌酚残留检测 气相色谱-质谱法

NY/T 391 绿色食品 产地环境质量

NY/T 392 绿色食品 食品添加剂使用准则

NY/T 658 绿色食品 包装通用准则

NY/T 755 绿色食品 渔药使用准则

NY/T 1055 绿色食品 产品检验规则

NY/T 1056　绿色食品　储藏运输准则

SC/T 3002　船上渔获物加冰保鲜操作技术规程

SC/T 3009　水产品加工质量管理规范

SC/T 8139　渔船设施卫生基本条件

SN/T 0125　进出口食品中敌百虫残留量检测方法　液相色谱-质谱/质谱法

3　术语和定义

本文件没有需要界定的术语和定义。

4　要求

4.1　产地环境和捕捞工具

产地环境应符合 NY/T 391 的要求，捕捞工具应无毒、无污染。渔船应符合 SC/T 8139 的有关规定。

4.2　养殖要求

4.2.1　种质与培育条件

选择健康的亲本，亲本的质量应符合国家或行业有关种质标准的规定。种质基地水源充足，无污染，进排水方便，用水需沉淀、消毒，水质清新，整个育苗过程呈封闭式无病原带入；种苗培育过程中杜绝使用禁用药物；投喂营养平衡、质量安全的饵料。种苗出场前，苗种无病无伤、体态正常、个体健壮，进行主要疫病检疫消毒后方可出场。

4.2.2　养殖管理

养殖模式应采用健康养殖、生态养殖方式。养殖用水应循环使用，不对外排放，不占用公共资源。投喂饵料禁止使用冰鲜及活饵料。养殖过程遵循水产养殖质量安全管理规范规定。水产养殖用兽药应按照《渔业法》《兽药管理条例》等国家法律法规和 NY/T 755 的规定执行。

4.3　初加工要求

海上捕捞鱼按 SC/T 3002 的规定执行；加工企业的质量管理按 SC/T 3009 的规定执行。加工用水按 NY/T 391 的规定执行，食品添加剂的使用按 NY/T 392 的规定执行。

4.4　感官要求

4.4.1　活鱼

鱼体健康，体态匀称，游动活泼，无鱼病症状；鱼体具有本种鱼固有的色泽和光泽，无异味；体表完整。

4.4.2　鲜鱼

应符合表 1 的规定。

表 1　感官要求

项目	指标		检测方法
	海水鱼类	淡水鱼类	
鱼体	体态匀称无畸形，鱼体完整，无破肚，肛门紧缩	体态匀称无畸形，鱼体完整，无破肚，肛门紧缩或稍有凸出	抽样按 GB/T 30891 的规定执行。在光线充足、无异味的环境条件下，将样品置于白色瓷盘或不锈钢工作台上，按要求逐项检验
鳃	鳃丝清晰，呈鲜红色，黏液透明	鳃弓开张有力，鳃丝清晰，呈鲜红，黏液正常	
眼球	眼球饱满，角膜清晰	眼球饱满，角膜透明	
体表	呈鲜鱼固有色泽，花纹清晰；有鳞鱼鳞片紧密，不易脱落，体表黏液透明，无异臭味	呈鲜鱼固有色泽，鳞片紧密，不易脱落，体表黏液透明，无异味	
组织	肉质有弹性，切面有光泽、肌纤维清晰	肌肉组织致密，有弹性	
气味ª	体表和鳃丝无异味	体表和鳃丝无异味，可食用组织无土腥味	

表 1（续）

项目	指标		检测方法
	海水鱼类	淡水鱼类	
水煮实验	具有鲜海水鱼固有的香味,口感肌肉组织紧密、有弹性,滋味鲜美,无异味	具有鲜淡水鱼固有的香味,口感肌肉组织有弹性,滋味鲜美,无异味	在容器中加入适量饮用水,将水煮沸后,取适量鱼用清水洗净,放入容器中,加盖,煮熟后,打开盖,嗅蒸汽气味,再品尝肉质

ᵃ 气味评定时,撕开或用刀切开鱼体的 3 处～5 处,嗅气味后判定。

4.4.3 冻鱼

冻鱼感官要求按 GB/T 18109—2011 中 4.4 的规定执行。抽样按 GB/T 30891 的规定执行。在光线充足、无异味的环境条件下,将样品置于白色瓷盘或不锈钢工作台上,按要求逐项检验。

4.5 理化指标

冻鲜鱼及初加工品理化要求按表 2 的规定执行。

表 2 理化指标

项目	指标		检测方法
	海水鱼类	淡水鱼类	
挥发性盐基氮,mg/100 g	一般鱼类≤15,板鳃鱼类≤40	≤10	GB 5009.228
组胺,mg/100 g	≤30	—	GB 5009.208

4.6 污染物限量和兽药残留限量

应符合食品安全国家标准及相关规定,同时符合表 3 的规定。

表 3 污染物限量、兽药残留限量

项目	指标		检测方法
	海水鱼类	淡水鱼类	
氟,mg/kg	—	≤2.0	GB/T 5009.18
铅,mg/kg	≤0.2		GB 5009.12
敌百虫,mg/kg	—	不得检出(<0.002)	SN/T 0125
溴氰菊酯,μg/kg	—	不得检出(<0.2)	GB 29705
氯氰菊酯,μg/kg	不得检出(<0.2)		GB 29705
土霉素、金霉素、四环素(以总量计),mg/kg	不得检出(<0.05)		GB/T 21317
磺胺类药物(以总量计),μg/kg	不得检出(<1.0)		农业部 1077 号公告—1—2008
喹乙醇代谢物,μg/kg	不得检出(<4)		农业部 1077 号公告—5—2008
硝基呋喃代谢物,μg/kg	不得检出(<0.25)		农业部 783 号公告—1—2006
喹诺酮类药物,μg/kg	不得检出(<1.0)		农业部 1077 号公告—1—2008
新霉素,mg/kg	不得检出(<0.1)		GB/T 21323
红霉素,μg/kg	不得检出(<1.0)		GB 31660.1
甲砜霉素,μg/kg	不得检出(<1.0)		GB/T 20756
青霉素 G,μg/kg	不得检出(<3)		GB 29682

注:检验方法明确检出限的,"不得检出"后括号中内容为检出限;检验方法只明确定量限的,"不得检出"后括号中内容为定量限。

4.7 生物学要求

应符合表 4 的规定。

表 4 生物学限量

项目	指标	检测方法
寄生虫,个/cm²	不得检出	在灯检台上进行,要求灯检台表面平滑、密封、照明度应适宜 每批至少抽 10 尾鱼进行检查。将鱼洗净,去头、皮、内脏后,切成鱼片,将鱼片平摊在灯检台上,查看肉中有无寄生虫及卵;同时将鱼腹部剖开于灯检台上检查有无寄生虫

4.8 其他要求

应符合附录 A 的规定。

5 检验规则

申请绿色食品认证的鱼产品,应按照文件 4.4～4.7 及附录 A 所确定的项目进行检验。其他要求按 NY/T 1055 的规定执行。抽样按 GB/T 30891 的规定执行。在光线充足、无异味的环境条件下,按要求逐项检验。

6 标签

按 GB 7718 的规定执行。

7 包装、运输和储存

7.1 包装

包装应符合 NY/T 658 的要求。活鱼可用环保材料桶、箱、袋充氧等或采用保活设施;鲜海水鱼应装于无毒、无味、便于冲洗的鱼箱或保温鱼箱中,确保鱼的鲜度及鱼体的完好。在鱼箱中需放足量的碎冰,让水体温度维持在 0 ℃～4 ℃。

7.2 运输和储存

按 NY/T 1056 的规定执行。暂养和运输水应符合 NY/T 391 的要求。

附 录 A
（规范性）
绿色食品 鱼申报检验项目

表 A.1 规定了除 4.4~4.7 所列项目外,依据食品安全国家标准和绿色食品生产实际情况,绿色食品鱼申报检验还应检验的项目。

表 A.1 污染物、兽药残留项目

项目	指标		检测方法
	海水鱼类	淡水鱼类	
无机砷,mg/kg	≤0.1		GB 5009.11
甲基汞,mg/kg			GB 5009.17
食肉鱼类(鲨鱼、旗鱼、金枪鱼、梭子鱼等)	≤1.0		
非食肉鱼类	≤0.5		
镉,mg/kg	≤0.1		GB 5009.15
多氯联苯ᵃ,mg/kg	≤0.5		GB 5009.190
多西环素,mg/kg	≤0.1		GB/T 21317
氟苯尼考,mg/kg	≤1		GB/T 20756
阿苯达唑,mg/kg	≤0.1		GB 29687
氯霉素,μg/kg	不得检出(<0.1)		GB/T 20756
己烯雌酚,μg/kg	不得检出(<0.6)		农业部 1163 号公告—9—2009
孔雀石绿,μg/kg	不得检出(<0.5)		GB/T 19857
注:检验方法明确检出限的,"不得检出"后括号中内容为检出限;检验方法只明确定量限的,"不得检出"后括号中内容为定量限。			
ᵃ 以 PCB28、PCB52、PCB101、PCB118、PCB138、PCB153 和 PCB180 总和计。			

ICS 67.120.10
X 22

中华人民共和国农业行业标准

NY/T 843—2015
代替 NY/T 843—2009,NY/T 843—2004

绿色食品 畜禽肉制品

Green food—Meat products

2015-05-21 发布

2015-08-01 实施

中华人民共和国农业部 发布

前　言

本标准按照 GB/T 1.1—2009 给出的规则起草。

本标准代替 NY/T 843—2009《绿色食品　肉及肉制品》。与 NY/T 843—2009 相比,除编辑性修改外,主要技术变化如下:

——修改了标准名称以及标准适用范围;

——修改了规范性引用文件以及部分术语和定义;

——删除了畜肉产品、熏煮香肠火腿制品,增设了调制肉制品;

——修改了肉制品的部分污染物、食品添加剂和微生物指标,具体为:将肉制品中无机砷≤0.05 mg/kg 修改为总砷≤0.5 mg/kg;增设了铬的限量指标≤1 mg/kg;增设了 N-二甲基亚硝胺的限量指标≤3 μg/kg;删除了铜、锌的限量;将腌腊肉制品中山梨酸及其钾盐≤75 mg/kg 修改为不得检出(<1.2 mg/kg);致病菌的种类修改为金黄色葡萄球菌、沙门氏菌、单核细胞增生李斯特氏菌、大肠埃希氏菌 O157:H7;

——修改了部分检验方法,具体为:山梨酸、苯甲酸和糖精钠的检验方法修改为 GB/T 23459;苯并(a)芘的检验方法修改为 NY/T 1666;盐酸克伦特罗、沙丁胺醇和莱克多巴胺的检验方法修改为 GB/T 22286;己烯雌酚的检验方法修改为 GB/T 20766;氯霉素的检验方法修改为 GB/T 20756;

——删除了鲜冻肉的运输储存条件,增设了调制肉制品的运输储存条件。

本标准由农业部农产品质量安全监管局提出。

本标准由中国绿色食品发展中心归口。

本标准起草单位:河南省农业科学院农业质量标准与检测技术研究所、农业部农产品质量监督检验测试中心(郑州)。

本标准主要起草人:钟红舰、刘进玺、董小海、周玲、张军锋、魏红、冯书惠、王会锋、蔡敏、赵光华、司敬沛、尚兵。

本标准的历次版本发布情况为:

——NY/T 843—2004、NY/T 843—2009。

绿色食品　畜禽肉制品

1　范围

本标准规定了绿色食品畜禽肉制品的术语和定义、产品分类、要求、检验规则、标签、包装、运输和储存。

本标准适用于绿色食品畜禽肉制品(包括调制肉制品、腌腊肉制品、酱卤肉制品、熏烧焙烤肉制品、肉干制品及肉类罐头制品),不适用于畜肉、禽肉、辐照畜禽肉制品和可食用畜禽副产品。

2　规范性引用文件

下列文件对于本文件的应用是必不可少的。凡是注日期的引用文件,仅注日期的版本适用于本文件。凡是不注日期的引用文件,其最新版本(包括所有的修改单)适用于本文件。

GB/T 191　包装储运图示标志

GB 2762　食品安全国家标准　食品中污染物限量

GB 4789.2　食品安全国家标准　食品微生物学检验　菌落总数测定

GB 4789.3　食品安全国家标准　食品微生物学检验　大肠菌群计数

GB 4789.4　食品安全国家标准　食品微生物学检验　沙门氏菌检验

GB 4789.10　食品安全国家标准　食品微生物学检验　金黄色葡萄球菌检验

GB 4789.26　食品安全国家标准　食品微生物学检验　商业无菌检验

GB 4789.30　食品安全国家标准　食品微生物学检验　单核细胞增生李斯特氏菌检验

GB/T 4789.36　食品卫生微生物学检验　大肠埃希氏菌 O157:H7/NM 检验

GB 5009.3　食品安全国家标准　食品中水分的测定

GB/T 5009.11　食品中总砷及无机砷的测定

GB 5009.12　食品安全国家标准　食品中铅的测定

GB/T 5009.15　食品中镉的测定

GB/T 5009.16　食品中锡的测定

GB/T 5009.17　食品中总汞及有机汞的测定

GB/T 5009.26　食品中 N-亚硝胺类的测定

GB 5009.33　食品安全国家标准　食品中亚硝酸盐与硝酸盐的测定

GB/T 5009.37　食用植物油卫生标准的分析方法

GB/T 5009.44　肉与肉制品卫生标准的分析方法

GB/T 5009.97　食品中环己基氨基磺酸钠的测定

GB/T 5009.123　食品中铬的测定

GB 7718　食品安全国家标准　预包装食品标签通则

GB 8950　罐头厂卫生规范

GB/T 9695.7　肉与肉制品　总脂肪含量测定

GB/T 9695.11　肉与肉制品　氮含量测定

GB/T 9695.14　肉制品　淀粉含量测定

GB/T 9695.31　肉制品　总糖含量测定

GB/T 12457　食品中氯化钠的测定

GB 13100　肉类罐头卫生标准

GB 14881　食品安全国家标准　食品生产通用卫生规范

GB 19303　熟肉制品企业生产卫生规范

GB/T 19480　肉与肉制品术语

GB/T 20746　牛、猪的肝脏和肌肉中卡巴氧、喹乙醇及代谢物残留量的测定　液相色谱-串联质谱法

GB/T 20756　可食动物肌肉、肝脏和水产品中氯霉素、甲砜霉素和氟苯尼考残留量的测定　液相色谱-串联质谱法

GB/T 20766　牛猪肝肾和肌肉组织中玉米赤霉醇、玉米赤霉酮、己烯雌酚、己烷雌酚、双烯雌酚残留量的测定　液相色谱-串联质谱法

GB/T 21317　动物源性食品中四环素类兽药残留量检测方法　液相色谱-质谱/质谱法与高效液相色谱法

GB/T 22286　动物源性食品中多种β-受体激动剂残留量的测定　液相色谱串联质谱法

GB/T 23495　食品中苯甲酸、山梨酸和糖精钠的测定　高效液相色谱法

农业部781号公告—4—2006　动物源食品中硝基呋喃类代谢物残留量的测定　高效液相色谱-串联质谱法

JJF 1070　定量包装商品净含量计量检验规则

NY/T 392　绿色食品　食品添加剂使用准则

NY/T 471　绿色食品　畜禽饲料及饲料添加剂使用准则

NY/T 472　绿色食品　兽药使用准则

NY/T 473　绿色食品　动物卫生准则

NY/T 658　绿色食品　包装通用准则

NY/T 1055　绿色食品　产品检验规则

NY/T 1056　绿色食品　储藏运输准则

NY/T 1666　肉制品中苯并(a)芘的测定　高效液相色谱法

SN/T 1050　进出口油脂中抗氧化剂的测定　液相色谱法

国家质量监督检验检疫总局令2005年第75号　定量包装商品计量监督管理办法

中华人民共和国农业部公告　第235号　动物性食品中兽药最高残留限量

3　术语和定义

GB/T 19480界定的以及下列术语和定义适用于本文件。

3.1

肉制品　meat products

以畜禽肉为主要原料,添加或不添加辅料,经腌、腊、卤、酱、蒸、煮、熏、烤、烘焙、干燥、油炸、成型、发酵、调制等有关工艺加工而成的生或熟的肉类制品。

3.2

腌腊肉制品　cured meat products

以畜禽肉为原料,添加或不添加辅料,经腌制、晾晒(或不晾晒)、烘焙(或不烘焙)等工艺制成的调制肉制品。

3.3

熏烧焙烤肉制品　burnt or roasted meat products

以畜禽肉为原料,添加相关辅料,经腌、煮等工序进行前处理,再以烟气、热空气、火苗或热固体等介质进行熏烧、焙烤等工艺制成的肉制品。

3.4

肉类罐头制品　canned meat

以畜禽肉为原料,经选料、修整、烹调(或不经烹调)、灌装、密封、杀菌、冷却而制成的具有一定真空度的食品。

4 产品分类

畜禽肉制品按主要加工工艺分类见表1。

表 1 畜禽肉制品分类

种类名称	分类名称	代表产品
调制肉制品	冷藏调制肉类	鱼香肉丝等菜肴式肉制品
	冷冻调制肉类	肉丸、肉卷、肉糕、肉排、肉串等
腌腊肉制品	咸肉类	腌咸肉、板鸭、酱封肉等
	腊肉类	腊猪肉、腊牛肉、腊羊肉、腊鸡、腊鸭、腊兔、腊乳猪等
	腊肠类	腊肠、风干肠、枣肠、南肠、香肚、发酵香肠等
	风干肉类	风干牛肉、风干羊肉、风干鸡等
酱卤肉制品	卤肉类	盐水鸭、嫩卤鸡、白煮羊头、肴肉等
	酱肉类	酱肘子、酱牛肉、酱鸭、扒鸡等
熏烧焙烤肉制品	熏烤肉类	熏肉、熏鸡、熏鸭等
	烧烤肉类	盐焗鸡、烤乳猪、叉烧肉等
	熟培根类	五花培根、通脊培根等
肉干制品	肉干	牛肉干、猪肉干、灯影牛肉等
	肉松	猪肉松、牛肉松、鸡肉松等
	肉脯	猪肉脯、牛肉脯、肉糜脯等
肉类罐头制品	肉类罐头	不包括内脏类的所有肉罐头

5 要求

5.1 原料及加工过程

5.1.1 畜禽养殖应符合 NY/T 471、NY/T 472 和 NY/T 473 的规定。原料应是健康畜禽,并有产地检疫合格标志。食品添加剂的使用应符合 NY/T 392 的规定。

5.1.2 畜禽屠宰和加工应符合 NY/T 473 和 GB 14881 的规定;熟肉制品加工应符合 GB 19303 的规定;罐头制品加工应符合 GB 8950 和 GB 13100 的规定。

5.2 感官要求

应符合表2的规定。

表 2 畜禽肉制品感官要求

项 目	要 求			检验方法
	调制肉制品	腌腊肉制品、酱卤肉制品、熏烧焙烤肉制品、肉干制品	肉类罐头	
色泽	具有该产品应有的色泽			罐头制品:在自然光下,目视检查产品的外观、容器内壁、色泽、组织状态以及肉眼可见异物,闻气味,尝滋味 其他肉制品:将样品置一洁净白色托盘中,在自然光下,目视检查外观、色泽、组织状态、杂质,用鼻嗅其气味,熟肉品尝其滋味
组织状态	具有该产品应有的组织状态			
滋味和气味	具有该品种应有的气味和滋味,无酸败等异味			
杂质	外表及内部均无肉眼可见杂质			
外观	裹浆或调料均匀分布	—	无泄漏、胖听现象存在;容器内外表面无锈蚀、内壁涂料完整	

5.3 理化指标

5.3.1 调制肉制品

应符合表3的规定。

表3 调制肉制品理化指标

项　目	指标	检验方法
挥发性盐基氮,mg/100 g	≤10	GB/T 5009.44

5.3.2 腌腊肉制品

应符合表4的规定。

表4 腌腊肉制品理化指标

项　目	指标					检验方法
	腊肠类	咸肉类	腊肉类	板鸭、咸鸭	风干肉类	
	广式	中式					
水分,%	≤25		—	≤25	≤45	≤38	GB 5009.3
食盐(以 NaCl 计),%	≤6		≤6	≤10	≤8	≤7	GB/T 12457
蛋白质,%	≥22		—				GB/T 9695.11
脂肪,%	≤35		—				GB/T 9695.7
总糖(以蔗糖计),%	≤20	≤22	—				GB/T 9695.31
过氧化值(以脂肪计),g/100 g	≤0.50				≤2.50	—	GB/T 5009.37
酸价(以脂肪计),(KOH)mg/g	≤4				≤1.6	—	GB/T 5009.37

5.3.3 肉干制品

应符合表5的规定。

表5 肉干制品理化指标

项　目	指标								检验方法
	肉　松			肉　干			肉　脯		
	肉松	油酥肉松	肉粉松	牛肉干	猪肉干	肉糜干	肉脯	肉糜脯	
水分,%	≤20	≤6	≤18	≤20			≤19	≤20	GB 5009.3
蛋白质,%	≥28	≥25	≥20	≥34	≥28	≥23	≥30	≥25	GB/T 9695.11
脂肪,%	≤10	≤30	≤20	≤10	≤12	≤10	≤14	≤18	GB/T 9695.7
总糖(以蔗糖计),%	≤30	≤35	≤35	≤35			≤38		GB/T 9695.31
淀粉,%	—	≤30		—					GB/T 9695.14
食盐(以 NaCl 计),%	≤7			≤5					GB/T 12457

5.3.4 肉类罐头制品

应符合表6的规定。

表6 肉罐头类理化指标

项　目	指标	检验方法
食盐(以 NaCl 计),%	≤2.5	GB/T 12457

5.4 污染物限量、兽药残留限量、食品添加剂限量

5.4.1 调制肉制品

污染物、兽药残留和食品添加剂限量应符合 GB 2762、中华人民共和国农业部公告第 235 号等食品安全国家标准及相关规定,同时符合表 7 的规定。

表 7 调制肉制品污染物、兽药残留限量

项　目	指　标	检验方法
铅(以 Pb 计),mg/kg	≤0.1	GB 5009.12
总汞(以 Hg 计),mg/kg	≤0.05	GB/T 5009.17
土霉素(terramycin)/金霉素(chlortetracycline)/四环素(tetracycline)(单个或复合物),μg/kg	≤100	GB/T 21317
强力霉素(doxycycline),μg/kg	≤100	GB/T 21317
己烯雌酚(diethylstilbestrol),μg/kg	不得检出(<1.0)	GB/T 20766
喹乙醇代谢物[a](MQCA),μg/kg	不得检出(<0.5)	GB/T 20746
盐酸克伦特罗(clenbuterol),μg/kg	不得检出(<0.5)	GB/T 22286
莱克多巴胺(ractopamine),μg/kg	不得检出(<0.5)	GB/T 22286
沙丁胺醇(salbutamol),μg/kg	不得检出(<0.5)	GB/T 22286
西马特罗(cimaterol),μg/kg	不得检出(<0.5)	GB/T 22286
氯霉素(chloramphenicol),μg/kg	不得检出(<0.1)	GB/T 20756
氟苯尼考(florfenicol),mg/kg	≤0.1	GB/T 20756
呋喃唑酮代谢物(AOZ),μg/kg	不得检出(<0.25)	农业部 781 号公告—4—2006
呋喃它酮代谢物(AMOZ),μg/kg	不得检出(<0.25)	农业部 781 号公告—4—2006
呋喃妥因代谢物(AHD),μg/kg	不得检出(<0.25)	农业部 781 号公告—4—2006
呋喃西林代谢物(SEM),μg/kg	不得检出(<0.25)	农业部 781 号公告—4—2006
各兽药项目除采用表中所列检测方法外,如有其他国家标准、行业标准及公告的检测方法,且其检出限或定量限能满足要求时,在检测时可采用。		
[a]　喹乙醇代谢物仅适用于猪肉。		

5.4.2 腌腊肉制品、酱卤肉制品、熏烧焙烤肉制品、肉干制品和肉类罐头制品

污染物、兽药残留和食品添加剂限量应符合 GB 2762、中华人民共和国农业部公告第 235 号等食品安全国家标准及相关规定,同时符合表 8 的规定。

表 8 腌腊肉制品、酱卤肉制品、熏烧焙烤肉制品、肉干制品及肉类
罐头制品污染物、食品添加剂残留限量

单位为毫克每千克

项　目	指　标	检验方法
铅(以 Pb 计)	≤0.1	GB 5009.12
总汞(以 Hg 计)	≤0.05	GB/T 5009.17
锡[a](以 Sn 计)	≤100	GB/T 5009.16
亚硝酸盐(以 NaNO₂ 计)	<4	GB 5009.33
[a]　锡仅适用于镀锡罐头。		

5.5 微生物限量

5.5.1 调制肉制品

应符合表 9 的规定。

表9 调制肉制品微生物限量

项　目	指　标		检验方法
	冷藏调制肉类	冷冻调制肉类	
菌落总数,CFU/g	≤1×10⁶	≤3×10⁶	GB 4789.2
大肠菌群,MPN/g	≤3		GB 4789.3
金黄色葡萄球菌	0/25 g		GB 4789.10

5.5.2 腌腊肉制品

应符合表10的规定。

表10 腌腊肉制品微生物限量

项　目	指　标					检验方法
	腊肠类	咸肉类	腊肉类	板鸭、咸鸭	风干肉类	
菌落总数,CFU/g	≤5×10⁵				≤1×10⁴ ᵃ	GB 4789.2
大肠菌群,MPN/g	≤64				≤3ᵃ	GB 4789.3
金黄色葡萄球菌	0/25 g					GB 4789.10
ᵃ 仅适用于风干肉类熟制品。						

5.5.3 酱卤肉制品、熏烧焙烤肉制品

应符合表11的规定。

表11 酱卤肉制品、熏烧焙烤肉制品微生物限量

项　目	指　标		检验方法
	酱卤肉制品	熏烧焙烤肉制品	
菌落总数,CFU/g	≤8×10⁴	≤5×10⁴	GB 4789.2
大肠菌群,MPN/g	≤15	≤9.4	GB 4789.3
金黄色葡萄球菌	0/25 g		GB 4789.10

5.5.4 肉干制品

应符合表12的规定。

表12 肉干制品微生物限量

项　目	指　标			检验方法
	肉　松	肉　干	肉　脯	
菌落总数,CFU/g	≤3×10⁴	≤1×10⁴		GB 4789.2
大肠菌群,MPN/g	≤3.6	≤3		GB 4789.3
金黄色葡萄球菌	0/25 g			GB 4789.10

5.5.5 肉类罐头制品

应符合表13的规定。

表13 肉类罐头制品微生物要求

项　目	指　标	检验方法
商业无菌	商业无菌	GB 4789.26

5.6 净含量

应符合国家质量监督检验检疫总局令2005第75号的规定,检验方法按JJF 1070执行。

6 检验规则

申报绿色食品应按照本标准中5.2～5.6以及附录A所确定的项目进行检验。其他要求应符合NY/

T 1055 的规定。

7 标签

应符合 GB 7718 的规定。

8 包装、运输和储存

8.1 包装

按 GB/T 191 和 NY/T 658 的规定执行。

8.2 运输和储存

运输和储存应符合 NY/T 1056 的规定。冷藏类调制肉的储存温度应控制在 0℃～4℃,冷冻类调制肉的储存温度应控制在－18℃以下,冷库温度一昼夜升降幅度不得超过 1℃。运输冷藏类调制肉的车辆厢内温度应控制在 0℃～4℃,运输冷冻类调制肉的车辆厢内温度应控制在－10℃以下。

附 录 A

（规范性附录）

绿色食品畜禽肉制品产品申报检验项目

表 A.1～ 表 A.4 规定了除本标准 5.2～5.6 所列项目外，依据食品安全国家标准和绿色食品生产实际情况，绿色食品申报检验还应检验的项目。

表 A.1 依据食品安全国家标准绿色食品调制肉制品产品申报检验必检项目

序号	检验项目	限量值	检验方法
1	总砷（以 As 计），mg/kg	≤0.5	GB/T 5009.11
2	镉（以 Cd 计），mg/kg	≤0.1	GB/T 5009.15
3	铬（以 Cr 计），mg/kg	≤1.0	GB/T 5009.123
4	N-二甲基亚硝胺，μg/kg	≤3.0	GB/T 5009.26
5	亚硝酸盐（以 NaNO₂ 计），mg/kg	<4	GB 5009.33
6	苯甲酸及其钠盐（以苯甲酸计），mg/kg	不得检出（<1.8）	GB/T 23495
7	山梨酸及其钾盐（以山梨酸计），mg/kg	不得检出（<1.2）	GB/T 23495
8	糖精钠，mg/kg	不得检出（<3.0）	GB/T 23495
9	环己基氨基磺酸钠，g/kg	不得检出（<0.002）	GB/T 5009.97
10	沙门氏菌	0/25 g	GB 4789.4
11	单核细胞增生李斯特氏菌	0/25 g	GB 4789.30
12	大肠埃希氏菌 O157:H7[a]	0/25 g	GB/T 4789.36

[a] 大肠埃希氏菌 O157:H7 仅适用于牛肉制品。

表 A.2 依据食品安全国家标准绿色食品腌腊肉制品产品申报检验必检项目

序号	检验项目	限量值	检验方法
1	总砷（以 As 计），mg/kg	≤0.5	GB/T 5009.11
2	镉（以 Cd 计），mg/kg	≤0.1	GB/T 5009.15
3	铬（以 Cr 计），mg/kg	≤1.0	GB/T 5009.123
4	N-二甲基亚硝胺，μg/kg	≤3.0	GB/T 5009.26
5	苯并（a）芘[a]，μg/kg	≤5.0	NY/T 1666
6	苯甲酸及其钠盐（以苯甲酸计），mg/kg	不得检出（<1.8）	GB/T 23495
7	山梨酸及其钾盐（以山梨酸计），mg/kg	不得检出（<1.2）	GB/T 23495
8	糖精钠[b]，mg/kg	不得检出（<3.0）	GB/T 23495
9	环己基氨基磺酸钠，g/kg	不得检出（<0.002）	GB/T 5009.97
10	丁基羟基茴香醚（BHA），mg/kg	≤200	SN/T 1050
11	二丁基羟基甲苯（BHT），mg/kg	≤200	SN/T 1050

表 A.2（续）

序号	检验项目	限量值	检验方法
12	特丁基对苯二酚(TBHQ),mg/kg	≤200	SN/T 1050
13	没食子酸丙酯(PG),mg/kg	≤100	SN/T 1050
14	沙门氏菌	0/25 g	GB 4789.4
15	单核细胞增生李斯特氏菌	0/25 g	GB 4789.30
16	大肠埃希氏菌 O157:H7[c]	0/25 g	GB/T 4789.36

注:BHA、BHT、TBHQ 和 PG 测定值占各自限量值的比例之和不应超过 1。

[a] 苯并(a)芘仅适用于烟熏的腌腊肉制品。

[b] 糖精钠仅适用于腊肠类和腊肉类。

[c] 大肠埃希氏菌 O157:H7 仅适用于牛肉制品。

表 A.3 依据食品安全国家标准绿色食品酱卤肉、熏烧焙烤肉制品、肉干制品产品申报检验必检项目

序号	检验项目	限量值	检验方法
1	总砷(以 As 计),mg/kg	≤0.5	GB/T 5009.11
2	镉(以 Cd 计),mg/kg	≤0.1	GB/T 5009.15
3	铬(以 Cr 计),mg/kg	≤1.0	GB/T 5009.123
4	N-二甲基亚硝胺,μg/kg	≤3.0	GB/T 5009.26
5	苯并(a)芘[a],μg/kg	≤5.0	NY/T 1666
6	苯甲酸及其钠盐(以苯甲酸计),mg/kg	不得检出(<1.8)	GB/T 23495
7	山梨酸及其钾盐(以山梨酸计),mg/kg	≤75	GB/T 23495
8	糖精钠,mg/kg	不得检出(<3.0)	GB/T 23495
9	环己基氨基磺酸钠,g/kg	不得检出(<0.002)	GB/T 5009.97
10	沙门氏菌	0/25 g	GB 4789.4
11	单核细胞增生李斯特氏菌	0/25 g	GB 4789.30
12	大肠埃希氏菌 O157:H7[b]	0/25 g	GB/T 4789.36

[a] 苯并(a)芘不适用于酱卤肉类。

[b] 大肠埃希氏菌 O157:H7 仅适用于牛肉制品。

表 A.4 依据食品安全国家标准绿色食品肉罐头类产品申报检验必检项目

序号	检验项目	限量值	检验方法
1	总砷(以 As 计),mg/kg	≤0.5	GB/T 5009.11
2	镉(以 Cd 计),mg/kg	≤0.1	GB/T 5009.15
3	铬(以 Cr 计),mg/kg	≤1.0	GB/T 5009.123
4	苯并(a)芘[a],μg/kg	≤5.0	NY/T 1666
5	苯甲酸及其钠盐(以苯甲酸计),mg/kg	不得检出(<1.8)	GB/T 23495
6	山梨酸及其钾盐(以山梨酸计),mg/kg	≤75	GB/T 23495
7	糖精钠,mg/kg	不得检出(<3.0)	GB/T 23495
8	环己基氨基磺酸钠,g/kg	不得检出(<0.002)	GB/T 5009.97

[a] 苯并(a)芘仅适用于烧烤和烟熏肉罐头。

ICS 67.080.10
X 24

中华人民共和国农业行业标准

NY/T 844—2017
代替 NY/T 844—2010

绿色食品　温带水果

Green food—Temperate fruit

2017-06-12 发布
2017-10-01 实施

中华人民共和国农业部 发布

前　言

本标准按照 GB/T 1.1—2009 给出的规则起草。

本标准代替 NY/T 844—2010《绿色食品　温带水果》。与 NY/T 844—2010 相比，除编辑性修改外主要技术变化如下：

——修改了范围，增加了梅和醋栗；

——修改了感官要求的等级要求；

——删除了理化指标中的硬度；修改了梨、桃、杏、李、草莓的可溶性固形物限量，修改了苹果、山楂、李的可滴定酸限量；

——删除了六六六、滴滴涕、乐果、对硫磷、马拉硫磷、甲拌磷、杀螟硫磷、倍硫磷、敌百虫、三唑酮等农药残留项目，增加了克百威、丙溴磷、毒死蜱、氯氰菊酯、氯氟氰菊酯、吡虫啉、苯醚甲环唑以及烯酰吗啉等农药残留项目；

——删除了无机砷、总汞、氟、铬等污染物项目；

——修改了检验方法。

本标准由农业部农产品质量安全监管局提出。

本标准由中国绿色食品发展中心归口。

本标准主要起草单位：广东省农业科学院农产品公共监测中心、中国绿色食品发展中心、广州汇标检测技术中心、农业部蔬菜水果质量监督检验测试中心（广州）、生命果有机食品股份有限公司。

本标准主要起草人：杨慧、陈兆云、耿安静、赵晓丽、王富华、葛章春、杨益民、陈岩、廖若昕。

本标准所代替标准的历次版本发布情况为：

——NY/T 428—2000；

——NY/T 844—2004、NY/T 844—2010。

绿色食品　温带水果

1　范围

本标准规定了绿色食品温带水果的术语和定义、要求、检验规则、标签、包装、运输和储存。

本标准适用于绿色食品温带水果，包括苹果、梨、桃、草莓、山楂、柰子、蓝莓、无花果、树莓、桑葚、猕猴桃、葡萄、樱桃、枣、杏、李、柿、石榴、梅和醋栗等。

2　规范性引用文件

下列文件对于本文件的应用是必不可少的。凡是注日期的引用文件，仅注日期的版本适用于本文件。凡是不注日期的引用文件，其最新版本（包括所有的修改单）适用于本文件。

GB 5009.12　食品安全国家标准　食品中铅的测定

GB 5009.15　食品安全国家标准　食品中镉的测定

GB 7718　食品安全国家标准　预包装食品标签通则

GB/T 20769　水果和蔬菜中 450 种农药及相关化学品残留量的测定　液相色谱-串联质谱法

GB 23200.49　食品安全国家标准　食品中苯醚甲环唑残留量的测定　气相色谱-质谱法

NY/T 391　绿色食品　产地环境质量

NY/T 393　绿色食品　农药使用准则

NY/T 394　绿色食品　肥料使用准则

NY/T 658　绿色食品　包装通用准则

NY/T 761　蔬菜和水果中有机磷、有机氯、拟除虫菊酯和氨基甲酸酯类农药多残留的测定

NY/T 839　鲜李

NY/T 1055　绿色食品　产品检验规则

NY/T 1056　绿色食品　储藏运输准则

NY/T 1379　蔬菜中 334 种农药多残留的测定　气相色谱质谱法和液相色谱质谱法

NY/T 2637　水果和蔬菜可溶性固形物含量的测定　折射仪法

3　术语和定义

下列术语和定义适用于本文件。

3.1

不正常的外来水分　abnormal external moisture

果实经雨淋或用水冲洗后在其表面留下的水分，不包括由于温度变化产生的轻微凝结水。

3.2

成熟度　maturity

表示果实成熟的不同程度，一般分为可采成熟度、食用成熟度和生理成熟度。

3.2.1

可采成熟度　harvest maturity

果实完成了生长和化学物质的积累过程，果实体积不再增大且已经达到最佳储运阶段但未达到最佳食用阶段，该阶段呈现本品种特有的色、香、味等主要特征，果肉开始由硬变脆。

3.2.2

食用成熟度　eatable maturity

果实已具备该品种固有的色泽、风味和芳香，营养价值较高并达到适合食用的阶段，此时采收的果实

可以当地销售和短途运输。

3.2.3

生理成熟度 physiological maturity

果实在生理上已达到充分成熟的状态,果肉开始变软变绵已不适宜进行储存运输的阶段。

3.3

后熟 full ripe

达到生理成熟的果实采收后,经一定时间的储存质地变软,出现芳香味的最佳食用状态。

4 要求

4.1 产地环境

应符合 NY/T 391 的要求。

4.2 生产过程

生产过程中农药和肥料的使用按照 NY/T 393 和 NY/T 394 的规定执行。

4.3 感官

应符合表 1 的要求。

表 1 感官要求

项 目	要 求	检验方法
果实外观	具有本品种固有的形状和成熟时应有的特征色泽;果实完整,果形端正,整齐度好,无裂果及畸形果;新鲜清洁,无可见异物;无霉(腐)烂、无冻伤及机械损伤;无不正常外来水分	品种特征、成熟度、色泽、新鲜度、清洁度、机械伤、霉(腐)烂、冻伤、机械损伤和病虫害等用目测法进行检验;气味和滋味采用鼻嗅和口尝方法进行检验
病虫害	无病果、虫果,无病斑,果肉无褐变	
气味和滋味	具有本品种正常的气味和滋味,无异味	
成熟度	发育充分、正常,具有适合市场或储存要求的成熟度	

4.4 理化指标

应符合表 2 的要求。

表 2 理化指标

水果名称		指标,%		检验方法
		可溶性固形物	可滴定酸	
苹果		≥11.0	≤0.4	可溶性固形物按 NY/T 2637 规定的方法测定;可滴定酸按 NY/T 839 规定的方法测定
梨		≥11.0	≤0.3	
葡萄		≥14.0	≤0.7	
桃		≥10.0ᵃ	≤0.6	
草莓		≥7.0	≤1.3	
山楂		≥9.0	≥2.0	
奈子		≥11.0	≤1.2	
蓝莓		≥10.0	≤2.5	
树莓		≥8.0	≤2.2	
猕猴桃	生理成熟期	≥6.0	≤1.5	
	后熟期	≥10.0		
樱桃		≥13.0	≤1.0	
枣		≥20.0	≤1.0	
杏		≥12.0ᵃ	≤2.0	
李		≥10.0	≤1.8	
柿		≥16.0	—	
石榴		≥15.0	≤0.8	
注:其他未列入的水果,其理化指标不作为判定依据。				
ᵃ 早熟品种的可溶性固形物的含量可在此基础上降低 1%。				

4.5 农药残留限量

应符合食品安全国家标准及相关规定,同时应符合表 3 的要求。

表 3　农药残留限量

单位为毫克每千克

项　　目	指　　标	检验方法
氧乐果(omethoate)	≤0.01	NY/T 1379
克百威(carbofuran)	≤0.01	NY/T 761
敌敌畏(dichlorvos)	≤0.01	NY/T 761
溴氰菊酯(deltamethrin)	≤0.01	NY/T 761
氰戊菊酯(fenvalerate)	≤0.01	NY/T 761
苯醚甲环唑(difenoconazole)	≤0.01	GB 23200.49
百菌清(chlorothalonil)	≤0.01	NY/T 761
氯氰菊酯(cypermethrin)	≤0.07(草莓)	NY/T 761
	≤0.2(葡萄)	
	≤1(苹果、梨、桃、枣、杏、李、梅、樱桃)	
毒死蜱(chlorpyrifos)	≤0.5(苹果、梨)	NY/T 761
氯氟氰菊酯(cyhalothrin)	≤0.2	NY/T 761
多菌灵(carbendazim)	≤0.5(李、樱桃、枣、黑莓、醋栗、草莓、猕猴桃)	GB/T 20769
	≤2(苹果、梨、葡萄、桃、杏)	
烯酰吗啉(dimethomorph)	≤0.05(草莓)	GB/T 20769
	≤2(葡萄)	

5　检验规则

申报绿色食品的温带水果应按照本标准 4.3～4.5 以及附录 A 所确定的项目进行检验。其他要求按照 NY/T 1055 的规定执行。本标准规定的农药残留量检测方法,如有其他国家标准、行业标准以及部文公告的检测方法,且其检出限和定量限能满足限量值要求时,在检测时可采用。

6　标签

按照 GB 7718 的规定执行。

7　包装、运输和储存

7.1　包装

按照 NY/T 658 的规定执行。

7.2　运输和储存

按照 NY/T 1056 的规定执行。

附　录　A

（规范性附录）

绿色食品温带水果申报检验项目

表 A.1 规定了除 4.3～4.5 所列项目外，依据食品安全国家标准和绿色食品温带水果生产实际情况，绿色食品温带水果申报检验还应检验的项目。

表 A.1　污染物和农药残留项目

单位为毫克每千克

项　目	指　标	检验方法
铅（以 Pb 计）	≤0.2（草莓、蓝莓、树莓、猕猴桃、葡萄）	GB 5009.12
	≤0.1（苹果、梨、桃、山楂、柰子、樱桃、枣、杏、李、柿、石榴、梅和醋栗）	
镉（以 Cd 计）	≤0.05	GB 5009.15
丙溴磷（profenofos）	≤0.05（仅限苹果）	NY/T 761
吡虫啉（imidacloprid）	≤0.5（苹果、梨）	GB/T 20769

ICS 67.060
X 11

中华人民共和国农业行业标准

NY/T 891—2014
代替 NY/T 891—2004

绿色食品　大麦及大麦粉

Green food—Barley and barley flour

2014-10-17 发布

2015-01-01 实施

中华人民共和国农业部 发布

前　言

本标准按照 GB/T 1.1—2009 给出的规则起草。

本标准代替 NY/T 891—2004《绿色食品　大麦》。与 NY/T 891—2004 相比,除编辑性修改外,主要技术变化如下:

——修改了适用范围,增加了大麦粉;

——理化指标中啤酒大麦删除了水敏感性,选粒实验改为饱满粒和瘦小粒;食用大麦将夹杂物改为杂质,增加了不完善粒和容重;

——农药残留限量的项目删除了对硫磷、久效磷、氰化物,增加了野燕枯、苯磺隆、溴氰菊酯、毒死蜱;

——污染物限量中删除了汞和氟;

——真菌毒素限量增加脱氧雪腐镰刀菌烯醇;

——修改了部分理化指标和安全指标限量值;

——增加了附录 A。

本标准由农业部农产品质量安全监管局提出。

本标准由中国绿色食品发展中心归口。

本标准起草单位:农业部食品质量监督检验测试中心(石河子)。

本标准主要起草人:刘长勇、罗小玲、鲁立良、罗瑞峰、魏向利、王东健、王静。

本标准的历次版本发布情况为:

——NY/T 891—2004。

绿色食品　大麦及大麦粉

1　范围

本标准规定了绿色食品大麦及大麦粉的术语和定义、要求、检验规则、标志和标签、包装、运输和储存。

本标准适用于绿色食品啤酒大麦、食用大麦和大麦粉。

2　规范性引用文件

下列文件对于本文件的应用是必不可少的。凡是注日期的引用文件,仅注日期的版本适用于本文件。凡是不注日期的引用文件,其最新版本(包括所有的修改单)适用于本文件。

GB/T 191　包装储运图示标志

GB 5009.3　食品安全国家标准　食品中水分的测定

GB/T 5009.11　食品中总砷及无机砷的测定

GB 5009.12　食品安全国家标准　食品中铅的测定

GB/T 5009.15　食品中镉的测定

GB/T 5009.20　食品中有机磷农药残留量的测定

GB/T 5009.36　粮食卫生标准的分析方法

GB/T 5009.102　植物性食品中辛硫磷农药残留量的测定

GB/T 5009.110　植物性食品中氯氰菊酯、氰戊菊酯和溴氰菊酯残留量的测定

GB/T 5009.126　植物性食品中三唑酮残留量的测定

GB/T 5009.145　植物性食品中有机磷和氨基甲酸酯类农药多种残留的测定

GB/T 5009.165　粮食中 2,4-滴丁酯残留量的测定

GB/T 5009.200　小麦中野燕枯残留量的测定

GB/T 5492　粮油检验　粮食、油料的色泽、气味、口味鉴定

GB/T 5494　粮油检验　粮食、油料的杂质、不完善粒检验

GB/T 5498　粮油检验　容重测定

GB/T 5509　粮油检验　粉类磁性金属物测定

GB 5749　生活饮用水卫生标准

GB/T 7416　啤酒大麦

GB 7718　食品安全国家标准　预包装食品标签通则

GB/T 11760　裸大麦

GB 14881　食品安全国家标准　食品企业通用卫生规范

GB/T 18979　食品中黄曲霉毒素的测定　免疫亲和层析净化高效液相色谱法和荧光光度法

GB/T 19649　粮谷中 475 种农药及相关化学品残留量的测定　气相色谱-质谱法

GB/T 20770　粮谷中 486 种农药及相关化学品残留量的测定　液相色谱-串联质谱法

GB/T 23503　食品中脱氧雪腐镰刀菌烯醇的测定　免疫亲和层析净化高效液相色谱法

JJF 1070　定量包装商品净含量计量检验规则

NY/T 391　绿色食品　产地环境质量

NY/T 392　绿色食品　食品添加剂使用准则

NY/T 658　绿色食品　包装通用准则

NY/T 1055　绿色食品　产品检验规则

NY/T 1056　绿色食品　储藏运输准则

SN/T 2320　进出口食品中百菌清、苯氟磺胺、甲抑菌灵、克菌灵、灭菌丹、敌菌丹和四溴菊酯残留量检测方法　气相色谱-质谱法

SN/T 2325　进出口食品中四唑嘧磺隆、甲基苯苏呋安、醚磺隆等45种农药残留量的检测方法　高效液相色谱—质谱/质谱法

国家质量监督检验检疫总局令2005年第75号　定量包装商品计量监督管理办法

中国绿色食品商标标志设计使用规范手册

3　术语和定义

GB/T 7416、GB/T 11760界定的以及下列术语和定义适用于本文件。

3.1

食用大麦　Edible barley

用于食用的皮大麦和裸大麦。

3.2

皮大麦　lemma barley

带壳大麦,即有稃大麦。

3.3

大麦粉　Barley flour

大麦加工成的用于食用的粉状产品。

4　要求

4.1　产地环境

应符合 NY/T 391 的规定。

4.2　原料

大麦粉原料应符合绿色食品标准要求。

4.3　食品添加剂

应符合 NY/T 392 的规定。

4.4　加工用水

应符合 GB 5749 的规定。

4.5　加工环境

应符合 GB 14881 的规定。

4.6　感官

应符合表1的规定。

表 1　啤酒大麦、食用大麦和大麦粉的感官要求

项　　目	要　　求			检测方法
	啤酒大麦	食用大麦	大麦粉	
外观	具有该产品固有的色泽、光泽,无病斑粒		形态均匀,具有该产品应有的色泽	GB/T 5492
气味	具有该产品固有气味,无霉味和其他异味		具有该产品固有气味,无异味	

4.7　理化指标

4.7.1　啤酒大麦和食用大麦

应符合表2的规定。

表 2　啤酒大麦和食用大麦的理化指标

项　目	指　标				检测方法
	啤酒大麦		食用大麦		
	二　棱	多　棱	皮大麦	裸大麦	
夹杂物,%	≤1.5		—		GB/T 7416
杂质,%	—		—	≤1.0(其中矿物质≤0.5)	GB/T 5494
破损率,%	≤1.0		—		GB/T 7416
不完善粒,%	—		≤6.0		GB/T 5494
饱满粒(腹径≥2.5 mm),%	≥80	≥75	—		GB/T 7416
瘦小粒(腹径<2.2 mm),%	≤5		—		GB/T 7416
容重,g/L	—		—	≥750	GB/T 5498
千粒重,g	≥35	≥33	—		GB/T 7416
水分,%	≤12		≤13		GB/T 7416
3 天发芽率,%	≥92		—		GB/T 7416
5 天发芽率,%	≥95		—		GB/T 7416
蛋白质,%	10～12.5		≥9.0		GB/T 7416

4.7.2　大麦粉

应符合表 3 的规定。

表 3　大麦粉的理化指标

项　目	指　标	检测方法
水分,%	≤14.0	GB 5009.3
磁性金属物,g/kg	≤0.003	GB/T 5509

4.8　污染物和农药残留限量

大麦及大麦粉污染物和农药残留限量应符合食品安全国家标准及相关规定,同时应符合表 4 规定。

表 4　大麦及大麦粉污染物和农药残留限量

项　目	指　标	检测方法
总砷(以 As 计),mg/kg	≤0.4	GB/T 5009.11
2,4-滴丁酯,mg/kg	≤0.01	GB/T 5009.165
野燕枯,mg/kg	≤0.01	GB/T 5009.200
苯磺隆,mg/kg	≤0.01	SN/T 2325
甲拌磷,mg/kg	≤0.01	GB/T 5009.20
敌敌畏,mg/kg	≤0.01	GB/T 5009.20
乐果,mg/kg	≤0.01	GB/T 5009.20
敌百虫,mg/kg	≤0.01	GB/T 20770
克百威,mg/kg	≤0.01	GB/T 20770
氧乐果,mg/kg	≤0.01	GB/T 20770
溴氰菊酯,mg/kg	≤0.01	GB/T 5009.110
百菌清,mg/kg	≤0.01	SN/T 2320
磷化物,mg/kg	不得检出	GB/T 5009.36
如食品安全国家标准及相关国家规定中上述项目和指标有调整,且严于本标准规定,按最新国家标准及规定执行。		

4.9 净含量

应符合国家质量监督检验检疫总局令 2005 年第 75 号的规定,检验方法按照 JJF 1070 的规定执行。

5 检验规则

申报绿色食品的产品应按照本标准中 4.6~4.9 以及附录 A 所确定的项目进行检验,其他要求应符合 NY/T 1055 的规定。本标准规定的农药残留限量的检测方法,如有其他国家标准、行业标准以及部文公告的检测方法,且其最低检出限能满足限量值要求时,在检测时可采用。

6 标志和标签

6.1 标志

绿色食品标志使用应符合《中国绿色食品商标标志设计使用规范手册》的规定。

6.2 标签

按照 GB 7718 的规定执行。

7 包装、运输和储存

7.1 包装

按照 NY/T 658 的规定执行,包装储运图示标志按照 GB/T 191 的规定执行。

7.2 运输和储存

按照 NY/T 1056 的规定执行。

附　录　A

（规范性附录）

绿色食品大麦及大麦粉产品申报检验项目

表 A.1 规定了除 4.6～4.9 外，依据食品安全国家标准和绿色食品生产实际情况，绿色食品大麦及大麦粉产品申报检验还应检验的项目。

表 A.1　依据食品安全国家标准绿色食品大麦及大麦粉产品申报检验必检项目

序号	检验项目	指　　标	检验方法
1	铅（以 Pb 计），mg/kg	≤0.2	GB 5009.12
2	镉（以 Cd 计），mg/kg	≤0.1	GB/T 5009.15
3	毒死蜱，mg/kg	≤0.1	GB/T 5009.145
4	辛硫磷，mg/kg	≤0.05	GB/T 5009.102
5	抗蚜威，mg/kg	≤0.05	GB/T 19649
6	三唑酮，mg/kg	≤0.5	GB/T 5009.126
7	多菌灵，mg/kg	≤0.1	GB/T 20770
8	黄曲霉毒素 B_1，μg/kg	≤5.0	GB/T 18979
9	脱氧雪腐镰刀菌烯醇，μg/kg	≤1 000	GB/T 23503
如食品安全国家标准及相关国家规定中上述项目和指标有调整，且严于本标准规定，按最新国家标准及规定执行。			

ICS 67.060
X 11

中华人民共和国农业行业标准

NY/T 892—2014
代替 NY/T 892—2004

绿色食品 燕麦及燕麦粉

Green food—Oat and oat flour

2014-10-17 发布

2015-01-01 实施

中华人民共和国农业部 发布

前　　言

本标准按照 GB/T 1.1—2009 给出的规则起草。

本标准代替 NY/T 892—2004《绿色食品　燕麦》。与 NY/T 892—2004 相比,除编辑性修改外,主要技术变化如下:

——修改了标准名称,标准名称改为《绿色食品　燕麦及燕麦粉》;

——修改了标准的适用范围,增加了燕麦米和燕麦粉;

——修改了术语和定义;

——修改了燕麦的水分和容重指标;

——增加了燕麦粉理化指标;

——污染物限量中删除汞和氟;

——农药残留限量中删除氰化物指标要求,增加乐果、氰戊菊酯、氯氰菊酯和溴氰菊酯的指标要求;

——真菌毒素限量项目中增加赭曲霉毒素 A 的指标要求。

本标准由农业部农产品质量安全监管局提出。

本标准由中国绿色食品发展中心归口。

本标准起草单位:农业部食品质量监督检验测试中心(石河子)。

本标准主要起草人:鲁立良、罗小玲、刘长勇、方婷婷、陈霞、叶博。

本标准的历次版本发布情况为:

——NY/T 892—2004。

绿色食品　燕麦及燕麦粉

1　范围

本标准规定了绿色食品燕麦及燕麦粉的术语和定义、要求、检验规则、标志和标签、包装、运输和储存。

本标准适用于绿色食品燕麦（裸燕麦、莜麦）及燕麦粉，包括燕麦米。

2　规范性引用文件

下列文件对于本文件的应用是必不可少的。凡是注日期的引用文件，仅注日期的版本适用于本文件。凡是不注日期的引用文件，其最新版本（包括所有的修改单）适用于本文件。

GB/T 191　包装储运图示标志

GB/T 5009.11　食品中总砷及无机砷的测定

GB 5009.12　食品安全国家标准　食品中铅的测定

GB/T 5009.15　食品中镉的测定

GB/T 5009.20　食品中有机磷农药残留量的测定

GB/T 5009.36　粮食卫生标准的分析方法

GB/T 5009.102　植物性食品中辛硫磷农药残留量的测定

GB/T 5009.110　植物性食品中氯氰菊酯、氰戊菊酯和溴氰菊酯残留量的测定

GB/T 5009.145　植物性食品中有机磷和氨基甲酸酯类农药多种残留的测定

GB/T 5009.188　蔬菜、水果中甲基托布津、多菌灵的测定

GB/T 5492　粮油检验　粮食、油料的色泽、气味、口味鉴定

GB/T 5493　粮油检验　类型及互混检验

GB/T 5494　粮油检验　粮食、油料的杂质、不完善粒检验

GB/T 5497　粮食、油料检验　水分测定法

GB/T 5498　粮油检验　容重测定

GB/T 5505　粮油检验　灰分测定法

GB/T 5507　粮油检验　粉类粗细度测定

GB/T 5508　粮油检验　粉类粮食含砂量测定

GB/T 5509　粮油检验　粉类磁性金属物测定

GB/T 5510　粮油检验　粮油检验　粮食、油料脂肪酸值测定

GB 7718　食品安全国家标准　预包装食品标签通则

GB 13122　面粉厂卫生规范

GB/T 13359　莜麦

GB/T 13360　莜麦粉

GB/T 18979　食品中黄曲霉毒素的测定　免疫亲和层析净化高效液相色谱法和荧光光度法

GB/T 23502　食品中赭曲霉毒素A的测定　免疫亲和层析净化高效液相色谱法

JJF 1070　定量包装商品净含量计量检验规则

NY/T 391　绿色食品　产地环境质量

NY/T 392　绿色食品　食品添加剂使用准则

NY/T 393　绿色食品　农药使用准则

NY/T 394　绿色食品　肥料使用准则

NY/T 658　绿色食品　包装通用准则

NY/T 1055　绿色食品　产品检验规则

NY/T 1056　绿色食品　储藏运输准则

国家质量监督检验检疫总局令 2005 年第 75 号　定量包装商品计量监督管理办法

中国绿色食品商标标志设计使用规范手册

3　术语和定义

GB/T 13359、GB/T 13360 界定的以及下列术语和定义适用于本文件。

3.1

燕麦米　oat kernel

以裸燕麦为原料,经去杂、打毛、湿热处理和烘干等加工工序制得的粒状产品。

3.2

燕麦粉　oat flour

以裸燕麦为原料,经初级加工制成的粉状产品。

4　要求

4.1　原料

4.1.1　种植环境应符合 NY/T 391 的规定。

4.1.2　农药使用应符合 NY/T 393 的规定。

4.1.3　肥料使用应符合 NY/T 394 的规定。

4.1.4　食品添加剂的使用应符合 NY/T 392 的规定。

4.2　加工环境

应符合 GB 13122 的规定。

4.3　感官

4.3.1　燕麦和燕麦米

应符合表 1 的规定。

表 1　燕麦和燕麦米的感官

项　目	要　求	检测方法
色泽	具有该产品固有的色泽	GB/T 5492
外观	粒状、籽粒饱满,无明显霉变	GB/T 5493
口味、气味	具有该产品固有的口味、气味,无异味	GB/T 5492

4.3.2　燕麦粉

应符合表 2 的规定。

表 2　燕麦粉的感官

项　目	要　求	检测方法
色泽	具有该产品固有的色泽	GB/T 5492
口味、气味	具有该产品固有的口味、气味,无异味	

4.4　理化指标

4.4.1　燕麦和燕麦米

应符合表 3 的规定。

表 3 燕麦和燕麦米的理化指标

项 目		指 标	检测方法
容重,g/L		≥700	GB/T 5498
水分,%		≤13.5	GB/T 5497
不完善粒,%		≤5.0	GB/T 5494
杂质	总量,%	≤2.0	GB/T 5494
	矿物质,%	≤0.5	GB/T 5494

4.4.2 燕麦粉

应符合表 4 的规定。

表 4 燕麦粉的理化指标

项 目	指 标			检测方法
	全燕麦粉	普通燕麦粉	精制燕麦粉	
粗细度	全部通过 CQ14 号筛	全部通过 CQ18 号筛	全部通过 CQ20 号筛	GB/T 5507
灰分(以干基计),%	≤2.5	≤2.2	≤1.0	GB/T 5505
含砂量,%	≤0.03			GB/T 5508
磁性金属物,g/kg	≤0.003			GB/T 5509
脂肪酸值(干基)(以 KOH 计),mg/100 g	≤90			GB/T 5510
水分,%	≤10.0			GB/T 5497

4.5 污染物和农药残留限量

污染物和农药残留限量应符合食品安全国家标准及相关规定,同时应符合表 5 规定。

表 5 污染物和农药残留限量

项 目	指 标	检测方法
总砷(以 As 计),mg/kg	≤0.4	GB/T 5009.11
敌百虫,mg/kg	≤0.01	GB/T 5009.20
甲拌磷,mg/kg	≤0.01	GB/T 5009.145
乐果,mg/kg	≤0.01	
氰戊菊酯,mg/kg	≤0.01	GB/T 5009.110
氯氰菊酯,mg/kg	≤0.2	
溴氰菊酯,mg/kg	≤0.01	
多菌灵,mg/kg	≤0.05	GB/T 5009.188
磷化物(以 PH_3 计),mg/kg	≤0.02	GB/T 5009.36
如食品安全国家标准及相关国家规定中上述项目和指标有调整,且严于本标准规定,按最新国家标准和规定执行。		

4.6 净含量

应符合国家质量监督检验检疫总局令 2005 年第 75 号的规定,检验方法按照 JJF 1070 的规定执行。

5 检验规则

申报绿色食品的燕麦及燕麦粉产品应按照本标准中 4.3~4.6 以及附录 A 所确定的项目进行检验,其他要求应符合 NY/T 1055 的规定。本标准中规定农药残留限量检测方法,如有其他国家标准、行业标准以及部文公告的检测方法,且其检出限和定量限能满足限量值要求时,在检测时可采用。

6 标志和标签

6.1 标志

绿色食品标志设计使用应符合《中国绿色食品商标标志设计使用规范手册》的规定。

6.2 标签

按照 GB 7718 的规定执行。

7 包装、运输和储存

7.1 包装

按照 NY/T 658 的规定执行,包装储运图示标志按照 GB/T 191 的规定执行。

7.2 运输和储存

按照 NY/T 1056 的规定执行。

附　录　A
（规范性附录）
绿色食品燕麦及燕麦粉产品申报检验项目

表A.1规定了除4.3～4.6所列项目外,依据食品安全国家标准和绿色食品生产实际情况,绿色食品申报检验还应检验的项目。

表A.1　依据食品安全国家标准绿色食品产品申报检验必检项目

序　号	检验项目	指　标	检测方法
1	铅(以 Pb 计),mg/kg	≤0.2	GB 5009.12
2	镉(以 Cd 计),mg/kg	≤0.1	GB/T 5009.15
3	辛硫磷,mg/kg	≤0.05	GB/T 5009.102
4	黄曲霉毒素 B_1,μg/kg	不得检出(<5.0)	GB/T 18979
5	赭曲霉毒素 A,μg/kg	不得检出(<5.0)	GB/T 23502
如食品安全国家标准及相关国家规定中上述项目和指标有调整,且严于本标准规定,按最新国家标准和规定执行。			

ICS 67.060
CCS X 11

中华人民共和国农业行业标准

NY/T 893—2021
代替 NY/T 893—2014

绿色食品 粟、黍、稷及其制品

Green food—Foxtail millet,common millet and products

2021-05-07 发布

2021-11-01 实施

中华人民共和国农业农村部 发布

NY/T 893—2021

前 言

本文件按照 GB/T 1.1—2020《标准化工作导则 第 1 部分:标准化文件的结构和起草规则》的规定起草。

本文件代替 NY/T 893—2014《绿色食品 粟米及粟米粉》,与 NY/T 893—2014 相比,除结构调整和编辑性改动外,主要变化如下:

- a) 修改了标准名称,改为《绿色食品粟、黍、稷及其制品》;
- b) 增加了适用范围,包括粟、黍、稷未脱壳的原粮(见第 1 章);
- c) 增加了肥料和农药使用规定(见 4.1);
- d) 增加了粟、黍、稷、黍米和稷米的感官要求(见 4.4 表 1);
- e) 增加了蛋白质、脂肪的指标要求(见 4.5.3 表 4);
- f) 增加了咪鲜胺、三唑磷、氧乐果、扑草净、莠去津、克百威、吡虫啉的限量要求(见 4.6 表 5);
- g) 更改了甲霜灵的限量要求(见 4.6 表 5,2014 版的附录 A);
- h) 更改了粟米粉水分的指标要求(见 4.5.3 表 4,2014 版 4.5.2 表 2);
- i) 删除了乐果的限量要求(见 2014 年版的 4.6);
- j) 删除了脂肪酸值的限量要求(见 2014 年版的 4.5.2)。

本文件由农业农村部农产品质量安全监管司提出。

本文件由中国绿色食品发展中心归口。

本文件起草单位:农业农村部谷物及制品质量监督检验测试中心(哈尔滨)、中国绿色食品发展中心、黑龙江省农科院农产品质量安全研究所、哈尔滨海关技术中心 、黑龙江省绿色食品发展中心、黑龙江省杂粮学会、北大荒农垦集团有限公司、黑龙江省荣军农场。

本文件主要起草人:金海涛、李宛、魏冬旭、张志华、张宪、王剑平、程爱华、杨成刚、滕娇琴、任红波、马文琼、杜英秋、戴常军、王翠玲、孙丽容、关海涛、温洪涛、刘峰、陈国峰、潘博、赵琳、张晓磊、郭炜、王秀君、董桂军、车淑静、闫森、高海洋、吕德方、栾君、邢华铭、史冬梅、廖辉。

本文件及其所代替文件的历次版本发布情况为:

——2004 年首次发布为 NY/T 893—2004,2014 年第一次修订;

——本次为第二次修订。

绿色食品 粟、黍、稷及其制品

1 范围

本文件规定了绿色食品粟、黍、稷及其制品的术语和定义,要求,检验规则,标签,包装、运输和储存。

本文件适用于绿色食品粟、黍、稷及其制品,包括粟、黍、稷、粟米、黍米、稷米及其加工成的粉状产品。

2 规范性引用文件

下列文件中的内容通过文中的规范性引用而构成本文件必不可少的条款。其中,注日期的引用文件,仅该日期对应的版本适用于本文件;不注日期的引用文件,其最新版本(包括所有的修改单)适用于本文件。

GB/T 191 包装储运图示标志

GB 5009.3 食品安全国家标准 食品中水分的测定

GB 5009.5 食品安全国家标准 食品中蛋白质的测定

GB 5009.6 食品安全国家标准 食品中脂肪的测定

GB 5009.11 食品安全国家标准 食品中总砷及无机砷的测定

GB 5009.12 食品安全国家标准 食品中铅的测定

GB 5009.15 食品安全国家标准 食品中镉的测定

GB 5009.17 食品安全国家标准 食品中总汞及有机汞的测定

GB 5009.22 食品安全国家标准 食品中黄曲霉毒素 B 族和 G 族的测定

GB 5009.96 食品安全国家标准 食品中赭曲霉毒素 A 的测定

GB 5009.123 食品安全国家标准 食品中铬的测定

GB/T 5492 粮油检验 粮食、油料的色泽、气味、口味鉴定

GB/T 5493 粮油检验 类型及互混检验

GB/T 5494 粮油检验 粮食、油料的杂质、不完善粒检验

GB/T 5498 粮油检验 容重测定

GB/T 5503 粮油检验 碎米检验法

GB/T 5508 粮油检验 粉类粮食含砂量测定

GB/T 5509 粮油检验 粉类磁性金属物测定

GB 7718 食品安全国家标准 预包装食品标签通则

GB/T 11766—2008 小米

GB 13122 食品安全国家标准 谷物加工卫生规范

GB/T 13356—2008 黍米

GB/T 13358—2008 稷米

GB/T 20770 粮谷中 486 种农药及相关化学品残留量的测定 液相色谱-串联质谱法

GB/T 22515—2008 粮油名词术语 粮食、油料及其加工产品

GB 23200.113 食品安全国家标准 植物源性食品中 208 种农药及其代谢物残留量的测定 气相色谱-质谱联用法

GB/T 25222 粮油检验 粮食中磷化物残留量的测定 分光光度法

JJF 1070 定量包装商品净含量计量检验规则

NY/T 391 绿色食品 产地环境质量

NY/T 392 绿色食品 食品添加剂使用准则

NY/T 393 绿色食品 农药使用准则

NY/T 394　绿色食品　肥料使用准则

NY/T 658　绿色食品　包装通用准则

NY/T 1055　绿色食品　产品检验规则

NY/T 1056　绿色食品　储藏运输准则

国家质量监督检验检疫总局令 2005 年第 75 号　定量包装商品计量监督管理办法

3　术语和定义

GB/T 11766、GB/T 13358、GB/T 13356、GB/T 22515—2008 界定的以及下列术语和定义适用于本文件。

3.1

粟　foxtail millet,millet in husk

禾本科草本植物栽培粟［*Setaria italca* var. *Germanica*（Mill.）Schred］的颖果。颖壳有红、橙、黄、白、紫、黑等颜色。果实呈卵圆形。按其粒质分为粳型、糯型。

［来源：GB/T 22515—2008,2.2.5.7,有修改］

3.2

黍　broomcorn millet(glutinous)

亦称黍子、软糜子。禾本科草本植物栽培黍的颖果,呈球形或椭圆形,颖壳呈乳白色、淡黄色或红色,果实呈白色、黄色或褐色,米粒不透明,米质糯性。

［来源：GB/T 22515—2008,2.2.5.8,有修改］

3.3

穄　broomcorn millet(non-glutinous)

亦称穄子、穈、硬糜子。禾本科草本植物栽培穄的颖果。种皮黄色,籽粒呈半透明状、有光泽,米质粳性。

［来源：GB/T 22515—2008, 2.2.5.9,有修改］

3.4

粟米　milled foxtail millet,millet

亦称小米,是由粟经碾磨加工除去皮层的粒状产品。按其粒质不同,分为粳性小米和糯性小米。

［来源：GB/T 22515—2008, 2.2.6.22,有修改］

3.5

黍米　milled glutinous broomcorn millet

亦称大黄米、软黄米,是由黍经碾磨加工除去皮层的粒状产品。米粒不透明,米质糯性。

［来源：GB/T 22515—2008,2.2.6.23,有修改］

3.6

穄米　milled non-glutinous broomcorn millet

亦称穄子米、糜子米,是穄经碾磨加工除去皮层的粒状产品。籽粒呈半透明状,有光泽,米质粳性。

［来源：GB/T 22515—2008,2.2.6.24,有修改］

4　要求

4.1　产地环境

应符合 NY/T 391 的要求,生产过程中肥料的使用按照 NY/T 394 的规定执行,农药的使用按照 NY/T 393 的规定执行。

4.2　加工过程

应符合 GB 13122 的要求。

4.3　食品添加剂

应符合 NY/T 392 的要求。

4.4 感官

4.4.1 粟、黍、稷

应符合表1的要求。

表 1 感官要求

项 目	要 求	检验方法
色泽、气味	具有正常粮食的色泽、气味	GB/T 5492
霉变粒,%	≤2.0	GB/T 5492

4.4.2 粟米(黍米、稷米)及粟(黍、稷)米粉

具有固有的色泽和气味,无异味,无霉变。检测方法按照 GB/T 5492 的规定执行。

4.5 理化指标

4.5.1 粟、黍、稷

应符合表2的要求。

表 2 理化指标

项 目		指 标			检测方法
		粟	黍	稷	
容重,g/L		≥670	≥690	≥760	GB/T 5498
不完善粒,%		≤1.5	≤2.0	≤3.0	GB/T 5494
水分,%		≤13.5	≤14.0	≤14.0	GB 5009.3
杂质,%	总量	≤2.0			GB/T 5494
	其中:矿物杂质	≤0.5			GB/T 5494
蛋白质(干基),%		≥9.0			GB 5009.5
脂肪(干基),%		3.5~6.0			GB 5009.6

4.5.2 粟(黍、稷)米

应符合表3的要求。

表 3 理化指标

项 目		指 标			检测方法
		粟米	稷米	黍米	
加工精度,%		≥95	≥75	≥80	粟米 GB/T 11766—2008 附录 A 稷米 GB/T 13358—2008 附录 A 黍米 GB/T 13356—2008 附录 A
不完善粒,%		≤1.0	≤2.0	≤2.0	GB/T 5494
水分,%		≤13.0	≤14.0	≤14.0	GB 5009.3
杂质,%	总量	≤0.5			GB/T 5494
	其中:未脱皮米粒	≤0.3	≤0.2	≤0.2	GB/T 5494
	其中:矿物杂质	≤0.02			GB/T 5494
互混率,%		≤0.5			GB/T 5493
碎米,%		≤4.0	≤6.0	≤6.0	GB/T 5503
蛋白质(干基),%		≥9.0			GB 5009.5
脂肪(干基),%		2.0~4.0			GB 5009.6

4.5.3 粟(黍、稷)米粉

应符合表4的要求。

表 4 粟(黍、稷)米粉的理化指标

项 目	指 标	检测方法
水分,%	≤13.0	GB 5009.3
含砂量,%	≤0.02	GB/T 5508

表 4（续）

项　目	指　标	检测方法
磁性金属物,g/kg	≤0.003	GB/T 5509
脂肪(干基),%	≤5.0	GB 5009.6
蛋白质(干基),%	≥9.0	GB 5009.5

4.6 污染物限量、农药残留限量

应符合相关食品安全国家标准及相关规定的要求,同时符合表 5 的要求。

表 5　污染物、农药残留限量

单位为毫克每千克

项　目	指　标	检测方法
总砷	≤0.4	GB 5009.11
总汞	≤0.01	GB 5009.17
敌敌畏	≤0.01	GB/T 20770
咪鲜胺	≤0.01	GB/T 20770
溴氰菊酯	≤0.01	GB 23200.113
三唑磷	≤0.01	GB/T 20770
烯唑醇	≤0.01	GB/T 20770
克百威	≤0.01	GB/T 20770
氧乐果	≤0.01	GB/T 20770
扑草净	≤0.01	GB/T 20770
甲霜灵	≤0.01	GB/T 20770
磷化物(以 PH_3 计)	≤0.01	GB/T 25222

4.7 净含量

应符合国家质量监督检验检疫总局令 2005 年第 75 号的要求,检验方法按 JJF 1070 的规定执行。

4.8 其他要求

除上述要求外,还应符合附录 A 的要求。

5 检验规则

绿色食品申报检验应按照 4.4～4.7 以及附录 A 所确定的项目进行检验。其他应符合 NY/T 1055 的要求。本文件规定的农药残留量检验方法,如有其他国家标准和行业标准方法,且其检出限或定量限能满足限量值要求时,在检测时可采用。

6 标签

按 GB 7718 的规定执行。

7 包装、运输和储存

7.1 包装

应符合 GB/T 191 和 NY/T 658 的规定。

7.2 运输和储存

按 NY/T 1056 的规定执行。

附 录 A

（规范性）

绿色食品粟、黍、稷及其制品申报检验项目

表 A.1 规定了除 4.4～4.7 所列项目外，依据食品安全国家标准和绿色食品生产实际情况，绿色食品粟、黍、稷及其制品申报检验时还应检验的项目。

表 A.1 污染物、农药残留和真菌毒素项目

项目	指标	检验方法
铅，mg/kg	≤0.2	GB 5009.12
镉，mg/kg	≤0.10	GB 5009.15
铬，mg/kg	≤1.0	GB 5009.123
腈菌唑，mg/kg	≤0.02	GB/T 20770
灭幼脲，mg/kg	≤3.0	GB/T 20770
辛硫磷，mg/kg	≤0.05	GB/T 20770
莠去津，mg/kg	≤0.05	GB 23200.113
吡虫啉，mg/kg	≤0.05	GB/T 20770
黄曲霉毒素 B_1，μg/kg	≤5.0	GB 5009.22
赭曲霉毒素 A，μg/kg	≤5.0	GB 5009.96

ICS 67.060
X 11

中华人民共和国农业行业标准

NY/T 894—2014
代替 NY/T 894—2004

绿色食品 荞麦及荞麦粉

Green food—Buckwheat and buckwheat flour

2014-10-17 发布

2015-01-01 实施

中华人民共和国农业部 发布

NY/T 894—2014

前　言

本标准按照 GB/T 1.1—2009 给出的规定起草。

本标准代替 NY/T 894—2004《绿色食品　荞麦》。与 NY/T 894—2004 相比,除编辑性修改外,主要技术变化如下:

——修改了标准名称,改为《绿色食品 荞麦及荞麦粉》;

——修改了适用范围,增加了荞麦米、荞麦粉;

——修改了术语和定义;

——修改了荞麦感官要求,增加了荞麦米、荞麦粉的感官要求;

——修改了荞麦理化指标,增加了荞麦米、荞麦粉的理化指标要求;

——修改了卫生指标,删除了氟、对硫磷、马拉硫磷、氰化物,增加了铬、溴氰菊酯、氧乐果、辛硫磷、赭曲霉毒素 A,修改了镉、乐果、敌敌畏限量值。

本标准由农业部农产品质量安全监管局提出。

本标准由中国绿色食品发展中心归口。

本标准起草单位:中国科学院沈阳应用生态研究所。

本标准主要起草人:王莹、郭璇、贾垚、王颜红、林桂凤、王瑜、孙辞。

本标准的历次版本发布情况为:

——NY/T 894—2004。

绿色食品　荞麦及荞麦粉

1 范围

本标准规定了绿色食品荞麦及荞麦粉的术语和定义、分类、要求、检验规则、标志和标签、包装、运输和储存。

本标准适用于绿色食品荞麦、荞麦米、荞麦粉。

2 规范性引用文件

下列文件对于本文件的应用是必不可少的。凡是注日期的引用文件，仅注日期的版本适用于本文件。凡是不注日期的引用文件，其最新版本（包括所有的修改单）适用于本文件。

GB 5009.3　食品安全国家标准　食品中水分的测定

GB/T 5009.11　食品中总砷及无机砷的测定

GB 5009.12　食品安全国家标准　食品中铅的测定

GB/T 5009.15　食品中镉的测定

GB/T 5009.17　食品中总汞及有机汞的测定

GB/T 5009.36　粮食卫生标准的分析方法

GB/T 5009.102　植物性食品中辛硫磷农药残留量的测定

GB/T 5009.110　植物性食品中氯氰菊酯、氰戊菊酯和溴氰菊酯残留量的测定

GB/T 5009.123　食品中铬的测定

GB/T 5009.145　植物性食品中有机磷和氨基甲酸酯类农药多种残留的测定

GB/T 5492　粮油检验　粮食、油料的色泽、气味、口味鉴定

GB/T 5494　粮油检验　粮食、油料的杂质、不完善粒检验

GB/T 5498　粮油检验　容重测定

GB/T 5505　粮油检验　灰分测定法

GB/T 5508　粮油检验　粉类粮食含砂量测定

GB/T 5509　粮油检验　粉类磁性金属物测定

GB/T 5510　粮油检验　粮食、油料脂肪酸值测定

GB 7718　食品安全国家标准　预包装食品标签通则

GB/T 10458　荞麦

GB 13122　面粉厂卫生规范

GB/T 18979　食品中黄曲霉毒素的测定　免疫亲和层析净化高效液相色谱法和荧光光度法

GB/T 20770　粮谷中486种农药及相关化学品残留量的测定　液相色谱-串联质谱法

GB/T 23502　食品中赭曲霉毒素A的测定　免疫亲和层析净化高效液相色谱法

JJF 1070　定量包装商品净含量计量检验规则

NY/T 391　绿色食品　产地环境质量

NY/T 393　绿色食品　农药使用准则

NY/T 394　绿色食品　肥料使用准则

NY/T 658　绿色食品　包装通用准则

NY/T 1055　绿色食品　产品检验规则

NY/T 1056　绿色食品　储藏运输准则

国家质量监督检验检疫总局令2005年第75号　定量包装商品计量监督管理办法

中国绿色食品商标标志设计使用规范手册

3 术语和定义

GB/T 10458 界定的以及下列术语和定义适用于本文件。

3.1

荞麦米 buckwheat

荞麦果实脱去外壳后得到的含种皮或不含种皮的籽粒。

3.2

荞麦粉 buckwheat flour

亦称荞麦面。荞麦经清理除杂去壳后直接碾磨成的粉状产品。

3.3

大粒甜荞麦 large grain common buckwheat

亦称大棱荞麦。留存在 4.5 mm 圆孔筛的筛上部分不小于 70% 的甜荞麦。

3.4

小粒甜荞麦 small grain common buckwheat

亦称小棱荞麦。留存在 4.5 mm 圆孔筛的筛上部分小于 70% 的甜荞麦。

4 分类

荞麦分为甜荞麦(大粒甜荞麦、小粒甜荞麦)和苦荞麦。

5 要求

5.1 产地环境

应符合 NY/T 391 的规定。

5.2 原料

原料生产应符合 NY/T 393、NY/T 394 的规定。

5.3 加工环境

应符合 GB 13122 的规定。

5.4 感官要求

5.4.1 荞麦

具有该产品固有的形状,籽粒饱满、无霉变,同时应符合表 1 的规定。

表 1 荞麦的感官要求

项　　目	要　　求	检测方法
色泽	具有产品固有的色泽	GB/T 5492
气味	无异味	GB/T 5492

5.4.2 荞麦米、荞麦粉

具有该产品固有的形状;色泽、气味正常,无异味,按照 GB/T 5492 的规定执行。

5.5 理化指标

5.5.1 荞麦及荞麦米

应符合表 2 的规定。

表 2　荞麦及荞麦米的理化指标

项　目		指　标		检测方法
		荞　麦	荞麦米	
容重,g/L	大粒甜荞麦	≥640	—	GB/T 10458 GB/T 5498
	小粒甜荞麦	≥680	—	
	苦荞麦	≥690	—	
水分,%		≤14.5		GB 5009.3
不完善粒,%		≤3.0		GB/T 5494
互混,%		≤2.0		GB/T 10458
杂质总量,%		≤1.5	≤0.7	GB/T 5494
矿物质,%		≤0.2	≤0.02	GB/T 5494

5.5.2　荞麦粉

应符合表 3 的规定。

表 3　荞麦粉的理化指标

项　目	指　标	检测方法
灰分(以干基计),%	≤2.2	GB/T 5505
水分,%	≤14.5	GB 5009.3
含砂量,%	≤0.02	GB/T 5508
磁性物质,g/kg	≤0.003	GB/T 5509
脂肪酸值(干基)(以 KOH 计),mg/100 g	≤60	GB/T 5510

5.6　污染物和农药残留限量

污染物和农药残留限量应符合食品安全国家标准及相关规定,同时应符合表 4 的规定。

表 4　污染物、农药残留限量

项目	指标	检测方法
总砷,mg/kg	≤0.4	GB/T 5009.11
汞,mg/kg	≤0.01	GB/T 5009.17
辛硫磷,mg/kg	≤0.01	GB/T 5009.102
乐果,mg/kg	≤0.01	GB/T 5009.145
氧乐果,mg/kg	≤0.01	GB/T 20770
敌敌畏,mg/kg	≤0.01	GB/T 5009.145
溴氰菊酯,mg/kg	≤0.01	GB/T 5009.110
磷化物,mg/kg	≤0.01	GB/T 5009.36
如食品安全国家标准及相关国家规定中上述项目和指标有调整,且严于本标准规定,按最新国家标准及规定执行。		

5.7　净含量

应符合国家质量监督检验检疫总局令 2005 年第 75 号的规定,检验方法按照 JJF 1070 的规定执行。

6　检验规则

申报绿色食品的产品应按照本标准中 5.4～5.7 以及附录 A 所确定的项目进行检验。其他要求应符合 NY/T 1055 的规定。本标准规定的农药残留限量的检测方法如有其他国家标准、行业标准以及部文公告的检测方法,且其最低检出限能满足限量值要求时,在检测时可采用。

7 标志和标签

7.1 标志使用应符合《中国绿色食品商标标志设计使用规范手册》。

7.2 标签应符合 GB 7718 的规定。

8 包装、运输和储存

8.1 包装应符合 NY/T 658 的规定。

8.2 运输和储存应符合 NY/T 1056 的规定。

附　录　A
（规范性附录）
绿色食品　荞麦及荞麦粉产品申报检验项目

表 A.1 规定了除 5.4～5.7 所列项目外,按食品安全国家标准和绿色食品生产实际情况,绿色食品荞麦及荞麦粉申报检验还应检验的项目。

表 A.1　依据食品安全国家标准绿色食品荞麦及荞麦粉申报检验必检项目

序号	项　目	指　标	检测方法
1	铅,mg/kg	≤0.2	GB 5009.12
2	镉,mg/kg	≤0.1	GB/T 5009.15
3	铬,mg/kg	≤1.0	GB/T 5009.123
4	黄曲霉毒素 B_1,μg/kg	≤5.0	GB/T 18979
5	赭曲霉毒素 A,μg/kg	≤5.0	GB/T 23502
如食品安全国家标准及相关国家规定中上述项目和指标有调整,且严于本标准规定,按最新国家标准及规定执行。			

ICS 67.060
X 11

中华人民共和国农业行业标准

NY/T 895—2015
代替 NY/T 895—2004

绿色食品　高粱

Green food—Sorghum

2015-05-21 发布

2015-08-01 实施

中华人民共和国农业部 发布

前　言

本标准按照GB/T 1.1—2009给出的规则起草。

本标准代替NY/T 895—2004《绿色食品　高粱》。与NY/T 895—2004相比,除编辑性修改外,主要技术变化如下:

——范围中增加了适用于高粱米;

——修改了术语和定义;

——修改了高粱的感官和理化指标要求,增加了高粱米的感官和理化指标要求;

——删减了卫生指标中的汞、氟、甲萘威、对硫磷、氰化物的限量,增加了铬、甲拌磷、吡虫啉、氯氰菊酯、溴氰菊酯、赭曲霉毒素A的限量;

——增加了附录A。

本标准由农业部农产品质量安全监管局提出。

本标准由中国绿色食品发展中心归口。

本标准起草单位:农业部谷物及制品质量监督检验测试中心(哈尔滨)、黑龙江省农业科学院农产品质量安全研究所。

本标准主要起草人:程爱华、廖辉、李宛、金海涛、陈国峰、陈国友、任红波、张晓波、王乐凯、杜英秋、孙德生。

本标准的历次版本发布情况为:

——NY/T 895—2004。

绿色食品　高粱

1　范围

本标准规定了绿色食品高粱及高粱米的术语和定义、要求、检验规则、标签、包装、运输和储存。

本标准适用于绿色食品高粱和高粱米。

2　规范性引用文件

下列文件对于本文件的应用是必不可少的。凡是注日期的引用文件，仅注日期的版本适用于本文件。凡是不注日期的引用文件，其最新版本（包括所有的修改单）适用于本文件。

GB/T 191　包装储运图示标志

GB/T 5009.11　食品中总砷及无机砷的测定

GB 5009.12　食品安全国家标准　食品中铅的测定

GB/T 5009.15　食品中镉的测定

GB/T 5009.110　植物性食品中氯氰菊酯、氰戊菊酯和溴氰菊酯残留量的测定

GB/T 5009.123　食品中铬的测定

GB/T 5009.145　植物性食品中有机磷和氨基甲酸酯类农药多种残留的测定

GB/T 5492　粮油检验　粮食、油料的色泽、气味、口味鉴定

GB/T 5494　粮油检验　粮食、油料的杂质、不完善粒检验

GB/T 5497　粮食、油料检验　水分测定法

GB/T 5498　粮油检验　容重测定

GB/T 5502　粮油检验　米类加工精度检验

GB/T 5503　粮油检验　碎米检验法

GB 7718　食品安全国家标准　预包装食品标签通则

GB/T 8231　高粱

GB 14881　食品安全国家标准　食品生产通用卫生规范

GB/T 15686　高粱　单宁含量的测定

GB/T 18979　食品中黄曲霉毒素的测定　免疫亲和层析净化高效液相色谱法和荧光光度法

GB/T 20770　粮谷中486种农药及相关化学品残留量的测定　液相色谱-串联质谱法

GB/T 22515　粮油名词术语　粮食、油料及其加工产品

GB/T 23502　食品中赭曲霉毒素A的测定　免疫亲和层析净化高效液相色谱法

GB/T 25222　粮油检验　粮食中磷化物残留量的测定　分光光度法

JJF 1070　定量包装商品净含量计量检验规则

LS/T 3215　高粱米

NY/T 391　绿色食品　产地环境质量

NY/T 393　绿色食品　农药使用准则

NY/T 394　绿色食品　肥料使用准则

NY/T 658　绿色食品　包装通用准则

NY/T 1055　绿色食品　产品检验规则

NY/T 1056　绿色食品　储藏运输准则

国家质量监督检验检疫总局令2005年第75号　定量包装商品计量监督管理办法

3　术语和定义

GB/T 22515、GB/T 8231和LS/T 3215界定的以及下列术语和定义适用于本文件。

3.1

乳白粒 under milled kernel

果皮基本去净,脱掉种皮达粒面 2/3 以上的颗粒。

4 要求

4.1 原料产地环境

应符合 NY/T 391 的规定。

4.2 生产过程

农药使用应符合 NY/T 393 的规定,肥料使用应符合 NY/T 394 的规定,加工环境应符合 GB 14881 的规定。

4.3 感官要求

应符合表1的规定。

表 1 感官要求

项目	要 求	检验方法
色泽	具有产品固有的色泽	GB/T 5492
气味	无异味	GB/T 5492

4.4 理化指标

应符合表2的规定。

表 2 理化指标

项 目	指 标		检验方法
	高粱	高粱米	
不完善粒,%	≤3.0	≤3.0	GB/T 5494
杂质总量,%	≤1.0	≤0.30	GB/T 5494
带壳粒,%	≤5	—	GB/T 5494
矿物质,%	—	≤0.02	GB/T 5494
高粱壳,%	—	≤0.03	GB/T 5494
容重,g/L	≥720	—	GB/T 5498
加工精度(乳白粒最低指标),%	—	≥65.0	GB/T 5502
碎米,%	—	≤3.0	GB/T 5503
水分,%	≤14.0	≤14.5	GB/T 5497
单宁[a](以干基计),%	≤0.5	≤0.3	GB/T 15686
[a] 适用于食用高粱和高粱米,不适用于酿造用高粱和高粱米。			

4.5 污染物、农药残留和真菌毒素限量

污染物、农药残留和真菌毒素限量应符合相关食品安全国家标准及相关规定,同时符合表 3 的规定。

表3 农药残留限量

单位为毫克每千克

序号	项　目	指　标	检验方法
1	甲拌磷（phorate）	≤0.01	GB/T 5009.145
2	马拉硫磷（malathion）	≤0.01	GB/T 5009.145
3	乐果（dimethoate）	≤0.01	GB/T 5009.145
4	克百威（carbofuran）	≤0.01	GB/T 20770
5	吡虫啉（imidacloprid）	≤0.01	GB/T 20770
6	抗蚜威（pirimicarb）	≤0.01	GB/T 20770
7	溴氰菊酯（deltamethrin）	≤0.01	GB/T 5009.110
8	氯氰菊酯（cypermethrin）	≤0.01	GB/T 5009.110
9	磷化物（phosphide）	≤0.01	GB/T 25222
各农药项目除采用表中所列检测方法外,如有其他国家标准、行业标准以及部文公告的检测方法,且其检出限或定量限能满足限量值要求时,在检测时可采用。			

4.6 净含量

应符合国家质量监督检验检疫总局令2005年第75号的规定,检验方法按JJF 1070的规定执行。

5 检验规则

申报绿色食品的产品应按照本标准4.3～4.6以及附录A所确定的项目进行检验,其他要求应符合NY/T 1055的规定。

6 标签

应符合GB 7718的规定。

7 包装、运输和储存

7.1 包装

应符合GB/T 191和NY/T 658的规定。

7.2 运输和储存

应符合NY/T 1056的规定。

附　录　A

（规范性附录）

绿色食品高粱和高粱米产品申报检验项目

表 A.1 规定了除本标准 4.3～4.6 所列项目外，依据食品安全国家标准和绿色食品生产实际情况，绿色食品高粱和高粱米产品申报检验还应检验的项目。

表 A.1　依据食品安全国家标准绿色食品高粱和高粱米产品申报检验必检项目

序号	项　　目	指　　标	检验方法
1	铅(以 Pb 计)，mg/kg	≤0.2	GB 5009.12
2	镉(以 Cd 计)，mg/kg	≤0.1	GB/T 5009.15
3	总砷(以 As 计)，mg/kg	≤0.5	GB/T 5009.11
4	铬(以 Cr 计)，mg/kg	≤1.0	GB/T 5009.123
5	黄曲霉毒素 B_1，$\mu g/kg$	≤5.0	GB/T 18979
6	赭曲霉毒素 A，$\mu g/kg$	≤5.0	GB/T 23502

ICS 67.160.10
X 62

中华人民共和国农业行业标准

NY/T 897—2017
代替 NY/T 897—2004

绿色食品　黄酒

Green food—Chinese rice wine

2017-06-12 发布

2017-10-01 实施

中华人民共和国农业部 发布

前　言

本标准按照 GB/T 1.1—2009 给出的规则起草。

本标准代替 NY/T 897—2004《绿色食品　黄酒》。与 NY/T 897—2004 相比,除编辑性修改外主要技术变化如下:

——在分类中增加了按产品风格分类;

——增加了特型黄酒生产中添加的辅料要求和黄酒生产过程规范要求;

——GB/T 13662 中规定的所有感官和理化指标改为参照 GB/T 13662 中相应类型黄酒的一级品标准,同时增加了氨基甲酸乙酯指标;

——修改了铅的限量值,增加了镉的限量要求;

——取消了菌落总数、大肠菌群、志贺氏菌和溶血性链球菌的限量要求,修改了沙门氏菌和金黄色葡萄球菌限量的表示方式。

本标准由农业部农产品质量安全监管局提出。

本标准由中国绿色食品发展中心归口。

本标准起草单位:浙江省农业科学院农产品质量标准研究所、农业部农产品及转基因产品质量安全监督检验测试中心(杭州)、中国绿色食品发展中心、浙江省轻工业研究所、会稽山绍兴酒股份有限公司、江苏省丹阳酒厂有限公司、江苏张家港酿酒有限公司、绿城农科检测技术有限公司、浙江省农产品质量安全中心。

本标准主要起草人:张志恒、于国光、陈兆云、许荣年、孙国昌、费雪忠、黄庭明、胡桂仙、郑蔚然、章虎、季爱兰。

本标准所代替标准的历次版本发布情况为:

——NY/T 897—2004。

绿色食品 黄酒

1 范围

本标准规定了绿色食品黄酒的术语和定义、分类、要求、检验规则、标签、包装、运输和储存。

本标准适用于各类绿色食品黄酒。

2 规范性引用文件

下列文件对于本文件的应用是必不可少的。凡是注日期的引用文件，仅注日期的版本适用于本文件。凡是不注日期的引用文件，其最新版本（包括所有的修改单）适用于本文件。

GB 4789.4 食品安全国家标准 食品微生物学检验 沙门氏菌检验

GB 4789.10 食品安全国家标准 食品微生物学检验 金黄色葡萄球菌检验

GB 5009.12 食品安全国家标准 食品中铅的测定

GB 5009.15 食品安全国家标准 食品中镉的测定

GB 5009.22 食品安全国家标准 食品中黄曲霉毒素B族和G族的测定

GB 5009.223 食品安全国家标准 食品中氨基甲酸乙酯的测定

GB 5749 生活饮用水卫生标准

GB 7718 食品安全国家标准 预包装食品标签通则

GB/T 13662 黄酒

GB/T 23542 黄酒企业良好生产规范

JJF 1070 定量包装商品净含量计量检验规则

NY/T 392 绿色食品 食品添加剂使用准则

NY/T 419 绿色食品 稻米

NY/T 658 绿色食品 包装通用准则

NY/T 896 绿色食品 产品抽样准则

NY/T 1055 绿色食品 产品检验规则

NY/T 1056 绿色食品 储藏运输准则

国家质量监督检验检疫总局令2005年第75号 定量包装商品计量监督管理办法

3 术语和定义

GB/T 13662中界定的术语和定义适用于本文件。

4 分类

4.1 按产品风格分

4.1.1 传统型黄酒。

4.1.2 清爽型黄酒。

4.1.3 特型黄酒。

4.2 按含糖量分

4.2.1 干黄酒。

4.2.2 半干黄酒。

4.2.3 半甜黄酒。

4.2.4 甜黄酒。

5 要求

5.1 原料和辅料

5.1.1 稻米应符合 NY/T 419 的要求,其他粮食原料应符合相应粮谷类产品的绿色食品标准的要求。

5.1.2 加工用水应符合 GB 5749 的要求。

5.1.3 食品添加剂应符合 NY/T 392 的要求。

5.1.4 在特型黄酒生产中添加的其他辅料应符合相应产品绿色食品标准或国家相关规定。

5.2 生产过程

按照 GB/T 23542 的规定执行。

5.3 感官

应符合表 1 的要求。

表 1 感官要求

项 目	要 求	检验方法
GB/T 13662 中规定的所有感官项目	GB/T 13662 中相应类型黄酒的一级品标准	GB/T 13662

5.4 理化指标

应符合表 2 的要求。

表 2 理化指标

项 目	指 标	检验方法
GB/T 13662 中规定的所有理化项目	GB/T 13662 中相应类型黄酒的一级品标准	GB/T 13662
氨基甲酸乙酯[a],mg/L	≤0.4	GB 5009.223
[a] 仅适用于出厂后 1 年内的产品。		

5.5 污染物限量、农药残留限量、食品添加剂限量和真菌毒素限量

应符合相关食品安全国家标准及绿色食品准则类标准的规定,同时应符合表 3 的要求。

表 3 污染物限量和真菌毒素限量

单位为毫克每升

项 目	限 量	检验方法
铅(以 Pb 计)	0.3	GB 5009.12
镉(以 Cd 计)	0.2	GB 5009.15
黄曲霉毒素 B_1	0.005	GB 5009.22

5.6 净含量

应符合国家质量监督检验检疫总局令 2005 年第 75 号的要求。检验方法按 JJF 1070 的规定执行。

6 检验规则

申报绿色食品的黄酒产品应按照 5.3～5.6 以及附录 A 所确定的项目进行检验。其他要求按照 NY/T 1055 的规定执行。

抽样按照 NY/T 896 的规定执行。

7 标签

按照 GB 7718 的规定执行。

8 包装、运输和储存

8.1 包装

按照 NY/T 658 的规定执行。

8.2 运输和储存

按照 NY/T 1056 的规定执行。

附　录　A
（规范性附录）
绿色食品黄酒申报检验项目

表 A.1 规定了除 5.3～5.6 所列项目外，依据食品安全国家标准和绿色食品黄酒生产实际情况，绿色食品黄酒申报检验还应检验的项目。

表 A.1　微生物项目

项　目	采样方案及限量			检验方法
	n	c	m	
沙门氏菌	5	0	0/25 mL	GB 4789.4
金黄色葡萄球菌	5	0	0/25 mL	GB 4789.10
注：n 为同一批次产品采集的样品件数；c 为最大可允许超出 m 值的样品数；m 为微生物指标的最高限量值。				

ICS 67.120
B 45

中华人民共和国农业行业标准

NY/T 898—2016
代替 NY/T 898—2004

绿色食品　含乳饮料

Green food—Milk beverage

2016-10-26 发布
2017-04-01 实施

中华人民共和国农业部 发布

前　言

本标准按照 GB/T 1.1—2009 给出的规则起草。

本标准代替 NY/T 898—2004《绿色食品　含乳饮料》。与 NY/T 898—2004 相比,除编辑性修改外主要技术变化如下:

——增加了分类中乳酸菌饮料;

——删除了理化指标中酸度;

——增加了农药残留项目氯氰菊酯、氯菊酯、丙溴磷、醚菌酯、咯菌腈;

——删除了污染物项目中砷、汞,增加了锡;

——增加了食品添加剂项目中阿力甜、新红及其铝色淀、赤藓红及其铝色淀,删除了乙酰磺胺酸钾;

——增加了兽药残留项目四环素、阿维菌素、伊维菌素、奥芬达唑;

——增加了真菌毒素项目黄曲霉毒素 M_1;

——删除了微生物项目志贺氏菌、溶血性链球菌,增加了乳酸菌和商业无菌。

本标准由农业部农产品质量安全监管局提出。

本标准由中国绿色食品发展中心归口。

本标准起草单位:农业部乳品质量监督检验测试中心、中国绿色食品发展中心、天津海河乳业有限公司。

本标准主要起草人:张志华、陈倩、张宗城、武文起、何清毅、刘正、马文宏、张凤娇、王莹、张进、高文瑞、郑维君、薛刚、李卓、王春天。

本标准的历次版本发布情况为:

——NY/T 898—2004。

绿色食品　含乳饮料

1　范围

本标准规定了绿色食品含乳饮料的术语和定义、分类、要求、检验规则、标签、包装、运输和储存。

本标准适用于绿色食品含乳饮料。

2　规范性引用文件

下列文件对于本文件的应用是必不可少的。凡是注日期的引用文件,仅注日期的版本适用于本文件。凡是不注日期的引用文件,其最新版本(包括所有的修改单)适用于本文件。

GB/T 191　包装储运图示标志

GB 4789.2　食品安全国家标准　食品微生物学检验　菌落总数测定

GB 4789.3　食品安全国家标准　食品微生物学检验　大肠菌群计数

GB 4789.4　食品安全国家标准　食品微生物学检验　沙门氏菌检验

GB 4789.10　食品安全国家标准　食品微生物学检验　金黄色葡萄球菌检验

GB 4789.15　食品安全国家标准　食品微生物学检验　霉菌和酵母计数

GB 4789.26　食品安全国家标准　食品微生物学检验　商业无菌检验

GB/T 4789.27　食品卫生微生物学检验　鲜乳中抗生素残留量检验

GB 4789.35　食品安全国家标准　食品微生物学检验　乳酸菌检验

GB 5009.5　食品安全国家标准　食品中蛋白质的测定

GB/T 5009.6　食品中脂肪的测定

GB 5009.12　食品安全国家标准　食品中铅的测定

GB 5009.16　食品安全国家标准　食品中锡的测定

GB 5009.28　食品安全国家标准　食品中苯甲酸、山梨酸和糖精钠的测定

GB 5009.35　食品安全国家标准　食品中合成着色剂的测定

GB 5009.97　食品安全国家标准　食品中环己基氨基磺酸钠的测定

GB 5009.263　食品安全国家标准　食品中阿斯巴甜和阿力甜的测定

GB 5413.37　食品安全国家标准　乳和乳制品中黄曲霉毒素 M_1 的测定

GB 7718　食品安全国家标准　预包装食品标签通则

GB 12695　饮料企业良好生产规范

GB/T 22968　牛奶和奶粉中伊维菌素、阿维菌素、多拉菌素和乙酰氨基阿维菌素残留量的测定　液相色谱-串联质谱法

GB/T 22972　牛奶和奶粉中噻苯达唑、阿苯达唑、芬苯达唑、奥芬达唑、苯硫氨酯残留量的测定　液相色谱-串联质谱法

GB/T 22990　牛奶和奶粉中土霉素、四环素、金霉素、强力霉素残留量的测定　液相色谱-紫外检测法

GB/T 23210　牛奶和奶粉中 511 种农药及相关化学品残留量的测定　气相色谱-质谱法

JJF 1070　定量包装商品净含量计量检验规则

NY/T 391　绿色食品　产地环境质量

NY/T 392　绿色食品　食品添加剂使用准则

NY/T 422　绿色食品　食用糖

NY/T 658　绿色食品　包装通用准则

NY/T 1055　绿色食品　产品检验规则

NY/T 1056　绿色食品　储藏运输准则

国家质量监督检验检疫总局令 2005 年第 75 号　定量包装商品计量监督管理办法

3　术语和定义

下列术语和定义适用于本文件。

3.1

含乳饮料　milk beverage

乳(奶)饮料

乳(奶)饮品

以乳或乳制品为原料,加入水及适量辅料,经配制或发酵而成的饮料制品。

4　分类

4.1　配制型含乳饮料

以乳或乳制品为原料,加入水、食用糖和(或)甜味剂、酸味剂、果汁、茶、咖啡、植物提取液等的一种或几种调制而成的饮料。

4.2　发酵型含乳饮料

4.2.1　以乳或乳制品为原料,经乳酸菌等有益菌培养发酵制得的乳液中加入水、食用糖和(或)甜味剂、酸味剂、果汁、茶、咖啡、植物提取液等的一种或几种调制而成的饮料。

4.2.2　发酵型含乳饮料还可称为酸乳(奶)饮料、酸乳(奶)饮品。

4.2.3　发酵型含乳饮料按其发酵后是否经过杀菌处理而区分为杀菌(非活菌)型和未杀菌(活菌)型。

4.3　乳酸菌饮料

4.3.1　以乳或乳制品为原料,经乳酸菌发酵制得的乳液中加入水、食用糖和(或)甜味剂、酸味剂、果汁、茶、咖啡、植物提取液等的一种或几种调制而成的饮料。

4.3.2　乳酸菌饮料按其发酵后是否经过杀菌处理而区分为杀菌(非活菌)型和未杀菌(活菌)型。

5　要求

5.1　原料要求

5.1.1　乳或乳制品原料应符合绿色食品标准的要求。

5.1.2　食用糖应符合 NY/T 422 的要求。

5.1.3　其他辅料应符合相应绿色食品标准的要求。

5.1.4　食品添加剂应符合 NY/T 392 的要求。

5.1.5　加工用水应符合 NY/T 391 的要求。

5.2　生产过程

应符合 GB 12695 的规定。

5.3　感官

应符合表 1 的规定。

表 1 感官要求

项 目	要 求	检验方法
滋味和气味	具有本品特有的乳香滋味和气味或具有与添加辅料相符的滋味和气味;发酵产品具有特有的发酵芳香滋味和气味;无异味	取约 50 mL 混合均匀的样品于无色透明容器中,置于明亮处,迎光观其色泽、组织状态,并在室温下嗅其气味,品尝其滋味
色泽	均匀乳白色、乳黄色或带有添加辅料的相应色泽	
组织状态	均匀细腻的乳浊液,无分层现象,允许有少量沉淀,正常视力下无肉眼可见杂质	

5.4 理化指标

应符合表 2 的规定。

表 2 理化指标

单位为克每百克

项 目	指 标			检验方法
	配制型含乳饮料	发酵型含乳饮料	乳酸菌饮料	
蛋白质	≥1.0	≥1.0	≥0.7	GB 5009.5
脂肪	≥1.0	—	—	GB/T 5009.6

5.5 污染物限量、农药残留限量、兽药残留限量、食品添加剂限量和真菌毒素限量

污染物限量、农药残留限量、兽药残留限量、食品添加剂限量和真菌毒素限量应符合食品安全国家标准及相关规定,同时应符合表 3 规定。

表 3 污染物限量、农药残留限量、兽药残留限量、食品添加剂限量和真菌毒素限量

项 目	指 标	检验方法
铅(以 Pb 计),mg/kg	≤0.02	GB 5009.12
氯氰菊酯,mg/kg	≤0.02	GB/T 23210
氯菊酯,mg/kg	≤0.04	GB/T 23210
丙溴磷,mg/kg	不得检出(<0.025 0)	GB/T 23210
醚菌酯,mg/kg	不得检出(<0.004 2)	GB/T 23210
咯菌腈,mg/kg	不得检出(<0.004 2)	GB/T 23210
抗生素(青霉素、链霉素、庆大霉素、卡那霉素)	阴性	用 1 mol/L NaOH 调至样品 pH 6.6～7.0 后,按照 GB/T 4789.27 的规定执行
环己基氨基磺酸钠和环己基氨基磺酸钙(以环己基氨基磺酸钠计),mg/kg	不得检出(<10)	GB 5009.97
阿力甜,mg/kg	不得检出(<1)	GB 5009.263
苯甲酸及其钠盐(以苯甲酸计),mg/kg	≤10	GB 5009.28
新红及其铝色淀(以新红计)[a],mg/kg	不得检出(<0.5)	GB 5009.35
赤藓红及其铝色淀(以赤藓红计)[a],mg/kg	不得检出(<0.2)	GB 5009.35
黄曲霉毒素 M_1,μg/kg	≤0.050	GB 5413.37
[a] 适用于红色的产品。		

5.6 微生物限量

应符合表 4 规定。

表4 微生物限量

项 目	指 标	检验方法
乳酸菌ª,CFU/g	出厂期:≥1×10⁶ 销售期:按产品标签标注的乳酸菌活菌数执行	GB 4789.35
ª 适用于发酵型含乳饮料和乳酸菌饮料中的未杀菌(活菌)产品。		

5.7 净含量

应符合国家质量监督检验检疫总局令 2005 年第 75 号的要求,检验方法按照 JJF 1070 的规定执行。

6 检验规则

申报绿色食品的产品应按 5.3～5.7 以及附录 A 所确定的项目进行检验。每批产品交收(出厂)前,都应进行交收(出厂)检验,交收(出厂)检验内容包括包装、标志、标签、净含量、感官、蛋白质、脂肪、乳酸菌、菌落总数。其他要求按照 NY/T 1055 的规定执行。

7 标签

按照 GB 7718 的规定执行。

8 包装、运输和储存

8.1 包装

按照 NY/T 658 的规定执行。包装储运图示标志按照 GB/T 191 的规定执行。以复原乳为原料的产品应在包装标签上按照有关国家规定说明。

8.2 运输和储存

按照 NY/T 1056 的规定执行。

附　录　A

（规范性附录）

绿色食品含乳饮料产品申报检验项目

表 A.1 和表 A.2 规定了除 5.3～5.7 所列项目外，依据食品安全国家标准和绿色食品生产实际情况，绿色食品申报检验还应检验的项目。

表 A.1　污染物、兽药残留和食品添加剂项目

检验项目	指　标	检验方法
锡（以 Sn 计）ᵃ，mg/kg	≤150	GB 5009.16
四环素，μg/kg	不得检出（＜5）	GB/T 22990
伊维菌素，μg/kg	不得检出（＜5）	GB/T 22968
阿维菌素，μg/kg	不得检出（＜5）	GB/T 22968
奥芬达唑，mg/kg	不得检出（＜0.01）	GB/T 22972
糖精钠，mg/kg	不得检出（＜5）	GB 5009.28
山梨酸及其钾盐（以山梨酸计），g/kg	≤0.5（配制型含乳饮料） ≤1.0（发酵型含乳饮料、乳酸菌饮料）	GB 5009.28

ᵃ　仅适用于镀锡薄板容器包装产品。

表 A.2　微生物项目

检验项目	采样方案及限量（若非指定，均以/25 g 表示）				检验方法
	n	c	m	M	
菌落总数ᵃ，cfu/g	≤100				GB 4789.2
大肠菌群，MPN/g	＜3.0				GB 4789.3
霉菌和酵母，cfu/g	≤10				GB 4789.15
沙门氏菌	5	0	0	—	GB 4789.4
金黄色葡萄球菌	5	1	100 cfu/g	1 000 cfu/g	GB 4789.10

罐头包装产品的微生物限量仅为商业无菌，检验方法按照 GB 4789.26 的规定执行。

注：n 为同一批次产品应采集的样品件数；c 为最大可允许超出 m 值的样品数；m 为致病菌指标可接受水平的限量值；M 为致病菌指标的最高安全限量值。

ᵃ　适用于配制型含乳饮料，以及发酵型含乳饮料和乳酸菌饮料中的杀菌（非活菌）产品。

ICS 67.100.01
X 53

中华人民共和国农业行业标准

NY/T 899—2016
代替 NY/T 899—2004

绿色食品　冷冻饮品

Green food—Freezing drink

2016-10-26 发布

2017-04-01 实施

中华人民共和国农业部 发布

前　言

本标准按照 GB/T 1.1—2009 给出的规则起草。

本标准代替 NY/T 899—2004《绿色食品　冷冻饮品》。与 NY/T 899—2004 相比，除编辑性修改外，主要技术变化如下：

——修改了产品分类及相应理化指标；

——增加了铬、铜限量值；

——增加了阿力甜限量值及检验方法，修改了糖精钠检验方法，修改了部分着色剂限量值，删除了聚氧乙烯山梨醇酐酯类、山梨醇酐酯类及附录 B、附录 C；

——修改了菌落总数的部分分类，修改了大肠菌群的部分分类和限量值，增加了霉菌和酵母限量值及检验方法，修改了致病菌类别、采样方案和限量值。

本标准由农业部农产品质量安全监管局提出。

本标准由中国绿色食品发展中心归口。

本标准起草单位：中国科学院沈阳应用生态研究所、中国绿色食品发展中心、北京艾莱发喜食品有限公司。

本标准主要起草人：王莹、张志华、王颜红、陈倩、王瑜、吴红、周京生、李德敏、郭璇、贾垚、高铭锾。

本标准的历次版本发布情况为：

——NY/T 899—2004。

绿色食品　冷冻饮品

1 范围

本标准规定了绿色食品冷冻饮品的术语和定义、分类、要求、检验规则、标签、包装、运输和储存。

本标准适用于绿色食品冷冻饮品。

2 规范性引用文件

下列文件对于本文件的应用是必不可少的。凡是注日期的引用文件,仅注日期的版本适用于本文件。凡是不注日期的引用文件,其最新版本(包括所有的修改单)适用于本文件。

GB/T 191　包装储运图示标志

GB 4789.2　食品安全国家标准　食品微生物学检验　菌落总数测定

GB 4789.3—2016　食品安全国家标准　食品微生物学检验　大肠菌群计数

GB 4789.4　食品安全国家标准　食品微生物学检验　沙门氏菌检验

GB 4789.5　食品安全国家标准　食品微生物学检验　志贺氏菌检验

GB 4789.10—2016　食品安全国家标准　食品微生物学检验　金黄色葡萄球菌检验

GB 4789.15　食品安全国家标准　食品微生物学检验　霉菌和酵母计数

GB 5009.11　食品安全国家标准　食品中总砷及无机砷的测定

GB 5009.12　食品安全国家标准　食品中铅的测定

GB 5009.28　食品安全国家标准　食品中苯甲酸、山梨酸和糖精钠的测定

GB 5009.35　食品安全国家标准　食品中合成着色剂的测定

GB 5009.97　食品安全国家标准　食品中环己基氨基磺酸钠的测定

GB 5009.123　食品安全国家标准　食品中铬的测定

GB 5009.263　食品安全国家标准　食品中阿斯巴甜和阿力甜的测定

GB 5749　生活饮用水卫生标准

GB 7718　食品安全国家标准　预包装食品标签通则

GB 14880　食品安全国家标准　食品营养强化剂使用标准

GB 14881　食品安全国家标准　食品生产通用卫生规范

GB/T 20705　可可液块及可可饼块

GB/T 20706　可可粉

GB/T 20707　可可脂

JJF 1070　定量包装商品净含量计量检验规则

NY/T 392　绿色食品　食品添加剂使用准则

NY/T 422　绿色食品　食用糖

NY/T 657　绿色食品　乳制品

NY/T 658　绿色食品　包装通用准则

NY/T 751　绿色食品　食用植物油

NY/T 754　绿色食品　蛋与蛋制品

NY/T 1052　绿色食品　豆制品

NY/T 1055　绿色食品　产品检验规则

NY/T 1056　绿色食品　储藏运输准则

SB/T 10009　冷冻饮品检验方法

SB/T 10013　冷冻饮品　冰淇淋

SB/T 10014　冷冻饮品　雪泥

SB/T 10015　冷冻饮品　雪糕

SB/T 10016　冷冻饮品　冰棍

SB/T 10017　冷冻饮品　食用冰

SB/T 10327　冷冻饮品　甜味冰

国家质量监督检验检疫总局令 2005 年第 75 号　定量包装商品计量监督管理办法

3　术语和定义

下列术语和定义适用于本文件。

3.1

冷冻饮品　freezing drink

以饮用水、乳和（或）乳制品、蛋制品、果蔬制品、粮谷制品、豆制品、食糖、可可制品、食用植物油等的一种或多种为主要原辅料，添加或不添加食品添加剂等，经混合、灭菌、凝冻或冻结等工艺制成的固态或半固态的制品。

3.2

冰淇淋　ice cream

以饮用水、乳和（或）乳制品、蛋制品、水果制品、豆制品、食糖、食用植物油等的一种或多种为原辅料，添加或不添加食品添加剂和（或）食品营养强化剂，经混合、灭菌、均质、冷却、老化、冻结、硬化等工艺制成的体积膨胀的冷冻饮品。

3.3

雪泥　ice frost

以饮用水、食糖、果汁等为主要原料，配以相关辅料，含或不含食品添加剂和食品营养强化剂，经混合、灭菌、凝冻或低温炒制等工艺制成的松软的冰雪状冷冻饮品。

3.4

雪糕　ice cream bar

以饮用水、乳和（或）乳制品、蛋制品、果蔬制品、粮谷制品、豆制品、食糖、食用植物油等的一种或多种为原辅料，添加或不添加食品添加剂和（或）食品营养强化剂，经混合、灭菌、均质、冷却、成型、冻结等工艺制成的冷冻饮品。

3.5

冰棍　ice lolly

以饮用水、食糖和（或）甜味剂等为主要原料，配以豆类或果品等相关辅料（含或不含食品添加剂和食品营养强化剂），经混合、灭菌、冷却、注模、插或不插杆、冻结、脱模等工艺制成的带或不带棒的冷冻饮品。

3.6

甜味冰　sweet ice

以饮用水、食糖等为主要原料，添加或不添加食品添加剂，经混合、灭菌、罐装、硬化等工艺制成的冷冻饮品。

3.7

食用冰　edible ice

以饮用水为原料，经灭菌、注模、冻结、脱模或不脱模等工艺制成的冷冻饮品。

4　分类

4.1　冰淇淋

4.1.1　全脂乳冰淇淋

4.1.1.1　清型全脂乳冰淇淋

4.1.1.2　组合型全脂乳冰淇淋

4.1.2　半乳脂冰淇淋

4.1.2.1　清型半脂乳冰淇淋

4.1.2.2　组合型半脂乳冰淇淋

4.2　雪泥

4.2.1　清型雪泥

4.2.2　组合型雪泥

4.3　雪糕

4.3.1　清型雪糕

4.3.2　组合型雪糕

4.4　冰棍

4.4.1　清型冰棍

4.4.2　组合型冰棍

4.5　甜味冰

4.6　食用冰

4.7　其他类

5　要求

5.1　原料

5.1.1　饮用水

应符合 GB 5749 的规定。

5.1.2　乳制品

应符合 NY/T 657 的规定。

5.1.3　蛋制品

应符合 NY/T 754 的规定。

5.1.4　果蔬制品

应符合绿色食品相关产品的规定。

5.1.5　豆制品

应符合 NY/T 1052 的规定。

5.1.6　食用糖

应符合 NY/T 422 的规定。

5.1.7　可可制品

应符合 GB/T 20705、GB/T 20706、GB/T 20707 的规定。

5.1.8　食用植物油

应符合 NY/T 751 的规定。

5.1.9　食品添加剂和食品营养强化剂

应符合 NY/T 392 和 GB 14880 的规定。

5.2　生产过程

应符合 GB 14881 的规定。

5.3　感官

5.3.1　冰淇淋

应符合 SB/T 10013 的规定。

5.3.2 雪泥

应符合 SB/T 10014 的规定。

5.3.3 雪糕

应符合 SB/T 10015 的规定。

5.3.4 冰棍

应符合 SB/T 10016 的规定。

5.3.5 甜味冰

应符合 SB/T 10327 的规定。

5.3.6 食用冰

应符合 SB/T 10017 的规定。

5.4 理化指标

应符合表 1 的规定。

表 1　理化指标

项　目	指　标					检验方法
	总固形物 g/100 g	总糖(以蔗糖计) g/100 g	脂肪 g/100 g	蛋白质 g/100 g	膨胀率 %	
清型全乳脂冰淇淋	≥30.0	—	≥8.0	≥2.5	10～140	SB/T 10009
组合型ª 全乳脂冰淇淋				≥2.2		
清型半乳脂冰淇淋			≥6.0	≥2.5		
组合型ª 半乳脂冰淇淋			≥5.0	≥2.2		
雪泥	≥16.0	≥13.0	—	—	—	
清型雪糕	≥20.0	≥10.0	≥2.0	≥0.8	—	
组合型ª 雪糕			≥1.0	≥0.4		
冰棍	≥11.0	≥7.0	—	—	—	
ª　组合型的各项指标均指产品主体部分。						

5.5 污染物限量和食品添加剂限量

污染物和食品添加剂限量应符合食品安全国家标准及相关规定,同时应符合表 2 的规定。

表 2　污染物和食品添加剂限量

项　目	指标	检验方法
总砷(以 As 计),mg/kg	≤0.2	GB 5009.11
铬,mg/kg	≤1	GB 5009.123
糖精钠,g/kg	不得检出(<0.005)	GB 5009.28
环己基氨基磺酸钠及环己基氨基磺酸钙(以环己基氨基磺酸钠计),g/kg	不得检出(<0.01)	GB 5009.97
阿力甜,mg/kg	不得检出(<1.0)	GB 5009.263
赤藓红及其铝色淀(以赤藓红计)ª,mg/kg	不得检出(<0.2)	GB 5009.35
新红及其铝色淀(以新红计)ª,mg/kg	不得检出(<0.5)	
ª　适用于红色、橙色、紫色产品。		

5.6 微生物限量

微生物限量应符合表3的规定。

表3 微生物限量

项 目	指标	检验方法
霉菌和酵母，CFU/g 或 CFU/mL	≤100	GB 4789.15
志贺氏菌，/25 g 或/25 mL	0	GB 4789.5

5.7 净含量

应符合国家质量监督检验检疫总局令2005年第75号的规定，检验方法应按 JJF 1070 的规定执行。

6 检验规则

申报检验的食品应按照5.3～5.7以及附录A所确定的项目进行检验。出厂检验项目包括感官、理化指标和微生物项目。其他要求应符合 NY/T 1055 的规定。

7 标签

应符合 GB 7718 的规定。

8 包装、运输和储存

8.1 包装

应符合 GB/T 191 和 NY/T 658 的规定。

8.2 运输

应符合 NY/T 1056 的规定，运输车辆应符合卫生要求。短途运输可以使用冷藏车或有保温设施的车辆，长途运输应使用机械制冷运输车。不应与有毒、有污染的物品混装、混运，运输时防止挤压、曝晒、雨淋。装卸时轻拿轻放。

8.3 储存

应符合 NY/T 1056 的规定。冰淇淋、雪糕产品应储存在低于-22℃的专用冷库内，雪泥、冰棍、甜味冰产品应储存在低于-18℃的专用冷库内，食品冰应储存在低于-12℃的专用冷库内。冷库应定期清扫、消毒。产品应使用垛垫堆码，离墙不应少于20 cm，堆码高度不宜超过2 m。

附　录　A
（规范性附录）
绿色食品冷冻饮品产品申报检验项目

表A.1、表A.2规定了除5.3～5.7所列项目外,按食品安全国家标准和绿色食品生产实际情况,绿色食品冷冻饮品申报检验还应检验的项目。

表A.1　污染物、食品添加剂项目

序号	项　　目	指标	检验方法
1	铅,mg/kg	≤0.3	GB 5009.12
2	苋菜红及其铝色淀(以苋菜红计)[a],g/kg	≤0.025	GB 5009.35
3	胭脂红及其铝色淀(以胭脂红计)[a],g/kg	≤0.05	
4	柠檬黄及其铝色淀(以柠檬黄计)[b],g/kg	≤0.05	
5	日落黄及其铝色淀(以日落黄计)[b],g/kg	≤0.09	
6	亮蓝及其铝色淀(以亮蓝计)[c],g/kg	≤0.025	
[a] 适用于红色、橙色、紫色产品。			
[b] 适用于绿色、橙色、黄色产品。			
[c] 适用于绿色、蓝色、紫色产品。			

表A.2　致病菌项目

项目	采样方案及限量				检验方法
	n	c	m	M	
菌落总数[a],CFU/g 或 CFU/mL	5	2(0)	2.5×10^4 (10^2)	10^5(—)	GB 4789.2
大肠菌群,CFU/g 或 CFU/mL	5	2(0)	10(10)	10^2(—)	GB 4789.3—2016 平板计数法
沙门氏菌[b],/25 g 或 /25 mL	5	0	0	—	GB 4789.4
金黄色葡萄球菌[b],CFU/g 或 CFU/mL	5	1	10^2	10^3	GB 4789.10—2016 平板计数法
注1:n 为同一批次产品应采集的样品件数;c 为最大可允许超出 m 值的样品数;m 为致病菌指标可接受水平的限量值; M 为致病菌指标的最高安全限量值。					
注2:括号内数值仅适用于食用冰。					
[a] 不适用于终产品含有活性菌种(好氧和兼性厌氧益生菌)的产品。					
[b] 适用于冰淇淋类、雪糕类、雪泥类、食用冰、冰棍类。					

ICS 67.220
X 66

中华人民共和国农业行业标准

NY/T 900—2016
代替 NY/T 900—2007

绿色食品 发酵调味品

Green food—Fermented condiment

2016-10-26 发布

2017-04-01 实施

中华人民共和国农业部 发布

NY/T 900—2016

前　言

本标准按照 GB/T 1.1—2009 给出的规则起草。

本标准代替 NY/T 900—2007《绿色食品　发酵调味品》。与 NY/T 900—2007 相比,除编辑性修改外,主要技术变化如下:

——修改了适用范围,增加了纳豆及其制品;

——修改酱类为酿造酱,增加了豆酱分类,修改了酿造酱的部分理化指标;

——删除了酱油总酸指标;

——增加了豆豉的分类及相关指标;

——增加了纳豆及纳豆粉的感官、理化要求;

——增加了酱油乙酰丙酸指标;

——增加了对羟基苯甲酸酯类及其钠盐、糖精钠、乙酰磺胺酸钾、环己基氨基磺酸钠、脱氢乙酸及其钠盐、合成着色剂指标;

——删除了志贺氏菌和溶血性葡萄球菌指标。

本标准由农业部农产品质量安全监管局提出。

本标准由中国绿色食品发展中心归口。

本标准起草单位:山东省农业科学院农业质量标准与检测技术研究所、中国绿色食品发展中心、山东省标准化研究院、山东标准检测技术有限公司。

本标准主要起草人:滕葳、李倩、陈倩、张志华、柳琪、张树秋、王磊、甄爱华、徐薇。

本标准的历次版本发布情况为:

——NY/T 900—2004、NY/T 900—2007。

绿色食品 发酵调味品

1 范围

本标准规定了绿色食品发酵调味品的分类、要求、检验规则、标签、包装、运输和储存。

本标准适用于采用发酵方法生产的绿色食品酱油、食醋、酿造酱、腐乳、豆豉、纳豆及其制品。

2 规范性引用文件

下列文件对于本文件的应用是必不可少的。凡是注日期的引用文件，仅注日期的版本适用于本文件。凡是不注日期的引用文件，其最新版本（包括所有的修改单）适用于本文件。

GB/T 191 包装储运图示标志

GB 4789.1 食品安全国家标准 食品微生物学检验 总则

GB 4789.2 食品安全国家标准 食品微生物学检验 菌落总数测定

GB 4789.3—2016 食品安全国家标准 食品微生物学检验 大肠菌群计数

GB 4789.4 食品安全国家标准 食品微生物学检验 沙门氏菌检验

GB 4789.10—2016 食品安全国家标准 食品微生物学检验 金黄色葡萄球菌检验

GB 5009.3 食品安全国家标准 食品中水分的测定

GB 5009.5 食品安全国家标准 食品中蛋白质的测定

GB 5009.7 食品安全国家标准 食品中还原糖的测定

GB 5009.11 食品安全国家标准 食品中总砷及无机砷的测定

GB 5009.12 食品安全国家标准 食品中铅的测定

GB 5009.22 食品安全国家标准 食品中黄曲霉毒素 B 族和 G 族的测定

GB 5009.28 食品安全国家标准 食品中苯甲酸、山梨酸和糖精钠的测定

GB 5009.31 食品安全国家标准 食品中对羟基苯甲酸酯类的测定

GB 5009.35 食品安全国家标准 食品中合成着色剂的测定

GB/T 5009.39 酱油卫生标准的分析方法

GB/T 5009.40 酱卫生标准的分析方法

GB/T 5009.41 食醋卫生标准的分析方法

GB/T 5009.52 发酵性豆制品卫生标准的分析方法

GB 5009.97 食品安全国家标准 食品中环己基氨基磺酸钠的测定

GB 5009.121 食品安全国家标准 食品中脱氢乙酸的测定

GB/T 5009.140 饮料中乙酰磺胺酸钾的测定

GB 5009.141 食品安全国家标准 食品中诱惑红的测定

GB 5009.191—2016 食品安全国家标准 食品中氯丙醇及其脂肪酸酯含量的测定

GB 5009.233 食品安全国家标准 食品中游离矿酸的测定

GB 5009.234 食品安全国家标准 食品中铵盐的测定

GB 5009.235 食品安全国家标准 食品中氨基酸态氮的测定

GB 5009.252 食品安全国家标准 食品中乙酰丙酸的测定

GB 7718 食品安全国家标准 预包装食品标签通则

GB 8953 酱油厂卫生规范

GB 8954 食醋厂卫生规范

GB 14881 食品安全国家标准 食品生产通用卫生规范

GB 18186—2000 酿造酱油

GB 18187—2000　酿造食醋

JJF 1070　定量包装商品净含量计量检验规则

NY/T 391　绿色食品　产地环境质量

NY/T 392　绿色食品　食品添加剂使用准则

NY/T 658　绿色食品　包装通用准则

NY/T 1055　绿色食品　产品检验规则

NY/T 1056　绿色食品　储藏运输准则

SB/T 10170—2007　腐乳

SB/T 10417　酱油中乙酰丙酸的测定方法

国家质量监督检验检疫总局令 2005 年第 75 号　定量包装商品计量监督管理办法

3　分类

3.1　酱油

3.1.1　高盐稀态发酵酱油(含固稀发酵酱油)

3.1.2　低盐固态发酵酱油

3.2　食醋

3.2.1　固态发酵食醋

3.2.2　液态发酵食醋

3.3　酿造酱

3.3.1　豆酱

3.3.1.1　非油制型

3.3.1.2　油制型

3.3.2　面酱

3.4　腐乳

3.4.1　红腐乳

3.4.2　白腐乳

3.4.3　青腐乳

3.4.4　酱腐乳

3.5　豆豉

3.5.1　干豆豉

3.5.2　豆豉

3.5.3　水豆豉

3.6　纳豆及纳豆粉

4　要求

4.1　原料

主料和辅料应符合绿色食品要求,加工用水应符合 NY/T 391 的规定,食品添加剂应符合 NY/T 392 的规定。

4.2　生产过程

应符合 GB 8953、GB 8954 和 GB 14881 的规定。

4.3　感官

应符合表 1 的规定。

产品	要　　求	检验方法
酱油	具有酱油固有的色泽,酱香气浓郁,滋味鲜美、醇厚、适口,体态澄清	GB/T 5009.39
食醋	具有食醋固有的色泽和特有的香气,酸味柔和,体态澄清	GB/T 5009.41
酿造酱	应具有酱香和脂香气,味鲜、醇厚、适口,黏稠适度,无杂质	GB/T 5009.40
腐乳	红腐乳表面呈鲜红色或枣红色,断面呈杏黄色或酱红色;白腐乳呈乳黄色或黄褐色,表里色泽基本一致;青腐乳成豆青色,表里色泽基本一致;酱腐乳呈黄褐色或棕褐色,表里色泽基本一致;应具有腐乳产品应有的气味,滋味,咸淡适口,块形整齐,厚薄均匀,质地细腻,无外来可见杂质	GB/T 5009.52
豆豉	豆豉制品褐色或淡黄色,滋味鲜美,咸淡适口,具有豆豉特有的香气,无异味,无肉眼可见外来杂质	GB/T 5009.52
纳豆及纳豆粉	纳豆及纳豆粉应具有纳豆特有的滋味、香气,无异味;纳豆:组织形态黏性强、拉丝状态好、豆粒软硬适当、无异物;纳豆粉:粉状或微粒状,无结块,无硬粒,无肉眼可见外来杂质	在自然光下,目测外观,以鼻嗅、口尝的方法检验气味和滋味

4.4 理化指标

应符合表2～表7的规定。

表 2 酱油理化指标

单位为克每百毫升

序号	项　　目	指　　标		检验方法
		高盐稀态发酵酱油(含固稀发酵酱油)	低盐固态发酵酱油	
1	可溶性无盐固形物	≥13.00	≥18.00	GB 18186—2000 中 6.2
2	全氮(以 N 计)	≥1.30	≥1.40	GB 18186—2000 中 6.3
3	氨基酸态氮(以 N 计)	≥0.70		GB 5009.235
4	铵盐(以 N 计)	不应超过氨基酸态氮含量的30%		GB 5009.234
5	乙酰丙酸	不得检出(＜0.001 0)		GB 5009.252

表 3 食醋理化指标

单位为克每百毫升

序号	项　　目	指　　标		检验方法
		固态发酵食醋	液态发酵食醋	
1	总酸(以乙酸计)	≥4.00		GB/T 5009.41
2	不挥发酸(以乳酸计)	≥1.00	—	GB 18187—2000 中 6.3
3	可溶性无盐固形物	≥2.00	≥0.80	GB 18187—2000 中 6.4

表 4 酿造酱理化指标

单位为克每百克

序号	项　　目	指　　标			检验方法
		豆　酱		面酱	
		非油制型[a]	油制型[b]		
1	水分	≤65.0	≤55.0	≤55.0	GB 5009.3
2	食盐(以 NaCl 计)	≥10.0	≥7.0	≥7.0	GB/T 5009.40
3	氨基酸态氮(以 N 计)	≥0.50		≥0.40	GB 5009.235
4	总酸(以乳酸计)	≤2.00			GB/T 5009.40
5	还原糖(以葡萄糖计)	—		≥20.0	GB 5009.7

[a]　生产中无植物油作为原料使用的豆酱。
[b]　生产中有植物油作为原料使用的豆酱。

表 5 腐乳理化指标

单位为克每百克

序号	项 目	指 标				检验方法
		红腐乳	白腐乳	青腐乳	酱腐乳	
1	水分	≤72.0	≤75.0		≤67.0	SB/T 10170—2007 中 6.1
2	食盐(以 NaCl 计)	≥6.5				SB/T 10170—2007 中 6.3
3	氨基酸态氮(以 N 计)	≥0.42	≥0.35	≥0.60	≥0.50	SB/T 10170—2007 中 6.2
4	总酸(以乳酸计)	≤1.30			≤2.50	SB/T 10170—2007 中 6.5
5	水溶性蛋白质	≥3.20	≥4.50		≥5.00	SB/T 10170—2007 中 6.4

表 6 豆豉理化指标

单位为克每百克

序号	项 目	指 标			检验方法
		干豆豉	豆豉	水豆豉	
1	水分	≤35.00	≤45.00	≤70.00	GB 5009.3
2	总酸(以乳酸计)	≤4.00	≤2.80	≤2.50	SB/T 10170—2007 中 6.5
3	氨基酸态氮(以 N 计)	≥1.00	≥0.40	≥0.20	GB 5009.235
4	食盐(以 NaCl 计)	≤15.00	≤12.00	≤15.00	GB/T 5009.40
5	蛋白质	≥20.00	≥18.00	≥7.00	GB 5009.5

表 7 纳豆及纳豆粉理化指标

单位为克每百克

序号	项 目	指 标		检验方法
		纳豆	纳豆粉	
1	水分	≤65	≤7	GB 5009.3
2	蛋白质	—	≥35	GB 5009.5
3	氨基酸态氮(以 N 计)	≥0.30	—	GB 5009.235

4.5 污染物限量和食品添加剂限量

污染物和食品添加剂限量应符合食品安全国家标准及相关规定,同时应符合表 8、表 9 的规定。

表 8 酱油和食醋污染物和食品添加剂限量

序号	项 目	指 标		检验方法
		酱油	食醋	
1	总砷(以 As 计),mg/L	≤0.4		GB 5009.11
2	铅(以 Pb 计),mg/L	≤0.8		GB 5009.12
3	山梨酸及其钾盐(以山梨酸计),g/L	≤0.8		GB 5009.28
4	苯甲酸及其钠盐(以苯甲酸计),g/L	不得检出(<0.005)		GB 5009.28
5	游离矿酸	—	不得检出	GB 5009.233
6	氯丙二醇,μg/L	不得检出(<5)	—	GB 5009.191—2016 第一法

表 9 酿造酱、腐乳、豆豉、纳豆及纳豆粉污染物和食品添加剂限量

序号	项 目	指 标		检验方法
		酿造酱	腐乳、豆豉、纳豆及纳豆粉	
1	总砷(以 As 计),mg/kg	≤0.4		GB 5009.11
2	铅(以 Pb 计),mg/kg	≤0.8		GB 5009.12
3	山梨酸及其钾盐(以山梨酸计),g/kg	≤0.5	不得检出(<0.005)	GB 5009.28
4	苯甲酸及其钠盐(以苯甲酸计),g/L	不得检出(<0.005)		GB 5009.28

4.6 净含量

应符合国家质量监督检验检疫总局令 2005 年第 75 号的规定,检验方法按 JJF 1070 的规定执行。

5 检验规则

申报绿色食品应按 4.2～4.6 以及附录 A 所确定的项目进行检验。每批产品出厂前,都应进行出厂检验,出厂检验内容包括包装、标签、净含量、感官、氨基酸态氮、菌落总数、大肠菌群。其他要求按 NY/T 1055 的规定执行。

6 标签

应符合 GB 7718 的规定。

7 包装、运输和储存

7.1 包装

应符合 NY/T 658 的规定。包装储运图示标志按 GB/T 191 的规定执行。

7.2 运输和储存

应符合 NY/T 1056 的规定。

附　录　A

（规范性附录）

绿色食品发酵调味品产品申报检验项目

除 4.2～4.6 所列项目外，依据食品安全国家标准和绿色食品生产实际情况，绿色食品发酵调味品申报检验还应检验表 A.1～表 A.5 规定的项目。

表 A.1　酱油、食醋食品添加剂和真菌毒素限量

序号	项　　目	指　标	检测方法
1	对羟基苯甲酸酯类及其钠盐（以对羟基苯甲酸计），g/L	≤0.25	GB 5009.31
2	黄曲霉毒素 B_1，μg/L	≤5.0	GB 5009.22

表 A.2　酿造酱、腐乳、豆豉、纳豆及纳豆粉食品添加剂和真菌毒素限量

序号	项　　目	指　　　标				检验方法
		酿造酱	腐乳	豆豉	纳豆及纳豆粉	
1	糖精钠（以糖精计），mg/kg	不得检出（＜5）			—	GB 5009.28
2	环己基氨基磺酸钠及环己基氨基磺酸钙（以环己基氨基磺酸钠计），mg/kg	不得检出（＜10）			—	GB 5009.97
3	乙酰磺胺酸钾，g/kg	≤0.5	—	—	—	GB/T 5009.140
4	对羟基苯甲酸酯类及其钠盐（以对羟基苯甲酸计），g/kg	≤0.25	—	—	—	GB 5009.31
5	脱氢乙酸及其钠盐（以脱氢乙酸计），mg/kg	—	不得检出（＜1）		—	GB 5009.121
6	合成着色剂，mg/kg	—	不得检出[a]		—	GB 5009.35 和 GB 5009.141
7	黄曲霉毒素 B_1，μg/L	≤5.0				GB 5009.22

[a]　合成着色剂的种类依产品色泽而定，检出限分别为：新红 0.5 mg/kg；苋菜红 0.5 mg/kg；胭脂红 0.5 mg/kg；赤藓红 0.5 mg/kg；诱惑红 25 mg/kg。

表 A.3　酱油、食醋微生物限量

序号	项目	指　　标								检验方法
		酱油				食醋				
		采样方案[a] 及限量（若非指定，均以 CFU/mL 表示）								
		n	c	m	M	n	c	m	M	
1	菌落总数	5	2	5 000	50 000	5	2	1 000	10 000	GB 4789.2
2	大肠菌群	5	2	10	100	5	2	10	100	GB 4789.3—2016 平板计数法

注：n 为同一批次产品应采集的样品件数；c 为最大可允许超出 m 值的样品数；m 为致病菌指标可接受水平的限量值；M 为致病菌指标的最高安全限量值。

[a]　样品的采样及处理按 GB 4789.1 执行。

表 A.4　酿造酱、腐乳、豆豉、纳豆及纳豆粉微生物限量

序号	项目	指标								检验方法
		酿造酱				腐乳、豆豉、纳豆及纳豆粉				
		采样方案[a] 及限量(若非指定,均以 CFU/g 表示)								
		n	c	m	M	n	c	m	M	
1	大肠菌群	5	2	10	100	5	2	100	1 000	GB 4789.3—2016 平板计数法

注:n 为同一批次产品应采集的样品件数;c 为最大可允许超出 m 值的样品数;m 为致病菌指标可接受水平的限量值;M 为致病菌指标的最高安全限量值。

[a]　样品的采样及处理按 GB 4789.1 执行。

表 A.5　发酵调味品致病菌限量

序号	项目	采样方案[a] 及限量(若非指定,均以/25 g 或/25 mL 表示)				检验方法
		n	c	m	M	
1	沙门氏菌	5	0	0	—	GB 4789.4
2	金黄色葡萄球菌	5	1	100 CFU/g	1 000 CFU/g	GB 4789.10—2016 第二法

注:n 为同一批次产品应采集的样品件数;c 为最大可允许超出 m 值的样品数;m 为致病菌指标可接受水平的限量值;M 为致病菌指标的最高安全限量值。

[a]　样品的采样及处理按 GB 4789.1 执行。

ICS 67.220.10
X 66

中华人民共和国农业行业标准

NY/T 901—2021
代替 NY/T 901—2011

绿色食品 香辛料及其制品

Green food—Spices and its products

2021-05-07 发布

2021-11-01 实施

中华人民共和国农业农村部 发布

NY/T 901—2021

前　言

本文件按照 GB/T 1.1—2020《标准化工作导则　第 1 部分：标准化文件的结构和起草规则》的规定起草。

本文件代替 NY/T 901—2011《绿色食品　香辛料及其制品》，与 NY/T 901—2011 相比，除结构调整和编辑性改动外，主要技术变化如下：

　　a）　修改了适用范围（见第 1 章，2011 年版第 1 章）；

　　b）　增加了粉状香辛料、颗粒状香辛料和异物的术语和定义（见第 3 章）；

　　c）　增加了粉状香辛料、颗粒状香辛料的质量安全要求（见 4.3 和 4.4）；

　　d）　修改了赭曲霉毒素 A 限值，删除了黄曲霉毒素（B_1、B_2、G_1 和 G_2 的总量）的限量要求（见 4.5，2011 年版的 4.5）；

　　e）　修改了微生物的要求（见 4.6，2011 年版的 4.5）；

　　f）　增加了附录 A（见附录 A）。

本文件由农业农村部农产品质量安全监管司提出。

本文件由中国绿色食品发展中心归口。

本文件起草单位：浙江省农业科学院农产品质量安全与营养研究所、中国绿色食品发展中心、浙江省农产品质量安全学会、浙江省农产品质量安全中心、绿城农科检测技术有限公司、杭州市拱墅区疾病预防控制中心、农业农村部食品质量监督检验测试中心（武汉）、云南凯普农业投资有限公司、菏泽天鸿果蔬股份有限公司。

本文件主要起草人：张志恒、张宪、李慧杰、郑蔚然、袁玉伟、郑迎春、王强、章虎、胡文兰、樊铭勇、尤坚萍、杨洪山、刘旭。

本文件及其所代替文件的历次版本发布情况为：

　　——2004 年首次发布为 NY/T 901—2004，2011 年第一次修订；

　　——本次为第二次修订。

绿色食品 香辛料及其制品

1 范围

本文件规定了绿色食品香辛料及其制品的术语和定义,要求,检验规则,标签,包装、运输和储存。

本文件适用于绿色食品香辛料及其制品,包括干制香辛料、粉状香辛料、颗粒状香辛料和即食香辛料调味粉,不适用于辣椒及其制品。

2 规范性引用文件

下列文件中的内容通过文中的规范性引用而构成本文件必不可少的条款。其中,注日期的引用文件,仅该日期对应的版本适用于本文件;不注日期的引用文件,其最新版本(包括所有的修改单)适用于本文件。

GB/T 191 包装储运图示标志

GB 4789.2 食品安全国家标准 食品微生物学检验 菌落总数测定

GB 4789.3 食品安全国家标准 食品微生物学检验 大肠菌群计数

GB 4789.4 食品安全国家标准 食品微生物学检验 沙门氏菌检验

GB 4789.10 食品安全国家标准 食品微生物学检验 金黄色葡萄球菌检验

GB 4789.15 食品安全国家标准 食品微生物学检验 霉菌和酵母计数

GB 5009.3 食品安全国家标准 食品中水分的测定

GB 5009.4 食品安全国家标准 食品中灰分的测定

GB 5009.11 食品安全国家标准 食品中总砷及无机砷的测定

GB 5009.12 食品安全国家标准 食品中铅的测定

GB 5009.15 食品安全国家标准 食品中镉的测定

GB 5009.17 食品安全国家标准 食品中总汞及有机汞的测定

GB 5009.22 食品安全国家标准 食品中黄曲霉毒素 B 族和 G 族的测定

GB 5009.96 食品安全国家标准 食品中赭曲霉毒素 A 的测定

GB 7718 食品安全国家标准 预包装食品标签通则

GB 14881 食品安全国家标准 食品生产通用卫生规范

GB/T 15691 香辛料调味品通用技术条件

GB 28050 食品安全国家标准 预包装食品营养标签通则

JJF 1070 定量包装商品净含量计量检验规范

NY/T 391 绿色食品 产地环境质量

NY/T 392 绿色食品 食品添加剂使用准则

NY/T 393 绿色食品 农药使用准则

NY/T 394 绿色食品 肥料使用准则

NY/T 658 绿色食品 包装通用准则

NY/T 896 绿色食品 产品抽样准则

NY/T 1055 绿色食品 产品检验规则

NY/T 1056 绿色食品 储藏运输准则

国家质量监督检验检疫总局令 2005 年第 75 号 定量包装商品计量监督管理办法

3 术语和定义

下列术语和定义适用于本文件。

3.1

香辛料　spices

可用于食品加香调味,能赋予食品以香、辛、辣等风味的天然植物性产品。

3.2

干制香辛料　dried spices

各种新鲜香辛料经干制之后的产品。

3.3

粉状香辛料　ground spices

干制香辛料经物理破碎研磨,细度达到 0.2 mm 筛上残留物≤2.5 g/100 g 的粉末状产品。

3.4

颗粒状香辛料　granular spices

干制香辛料经物理破碎研磨,但细度未达到粉状香辛料要求的产品。

3.5

即食香辛料调味粉　ready-to-eat spice powder

干制香辛料经研磨和灭菌等工艺过程加工而成的,可供即食的粉末状产品。

3.6

异物　extraneous matter

产品标签指明的香辛料之外的物质。

3.7

缺陷品　defects

外观有缺陷(如未成熟、虫蚀、病斑、破损、霉变、畸形等)的香辛料产品。

4　要求

4.1　产地环境

香辛料产地应符合 NY/T 391 的要求。

4.2　生产和加工

4.2.1　生产过程中农药的使用应符合 NY/T 393 的要求。

4.2.2　生产过程中肥料的使用应符合 NY/T 394 的要求。

4.2.3　加工过程的卫生要求应符合 GB 14881 的要求。

4.2.4　加工过程中不应使用硫黄或添加各种合成色素,其他食品添加剂使用应符合 NY/T 392 的要求。

4.3　感官

应符合表 1 的要求。

表 1　感官要求

单位为克每百克

项　目	指　标		检测方法
	干制香辛料	粉状香辛料、颗粒状香辛料、即食香辛料调味粉	
色泽	具有该产品特有的色泽,无霉变和腐烂现象	具有该产品应有的色泽,无霉变和结块现象	GB/T 15691
气味和滋味	具有该产品特有的香、辛、辣风味,无异味		
异物	≤1	无肉眼可见异物	附录 A
缺陷品	≤7	—	

4.4　理化指标

应符合表 2 的要求。

表 2　理化指标

单位为克每百克

项　目	指　标		检测方法
	干制香辛料、颗粒状香辛料	粉状香辛料、即食香辛料调味粉	
水分	≤12		GB 5009.3
总灰分	≤10		GB 5009.4
酸不溶性灰分	≤5		GB 5009.4
磨碎细度(以 0.2 mm 筛上残留物计)	—	≤2.5	GB/T 15691

4.5　污染物限量和真菌毒素限量

应符合相关食品安全国家标准及绿色食品准则类标准的规定,同时符合表 3 的要求。

表 3　污染物和真菌毒素限量

项　目	指　标	检测方法
铅(以 Pb 计),mg/kg	≤1	GB 5009.12
镉(以 Cd 计),mg/kg	≤0.1	GB 5009.15
总砷(以 As 计),mg/kg	≤0.2	GB 5009.11
总汞(以 Hg 计),mg/kg	≤0.02	GB 5009.17
黄曲霉毒素 B_1,μg/kg	≤5	GB 5009.22
赭曲霉毒素 A,μg/kg	≤15	GB 5009.96

4.6　微生物限量

应符合相关食品安全国家标准的规定,同时,即食香辛料调味粉还应符合表 4 的要求。

表 4　即食香辛料调味粉微生物限量

项　目	采样方案及限量(每件取 25 g 进行检验)				检测方法
	n	c	m	M	
菌落总数	5	2	1 000 CFU/g	10 000 CFU/g	GB 4789.2
霉菌	5	2	100 CFU/g	1 000 CFU/g	GB 4789.15
大肠菌群	5	2	10 MPN/g	100 MPN/g	GB 4789.3
沙门氏菌	5	0	不得检出	—	GB 4789.4
金黄色葡萄球菌	5	1	100 CFU/g	1 000 CFU/g	GB 4789.10

注:n 为同一批次产品应采集的样品件数;c 为最大可允许超出 m 值的样品数;m 为微生物指标可接受水平的限量值;M 为微生物指标的最高安全限量值。

4.7　净含量

应符合国家质量监督检验检疫总局令 2005 年第 75 号的要求,按 JJF 1070 的规定检验。

5　检验规则

申报绿色食品香辛料及其制品应按照本文件中 4.3～4.7 所列项目进行检验,其他按 NY/T 896 和 NY/T 1055 的规定执行。出厂检验应检测水分、总灰分和微生物。

6　标签

按 GB 7718 和 GB 28050 的规定执行,储运图示按 GB/T 191 的规定执行。

7　包装、运输和储存

7.1　包装

按 NY/T 658 的规定执行。

7.2　运输和储存

按 NY/T 1056 的规定执行。

附　录　A

（规范性）

异物和缺陷品检测方法

A.1　主要仪器

分析天平:感量为 0.001 g 和 0.1 g、表面皿、瓷盘。

A.2　检测步骤

A.2.1　洗净表面皿,干燥,称量,精确至 1 mg。

A.2.2　用天平称取试样 100 g 以上,精确至 0.1 g。

A.2.3　将试样平摊于瓷盘中,分别拣出异物和缺陷品,放入表面皿中称量,精确至 1 mg。

A.3　结果计算

用公式(1)和公式(2)分别计算异物和缺陷品含量。

$$r_1 = \frac{m_1}{m} \times 100 \quad\cdots\cdots\cdots\cdots\cdots\cdots\cdots\cdots\cdots\cdots\cdots\cdots\cdots\cdots\cdots\cdots\cdots\cdots\cdots\cdots (1)$$

$$r_2 = \frac{m_2}{m} \times 100 \quad\cdots\cdots\cdots\cdots\cdots\cdots\cdots\cdots\cdots\cdots\cdots\cdots\cdots\cdots\cdots\cdots\cdots\cdots\cdots\cdots (2)$$

式中:

r_1——异物含量的数值,单位为克每百克(g/100 g);

m ——试样质量的数值,单位为克(g);

m_1——异物质量的数值,单位为克(g);

r_2——缺陷品含量的数值,单位为克每百克(g/100 g);

m_2——缺陷品质量的数值,单位为克(g)。

ICS 67.040
X 10

中华人民共和国农业行业标准

NY/T 902—2015
代替 NY/T 902—2004,NY/T 429—2000

绿色食品　瓜籽

Green food—Melon seeds

2015-05-21发布
2015-08-01实施

中华人民共和国农业部 发布

前　言

本标准按照 GB/T 1.1—2009 给出的规则起草。

本标准代替 NY/T 902—2004《绿色食品　瓜子》和 NY/T 429—2000《绿色食品　黑打瓜籽》，与 NY/T 902—2004 和 NY/T 429—2000 相比，除编辑性修改外，主要技术变化如下：

——修改了术语和定义；

——修改了感官要求与理化指标；

——修改了不完善粒、酸价、过氧化值的限量指标，删除了羰基价、汞、砷、涕灭威、克百威、氯菊酯、对硫磷、乐果、致病菌、菌落总数、大肠杆菌、片宽、纯质率、净含量偏差、六六六、滴滴涕、杀螟硫磷、倍硫磷、马拉硫磷项目，增加了纯仁率、籽仁感官、含油率、氯氰菊酯、甲霜灵、多菌灵、咯菌腈、三唑酮、阿维菌素、吡虫啉等项目和指标；

——增加了附录 A 和附录 B。

本标准由农业部农产品质量安全监管局提出。

本标准由中国绿色食品发展中心归口。

本标准起草单位：四川省农业科学院质量标准与检测技术研究所、农业部食品质量监督检验测试中心、中国绿色食品发展中心。

本标准主要起草人：韩梅、陈倩、雷绍荣、郭灵安、胡莉、欧阳华学、杨晓凤、刘炜、陶李。

本标准的历次版本发布情况为：

——NY/T 902—2004；

——NY/T 429—2000。

绿色食品　瓜籽

1　范围

本标准规定了绿色食品瓜籽的术语和定义、要求、检验规则、标签、包装、运输和储存。

本标准适用于绿色食品葵花籽(包括油葵籽)、南瓜籽、西瓜籽、瓜蒌籽的生瓜籽及籽仁,不适用于烘炒类等进行熟制工艺加工的瓜籽及籽仁。

2　规范性引用文件

下列文件对于本文件的应用是必不可少的。凡是注日期的引用文件,仅注日期的版本适用于本文件。凡是不注日期的引用文件,其最新版本(包括所有的修改单)适用于本文件。

GB/T 191　包装储运图示标志

GB 5009.12　食品安全国家标准　食品中铅的测定

GB/T 5009.37　食用植物油卫生标准的分析方法

GB/T 5009.110　植物性食品中氯氰菊酯、氰戊菊酯和溴氰菊酯残留量的测定

GB/T 5492　粮油检验　粮食、油料的色泽、气味、口味鉴定

GB/T 5494　粮油检验　粮食、油料的杂质、不完善粒检验

GB/T 5497　粮食、油料检验　水分测定法

GB/T 5499　粮食、油料检验　带壳油料纯仁率检验法

GB/T 5519　谷物与豆类　千粒重的测定

GB 7718　食品安全国家标准　预包装食品标签通则

GB/T 14488.1　植物油料　含油量测定

GB 14881　食品安全国家标准　食品生产通用卫生规范

GB/T 18979　食品中黄曲霉毒素的测定　免疫亲和层析净化高效液相色谱法和荧光光度法

GB/T 19649　粮谷中475种农药及相关化学品残留量的测定　气相色谱-质谱法

GB/T 20770　粮谷中486种农药及相关化学品残留量的测定　液相色谱-串联质谱法

JJF 1070　定量包装商品净含量计量检验规则

NY/T 391　绿色食品　产地环境质量

NY/T 393　绿色食品　农药使用准则

NY/T 394　绿色食品　肥料使用准则

NY/T 658　绿色食品　包装通用准则

NY/T 1055　绿色食品　产品检验规则

NY/T 1056　绿色食品　储藏运输准则

SB/T 10670　坚果与籽类食品　术语

SB/T 10671　坚果炒货食品　分类

SN/T 1973　进出口食品中阿维菌素残留量的检测方法　高效液相色谱-质谱/质谱法

SN/T 2073　进出口植物性产品中吡虫啉残留量的检测方法　液相色谱串联质谱法

国家质量监督检验检疫总局令2005年第75号　定量包装商品计量监督管理办法

3　术语和定义

SB/T 10670、SB/T 10671界定的以及下列术语和定义适用于本文件。

3.1

不完善粒　**unsound kernel**

籽粒有缺陷,但尚有使用价值的籽粒或仁粒。包括虫蚀粒、病斑粒、破碎粒、出芽粒、未成熟粒、畸形粒。

3.2

杂质　foreign matter

通过规定筛层及无使用价值的物质,包括有害杂质、筛下物、无机杂质、有机杂质。

3.3

有害杂质　harmful foreign matter

有毒、有害和有碍食品卫生的物质,如鼠、鸟粪便,动物毛发等。

3.4

一般杂质　gerneral foreign matter

包括以下几类:

——筛下物:通过直径3.5 mm圆孔(产品以外)的物质;

——无机杂质:泥土、沙石、砖瓦块、金属物、玻璃及其他无机杂质;

——有机杂质:无使用价值的籽粒、异种粒以及其他有机物质。

4　要求

4.1　产地环境

瓜籽产地环境应符合 NY/T 391 的规定。

4.2　生产过程

生产过程中农药和肥料的使用应分别符合 NY/T 393 和 NY/T 394 的规定,加工过程应符合 GB 14881 的规定。

4.3　感官要求

应符合表1的规定。

表 1　感官要求

项目		要求						检验方法
		普通葵花籽	油用葵花籽	南瓜籽	西瓜籽	瓜蒌籽	籽仁[a]	
外观		籽粒饱满、大小均匀、坚实、无霉斑						GB/T 5492
色泽		具有产品固有的色泽						
气味和滋味		具有产品固有的气味和滋味,无其他异常气味及味道						
不完善粒,%		≤3.0	≤8.0	≤5.0	≤3.0	≤5.0	≤7.5	GB/T 5494
纯仁率,%		≥49	—	≥65	—	—	—	GB/T 5499
千粒重,g		—	—	—	≥260	≥150	—	GB/T 5519
含油率,%		—	≥42	—	—	—	—	GB/T 14488.1
杂质,%	有害杂质	不得检出						GB/T 5494
	一般杂质	≤0.5	≤1.5	≤0.5	≤0.5	≤0.5	≤0.5	
[a]　指普通葵花籽、南瓜籽、西瓜籽的籽仁。								

4.4　理化指标

应符合表2的规定。

表 2　理化指标

项　　目	指　　标	检验方法
水分,%	≤11.0	GB/T 5497
酸价(以脂肪计,KOH),mg/g	≤3	GB/T 5009.37
过氧化值(以脂肪计),g/100 g	≤0.40	
酸价、过氧化值检验中油脂的提取参照附录 B 方法执行。		

4.5　农药残留限量

应符合相关食品安全国家标准及相关规定,同时符合表 3 的规定。

表 3　农药残留限量　　　　　　　　　　　　　　　单位为毫克每千克

序号	项　　目	指　　标				检验方法
		葵花籽(仁)	南瓜籽(仁)	西瓜籽(仁)	瓜蒌籽	
1	阿维菌素(abamectin)	≤0.01				SN/T 1973
2	多菌灵(carbendazim)	≤0.01	≤0.01	—	≤0.01	GB/T 20770
3	氯氰菊酯(cypermethrin)	≤0.01				GB/T 5009.110
4	敌敌畏(dichlorvos)	—	≤0.01	≤0.01	≤0.01	GB/T 20770
5	氰戊菊酯(fenvalerate)	—	≤0.01	≤0.01	—	GB/T 5009.110
6	咯菌腈(fludioxonil)	≤0.01	—	—	—	GB/T 19649
7	吡虫啉(imidacloprid)	—	≤0.01	≤0.01	≤0.01	SN/T 2073
8	甲霜灵(metalaxyl)	—	≤0.01	—	—	GB/T 20770
9	三唑酮(triadimefon)	—	≤0.01	≤0.01	—	
各农药项目除采用表中所列检测方法外,如有其他国家标准、行业标准及公告的检测方法,且其检出限或定量限能满足限量要求时,在检测时可采用。						

4.6　净含量

应符合国家质量监督检验检疫总局令 2005 年第 75 号的规定,检验方法按 JJF 1070 执行。

5　检验规则

绿色食品申报产品应按照本标准 4.3～4.6 以及附录 A 所确定的项目进行检验。其他要求应符合 NY/T 1055 的规定。

6　标签

应符合 GB 7718 的规定。

7　包装、运输和储存

7.1　包装

应符合 GB/T 191 和 NY/T 658 的规定。

7.2　运输和储存

应符合 NY/T 1056 的规定。

附　录　A

（规范性附录）

绿色食品　瓜籽(仁)产品申报检验项目

表 A.1 规定了除本标准 4.3～4.6 所列项目外,按食品安全国家标准和绿色食品生产实际情况,绿色食品瓜籽(仁)产品申报检验还应检验的项目。

表 A.1　依据食品安全国家标准绿色食品瓜籽(仁)产品申报检验必检项目

序号	检验项目	指　标				检验方法
		葵花籽(仁)	南瓜籽(仁)	西瓜籽(仁)	瓜蒌籽	
1	铅(以 Pb 计),mg/kg	≤0.2				GB 5009.12
2	多菌灵(Carbendazim),mg/kg	—	—	≤0.5	—	GB/T 20770
3	甲霜灵(Metalaxyl),mg/kg	≤0.05	—	≤0.2	—	
4	黄曲霉毒素 B_1,μg/kg	≤5.0				GB/T 18979

附 录 B

（资料性附录）

酸价、过氧化值检测样品前处理方法

B.1 去壳

对于带壳籽类，应剥去外壳，取其可食部分，其中带绿色内膜的籽仁（如:南瓜籽、瓜蒌籽等）应去除籽仁表面黏附着的绿色内膜。

去除绿色内膜的方法:将去壳后的籽仁用三级水喷洒其表面,5 min 后,用手搓去绿色内膜,将去除干净绿色内膜的籽仁放在 50℃的烘箱内烘 45 min。

B.2 油脂提取

将适量样品粉碎后置于具塞瓶中,加 100 mL 石油醚(沸程 30℃～60℃),振摇 1 min,放置 12 h。经盛有无水硫酸钠的漏斗过滤于烧杯中,滤液于 60℃水浴上,挥尽石油醚以备用。提取油的量应满足 GB/T 5009.37 规定方法的测定要求。

ICS 67.180.20
X 11

中华人民共和国农业行业标准

NY/T 1039—2014
代替 NY/T 1039—2006

绿色食品 淀粉及淀粉制品

Green food—Starch and starch product

2014-10-17 发布

2015-01-01 实施

中华人民共和国农业部 发布

前　言

本标准按照 GB/T 1.1—2009 给出的规则起草。

本标准代替 NY/T 1039—2006《绿色食品　淀粉及淀粉制品》。与 NY/T 1039—2006《绿色食品 淀粉及淀粉制品》相比,除编辑性修改外,主要技术变化如下:

——增加了术语和定义;

——删除了原料产地环境;

——修改了感官指标;

——增加了水分、灰分、蛋白质、脂肪、斑点、白度、电导率、氰氢酸、淀粉、断条率等理化指标;

——删除了汞、铬、镉、氟、敌敌畏、乐果、西维因、抗蚜威、志贺氏菌项目,修改了二氧化硫、总砷、铅、菌 落总数、大肠菌群指标;

——增加了霉菌和酵母项目。

本标准由农业部农产品质量安全监管局提出。

本标准由中国绿色食品发展中心归口。

本标准起草单位:农业部食品质量监督检验测试中心(佳木斯)。

本标准主要起草人:韩国、程春芝、孙明山、段余君、卢宝华、柳洪芳、刘成才、牛兆红、李珍、孙兰金、王 亚宁、王艳玲、叶博、张海珍、闫岩、户江涛、赵保成、王靖。

本标准的历次版本发布情况为:

——NY/T 1039—2006。

绿色食品　淀粉及淀粉制品

1　范围

本标准规定了绿色食品淀粉及淀粉制品的术语和定义、要求、检验规则、标志和标签、包装、运输和储存。

本标准适用于绿色食品食用淀粉（包括谷类、薯类、豆类淀粉及菱角淀粉等其他食用淀粉）及食用淀粉制品［包括粉丝（条）、粉皮及其他食用淀粉制品等］；不适用于魔芋粉及魔芋粉制品、藕粉、植物全粉（如马铃薯全粉）、淀粉糖、膨化淀粉制品、油炸淀粉制品、方便粉丝。

2　规范性引用文件

下列文件对于本文件的应用是必不可少的。凡是注日期的引用文件，仅注日期的版本适用于本文件。凡是不注日期的引用文件，其最新版本（包括所有的修改单）适用于本文件。

GB/T 191　包装储运图示标志

GB 4789.2　食品安全国家标准　食品微生物学检验　菌落总数测定

GB 4789.3　食品安全国家标准　食品微生物学检验　大肠菌群计数

GB 4789.4　食品安全国家标准　食品微生物学检验　沙门氏菌检验

GB 4789.10　食品安全国家标准　食品微生物学检验　金黄色葡萄球菌检验

GB 4789.15　食品安全国家标准　食品微生物学检验　霉菌和酵母计数

GB 5009.3　食品安全国家标准　食品中水分的测定

GB 5009.4　食品安全国家标准　食品中灰分的测定

GB 5009.5　食品安全国家标准　食品中蛋白质的测定

GB/T 5009.9　食品中淀粉的测定

GB/T 5009.11　食品中总砷及无机砷的测定

GB 5009.12　食品安全国家标准　食品中铅的测定

GB/T 5009.22　食品中黄曲霉毒素 B_1 的测定

GB/T 5009.29　食品中山梨酸和苯甲酸的测定

GB/T 5009.34　食品中亚硫酸盐的测定

GB/T 5009.36—2003　粮食卫生标准的分析方法

GB/T 5009.182　面制食品中铝的测定

GB 5749　生活饮用水卫生标准

GB 7718　食品安全国家标准　预包装食品标签通则

GB/T 8884—2007　马铃薯淀粉

GB/T 12087　淀粉水分测定　烘箱法

GB/T 12104　淀粉术语

GB 12309—1990　工业玉米淀粉

GB 14881　食品安全国家标准　食品生产通用卫生规范

GB/T 22427.1　淀粉灰分测定

GB/T 22427.4　淀粉斑点测定

GB/T 22427.6　淀粉白度测定

GB/T 22427.13　淀粉及其衍生物二氧化硫含量的测定

GB/T 23587—2009　粉条

JJF 1070　定量包装商品净含量计量检验规则

NY/T 1039—2014

NY/T 392 绿色食品 食品添加剂使用准则

NY/T 658 绿色食品 包装通用准则

NY/T 1055 绿色食品 产品检验规则

NY/T 1056 绿色食品 储藏运输准则

国家质量监督检验检疫总局令 2005 年第 75 号 定量包装商品计量监督管理办法

中国绿色食品商标标志设计使用规范手册

3 术语和定义

GB/T 12104 界定的以及下列术语和定义适用于本文件。

3.1

淀粉 starch

以谷类、薯类、豆类等植物为原料,通过物理方法而未经变性制成的由糖苷键连接而成的多糖,包括食用玉米淀粉、小麦淀粉、马铃薯淀粉、木薯淀粉及菱角淀粉等其他食用淀粉。

3.2

淀粉制品 starch product

以淀粉为主要原料制成的食品,包括粉丝(条)、粉皮和其他食用淀粉制品。

4 要求

4.1 原料

生产原料应符合绿色食品标准的规定,加工用水应符合 GB 5749 的规定,食品添加剂应符合 NY/T 392 的规定。

4.2 加工过程

应符合 GB 14881 的规定。

4.3 感官

应符合表 1 的规定。

表 1 感官要求

项 目	要 求		检验方法
	淀 粉	淀粉制品	
色泽	具有各自产品固有的正常色泽		取适量试样置于白色洁净的瓷盘中,在自然光线下目测色泽、杂质和组织状态,鼻嗅气味
气味	具有各自产品固有的正常气味,无异味		
杂质	无肉眼可见外来杂质		
组织状态	均匀粉末,无结块	具有各自产品固有的状态,外形均匀一致、完整、无碎屑	

4.4 理化指标

淀粉的理化指标应符合表 2 的规定,淀粉制品的理化指标应符合表 3 的规定。

表 2 淀粉理化指标

序号	项 目	指 标					检验方法
		玉米淀粉	小麦淀粉	马铃薯淀粉	木薯淀粉	其他食用淀粉	
1	水分,%	≤14.0	≤14.0	≤20.0	≤14.0	≤20.0	GB/T 12087
2	灰分(干基),%	≤0.15	≤0.30	≤0.40	≤0.30	—	GB/T 22427.1
3	蛋白质(干基),%	≤0.45	≤0.40	≤0.15	≤0.30		GB 5009.5

表 2（续）

序号	项 目	指标					检验方法
		玉米淀粉	小麦淀粉	马铃薯淀粉	木薯淀粉	其他食用淀粉	
4	脂肪（干基），%	≤0.15	≤0.10	—	—	—	GB 12309—1990 中 4.3.7
5	斑点，个/cm²	≤0.7	≤3.0	≤5.0	≤6.0	—	GB/T 22427.4
6	白度，%	≥87.0	≥91.0	≥90.0	≥88.0	—	GB/T 22427.6
7	电导率，μs/cm	—	—	≤150	—	—	GB/T 8884—2007 中附录 B
8	氰氢酸，mg/kg	—	—	—	≤10	—	GB/T 5009.36—2003 中 4.4

表 3　淀粉制品理化指标

序号	项 目	指标						检验方法
		干粉丝（条）		湿粉丝（条）		粉皮及其他淀粉制品		
		豆类、红薯粉丝（条）	马铃薯粉丝（条）	红薯粉丝（条）	马铃薯粉丝（条）	干品	湿品	
1	水分，%	≤15.0	≤17.0	≤60.0	≤75.0	≤17.0	≤75.0	GB 5009.3
2	淀粉，%	≥75.0	≥70.0	≥35.0	≥20.0	≥70.0	≥20.0	GB/T 5009.9
3	断条率，%	≤10.0				—		GB/T 23587—2009 中 6.4
4	灰分，%	≤0.8						GB 5009.4
5	氰氢酸ª，mg/kg	≤10						GB/T 5009.36—2003 中 4.4
ª　氰氢酸仅适用于木薯淀粉制品。								

4.5　污染物限量、农药残留限量、食品添加剂限量和真菌毒素限量

污染物、农药残留、食品添加剂和真菌毒素限量应符合相关食品安全国家标准及规定，同时符合表 4 的规定。

表 4　污染物、食品添加剂和真菌毒素限量

序号	项 目	指标		检验方法
		淀 粉	淀粉制品	
1	总砷（以 As 计），mg/kg	≤0.3	≤0.5	GB/T 5009.11
2	铝（以 Al 计），mg/kg	—	不得检出（<25）	GB/T 5009.182
3	苯甲酸ª，mg/kg	—	不得检出（<1）	GB/T 5009.29
4	黄曲霉毒素 B₁，μg/kg	≤5		GB/T 5009.22
如食品安全国家标准及相关国家规定中上述项目和指标有调整，且严于本标准规定，按最新国家标准及规定执行。				
ª　苯甲酸仅适用于湿淀粉制品。				

4.6　微生物限量

淀粉及淀粉制品中微生物限量应符合表 5 的规定。

表 5　淀粉及淀粉制品中微生物限量

序号	项 目	指标			检验方法
		淀 粉		即食及冲调淀粉制品	
		谷类淀粉	薯类淀粉、豆类淀粉及其他食用淀粉		
1	菌落总数，CFU/g	—	≤10 000	≤1 000	GB 4789.2
2	大肠菌群，MPN/g	<3	<3	<3	GB 4789.3
3	霉菌和酵母，CFU/g	≤100	≤1 000	—	GB 4789.15

4.7 净含量

应符合国家质量监督检验检疫总局令 2005 年第 75 号的规定,检验方法按照 JJF 1070 的规定执行。

5 检验规则

申报绿色食品的产品应按照本标准中 4.3 ～ 4.7 以及附录 A 所确定的项目进行检验,其他要求应符合 NY/T 1055 的规定。

6 标志和标签

6.1 标志

应符合《中国绿色食品商标标志设计使用规范手册》的规定。

6.2 标签

应符合 GB 7718 的规定。

7 包装、运输和储存

7.1 包装

按照 GB/T 191 和 NY/T 658 的规定执行。

7.2 运输和储存

按照 NY/T 1056 的规定执行。

附　录　A
（规范性附录）
绿色食品淀粉及淀粉制品产品申报检验项目

表 A.1 和表 A.2 规定了除 4.3 ～ 4.7 所列项目外,依据食品安全国家标准和绿色食品生产实际情况,绿色食品申报检验还应检验的项目。

表 A.1　污染物和食品添加剂项目

单位为毫克每千克

序号	检验项目	指　标		检验方法
		淀　粉	淀粉制品	
1	铅(以 Pb 计)	≤0.2	≤0.5	GB 5009.12
2	二氧化硫(以 SO₂计)	≤30 (马铃薯淀粉≤20)	≤100	淀粉按照 GB/T 22427.13 规定执行 淀粉制品按照 GB/T 5009.34 规定执行
如食品安全国家标准及相关国家规定中上述项目和指标有调整,且严于本标准规定,按最新国家标准及规定执行。				

表 A.2　致病菌项目

项　目	采样方案及限量(若非指定,均以/25 g 表示)				检验方法
	n	c	m	M	
沙门氏菌ᵃ	5	0	0	—	GB 4789.4
金黄色葡萄球菌ᵃ	5	1	100 CFU/g	1 000 CFU/g	GB 4789.10 第二法
如食品安全国家标准及相关国家规定中上述项目和指标有调整,且严于本标准规定,按最新国家标准及规定执行。					

注:n 为同一批次产品采集的样品件数;C 为最大可允许超出 m 值的样品数;m 为致病菌指标可接受水平的限量值;M 为致病菌指标的最高安全限量值。

ᵃ 沙门氏菌和金黄色葡萄球菌仅适用于即食及冲调淀粉制品。

ICS 67.220
CCS X 38

中华人民共和国农业行业标准

NY/T 1040—2021
代替 NY/T 1040—2012

绿色食品 食用盐

Green food—Edible salt

2021-05-07 发布

2021-11-01 实施

中华人民共和国农业农村部 发布

NY/T 1040—2021

前　言

本文件按照 GB/T 1.1—2020《标准化工作导则　第 1 部分:标准化文件的结构和起草规则》的规定起草。

本文件代替 NY/T 1040—2012《绿色食品　食用盐》,与 NY/T 1040—2012 相比,除结构调整和编辑性改动外,主要技术变化如下:

a) 修改了术语和定义(见第 3 章,2012 年版的第 3 章);

b) 修改了粒度、白度、氯化钠、水分、水不溶物指标(见表 2,2012 年版的表 1);

c) 增加了硫酸根指标(见表 2);

d) 修改了氯化钾、碘强化剂指标(见表 3、表 A.1,2012 年版的表 A.1);

e) 修改了铅指标(见表 3,2012 年版的表 A.1);

f) 修改了检验方法(见表 1、表 2、表 3、表 A.1,2012 年版的表 1、表 2、表 A.1);

g) 增加了出厂检验的要求(见第 5 章,2012 年版的第 5 章);

h) 修改了标签、包装、运输和储存的部分内容(见第 6 章、第 7 章,2012 年版的第 6 章、第 7 章)。

本文件由农业农村部农产品质量安全监管司提出。

本文件由中国绿色食品发展中心归口。

本文件起草单位:广东省农业科学院农业质量标准与监测技术研究所、农业农村部农产品及加工品质量监督检验测试中心(广州)、中国绿色食品发展中心、广东农科监测科技有限公司、广东省农业标准化协会、国家盐产品质量监督检验中心、四川久大蓬莱盐化有限公司、中盐东兴盐化股份有限公司。

本文件主要起草人:刘雯雯、张志华、陈岩、杨慧、赵洁、廖若昕、耿安静、徐赛、朱国梁、任青考、刘勇、陈川。

本文件及其所代替文件的历次版本发布情况为:

——2006 年首次发布为 NY/T 1040—2006,2012 年第一次修订;

——本次为第二次修订。

绿色食品 食用盐

1 范围

本文件规定了绿色食品食用盐的术语和定义,要求,检验规则,标签,包装、运输和储存。

本文件适用于绿色食品食用盐,包括精制盐、粉碎洗涤盐、日晒盐和低钠盐。

2 规范性引用文件

下列文件中的内容通过文中的规范性引用而构成本文件必不可少的条款。其中,注日期的引用文件,仅该日期对应的版本适用于本文件;不注日期的引用文件,其最新版本(包括所有的修改单)适用于本文件。

GB/T 191 包装储运图示标志

GB 2721 食品安全国家标准 食用盐

GB 5009.42 食品安全国家标准 食盐指标的测定

GB 7718 食品安全国家标准 预包装食品标签通则

GB/T 13025.1 制盐工业通用试验方法 粒度的测定

GB/T 13025.2 制盐工业通用试验方法 白度的测定

GB/T 13025.3 制盐工业通用试验方法 水分的测定

GB/T 13025.4 制盐工业通用试验方法 水不溶物的测定

GB 14881 食品安全国家标准 食品生产通用卫生规范

GB 26878 食品安全国家标准 食用盐碘含量

GB 28050 食品安全国家标准 预包装食品营养标签通则

JJF 1070 定量包装商品净含量计量检验规则

NY/T 391 绿色食品 产地环境质量

NY/T 392 绿色食品 食品添加剂使用准则

NY/T 658 绿色食品 包装通用准则

NY/T 1055 绿色食品 产品检验规则

NY/T 1056 绿色食品 储藏运输准则

国家质量监督检验检疫总局令 2005 年第 75 号 定量包装商品计量监督管理办法

3 术语和定义

GB 2721 界定的术语和定义适用于本文件。

4 要求

4.1 原料和辅料

4.1.1 原料和加工用水应符合相应的国家标准及有关规定,同时应符合 NY/T 391 的要求。

4.1.2 食品添加剂和营养强化剂的使用应符合食品安全国家标准及相关规定,同时应符合 NY/T 392 的规定。

4.2 生产过程

生产过程的卫生要求按照 GB 14881 的规定执行。

4.3 感官

应符合表 1 的要求。

表 1 感官要求

项目	要求	检验方法
色泽	白色	取适量试样于白色洁净浅盘中,在自然光线下,观察其色泽和状态。闻其气味,用温开水漱口后品其滋味
滋味和气味	味咸、无异味	
状态	结晶体,无正常视力可见与盐无关的外来异物	

4.4 理化指标

应符合表 2 的要求。

表 2 理化指标

项目	指标				检验方法
	精制盐	粉碎洗涤盐	日晒盐	低钠盐	
粒度	在下列某一范围内应不少于 80 g/100 g: ——大粒:2 mm～4 mm ——中粒:0.3 mm～2.8 mm ——小粒:0.15 mm～0.85 mm			在 0.15 mm～0.85 mm 范围内应不少于 80 g/100 g	GB/T 13025.1
白度,度	≥75	≥60	≥55	≥60	GB/T 13025.2
氯化钠,g/100 g	≥99.1 (以湿基计)	≥97.2 (以湿基计)	≥93.5 (以湿基计)	65.0～80.0 (以干基计)	GB 5009.42
硫酸根(以湿基计),g/100 g	≤0.40	≤0.60	≤0.80	—	GB 5009.42
水分(以湿基计),g/100 g	≤0.3	≤2.0	≤4.8	≤0.8	GB/T 13025.3
水不溶物(以湿基计),g/100 g	≤0.03	≤0.10	≤0.10	≤0.10	GB/T 13025.4

4.5 污染物限量和食品添加剂限量

应符合食品安全国家标准及相关规定,同时应符合表 3 的要求。

表 3 污染物和食品添加剂限量

项目	指标	检验方法
铅(以 Pb 计),mg/kg	≤1.0	GB 5009.42
亚铁氰化钾/亚铁氰化钠(以[Fe(CN)$_6$]$^{4-}$计),mg/kg	不得检出(<1)	GB 5009.42
氯化钾[a](以干基计),g/100 g	20.0～35.0	GB 5009.42
[a] 仅适用于低钠盐。		

4.6 净含量

应符合国家质量监督检验检疫总局令 2005 年第 75 号的要求,检验方法按 JJF 1070 的规定执行。

5 检验规则

申报绿色食品应按照本文件 4.3～4.6 以及附录 A 所确定的项目进行检验。每批产品交收(出厂)前,都应进行交收(出厂)检验,交收(出厂)检验内容包括包装、标签、净含量、感官理化指标和碘强化剂,低钠盐的交收(出厂)检验还应检验氯化钾。其他要求按照 NY/T 1055 的规定执行。

6 标签

按照 GB 7718、GB 28050 和 GB 2721 的规定执行。加碘食盐应有"加碘"文字标注或碘盐标志,并标明碘的含量,未添加碘的食盐应有"未加碘"文字标注。

7 包装、运输和储存

7.1 包装

按照 NY/T 658 的规定执行,包装储运图示标志按照 GB/T 191 的规定执行。

7.2 运输和储存

按照 NY/T 1056 的规定执行。

附　录　A

（规范性）

绿色食品食用盐申报检验项目

表 A.1 规定了除 4.3～4.6 所列项目外,依据食品安全国家标准和绿色食品食用盐生产实际情况,绿色食品申报检验还应检验的项目。

表 A.1　污染物和食品营养强化剂项目

单位为毫克每千克

项目	指标	检验方法
镉(以 Cd 计)	≤0.5	GB 5009.42
总汞(以 Hg 计)	≤0.1	GB 5009.42
总砷(以 As 计)	≤0.5	GB 5009.42
钡(以 Ba 计)	≤15	GB 5009.42
碘强化剂ᵃ(以 I 计)	按 GB 26878 的规定执行	GB 5009.42
ᵃ　未加碘食用盐碘含量应小于 5 mg/kg。		

ICS 67.080.10
X 24

中华人民共和国农业行业标准

NY/T 1041—2018
代替 NY/T 1041—2010

绿色食品　干果

Green food—Dried fruits

2018-05-07 发布

2018-09-01 实施

中华人民共和国农业农村部　发布

前　言

本标准按照 GB/T 1.1—2009 给出的规则起草。

本标准代替 NY/T 1041—2010《绿色食品　干果》。与 NY/T 1041—2010 相比,除编辑性修改外主要技术变化如下:

——适用范围增加了酸角干,并在要求中增加其相应内容;

——增加了阿力甜、新红及其铝色淀、诱惑红项目、赭曲霉毒素 A 及其指标值;

——取消了胭脂红、苋菜红、柠檬黄、日落黄、霉菌项目及其指标值;

——修改了致病菌项目及其指标值,修改了二氧化硫指示值。

本标准由农业农村部农产品质量安全监管局提出。

本标准由中国绿色食品发展中心归口。

本标准起草单位:农业农村部乳品质量监督检验测试中心、山东沾化天厨食品有限公司。

本标准主要起草人:闫磊、刘忠、刘壮、王春天、戴洋洋、王洪亮、高文瑞、张燕、邱路、耿泉荣。

本标准所代替标准的历次版本发布情况为:

——NY/T 1041—2006、NY/T 1041—2010。

绿色食品　干果

1　范围

本标准规定了绿色食品干果的要求、检验规则、标签、标志、包装、运输和储存。

本标准适用于以绿色食品水果为原料,经脱水,未经糖渍,添加或不添加食品添加剂而制成的荔枝干、桂圆干、葡萄干、柿饼、干枣、杏干(包括包仁杏干)、香蕉片、无花果干、酸梅(乌梅)干、山楂干、苹果干、菠萝干、芒果干、梅干、桃干、猕猴桃干、草莓干、酸角干。

2　规范性引用文件

下列文件对于文件的应用是必不可少的。凡是注日期的引用文件,仅注日期的版本适用于本文件。凡是不注日期的引用文件,其最新版本(包括所有的修改单)适用于本文件。

GB/T 191　包装储运图示标志

GB 4789.4　食品安全国家标准　食品微生物学检验　沙门氏菌检验

GB 4789.10—2016　食品安全国家标准　食品微生物学检验　金黄色葡萄球菌检验

GB 4789.36　食品安全国家标准　食品微生物学检验　大肠埃希氏菌 O157:H7/NM 检验

GB 5009.3　食品安全国家标准　食品中水分的测定

GB 5009.22　食品安全国家标准　食品中黄曲霉毒素 B 族和 G 族的测定

GB 5009.28—2016　食品安全国家标准　食品中苯甲酸、山梨酸和糖精钠的测定

GB 5009.34　食品安全国家标准　食品中二氧化硫的测定

GB 5009.35　食品安全国家标准　食品中合成着色剂的测定

GB 5009.96　食品安全国家标准　食品中赭曲霉毒素 A 的测定

GB 5009.97—2016　食品安全国家标准　食品中环己基氨基磺酸钠的测定

GB 5009.141　食品安全国家标准　食品中诱惑红的测定

GB 5009.185　食品安全国家标准　食品中展青霉素的测定

GB 5009.263　食品安全国家标准　食品中阿斯巴甜和阿力甜的测定

GB/T 5835　干制红枣

GB 7718　食品安全国家标准　预包装食品标签通则

GB/T 12456　食品中总酸的测定

CCAA 0020　食品安全管理体系　果蔬制品生产企业要求

JJF 1070　定量包装商品净含量计量检验规则

NY/T 391　绿色食品　产地环境质量

NY/T 392　绿色食品　食品添加剂使用准则

NY/T 658　绿色食品　包装通用准则

NY/T 750　绿色食品　热带、亚热带水果

NY/T 844　绿色食品　温带水果

NY/T 1055　绿色食品　产品检验规则

NY/T 1056　绿色食品　储藏运输准则

国家质量监督检验检疫总局令 2005 年第 75 号　定量包装商品计量监督管理办法

3　要求

3.1　原料要求

3.1.1　温带水果应符合 NY/T 844 的要求;热带、亚热带水果应符合 NY/T 750 的要求。

3.1.2 食品添加剂应符合 NY/T 392 的要求。

3.1.3 加工用水应符合 NY/T 391 的要求。

3.2 生产过程

3.2.1 晾晒场地

3.2.1.1 场址要求

应远离饲料堆放地、堆放池和废物堆放地,具有效排水渠道。

3.2.1.2 构建要求

构建规范,场地表面保持清洁,去除残留干果。建隔离设施,防止植物草类和杂物碎屑吹入场地。去核、去皮或切块应在密封的建筑物内或敞棚内完成,但应防止鼠、虫、鸟进入。具合适的照明、通风和清洗设施。应有自来水用于洗手和设备、原料清洗。待加工鲜果和干果储存库应防止鼠、虫、鸟进入。

3.2.1.3 卫生操作要求

晾晒容器、切块设备和储存库房应保持清洁,以防水果残留物和外来杂质污染。

3.2.2 工厂脱水

应符合 CCAA 0020 的要求。

3.3 感官

应符合表1的规定。

表 1　感官要求

品种	要求					检验方法
	外观	色泽	气味及滋味	组织状态	杂质	
荔枝干	外观完整,无破损,无虫蛀,无霉变	果肉呈棕色或深棕色	具有本品固有的甜酸味,无异味	组织致密	无肉眼可见杂质	称取约250g样品置于白色搪瓷盘中,在自然光线下对其外观、色泽、组织状态和杂质采用目测方法进行检验,气味和滋味采用鼻嗅和口尝方法进行检验
桂圆干	外观完整,无破损,无虫蛀,无霉变	果肉呈黄亮棕色或深棕色	具有本品固有的甜香味,无异味,无焦苦味	组织致密		
葡萄干	大小整齐,颗粒完整,无破损,无虫蛀,无霉变	根据鲜果的颜色分别呈黄绿色、红棕色、棕色或黑色,色泽均匀	具有本品固有的甜香味,略带酸味,无异味	柔软适中		
柿饼	完整,不破裂,蒂贴肉而不翘,无虫蛀,无霉变	表层呈白色或灰白色霜,剖面呈橘红至棕褐色	具有本品固有的甜香味,无异味,无涩味	果肉致密,具有韧性		
干枣	外观完整,无破损,无虫蛀,无霉变	根据鲜果的外皮颜色分别呈枣红色、紫色或黑色,色泽均匀	具有本品固有的甜香味,无异味	果肉柔软适中		
杏干	外观完整,无破损,无虫蛀,无霉变	呈杏黄色或暗黄色,色泽均匀	具有本品固有的甜香味,略带酸味,无异味	组织致密,柔软适中		
包仁杏干	外观完整,无破损,无虫蛀,无霉变	呈杏黄色或暗黄色,仁体呈白色	具有本品固有的甜香味,略带酸味,无异味,无苦涩味	组织致密,柔软适中,仁体致密		
香蕉片	片状,无破损,无虫蛀,无霉变	呈浅黄色、金黄色或褐黄色	具有本品固有的甜香味,无异味	组织致密		

表 1（续）

品种	要求					检验方法
	外观	色泽	气味及滋味	组织状态	杂质	
无花果干	外观完整，无破损，无虫蛀，无霉变	表皮呈不均匀的乳黄色，果肉呈浅绿色，果籽棕色	具有本品固有的甜香味，无异味	皮质致密，肉体柔软适中	无肉眼可见杂质	称取约250 g样品置于白色搪瓷盘中，在自然光线下对其外观、色泽、组织状态和杂质采用目测方法进行检验，气味和滋味采用鼻嗅和口尝方法进行检验
酸梅（乌梅）干	外观完整，无破损，无虫蛀，无霉变	呈紫黑色	具有本品固有的酸味	组织致密		
山楂干	外观完整，无破损，无虫蛀，无霉变	皮质呈暗红色，肉质呈黄色或棕黄色	具有本品固有的酸甜味	组织致密		
苹果干	外观完整，无破损，无虫蛀，无霉变	呈黄色或褐黄色	具有本品固有的甜香味，无异味	组织致密		
菠萝干	外观完整，无破损，无虫蛀，无霉变	呈浅黄色、金黄色	具有本品固有的甜香味，无异味	组织致密		
芒果干	外观完整，无破损，无虫蛀，无霉变	呈浅黄色、金黄色	具有本品固有的甜香味，无异味	组织致密		
梅干	外观完整，无破损，无虫蛀，无霉变	呈橘红色或浅褐红色	具有本品固有的甜香味，无异味	皮质致密，肉体柔软适中		
桃干	外观完整，无破损，无虫蛀，无霉变	呈褐色	具有本品固有的甜香味，无异味	皮质致密，肉体柔软适中		
猕猴桃干	外观完整，无破损，无虫蛀，无霉变	果肉呈绿色，果籽呈褐色	具有本品固有的甜香味，无异味	皮质致密，肉体柔软适中		
草莓干	外观完整，无破损，无虫蛀，无霉变	呈浅褐红色	具有本品固有的甜香味，无异味	组织致密		
酸角干	外观完整，无破损，无虫蛀，无霉变	呈灰色至深褐色	具有本品固有的气味及滋味，无异味	皮质致密，肉体柔软适中		

3.4 理化指标

应符合表2的规定。

表 2 理化指标

单位为克每百克

项目	指标											检验方法
	香蕉片	荔枝干、桂圆干	桃干	干枣[a]	草莓干、梅干	葡萄干、菠萝干、猕猴桃干、无花果干、苹果干	酸梅（乌梅）干	芒果干、山楂干	杏干（包括包仁杏干）	柿饼	酸角干	
水分	≤15	≤25	≤30	干制小枣≤28，干制大枣≤25	≤25	≤20	≤25	≤20	≤30	≤35	≤16	GB 5009.3
总酸	≤1.5	≤1.5	≤2.5	≤2.5	≤2.5	≤2.5	≤6.0	≤6.0	≤6.0	≤6.0	—	GB/T 12456
[a] 干制小枣和干制大枣的定义应符合GB/T 5835的规定。												

3.5 污染物限量、农药残留限量、食品添加剂限量和真菌毒素限量

污染物、农药残留、食品添加剂和真菌毒素限量应符合食品安全国家标准及相关规定，同时符合表3和表4的规定。

表3 污染物和农药残留的倍数

项目	干果品种										
	干枣	无花果干	酸梅（乌梅）干	荔枝干	香蕉干、酸角干	杏干（包括包仁杏干）、梅干、桃干	桂圆干、柿饼、山楂干	草莓干	葡萄干	苹果干、猕猴桃干	菠萝干、芒果干
倍数	1.5				2.0					2.5	

表4 食品添加剂和真菌毒素限量

单位为毫克每千克

项 目	指 标	检验方法
糖精钠	不得检出（＜5）	GB 5009.28—2016 第一法
诱惑红及其铝色淀（以诱惑红计）[a]	不得检出（＜25）	GB 5009.141
黄曲霉毒素 B_1 [b]	≤0.002	GB 5009.22
赭曲霉毒素 A[b]	≤0.010	GB 5009.96
展青霉素[c]	≤0.025	GB 5009.185

> [a] 仅适用于红色干果。
> [b] 仅适用于葡萄干。
> [c] 仅适用于苹果干和山楂干。

以温带水果和热带、亚热带水果为原料的干果分别执行 NY/T 844 和 NY/T 750 中规定的污染物和农药残留项目，其指标值除保留不得检出或检出限外，均应乘以表3规定的倍数。

3.6 净含量

应符合国家质量监督检验检疫总局令 2005 年第 75 号的规定，检验方法按 JJF 1070 的规定执行。

4 检验规则

申报绿色食品应按照本标准 3.3～3.6 以及附录 A 所确定的项目进行检验。每批产品交收（出厂）前，都应进行交收（出厂）检验，交收（出厂）检验内容包括包装、标志、标签、净含量、感官、理化、微生物指标。其他要求应符合 NY/T 1055 的规定。本标准规定的农药残留量检测方法，如有其他国家标准、行业标准以及部文公告的检测方法，且其检出限和定量限能满足限量值要求时，在检测时可采用。

5 标签和标志

5.1 标签

按 GB 7718 的规定执行。

5.2 标志

应有绿色食品标志，储运图示按 GB/T 191 的规定执行。

6 包装、运输和储存

6.1 包装

按 NY/T 658 的规定执行。

6.2 运输和储存

按 NY/T 1056 的规定执行。

附　录　A

（规范性附录）

绿色食品干果产品申报检验项目

表 A.1 和表 A.2 规定了除 3.3～3.6 所列项目外,依据食品安全国家标准和绿色食品生产实际情况,绿色食品申报检验还应检验的项目。

表 A.1　食品添加剂项目

单位为毫克每千克

序号	检验项目	指　标	检验方法
1	二氧化硫[a]	≤100	GB 5009.34
2	苯甲酸及其钠盐(以苯甲酸计)[a]	不得检出(<5)	GB 5009.28—2016 第一法
3	环己基氨基磺酸钠及环己基氨基磺酸钙(以环己基氨基磺酸钠计)	不得检出(<0.03)	GB 5009.97—2016 第三法
4	阿力甜	不得检出(<5)	GB 5009.263
5	新红及其铝色淀(以新红计)[b]	不得检出(<0.5)	GB 5009.35
6	赤藓红及其铝色淀(以赤藓红计)[b]	不得检出(<0.2)	GB 5009.35
[a] 不适用于干枣产品。			
[b] 仅适用于红色产品。			

表 A.2　微生物项目

序号	致病菌	采样方案及限量(若非指定,均以/25 g 表示)				检验方法
		n	c	m	M	
1	沙门氏菌	5	0	0	—	GB 4789.4
2	金黄色葡萄球菌	5	1	100 CFU/g	1 000 CFU/g	GB 4789.10—2016 第二法
3	大肠埃希氏菌 O157:H7	5	0	0	—	GB 4789.36
注:n 为同一批次产品采集的样品件数;c 为最大可允许超出 m 值的样品数;m 为微生物指标可接受水平的限量值;M 为微生物指标的最高安全限量值。						

ICS 67.080.10
X 24

中华人民共和国农业行业标准

NY/T 1042—2017
代替 NY/T 1042—2014

绿色食品　坚果

Green food—Nut

2017-06-12 发布

2017-10-01 实施

中华人民共和国农业部 发布

前　言

本标准按照 GB/T 1.1—2009 给出的规则起草。

本标准代替 NY/T 1042—2014《绿色食品　坚果》。与 NY/T 1042—2014 相比,除编辑性修改外主要技术变化如下:

——修改了酸价、过氧化值的检测方法;

——修改了微生物限量,删除了菌落总数、霉菌项目;

——删除了二氧化硫项目。

本标准由农业部农产品质量安全监管局提出。

本标准由中国绿色食品发展中心归口。

本标准起草单位:农业部食品质量监督检验测试中心(佳木斯)。

本标准主要起草人:程春芝、陈兆云、孙兰金、张建勤、韩国、王亚宁、孙明山、张海珍、王靖、李珍、王艳玲。

本标准所代替标准的历次版本发布情况为:

——NY/T 1042—2006、NY/T 1042—2014。

绿色食品　坚果

1　范围

本标准规定了绿色食品坚果的分类、要求、检验规则、标签、包装、运输和储存。

本标准适用于绿色食品核桃、山核桃、榛子、香榧、腰果、松子、杏仁、开心果、扁桃(巴旦木)、澳洲坚果(夏威夷果)、鲍鱼果、板栗、橡子、银杏、芡实(米)、莲子、菱角等鲜或干的坚果及其果仁,也适用于以坚果为主要原料,不添加辅料,经水煮、蒸煮等工艺制成的原味坚果制品;不适用于坚果类烘炒制品。

2　规范性引用文件

下列文件对于本文件的应用是必不可少的。凡是注日期的引用文件,仅注日期的版本适用于本文件。凡是不注日期的引用文件,其最新版本(包括所有的修改单)适用于本文件。

GB/T 191　包装储运图示标志

GB 4789.1　食品安全国家标准　食品微生物学检验　总则

GB 4789.3　食品安全国家标准　食品微生物学检验　大肠菌群计数

GB 4789.4　食品安全国家标准　食品微生物学检验　沙门氏菌检验

GB 5009.12　食品安全国家标准　食品中铅的测定

GB/T 5009.20　食品中有机磷农药残留量的测定

GB 5009.22　食品安全国家标准　食品中黄曲霉毒素 B 族和 G 族的测定

GB/T 5009.146　植物性食品中有机氯和拟除虫菊酯类农药多种残留量的测定

GB 5009.227　食品安全国家标准　食品中过氧化值的测定

GB 5009.229　食品安全国家标准　食品中酸价的测定

GB 5749　生活饮用水卫生标准

GB 7718　食品安全国家标准　预包装食品标签通则

GB 14881　食品安全国家标准　食品生产通用卫生规范

GB/T 23380　水果、蔬菜中多菌灵残留的测定　高效液相色谱法

JJF 1070　定量包装商品净含量计量检验规则

NY/T 391　绿色食品　产地环境质量

NY/T 392　绿色食品　食品添加剂使用准则

NY/T 658　绿色食品　包装通用准则

NY/T 1055　绿色食品　产品检验规则

NY/T 1056　绿色食品　储藏运输准则

国家质量监督检验检疫总局令 2005 年第 75 号　定量包装商品计量监督管理办法

3　分类

3.1　坚果

核桃、山核桃、榛子、香榧、腰果、松子、杏仁、开心果、扁桃(巴旦木)、澳洲坚果(夏威夷果)、鲍鱼果、板栗、橡子、银杏、芡实(米)、莲子、菱角等鲜或干的坚果及其果仁。

3.2　原味坚果制品

以坚果为主要原料,不添加辅料,经水煮、蒸煮等工艺制成的原味坚果制品。

4　要求

4.1　产地环境

应符合 NY/T 391 的要求。

4.2 原料和辅料

4.2.1 生产原料应符合绿色食品的要求。

4.2.2 加工用水应符合 GB 5749 的要求。

4.2.3 食品添加剂应符合 NY/T 392 的要求。

4.3 加工过程

按照 GB 14881 的规定执行。

4.4 感官

应符合表 1 的要求。

表 1 感官要求

项 目	要 求	检验方法
色泽	具有该产品固有的色泽	取适量试样,置于白色洁净的瓷盘中,在自然光线下目测色泽和形态,鼻嗅气味,口尝滋味
气味和滋味	具有该产品固有的气味、滋味,无异味	
杂质	无肉眼可见外来杂质	
组织形态	具有该产品固有的形态,外形完整、均匀一致,无霉变,无虫蚀	

4.5 理化指标

应符合表 2 的要求。

表 2 理化指标

项 目	指 标			检验方法
	核桃、山核桃、榛子、香榧、腰果、松子、杏仁、开心果、扁桃(巴旦木)、澳洲坚果(夏威夷果)、鲍鱼果等鲜或干的坚果及其果仁	以核桃、山核桃、榛子、香榧、腰果、松子、杏仁、开心果、扁桃(巴旦木)、澳洲坚果(夏威夷果)、鲍鱼果等坚果为原料的原味坚果制品	板栗、橡子、银杏、芡实(米)、莲子、菱角等鲜或干的坚果及其果仁;以板栗、橡子、银杏、芡实(米)、莲子、菱角等坚果为原料的原味坚果制品	
酸价(以脂肪计),mg/g	≤3		—	GB 5009.229
过氧化值(以脂肪计),g/100 g	≤0.08	≤0.50	—	GB 5009.227

4.6 污染物限量、农药残留限量、食品添加剂限量和真菌毒素限量

应符合食品安全国家标准及相关规定,同时应符合表 3 的要求。

表 3 农药残留限量

单位为毫克每千克

项 目	指 标	检验方法
多菌灵	≤0.1	GB/T 23380
氯菊酯	≤0.05	GB/T 5009.146
氯氰菊酯	≤0.05	
溴氰菊酯	≤0.01	
氰戊菊酯	≤0.01	
敌敌畏	≤0.01	GB/T 5009.20
乐果	≤0.01	
杀螟硫磷	≤0.5	

4.7 微生物限量

直接食用生干坚果及原味坚果制品的微生物限量应符合表4的要求。

表4 微生物限量

项 目	采样方案[a]及限量				检验方法
	n	c	m	M	
大肠菌群	5	2	10 CFU/g	100 CFU/g	GB 4789.3 平板计数法
注:n 为同一批次产品应采集的样品件数;c 为最大可允许超出 m 值的样品数;m 为微生物指标可接受水平的限量值;M 为微生物指标的最高安全限量值。					
[a] 样品的采集及处理按 GB 4789.1 的规定执行。					

4.8 净含量

应符合国家质量监督检验检疫总局令2005年第75号的要求。检验方法按照 JJF 1070 的规定执行。

5 检验规则

申报绿色食品坚果应按照本标准中4.4～4.8以及附录A所确定的项目进行检验,其他要求按照 NY/T 1055 的规定执行。本标准规定的农药残留限量的检验方法,各检验项目除采用表中所列检验方法外,如有其他国家标准、行业标准以及部文公告的检验方法,且其最低检出限能满足限量值要求时,在检验时可采用。

6 标签

按照 GB 7718 的规定执行。

7 包装、运输和储存

7.1 包装

按照 NY/T 658 的规定执行,包装储运图示标志按照 GB/T 191 的规定执行。

7.2 运输和储存

按照 NY/T 1056 的规定执行。

附　录　A

（规范性附录）

绿色食品坚果申报检验项目

表 A.1 和表 A.2 规定了除 4.4～4.8 所列项目外,依据食品安全国家标准和绿色食品坚果生产实际情况,绿色食品坚果申报检验还应检验的项目。

表 A.1　污染物和真菌毒素项目

检验项目	指　标	检验方法
铅(以 Pb 计),mg/kg	≤0.2	GB 5009.12
黄曲霉毒素 B_1,μg/kg	≤5.0	GB 5009.22

表 A.2　致病菌项目

项　　目	采样方案及限量			检验方法
	n	c	m	
沙门氏菌[a]	5	0	0/25 g	GB 4789.4
注:n 为同一批次产品应采集的样品件数;c 为最大可允许超出 m 值的样品数;m 为致病菌指标的最高安全限量值。				
[a]　仅适用于原味坚果制品。				

ICS 67.040
X 83

中华人民共和国农业行业标准

NY/T 1043—2016
代替 NY/T 1043—2006

绿色食品　人参和西洋参

Green food—Ginseng and american ginseng

2016-10-26 发布

2017-04-01 实施

中华人民共和国农业部 发布

前　言

本标准按照 GB/T 1.1—2009 给出的规则起草。

本标准代替 NY/T 1043—2006《绿色食品　人参和西洋参》。与 NY/T 1043—2006 相比,除编辑性修改外主要技术变化如下:

——修改了适用范围;

——修改、增加和删除了部分规范性引用文件;

——修改、增加了术语和定义;

——增加了原料要求;

——增加了生产过程的要求;

——修改了感官指标,删除了山参、人参根产品、人身地上部分产品的感官指标要求,增加了保鲜参、活性参、生晒参、红参、人参蜜片的感官指标要求;

——修改了理化指标,删除了山参、人参根产品、人参地上部分产品的理化指标要求,增加了保鲜参、活性参、生晒参、红参、人参蜜片的理化指标;西洋参的水分指标由"≤8%"修订为"≤13.0%",灰分指标由"≤3.5%"修订为"≤5.0%";

——修改了农药残留限量指标,删除了滴滴涕的残留限量,增加了醚菌酯、噻虫嗪、丙环唑、异菌脲、代森锰锌、苯醚甲环唑的限量要求;六六六、五氯硝基苯的残留限量由"不得检出"修订为"≤0.01 mg/kg";

——删除了微生物限量;

——修改了净含量的相关要求;

——删除了试验方法,将检测方法与指标列表合并;

——修改了检验规则;

——修改了标签的要求;

——修改了运输和储存的要求。

——增加了附录 A。

本标准由农业部农产品质量安全监管局提出。

本标准由中国绿色食品发展中心归口。

本标准起草单位:中国农业科学院特产研究所、吉林农业大学(农业部参茸产品质量监督检验测试中心)。

本标准主要起草人:张亚玉、张迪迪、李月茹、陈丹、赵景辉、孙海、刘宁、赵丹、王艳梅、王秋霞、汪树理、刘政波、王艳红、孔令瑶、徐成路。

本标准的历次版本发布情况为:

——NY/T 1043—2006。

绿色食品 人参和西洋参

1 范围

本标准规定了绿色食品人参和西洋参的术语和定义、要求、检验规则、标签、包装、运输和储存。

本标准适用于绿色食品保鲜参、活性参、生晒参、红参、人参蜜片和西洋参,西洋参应符合国家关于保健食品的相关规定。

2 规范性引用文件

下列文件对于本文件的应用是必不可少的。凡是注日期的引用文件,仅注日期的版本适用于本文件。凡是不注日期的引用文件,其最新版本(包括所有的修改单)适用于本文件。

GB 5009.3 食品安全国家标准 食品中水分的测定

GB 5009.4 食品安全国家标准 食品中灰分的测定

GB 5009.11 食品安全国家标准 食品中总砷及无机砷的测定

GB 5009.12 食品安全国家标准 食品中铅的测定

GB 5009.15 食品安全国家标准 食品中镉的测定

GB 5009.17 食品安全国家标准 食品中总汞及有机汞的测定

GB/T 5009.19 食品中有机氯农药多组分残留量的测定

GB/T 5009.218 水果和蔬菜中多种农药残留量的测定

GB 7718 食品安全国家标准 预包装食品标签通则

GB/T 19506—2009 地理标志产品 吉林长白山人参

GB/T 19648 水果和蔬菜中500种农药及相关化学品残留量的测定 气相色谱-质谱法

JJF 1070 定量包装商品净含量计量检验规则

NY/T 391 绿色食品 产地环境质量

NY/T 393 绿色食品 农药使用准则

NY/T 394 绿色食品 肥料使用准则

NY/T 658 绿色食品 包装通用准则

NY/T 752 绿色食品 蜂产品

NY/T 1055 绿色食品 产品检验规则

NY/T 1056 绿色食品 储藏运输准则

SN/T 0711 出口茶叶中二硫代氨基甲酸酯(盐)类农药残留量的检测方法 液相色谱-质谱/质谱法

SN/T 0794 进出口西洋参检验规程

国家质量监督检验检疫总局令2005年第75号 定量包装商品计量监督管理办法

3 术语和定义

GB/T 19506—2009界定的以及下列术语和定义适用于本文件。为了便于使用,以下重复列出了GB/T 19506—2009中的部分术语和定义。

3.1

保鲜参 fresh-keeping ginseng

以鲜人参为原料,洗刷后经过保鲜处理,能够较长时间储藏的人参产品。

[GB/T 19506—2009,3.12.9]

3.2

活性参(冻干参)　freezing and dried ginseng

以鲜边条人参为原料,刮去表皮,采用真空低温冷冻(−25℃)干燥技术加工而成的产品。

[GB/T 19506—2009,3.12.8]

3.3

生晒参　dried ginseng

以鲜人参为原料,刷洗除须后,晒干或烘干而成的人参产品。

[GB/T 19506—2009,3.12.5]

3.4

红参　red ginseng

以鲜人参为原料,经过刷洗,蒸制、干燥的人参产品。

[GB/T 19506—2009,3.12.4]

3.5

人参蜜片　slices of honeyed fresh ginseng

鲜人参洗刷后,将主根切成薄片,采用热水轻烫或短时间蒸制,浸蜜,干燥加工制成的人参产品。

[GB/T 19506—2009,3.12.11]

3.6

西洋参　american ginseng

鲜西洋参(*Panax quinquefolium* L.)的根及根茎经洗净烘干、冷冻干燥或其他方法干燥制成的产品。

3.7

芦头　rhizome

人参主根上部的根茎。

[GB/T 19506—2009,3.3]

3.8

生心　raw hard part inside red ginseng

红参内部具有的白色或黄色硬心。

[GB/T 19506—2009,3.12.4.13]

3.9

空心　hollow in the centre

人参内部具有的空隙。

[GB/T 19506—2009,3.22]

3.10

水锈　rusty substance in the cuticle

人参表皮呈现铁锈颜色的现象。

[GB/T 19506—2009,3.17]

3.11

抽沟　shrinking groove

人参因跑浆,导致干货表面不平整的现象。

[GB/T 19506—2009,3.25]

3.12

黄皮　yellow cuticle

红参表面出现的黄色表皮。

[GB/T 19506—2009,3.12.4.15]

3.13

病疤　scar

人参根因病、虫、鼠害及机械损伤或人为损伤等原因留下的伤疤。

[GB/T 19506—2009,3.19]

3.14

虫蛀　damage from pest

人参遭虫蛀的现象。

[GB/T 19506—2009,3.23]

3.15

霉变　mould generation

人参变软发霉的现象。

[GB/T 19506—2009,3.24]

4　要求

4.1　产地环境

应符合 NY/T 391 的规定。

4.2　原料要求

人参和西洋参制品加工原料应符合绿色食品质量安全要求。蜂蜜应符合 NY/T 752 的要求。

4.3　生产过程

农药的使用应符合 NY/T 393 的规定,肥料的使用应符合 NY/T 394 的规定。

4.4　感官

应符合表 1 的规定。

表 1　感官指标

项　目	要　　求						检验方法
	保鲜参	活性参	生晒参	红参	人参蜜片	西洋参	
芦头	有完整的芦头、芦头上不得有残茎	芦头完整	芦头完整	芦头完整	—	芦头完整	人参产品采用 GB/T 19506;西洋参产品采用 SN/T 0794
根	主根呈圆柱形、支根齐全	主根呈圆柱形、支根无断裂、须根完整	主根呈圆柱形	主根呈圆柱形、无生心、空心	—	主根呈圆柱形、须根齐全	
表面	黄白色、无熏硫、无水锈	白色或淡黄白色、无抽沟	白色或黄白色、无水锈、无熏硫、无抽沟	棕红色或淡棕色、无抽沟、无黄皮	表面没有积蜜	黄白色或淡黄褐色	
病疤、破损	无						
虫蛀、霉变	无						
杂质	无						

4.5　理化指标

应符合表 2 的规定。

表 2　理化指标

项　目	指　标						检验方法
	保鲜参	活性参	生晒参	红参	西洋参	人参蜜片	
水分,%	—	≤12.0	≤12.0(粉末状产品除外) ≤8.0(粉末状产品)		≤13.0	20.0~35.0	GB 5009.3
总灰分,%	≤5.0					≤2.0	GB 5009.4
总皂苷,%	≥2.5				≥6.0	≥0.8	GB/T 19506

4.6 污染物限量、农药残留限量

应符合食品安全国家标准及相关规定,同时符合表3的规定。

表3 污染物限量、农药残留限量

项 目	指 标	检验方法
砷,mg/kg	≤0.5	GB 5009.11
镉,mg/kg	≤0.2	GB 5009.15
汞,mg/kg	≤0.06	GB 5009.17
醚菌酯,mg/kg	≤0.1	GB/T 19648
噻虫嗪,mg/kg	≤0.1	GB/T 19648
丙环唑,mg/kg	≤0.1	GB/T 19648
异菌脲,mg/kg	≤0.1	GB/T 19648
代森锰锌,mg/kg	≤0.1	SN/T 0711
苯醚甲环唑,mg/kg	≤0.01	GB/T 5009.218
六六六,mg/kg	≤0.01	GB/T 5009.19
五氯硝基苯,mg/kg	≤0.01	GB/T 5009.19

4.7 净含量

应符合国家质量监督检验检疫总局令 2005 年第 75 号的规定,检验方法按照 JJF 1070 的规定执行。

5 检验规则

申报绿色食品的人参和西洋参及相关制品应按照 4.4～4.7 以及附录 A 所确定的项目进行检验。其他要求应符合 NY/T 1055 的规定。本标准规定的农药残留限量检测方法,如有其他国家标准、行业标准以及部文公告的检测方法,且其检出限和定量限能满足限量值要求,在检测时可采用。

6 标签

6.1 标签

除了应符合 GB 7718 规定的内容外,用于食品还应标注:

人参食用量≤3 g/d,孕妇、哺乳期妇女及 14 周岁以下儿童不宜食用。

7 包装、运输和储存

7.1 包装

应符合 NY/T 658 的规定。

7.2 运输和储存

应符合 NY/T 1056 的规定。

附 录 A

（规范性附录）

绿色食品人参和西洋参产品申报检验项目

表 A.1 规定了除 4.4～4.7 所列项目外,依据食品安全国家标准和绿色食品生产实际情况,绿色食品
人参和西洋参申报检验还应检验的项目。

表 A.1 污染物项目

项 目	指 标	检验方法
铅,mg/kg	≤0.5	GB 5009.12

ICS 67.080.20
X 26

中华人民共和国农业行业标准

NY/T 1044—2020
代替 NY/T 1044—2007

绿色食品　藕及其制品

Green food—Lotus root and its products

2020-08-26 发布

2021-01-01 实施

中华人民共和国农业农村部 发布

前　言

本标准按照 GB/T 1.1—2009 给出的规则起草。

本标准代替 NY/T 1044—2007《绿色食品　藕及其制品》，与 NY/T 1044—2007 相比，除编辑性修改外，主要技术变化如下：

——增加了术语和定义；

——修改了藕粉的感官要求；

——删除了藕的可溶性糖理化指标，增加了藕粉的水分、灰分、总糖、典型藕淀粉颗粒含量、酸度等理化指标；

——删除了六六六、滴滴涕、乐果、氟的项目，增加了氧乐果、百菌清、敌百虫、氯氰菊酯、溴氰菊酯的项目，将无机砷项目修改为总砷；

——删除了抽样方法和标志的要求；

——修改了菌落总数的限量要求，增加了霉菌的限量要求；

——修改了检验方法；

——修改了运输和储存的部分内容。

本标准由农业农村部农产品质量安全监管司提出。

本标准由中国绿色食品发展中心归口。

本标准起草单位：广东省农业科学院农产品公共监测中心、中国绿色食品发展中心、农业农村部蔬菜水果质量监督检验测试中心（广州）、广昌莲香食品有限公司、湖北省食品质量安全监督检验研究院、江门市新会区大鳌有机农业发展有限公司。

本标准主要起草人：陈岩、穆建华、季天荣、陆莹、杨炜君、王富华、杨慧、朱影、张宪、曾小荣。

本标准所代替标准的历次版本发布情况为：

——NY/T 1044—2006、NY/T 1044—2007。

绿色食品 藕及其制品

1 范围

本标准规定了绿色食品藕及藕粉的术语和定义、要求、检验规则、标签、包装、运输和储存。

本标准适用于绿色食品藕及藕粉，不适用于泡藕带、卤藕和藕罐头。

2 规范性引用文件

下列文件对于本文件的应用是必不可少的。凡是注日期的引用文件，仅注日期的版本适用于本文件。凡是不注日期的引用文件，其最新版本（包括所有的修改单）适用于本文件。

GB 4789.1 食品安全国家标准 食品微生物学检验 总则

GB 4789.2 食品安全国家标准 食品微生物学检验 菌落总数测定

GB 4789.3 食品安全国家标准 食品微生物学检验 大肠菌群计数

GB 4789.4 食品安全国家标准 食品微生物学检验 沙门氏菌检验

GB 4789.10 食品安全国家标准 食品微生物学检验 金黄色葡萄球菌检验

GB 4789.15 食品安全国家标准 食品微生物学检验 霉菌和酵母计数

GB 5009.3 食品安全国家标准 食品中水分的测定

GB 5009.4 食品安全国家标准 食品中灰分的测定

GB 5009.7 食品安全国家标准 食品中还原糖的测定

GB 5009.9 食品安全国家标准 食品中淀粉的测定

GB 5009.11 食品安全国家标准 食品中总砷及无机砷的测定

GB 5009.12 食品安全国家标准 食品中铅的测定

GB 5009.15 食品安全国家标准 食品中镉的测定

GB 5009.17 食品安全国家标准 食品中总汞及有机汞的测定

GB 5009.239 食品安全国家标准 食品酸度的测定

GB 7718 食品安全国家标准 预包装食品标签通则

GB 14881 食品安全国家标准 食品生产通用卫生规范

GB/T 20769 水果和蔬菜中450种农药及相关化学品残留量的测定 液相色谱-串联质谱法

GB 23200.113 食品安全国家标准 植物源性食品中208种农药及其代谢物残留量的测定 气相色谱-质谱联用法

GB/T 25733 藕粉

JJF 1070 定量包装商品净含量计量检验规则

NY/T 391 绿色食品 产地环境质量

NY/T 392 绿色食品 食品添加剂使用准则

NY/T 393 绿色食品 农药使用准则

NY/T 394 绿色食品 肥料使用准则

NY/T 658 绿色食品 包装通用准则

NY/T 761 蔬菜和水果中有机磷、有机氯、拟除虫菊酯和氨基甲酸酯类农药多残留的测定

NY/T 1055 绿色食品 产品检验规则

NY/T 1056 绿色食品 储藏运输准则

国家质量监督检验检疫总局令2005年第75号 定量包装商品计量监督管理办法

3 术语和定义

下列术语和定义适用于本文件。

3.1

藕　lotus rhizome

莲藕

莲科(Nelumbonaceae)莲属(*Nelumbo Adas.*)植物产生的肥嫩根状茎。

3.2

纯藕粉　unmixed lotus rhizome powder

仅以成熟莲藕为原料,经过清洗、粉碎、除渣、沉淀、过滤、干燥等工艺加工制成的藕淀粉产品。

3.3

调制藕粉　modulation lotus root starch(instant lotus rhizome powder)

速溶藕粉

以纯藕粉为主要原料(纯藕粉用量大于50%),添加或不添加白砂糖、麦芽糊精、桂花等辅料,经配料、粉碎、搅拌或制粒干燥等工艺制成的藕制品。

3.4

典型藕淀粉颗粒　typical lotus rhizome starch granule

通过400倍光学显微镜观察,呈现出与其他淀粉颗粒不同的大小、形状、表面轮纹以及偏光十字等自然特征的藕淀粉颗粒。

4　要求

4.1　产地环境

应符合NY/T 391的规定。

4.2　原料要求

4.2.1　藕粉的加工原料应符合相应绿色食品的要求。

4.2.2　加工用水应符合NY/T 391的规定。

4.2.3　食品添加剂应符合NY/T 392的规定。

4.3　生产过程

藕在生产过程中农药和肥料使用应分别符合NY/T 393和NY/T 394的规定,藕粉的生产过程应符合GB 14881的规定。

4.4　感官

4.4.1　藕应符合表1的规定。

表1　藕感官要求

要　求	检验方法
具有本品种应有的形态特征,整齐均匀,顶芽完整,无分支藕,藕节无须根。藕体色泽均匀一致,表面光滑、硬实、无皱缩;藕外表面及藕孔无泥痕及其他污物,无异味;无病虫害、明显机械损伤和斑疮	形态、色泽、新鲜度等外部特征用目测法鉴定,藕孔内泥痕及缺陷纵向剖开后鉴定

4.4.2　藕粉应符合表2的规定。

表2　藕粉感官要求

项目		要　求	检验方法
冲调前	形态	纯藕粉为粉状、片状或粒状;速溶藕粉为粉状或粒状;干燥、松散、无明显结块	形态、色泽、杂质等外观特征,用目测法鉴定 气味用嗅的方法鉴定 滋味用品尝的方法鉴定 冲调性取15 g左右藕粉样品,用180 mL凉开水润湿调匀后,再用90℃以上开水快速冲调
	色泽	呈本品特有的颜色,色泽基本均匀一致	
	杂质	无正常视力可见外来异物	
冲调性		先以凉开水润湿调匀后,再用90℃以上开水冲调,1 min~2 min后溶胀糊化	

表 2（续）

项目		要　求	检验方法
冲调后	形态与色泽	呈黏胶状,晶莹剔透,稠度均匀,色泽均匀呈微褐色或微红色,有光泽	形态、色泽、杂质等外观特征,用目测法鉴定 气味用嗅的方法鉴定
	滋味与气味	具有本品应有的清香、润滑、纯正可口,无异味	滋味用品尝的方法鉴定 冲调性取 15 g 左右藕粉样品,用 180 mL 凉开水润湿调匀后,再用 90℃以上开水快速冲调

4.5 理化指标

藕粉应符合表 3 的规定。

表 3　藕粉理化指标

项目	指标		检验方法
	纯藕粉	调制藕粉	
水分,%	≤13	≤8	GB 5009.3
灰分,%	≤0.50		GB 5009.4
总糖(以还原糖计),%	—	≤50	GB 5009.7
淀粉(以还原糖计),%	≥75	≥40	GB 5009.9
典型藕淀粉颗粒含量,%	≥50	≥40	GB/T 25733
酸度,°T	≤10		GB 5009.239

4.6 污染物限量和农药残留限量

应符合食品安全国家标准及相关规定,同时还应符合表 4 的规定。

表 4　污染物、农药残留限量

单位为毫克每千克

项目	指标	检验方法
铅(以 Pb 计)	≤0.2(藕粉)	GB 5009.12
镉(以 Cd 计)	≤0.1(藕粉)	GB 5009.15
总汞(以 Hg 计)	≤0.02(藕粉)	GB 5009.17
总砷(以 As 计)	≤0.5(藕粉)	GB 5009.11
氧乐果(omethoate)	≤0.01	GB 23200.113
毒死蜱(chlorpyrifos)	≤0.01	GB 23200.113
百菌清(chlorothalonil)	≤0.01(藕)	NY/T 761
三唑酮(triadimefon)	≤0.01	GB 23200.113
敌百虫(trichlorfon)	≤0.01(藕)	GB 20769
氯氰菊酯(cypermethrin)	≤0.01(藕)	GB 23200.113
溴氰菊酯(deltamethrin)	≤0.01(藕)	GB 23200.113
多菌灵(carbendazim)	≤0.5	GB/T 20769

4.7 微生物限量

藕粉应符合表 5 的规定。

表 5　藕粉微生物项目

项目	采样方案及限量				检验方法
	n	c	m	M	
菌落总数	5	2	5×10^3 CFU/g	10^4 CFU/g	GB 4789.2
样品的采样及处理按 GB 4789.1 的规定执行。					

4.8 净含量

应符合国家质量监督检验检疫总局令 2005 年第 75 号要求,检验方法按 JJF 1070 的规定执行。

5 检验规则

申报绿色食品应按照4.4~4.8以及附录A所确定的项目进行检验。其他要求应符合NY/T 1055的规定。本标准规定的农药残留量检测方法,如有其他国家标准、行业标准以及部文公告的检测方法,且其检出限和定量限能满足限量值要求时,在检测时可采用。

6 标签

应符合GB 7718的规定。

7 包装、运输和储存

7.1 包装

应符合NY/T 658的规定。

7.2 运输和储存

7.2.1 应符合NY/T 1056的规定。

7.2.2 藕运输过程中应采取保温措施,防止温度波动过大,可采用冷藏车运输。储存场所温度宜控制在5℃~10℃,并分批次堆放整理,堆高不宜超过2 m。

7.2.3 藕粉应有防热及防潮措施,宜存放于阴凉、干燥、通风的库房中。环境温度应在30℃以下,产品存在应距墙壁、水管、暖气管等1 m以上,地面应有10 cm以上防潮隔板。

附　录　A

（规范性附录）

绿色食品藕及其制品申报检验项目

表 A.1～A.2 规定了除 4.4～4.8 所列项目外,依据食品安全国家标准和绿色食品藕及其制品生产实际情况,绿色食品申报检验还应检验的项目。

表 A.1　藕污染物项目

单位为毫克每千克

项目	指标	检验方法
铅（以 Pb 计）	≤0.1（藕）	GB 5009.12
镉（以 Cd 计）	≤0.05（藕）	GB 5009.15
总汞（以 Hg 计）	≤0.01（藕）	GB 5009.17
总砷（以 As 计）	≤0.5（藕）	GB 5009.11

表 A.2　藕粉微生物项目

项目	采样方案及限量				检验方法
	n	c	m	M	
大肠菌群	5	1	10 CFU/g	10^2 CFU/g	GB 4789.3
霉菌	5	2	50 CFU/g	10^2 CFU/g	GB 4789.15
沙门氏菌	5	0	0 CFU/g	—	GB 4789.4
金黄色葡萄球菌	5	1	10^2 CFU/g	10^3 CFU/g	GB 4789.10
样品的采样及处理按 GB 4789.1 的规定执行。					

ICS 67.080.20
X 26

中华人民共和国农业行业标准

NY/T 1045—2014
代替 NY/T 1045—2006

绿色食品　脱水蔬菜

Green food—Dehydrated vegetable

2014-10-17 发布

2015-01-01 实施

中华人民共和国农业部 发布

前　言

本标准按照 GB/T 1.1—2009 给出的规则起草。

本标准代替 NY/T 1045—2006《绿色食品　脱水蔬菜》。与 NY/T 1045—2006 相比,除编辑性修改外,主要技术变化如下:

——适用范围增加绿色食品干制蔬菜;

——增加了术语和定义;

——调整了水分指标;

——删除了总灰分、酸不溶性灰分指标;

——调整了污染物、农药残留项目及指标;

——调整了微生物项目及指标;

——调整了净含量、检验规则、包装、运输和储存的表述。

本标准由农业部农产品质量安全监管局提出。

本标准由中国绿色食品发展中心归口。

本标准起草单位:广东省农业科学院农产品公共监测中心、农业部蔬菜水果质量监督检验测试中心(广州)。

本标准主要起草人:陈岩、杨慧、王富华、张志华、赵沛华、赵晓丽。

本标准的历次版本发布情况为:

——NY/T 1045—2006。

绿色食品　脱水蔬菜

1　范围

本标准规定了绿色食品脱水蔬菜的术语和定义、要求、检验规则、标志和标签、包装、运输和储存。

本标准适用于绿色食品脱水蔬菜,也适用于绿色食品干制蔬菜;不适用于绿色食品干制食用菌、竹笋干和蔬菜粉。

2　规范性引用文件

下列文件对于本文件的应用是必不可少的。凡是注日期的引用文件,仅注日期的版本适用于本文件。凡是不注日期的引用文件,其最新版本(包括所有的修改单)适用于本文件。

GB/T 191　包装储运图示标志

GB 4789.2　食品安全国家标准　食品微生物学检验　菌落总数测定

GB 4789.3　食品安全国家标准　食品微生物学检验　大肠菌群计数

GB 4789.4　食品安全国家标准　食品微生物学检验　沙门氏菌检验

GB 4789.10　食品安全国家标准　食品微生物学检验　金黄色葡萄球菌检验

GB 4789.15　食品安全国家标准　食品微生物学检验　霉菌和酵母计数

GB/T 4789.36　食品安全国家标准　食品卫生微生物学检验　大肠埃希氏菌 O157：H7/ NM检验

GB 5009.3　食品安全国家标准　食品中水分的测定

GB/T 5009.11　食品中总砷及无机砷的测定

GB 5009.12　食品安全国家标准　食品中铅的测定

GB/T 5009.15　食品中镉的测定

GB/T 5009.17　食品中总汞及有机汞的测定

GB/T 5009.34　食品中亚硫酸盐的测定

GB/T 5009.123　食品中铬的测定

GB 7718　食品安全国家标准　预包装食品标签通则

JJF 1070　定量包装商品净含量计量检验规则

NY/T 658　绿色食品　包装通用准则

NY/T 761　蔬菜和水果中有机磷、有机氯、拟除虫菊酯和氨基甲酸酯类农药多残留的测定

NY/T 1055　绿色食品　产品检验规则

NY/T 1056　绿色食品　储藏运输准则

NY/T 1275　蔬菜、水果中吡虫啉残留量的测定

NY/T 1680　蔬菜水果中多菌灵等 4 种苯并咪唑类农药残留量的测定　高效液相色谱法

国家质量监督检验检疫总局令 2005 年第 75 号　定量包装商品计量监督管理办法

中国绿色食品商标标志设计使用规范手册

3　术语和定义

下列术语和定义适用于本文件。

3.1

脱水蔬菜　dehydrated vegetable

经洗刷、清洗、切型、漂烫或不漂烫等预处理,采用热风干燥或低温冷冻干燥等工艺制成的蔬菜制品。

4 要求

4.1 原料要求

应符合相关绿色食品标准要求。

4.2 感官要求

应符合表1的规定。

表1 感官要求

项 目	要 求	检验方法
色泽	具有该产品固有的色泽	色泽、形态、杂质、霉变以及复水性用目测法 气味和滋味用嗅的方法
气味和滋味	具有原蔬菜的气味和滋味	
形态	片状干制品要求片型完整,片厚基本均匀 块状干制品大小均匀,形状规则 粉状产品粉体细腻,粒度均匀,不黏结	
复水性	95℃热水浸泡2 min基本恢复脱水前的状态(粉状产品除外)	
杂质	无毛发、金属物等杂质	
霉变	无	

4.3 理化指标

应符合表2的规定。

表2 理化指标

单位为克每百克

项 目	指 标	检验方法
水分 　干制蔬菜 　冷冻干燥脱水蔬菜 　热风干燥及其他工艺脱水蔬菜	≤15.0 ≤6.0 ≤8.0	GB 5009.3
其他理化指标应符合相关产品国家标准的规定。		

4.4 污染物、农药残留、食品添加剂和真菌毒素限量

污染物、农药残留、食品添加剂和真菌毒素限量应符合相关食品安全国家标准及相关规定,同时应符合表3的规定。

表3 污染物和农药残留限量

单位为毫克每千克

项 目	指 标	检验方法
镉(以Cd计)	≤0.3(脱水大蒜除外) ≤0.1(脱水大蒜)	GB/T 5009.15
汞(以Hg计)	≤0.07(脱水大蒜、脱水薯类蔬菜除外) ≤0.03(脱水大蒜、脱水薯类蔬菜)	GB/T 5009.17
总砷(以As计)	≤3.5(脱水大蒜、脱水薯类蔬菜除外) ≤1.4(脱水大蒜、脱水薯类蔬菜)	GB/T 5009.11
铬(以Cr计)	≤3.5(脱水大蒜、脱水薯类蔬菜除外) ≤1.4(脱水大蒜、脱水薯类蔬菜)	GB/T 5009.123

表 3 （续）

项　目	指　标	检验方法
氯氰菊酯	≤1.4(脱水大蒜、脱水薯类蔬菜除外) ≤0.6(脱水大蒜、脱水薯类蔬菜)	NY/T 761
三唑酮	≤0.3(脱水薯类蔬菜除外) ≤0.1(脱水薯类蔬菜)	NY/T 761
多菌灵	≤0.7(脱水大蒜、脱水薯类蔬菜除外) ≤0.3(脱水大蒜、脱水薯类蔬菜)	NY/T 1680
腐霉利	≤0.6	NY/T 761
毒死蜱	≤0.3(脱水薯类蔬菜除外) ≤0.1(脱水薯类蔬菜)	NY/T 761
氯氟氰菊酯	≤0.6	NY/T 761
吡虫啉	≤0.7	NY/T 1275
如食品安全国家标准及相关国家规定中上述指标有调整,且严于本标准规定,按最新国家标准及规定执行。		

4.5 微生物限量

微生物限量应符合表 4 的规定。

表 4　微生物限量

项　目	指　标	检验方法
菌落总数,CFU/g	≤100 000	GB 4789.2
大肠菌群,MPN/g	≤3	GB 4789.3
霉菌和酵母菌,CFU/g	≤500	GB 4789.15

4.6 净含量

应符合国家质量监督检验检疫总局令 2005 年第 75 号的规定,检验方法按照 JJF 1070 的规定执行。

5　检验规则

申报绿色食品的脱水蔬菜产品应按照本标准中 4.2～4.6 以及附录 A 所确定的项目进行检验,其他要求应符合 NY/T 1055 的规定。

6　标志和标签

6.1　标志应符合《中国绿色食品商标标志设计使用规范手册》规定。

6.2　标签应符合 GB 7718 的规定。

7　包装、运输和储存

7.1　包装

包装应符合 NY/T 658 的规定。包装储运图示标志按照 GB/T 191 的规定执行。包装材料应坚固、无毒、无害、无污染,并能遮光、防潮。宜用塑料袋或复合薄膜袋、纸箱,箱外用封口纸或打包带。

7.2　运输和储存

应符合 NY/T 1056 的规定。在运输过程中防雨、防潮、防暴晒,运输工具应清洁、干燥、无污染。储存时应保持清洁、阴凉、干燥。

附 录 A

（规范性附录）

绿色食品脱水蔬菜产品申报检验项目

表 A.1 和表 A.2 规定了除 4.2～4.6 所列项目外，依据食品安全国家标准和绿色食品生产实际情况，绿色食品脱水蔬菜产品申报检验还应检验的项目。

表 A.1 污染物和食品添加剂项目

单位为毫克每千克

项 目	指 标	检验方法
铅（以 Pb 计）	≤1.0	GB 5009.12
亚硫酸盐（以 SO₂ 计）	≤200	GB/T 5009.34
如食品安全国家标准及相关国家规定中上述项目和指标有调整，且严于本标准规定，按最新国家标准及规定执行。		

表 A.2 致病菌项目

项 目	采样方案及限量（若非指定，均以/25 g 表示）				检验方法
	n	c	m	M	
沙门氏菌	5	0	0	—	GB 4789.4
金黄色葡萄球菌	5	1	100 CFU/g	1 000 CFU/g	GB 4789.10 第二法
大肠埃希氏菌 O157:H7[a]	5	0	0	—	GB 4789.36
如食品安全国家标准及相关国家规定中上述项目和指标有调整，且严于本标准规定，按最新国家标准及规定执行。					
注：n 为同一批次产品应采集的样品件数；c 为最大可允许超出 m 值的样品数；m 为致病菌指标可接受水平的限量值；M 为致病菌指标的最高安全限量值。					
[a] 仅适用于生食脱水蔬菜。					

ICS 67.060
X 28

中华人民共和国农业行业标准

NY/T 1046—2016
代替 NY/T 1046—2006

绿色食品　焙烤食品

Green food—Baked food

2016-10-26 发布

2017-04-01 实施

中华人民共和国农业部 发布

NY/T 1046—2016

前　言

本标准按照 GB/T 1.1—2009 给出的规则起草。

本标准代替 NY/T 1046—2006《绿色食品　焙烤食品》。与 NY/T 1046—2006 相比，除编辑性修改外主要技术变化如下：

——修改了分类；

——修改了理化指标，补充了面包、饼干、烘烤类月饼和烘烤类糕点的限量要求；

——删除了酸价、过氧化值、西维因、溴氰菊酯、氰戊菊酯和氯氰菊酯的限量要求，增加了新红及其铝色淀、赤藓红及其铝色淀的限量要求；

——修改了微生物项目。

本标准由农业部农产品质量安全监管局提出。

本标准由中国绿色食品发展中心归口。

本标准起草单位：湖南省食品测试分析中心、中国绿色食品发展中心、东莞市华美食品有限公司。

本标准主要起草人：李绮丽、李高阳、张菊华、张志华、陈倩、张继红、袁旭培、尚雪波、胡冠华、梁曾恩妮、黄绿红、李志坚、谭欢、潘兆平、何双、肖轲。

本标准的历次版本发布情况为：

——NY/T 1046—2006。

绿色食品　焙烤食品

1　范围

本标准规定了绿色食品焙烤食品的术语和定义、分类、要求、检验规则、标签、包装、运输和储存。

本标准适用于预包装的绿色食品焙烤食品(面包、饼干、烘烤类月饼和烘烤类糕点)。

2　规范性引用文件

下列文件对于本文件的应用是必不可少的。凡是注日期的引用文件,仅注日期的版本适用于本文件。凡是不注日期的引用文件,其最新版本(包括所有的修改单)适用于本文件。

GB/T 191　包装储运图示标志

GB 4789.2　食品安全国家标准　食品微生物学检验　菌落总数测定

GB 4789.3　食品安全国家标准　食品微生物学检验　大肠菌群计数

GB 4789.4　食品安全国家标准　食品微生物学检验　沙门氏菌检验

GB 4789.10—2016　食品安全国家标准　食品微生物学检验　金黄色葡萄球菌检验

GB 4789.15　食品安全国家标准　食品微生物学检验　霉菌和酵母计数

GB 5009.11　食品安全国家标准　食品中总砷及无机砷的测定

GB 5009.12　食品安全国家标准　食品中铅的测定

GB 5009.15　食品安全国家标准　食品中镉的测定

GB 5009.17　食品安全国家标准　食品中总汞及有机汞的测定

GB 5009.28　食品安全国家标准　食品中苯甲酸、山梨酸和糖精钠的测定

GB 5009.35　食品安全国家标准　食品中合成着色剂的测定

GB 5009.97　食品安全国家标准　食品中环己基氨基磺酸钠的测定

GB 7099　食品安全国家标准　糕点、面包

GB 7100　食品安全国家标准　饼干

GB 7718　食品安全国家标准　预包装食品标签通则

GB 8957　糕点厂卫生规范

GB 14881　食品安全国家标准　食品生产通用卫生规范

GB/T 18979　食品中黄曲霉毒素的测定　免疫亲和层析净化高效液相色谱法和荧光光度法

GB/T 19855　月饼

GB/T 20977　糕点通则

GB/T 20980　饼干

GB/T 20981　面包

GB/T 23374　食品中铝的测定　电感耦合等离子体质谱法

JJF 1070　定量包装商品净含量计量检验规则

NY/T 391　绿色食品　产地环境质量

NY/T 392　绿色食品　食品添加剂使用准则

NY/T 421　绿色食品　小麦及小麦粉

NY/T 422　绿色食品　食用糖

NY/T 657　绿色食品　乳制品

NY/T 658　绿色食品　包装通用准则

NY/T 751　绿色食品　食用植物油

NY/T 754　绿色食品　蛋与蛋制品

NY/T 1055　绿色食品　产品检验规则

NY/T 1056　绿色食品　储藏运输准则

NY/T 1512　绿色食品　生面食、米粉制品

国家质量监督检验检疫总局令 2005 年第 75 号　定量包装商品计量监督管理办法

3　术语和定义

下列术语和定义适用于本文件。

3.1

焙烤食品　baked food

以粮、油、糖、蛋、乳等为主料,添加适量辅料,并经调制、成型、焙烤、包装等工序制成的食品。

4　分类

4.1　面包

4.2　饼干

4.3　烘烤类月饼

4.4　烘烤类糕点

5　要求

5.1　原料和辅料

5.1.1　小麦粉应符合 NY/T 421 的规定。

5.1.2　米粉、糯米粉应符合 NY/T 1512 的规定。

5.1.3　食用糖应符合 NY/T 422 的规定。

5.1.4　食用植物油应符合 NY/T 751 的规定。

5.1.5　蛋应符合 NY/T 754 的规定。

5.1.6　乳制品应符合 NY/T 657 的规定。

5.1.7　加工用水应符合 NY/T 391 的规定。

5.1.8　食品添加剂应符合 NY/T 392 的规定。

5.2　生产过程

应符合 GB 8957 和 GB 14881 的规定。

5.3　感官

应符合表 1 的规定。

表 1　感官要求

项　目	指　标				检验方法
	饼干	面包	烘烤类月饼	烘烤类糕点	
组织形态	外形完整,大小、厚薄基本均匀,无裂痕,有该品种应有的形态,特殊加工品种表面允许有可食颗粒存在	完整,丰满,无黑泡或明显焦斑,有弹性,纹理清晰,形状应与品种造型相符	外形整齐,花纹清晰,无破裂、露馅、凹缩、塌斜现象,有该品种应有的形态	外形整齐,底部平整,无霉变,无变形,具有该品种应有的形态特征	随机抽取 100 g～200 g 样品,平铺于清洁的白瓷盘中,在自然光线下用目测法检验其组织状态、色泽;嗅其气味;然后,将样品碾碎,在白瓷盘中观察其杂质;品尝其滋味

表1（续）

项　目	指　　标				检验方法
	饼干	面包	烘烤类月饼	烘烤类糕点	
色泽	具有该品种应有的色泽且颜色均匀，无杂色				
滋味和气味	具有该品种应有的风味，无异味				
杂质	正常视力下无可见外来杂质				

5.4　理化指标

5.4.1　面包

按照 GB/T 20981 和 GB 7099 中理化指标的相关规定执行。

5.4.2　饼干

按照 GB/T 20980 和 GB 7100 中理化指标的相关规定执行。

5.4.3　烘烤类月饼

按照 GB/T 19855 中理化指标的相关规定执行。

5.4.4　烘烤类糕点

按照 GB/T 20977 和 GB 7099 中理化指标的相关规定执行。

5.5　污染物限量、食品添加剂限量和真菌毒素限量

污染物、食品添加剂和真菌毒素限量应符合相关食品安全国家标准及相关规定，同时应符合表2的规定。

表2　污染物、食品添加剂和真菌毒素限量

项　目	指　标	检验方法
总砷（以 As 计），mg/kg	≤0.4	GB 5009.11
铅（以 Pb 计），mg/kg	≤0.2	GB 5009.12
总汞（以 Hg 计），mg/kg	≤0.01	GB 5009.17
镉（以 Cd 计），mg/kg	≤0.1	GB 5009.15
铝（以 Al 计），mg/kg	<25	GB/T 23374
环己基氨基磺酸钠和环己基氨基磺酸钙（以环己基氨基磺酸钠计），mg/kg	不得检出　（<10）	GB 5009.97
新红及其铝色淀（以新红计）[a]，mg/kg	不得检出（<0.5）	GB 5009.35
赤藓红及其铝色淀（以赤藓红计）[a]，mg/kg	不得检出（<0.2）	GB 5009.35
黄曲霉毒素 B_1，μg/kg	≤5.0	GB/T 18979
[a]　适用于红色的产品。		

5.6　净含量

应符合国家质量监督检验检疫总局令 2005 年第 75 号的规定，检验方法应符合 JJF 1070 的规定。

6　检验规则

申报绿色食品应按照 5.3～5.6 以及附录 A 所确定的项目进行检验。每批产品交收（出厂）前，都应进行交收（出厂）检验，交收（出厂）检验内容包括包装、标签、净含量、感官、酸价和过氧化值。其他要求应符合 NY/T 1055 的规定。

7　标签

应符合 GB 7718 的规定。

8　包装、运输和储存

8.1　包装

包装应符合 NY/T 658 的规定,包装储运图示标志应符合 GB/T 191 的规定。

8.2 运输和储存

运输和储存应符合 NY/T 1056 的规定。

附 录 A

（规范性附录）

绿色食品焙烤食品产品申报检验项目

表 A.1～表 A.2 规定了除 5.3～5.6 所列项目外，依据食品安全国家标准和绿色食品生产实际情况，绿色食品申报检验还应检验的项目。

表 A.1 食品添加剂项目

项 目	指 标		检验方法
	饼干	面包、烘烤类月饼和烘烤类糕点	
苯甲酸及其钠盐（以苯甲酸计），mg/kg	不得检出（＜5）		GB 5009.28
山梨酸及其钾盐（以山梨酸计），g/kg	不得检出（＜0.005）	≤1.0	
糖精钠，mg/kg	不得检出 （＜5）		

表 A.2 微生物项目

项 目		采样方案及限量（均以 CFU/g 表示）				检验方法
		n	c	m	M	
菌落总数		5	2	10^4	10^5	GB 4789.2
大肠菌群		5	2	10	10^2	GB 4789.3
金黄色葡萄球菌		5	1	100	1 000	GB 4789.10—2016 第二法
沙门氏菌		5	0	0	—	GB 4789.4
霉菌	饼干	≤50				GB 4789.15
	面包、烘烤类月饼和烘烤类糕点	≤150				
注：n 为同一批次产品应采集的样品件数；c 为最大可允许超出 m 值的样品数；m 为致病菌指标可接受水平的限量值；M 为致病菌指标的最高安全限量值。						

ICS 67.020
CCS X 70

中华人民共和国农业行业标准

NY/T 1047—2021
代替 NY/T 1047—2014

绿色食品　水果、蔬菜罐头

Green food—Canned fruit and vegetable

2021-05-07 发布

2021-11-01 实施

中华人民共和国农业农村部 发布

前　　言

本文件按照 GB/T 1.1—2020《标准化工作导则　第 1 部分：标准化文件的结构和起草规则》的规定起草。

本文件代替 NY/T 1047—2014《绿色食品　水果、蔬菜罐头》，与 NY/T 1047—2014 相比，除结构调整和编辑性改动外，主要技术变化如下：

——修改了术语和定义；

——修改了感官指标；

——理化指标中修改了总糖的指标值；

——删除了总砷、甲霜灵、噻菌灵、二甲戊灵、亚硝酸盐等项目及限量值，增加了甲胺磷、氧乐果、克百威、多菌灵、阿斯巴甜等项目及其限量值；

——修改了毒死蜱、山梨酸、胭脂红、二氧化硫等项目的限量值；

——修改了检验方法；

——补充了检验规则。

本文件由农业农村部农产品质量安全监管司提出。

本文件由中国绿色食品发展中心归口。

本文件主要起草单位：农业农村部食品质量监督检验测试中心（湛江）、中国热带农业科学院农产品加工研究所、中国绿色食品发展中心、临沂市康发食品饮料有限公司、欢乐家食品集团股份有限公司、山东绿色食品发展中心。

本文件主要起草人：林玲、李涛、罗成、粘昊菲、杨春亮、叶剑芝、杨建荣、曾绍东、张加强、蒋道林、孟浩、苏子鹏、查玉兵、齐宁利、李琪、潘晓威、刘丽丽。

本文件及其所代替文件的历次版本发布情况为：

——2006 年首次发布为 NY/T 1047—2006，2014 年第一次修订；

——本次为第二次修订。

绿色食品 水果、蔬菜罐头

1 范围

本文件规定了绿色食品水果、蔬菜罐头的术语和定义、要求、检验规则、标签、包装、运输和储存。

本文件适用于绿色食品水果、蔬菜罐头,不适用于果酱类、果汁类、蔬菜汁(酱)类罐头和盐渍(酱渍)蔬菜罐头。

2 规范性引用文件

下列文件中的内容通过文中的规范性引用而构成本文件必不可少的条款。其中,注日期的引用文件,仅该日期对应的版本适用于本文件;不注日期的引用文件,其最新版本(包括所有的修改单)适用于本文件。

GB/T 191 包装储运图示标志

GB 4789.26 食品安全国家标准 食品微生物学检验 商业无菌检验

GB 5009.8—2016 食品安全国家标准 食品中果糖、葡萄糖、蔗糖、麦芽糖、乳糖的测定

GB 5009.12 食品安全国家标准 食品中铅的测定

GB 5009.16 食品安全国家标准 食品中锡的测定

GB 5009.28 食品安全国家标准 食品中山梨酸、苯甲酸和糖精钠的测定

GB 5009.34 食品安全国家标准 食品中二氧化硫的测定

GB 5009.35 食品安全国家标准 食品中合成着色剂的测定

GB 5009.44 食品安全国家标准 食品中氯化物的测定

GB 5009.97 食品安全国家标准 食品中环己基氨基磺酸钠的测定

GB/T 5009.140 饮料中乙酰磺胺酸钾的测定

GB 5009.185 食品安全国家标准 食品中展青霉素的测定

GB 5009.263 食品安全国家标准 食品中阿斯巴甜和阿力甜的测定

GB 7098 食品安全国家标准 罐头食品

GB 7718 食品安全国家标准 预包装食品标签通则

GB/T 10784 罐头食品分类

GB/T 10786 罐头食品的检验方法

GB/T 12456 食品安全国家标准 食品中总酸的测定

GB/T 20769 水果和蔬菜中450种农药及相关化学品残留量的测定 液相色谱-串联质谱法

JJF 1070 定量包装商品净含量计量检验规则

NY/T 391 绿色食品 产地环境质量

NY/T 392 绿色食品 食品添加剂使用准则

NY/T 422 绿色食品 食用糖

NY/T 658 绿色食品 包装通用准则

NY/T 751 绿色食品 食用植物油

NY/T 761 蔬菜和水果中有机磷、有机氯、拟除虫菊酯和氨基甲酸酯类农药多残留的测定

NY/T 1040 绿色食品 食用盐

NY/T 1055 绿色食品 产品检验规则

NY/T 1056 绿色食品 储藏运输准则

NY/T 1379 蔬菜中334种农药多残留的测定 气相色谱质谱法和液相色谱质谱法

国家质量监督检验检疫总局令2005年第75号 定量包装商品计量监督管理办法

3 术语和定义

GB/T 10784、GB 7098 界定的以及下列术语和定义适用于本文件。

3.1

过度修整 excessive trim

明显影响果形外观的修整。

3.2

破损果 breakage fruit

失去原有形状及完整度的果实。

4 要求

4.1 原料要求

原料应符合相应绿色食品标准的规定。

4.2 辅料要求

4.2.1 食用糖

应符合 NY/T 422 的规定。

4.2.2 食用盐

应符合 NY/T 1040 的规定。

4.2.3 植物油

应符合 NY/T 751 的规定。

4.2.4 食品添加剂

应符合 NY/T 392 的规定。

4.2.5 加工用水

应符合 NY/T 391 的规定。

4.3 感官要求

水果、蔬菜罐头感官要求应分别符合表 1 和表 2 的规定。

表 1 水果罐头感官要求

项目	要求		检验方法
	糖水类	糖浆类	
色泽	具有该品种罐头应有的正常色泽		GB/T 10786
滋味和气味	具有该品种罐头应有的气味和滋味,无异味		
组织形态	果肉软硬适度,果形或块形完整、糖水透明,无肉眼可见外来杂质。过度修整、破损、碎块、过硬的果块之和以质量计不超过固形物的 15%	果实带皮(或去皮)去核或带核,形态完整,大小较一致,煮制良好,无糖的结晶,无肉眼可见外来杂质	GB/T 10786

表 2 蔬菜罐头感官要求

项目	要求			检验方法
	清渍类	醋渍类	调味类	
色泽	色泽正常,汤汁清晰或稍有浑浊			GB/T 10786
滋味和气味	具有该品种罐头应有的气味和滋味,无异味			
组织形态	组织软硬适度,大小一致或接近一致,无肉眼可见外来杂质;允许有少量的碎屑,破损以质量计不超过固形物质量的 15%			

4.4 理化指标

水果、蔬菜罐头理化指标应分别符合表 3 和表 4 的规定。

表3 水果罐头的理化指标

单位为克每百克

项目	糖水类	糖浆类	检验方法
可溶性固形物	≤22	≥65	GB/T 10786
总糖(以转化糖计)	—	≤63	GB 5009.8—2016中第二法
糖水类罐头固形物应符合相应的国家标准和行业标准,检验方法执行GB/T 10786。			

表4 蔬菜罐头的理化指标

单位为克每百克

项目	清渍类	醋渍类	调味类	检验方法
氯化钠含量ª	≤1.5	≤2.5	≤2.0	GB 5009.44
总酸(以乙酸计)	—	≤1.8	—	GB/T 12456
固形物应符合相应的国家标准和行业标准,检验方法执行GB/T 10786。				
ª 不适用于清渍类蔬菜罐头中清水蔬菜罐头食品。				

4.5 污染物、农药残留、食品添加剂和真菌毒素限量

污染物、农药残留、食品添加剂和真菌毒素限量应符合食品安全国家标准及相关规定,同时符合表5的规定。

表5 污染物、农药残留、食品添加剂和真菌毒素限量

序号	项目	指标		检测方法
		水果罐头	蔬菜罐头	
1	锡ª(以Sn计),mg/kg	≤100		GB 5009.16
2	铅(以Pb计),mg/kg	≤0.5		GB 5009.12
3	二氧化硫残留量(以SO_2计),mg/kg	不得检出(<3)		GB 5009.34
4	毒死蜱,mg/kg	≤0.01		NY/T 1379
5	氯氰菊酯,mg/kg	≤0.01		NY/T 761
6	甲胺磷,mg/kg	不得检出(<0.01)		NY/T 761
7	氧乐果,mg/kg	≤0.01		GB/T 20769
8	克百威,mg/kg	≤0.01		GB/T 20769
9	多菌灵,mg/kg	≤0.01		GB/T 20769
10	展青霉素ᵇ,μg/kg	不得检出(<3)		GB 5009.185
11	苯甲酸,g/kg	不得检出(<0.005)		GB 5009.28
12	山梨酸,g/kg	不得检出(<0.005)		GB 5009.28
13	糖精钠,g/kg	不得检出(<0.005)		GB 5009.28
14	胭脂红ᶜ,g/kg	≤0.1	不得检出(<0.0005)	GB 5009.35
15	苋菜红ᶜ,g/kg	不得检出(<0.0005)		GB 5009.35
16	新红及其铝色淀(以新红计)ᶜ,g/kg	不得检出(<0.0005)		GB 5009.35
17	日落黄ᵈ,g/kg	不得检出(<0.0005)		GB 5009.35
18	柠檬黄ᵈ,g/kg	不得检出(<0.0005)		GB 5009.35
19	环己基氨基磺酸钠,g/kg	不得检出(<0.010)		GB 5009.97
20	阿力甜,g/kg	不得检出(<0.005)		GB 5009.263
ª 仅适用于采用镀锡薄板容器包装的食品。				
ᵇ 仅适用于山楂、苹果罐头。				
ᶜ 仅适用于红色产品。				
ᵈ 仅适用于黄色产品。				

4.6 微生物限量

微生物应符合罐头食品商业无菌要求,检验方法按GB 4789.26的规定执行。

4.7 净含量

应符合国家质量监督检验检疫总局令2005年第75号的规定,检验方法按JJF 1070的规定执行。

5 检验规则

申请绿色食品的产品应按照本文件中 4.3 ～ 4.7 以及附录 A 所确定的项目进行检验。其他要求应符合 NY/T 1055 的规定。本文件规定的农药残留限量的检测方法如有其他国家标准、行业标准方法，且其最低检出限能满足限量值要求时，在检测时可以采用。

6 标签

按 GB 7718 的规定执行。

7 包装、运输和储存

7.1 包装

包装应符合 NY/T 658 的规定，包装储运图示标志应符合 GB/T 191 的规定。

7.2 运输和储存

运输和储存应符合 NY/T 1056 的规定。

附 录 A
（规范性）
绿色食品 水果、蔬菜罐头申报检验项目

表 A.1 规定了除 4.3~4.7 所列项目外,依据食品安全国家标准和绿色食品生产实际情况,绿色食品申报检验还应检验的项目。

表 A.1 食品添加剂限量

单位为克每千克

项目	指标		检验方法
	水果罐头	蔬菜罐头	
乙酰磺胺酸钾	≤0.3	—	GB/T 5009.140
阿斯巴甜	≤1.0	—	GB 5009.263

ICS 67.080.20
CCS B 31

中华人民共和国农业行业标准

NY/T 1048—2021
代替 NY/T 1048—2012

绿色食品 笋及笋制品

Green food—Bamboo shoots and its product

2021-05-07 发布
2021-11-01 实施

中华人民共和国农业农村部 发布

前　言

本文件按照 GB/T 1.1—2020《标准化工作导则　第 1 部分：标准化文件的结构和起草规则》的规定起草。

本文件代替 NY/T 1048—2012《绿色食品　笋及笋制品》，与 NY/T 1048—2012 相比，除结构调整和编辑性改动外，主要技术变化如下：

a)　更改了术语和定义（见 3.1、3.2、3.3，2012 年版 3.1、3.2、3.3）。

b)　更改了竹笋罐头感官指标（见 4.3 表 1，2012 年版 4.2 表 1）。

c)　更改了固形物、pH 理化指标要求（见 4.4 表 2，2012 年版 4.3 表 2）。

d)　更改了部分农药残留、苯甲酸、山梨酸的限量要求（见 4.5 表 3，2012 年版 4.4 表 3）。

e)　增加了即食竹笋中亚硝酸盐、竹笋罐头中锡、鲜竹笋和竹笋干中百菌清、毒死蜱残留限量的要求（见 4.5 表 3）。

f)　更改了微生物限量要求（见 4.6 表 4，2012 年版 4.5 表 4）。

g)　删除了志贺氏菌、溶血性链球菌要求（见 2012 年版 4.5 表 4）。

h)　删除了六六六、滴滴涕要求（见 2012 年版附录 A）。

i)　增加了总砷、总汞、铬要求（见附录 A）。

本文件由农业农村部农产品质量安全监管司提出。

本文件由中国绿色食品发展中心归口。

本文件起草单位：江西省农业科学院农产品质量安全与标准研究所、农业农村部肉及肉制品质量监督检验测试中心、中国绿色食品发展中心、湖南正信检测技术股份有限公司、江西省绿色食品发展中心、绿城农科检测技术有限公司、弋阳县艺林农业开发有限公司、江西广雅食品有限公司、江西欣轩弘科技有限公司。

本文件主要起草人：聂根新、张宪、周瑶敏、刘翠芝、吴玲、胡丽芳、万伟杰、杜志明、章虎、周熙、魏益华、涂田华、张金艳、王希、唐冰、熊艳、张标金、余文彬、周小伟、袁传明。

本文件及其所代替文件的历次版本发布情况为：

——2006 年首次发布为 NY/T 1048—2006，2012 年第一次修订；

——本次为第二次修订。

绿色食品 笋及笋制品

1 范围

本文件规定了绿色食品笋及笋制品的术语和定义、要求、检验规则、标签、包装、运输和储存。

本文件适用于绿色食品笋及笋制品(包括鲜竹笋、竹笋罐头、即食竹笋及竹笋干等)。

2 规范性引用文件

下列文件中的内容通过文中的规范性引用而构成本文件必不可少的条款。其中,注日期的引用文件,仅该日期对应的版本适用于本文件;不注日期的引用文件,其最新版本(包括所有的修改单)适用于本文件。

GB 4789.3 食品安全国家标准 食品微生物学检验 大肠菌群计数

GB 4789.4 食品安全国家标准 食品微生物学检验 沙门氏菌检验

GB 4789.10 食品安全国家标准 食品微生物学检验 金黄色葡萄球菌检验

GB 4789.15 食品安全国家标准 食品微生物学检验 霉菌和酵母计数

GB 4789.26 食品安全国家标准 食品微生物学检验 商业无菌检验

GB 5009.3 食品安全国家标准 食品中水分的测定

GB 5009.11 食品安全国家标准 食品中总砷及无机砷的测定

GB 5009.12 食品安全国家标准 食品中铅的测定

GB 5009.15 食品安全国家标准 食品中镉的测定

GB 5009.16 食品安全国家标准 食品中锡的测定

GB 5009.17 食品安全国家标准 食品中总汞及有机汞的测定

GB 5009.22 食品安全国家标准 食品中黄曲霉毒素 B 族和 G 族的测定

GB 5009.28 食品安全国家标准 食品中苯甲酸、山梨酸和糖精钠的测定

GB 5009.33 食品安全国家标准 食品中亚硝酸盐与硝酸盐的测定

GB 5009.34 食品安全国家标准 食品中二氧化硫的测定

GB 5009.44 食品安全国家标准 食品中氯化物的测定

GB/T 5009.104 植物性食品中氨基甲酸酯类农药残留量的测定

GB 5009.123 食品安全国家标准 食品中铬的测定

GB 5009.237 食品安全国家标准 食品 pH 的测定

GB 7718 食品安全国家标准 预包装食品标签通则

GB/T 10786 罐头食品的检验方法

GB/T 12456 食品中总酸的测定

GB/T 23379 水果、蔬菜及茶叶中吡虫啉残留的测定 高效液相色谱法

GB 23200.116 食品安全国家标准 植物源性食品中 90 种有机磷类农药及其代谢物残留量的测定 气相色谱法

JJF 1070 定量包装商品净含量计量检验规则

NY/T 391 绿色食品 产地环境质量

NY/T 392 绿色食品 食品添加剂使用准则

NY/T 393 绿色食品 农药使用准则

NY/T 658 绿色食品 包装通用准则

NY/T 761 蔬菜和水果中有机磷、有机氯、拟除虫菊酯和氨基甲酸酯类农药多残留的测定

NY/T 1055 绿色食品 产品检验规则

NY/T 1048—2021

NY/T 1056　绿色食品　储藏运输准则
NY/T 1680　蔬菜水果中多菌灵等4种苯并咪唑类农药残留量的测定　高效液相色谱法
NY/T 3292　蔬菜中甲醛含量的测定　高效液相色谱法
国家质量监督检验检疫总局令2005年第75号　定量包装商品计量监督管理办法

3　术语和定义

下列术语和定义适用于本文件。

3.1

竹笋罐头　canned bamboo shoot

以新鲜竹笋为原料,经去壳、漂洗、煮制等加工处理后,按罐头工艺生产,经包装、密封、灭菌制成的竹笋制品。

3.2

即食竹笋　instant bamboo shoot

用竹笋为主要原料经漂洗、切制、配料、腌制或不腌制、发酵或不发酵、调味、包装等加工工艺,可直接食用的除竹笋罐头以外的竹笋制品。

3.3

竹笋干　dried bamboo shoot

以新鲜竹笋为原料,经预处理、盐腌发酵或非盐腌直接煮熟后干燥而成的竹笋干制品。

4　要求

4.1　产地环境

产地环境应符合NY/T 391的规定。

4.2　生产过程

食品添加剂的使用应符合NY/T 392的规定;农药使用应符合NY/T 393的规定;生产加工用水应符合NY/T 391的规定;竹笋制品加工原料应符合绿色食品质量安全要求。

4.3　感官

应符合表1的规定。

表1　感官要求

项目	要求				检测方法
	鲜竹笋	竹笋罐头	即食竹笋	竹笋干	
色泽	具有同一品种固有色泽	笋肉呈白色、黄白色,同一包装中色泽大致均匀,有光泽;汤汁较清,可稍有白色析出物,清水冬笋罐头允许根点乳头呈浅灰色或浅红色	具有该产品特有颜色,有光泽	呈黄色、淡黄色、黄褐色、青黄色或红褐色,颜色均匀一致;清水泡发后,切面有光泽	将约500 g或一个包装产品混合样平摊于白色洁净瓷盘内,目视法观察色泽、洁净度、形态、整齐度、组织状态、汤汁、整齐度、缺陷、霉点;鼻闻气味;口尝滋味
汤汁	—	汤汁清晰,允许有少量白色析出物	—	—	
外形和组织状态	笋形完整、大小基本一致;外壳完整、清洁,无机械损伤、无病虫害、腐烂、畸形;笋体切面光滑,肉质脆嫩	笋体肉质细嫩,切口平整,外形较一致;同一包装大小大致均匀,无开叉笋、粗纤维笋及断条笋,断尖笋、秃头笋每个包装不超过净含量5%,可稍有笋衣碎屑,片装产品完整片质量不应低于固形物含量70%,条装产品碎屑质量应低于固形物含量的5%	肉质脆嫩,切面整齐光滑,笋片大小基本一致	形态基本完整,有韧性,无肉眼可见霉点或霉斑;清水泡发后,肉质脆嫩	

562

表 1 （续）

项目	要求				检测方法
	鲜竹笋	竹笋罐头	即食竹笋	竹笋干	
滋味和气味	具有鲜竹笋正常的气味	具有该产品固有的滋味和气味,无异味	口感清爽,咸淡适中,具有该产品特有的香气和风味,无异味	具有干竹笋产品特有的气味,无异味	将约 500 g 或一个包装产品混合样平摊于白色洁净瓷盘内,目视法观察色泽、洁净度、形态、整齐度、组织状态、汤汁、整齐度、缺陷、霉点;鼻闻气味;口尝滋味
杂质	无泥土及其他外来杂质	无肉眼可见外来杂质	无外来杂质	无外来杂质	

4.4 理化指标

应符合表 2 的规定。

表 2 理化指标

项目	指标				检测方法
	鲜竹笋	竹笋罐头	即食竹笋	竹笋干	
水分,%	—	—	—	≤20	GB 5009.3
固形物,%	—	≥55,且不低于包装标示值	—	—	GB/T 10786
pH	—	≤4.0(自然发酵产品);4.0～4.6(酸化产品);≥4.6(低酸产品)	—	—	GB 5009.237
总酸(以乳酸计),%	—	—	≤1.0	—	GB/T 12456
氯化钠,%	—	—	—	≤15.0	GB 5009.44
甲醛,mg/kg	—	—	—	≤5	NY/T 3292

4.5 污染物、农药残留、食品添加剂和真菌毒素限量

应符合食品安全国家标准及相关规定,同时应符合表 3 的规定。

表 3 污染物、农药残留、食品添加剂和真菌毒素限量

项目	指标				检测方法
	鲜竹笋	竹笋罐头	即食竹笋	竹笋干	
亚硝酸盐(以 NaNO_2 计),mg/kg	—	—	≤4.0	—	GB 5009.33
铅(以 Pb 计),mg/kg	—	≤0.1	≤0.1	≤0.4	GB 5009.12
镉(以 Cd 计),mg/kg	—	≤0.05	≤0.05	≤0.1	GB 5009.15
锡(以 Sn 计)[a],mg/kg	—	≤100			GB 5009.16
多菌灵,mg/kg	≤0.1	—	—	≤0.1	NY/T 1680
吡虫啉,mg/kg	—	—	—	≤0.1	GB/T 23379
乐果,mg/kg	≤0.01	—	—	≤0.01	NY/T 761
溴氰菊酯,mg/kg	≤0.01	—	—	≤0.01	NY/T 761
氯氟氰菊酯,mg/kg	≤0.01	—	—	≤0.01	NY/T 761
氰戊菊酯,mg/kg	≤0.01	—	—	≤0.01	NY/T 761
氯氰菊酯,mg/kg	≤0.01	—	—	≤0.01	NY/T 761
三唑酮,mg/kg	≤0.1	—	—	≤0.1	NY/T 761
五氯硝基苯,mg/kg	不得检出(<0.000 2)	—	—	不得检出(<0.000 2)	NY/T 761
抗蚜威,mg/kg	≤0.05	—	—	≤0.05	GB/T 5009.104
百菌清,mg/kg	≤0.01	—	—	≤0.01	NY/T 761
毒死蜱,mg/kg	≤0.01	—	—	≤0.01	GB 23200.116
苯甲酸及其钠盐(以苯甲酸计),g/kg	—	不得检出(<0.005)	不得检出(<0.005)	—	GB 5009.28

表 3（续）

项目	指标				检测方法
	鲜竹笋	竹笋罐头	即食竹笋	竹笋干	
山梨酸及其钾盐(以山梨酸计),g/kg	—	不得检出 (<0.005)	≤0.25	—	GB 5009.28
二氧化硫残留量,mg/kg	≤50	≤50[b]	≤50	≤50	GB 5009.34
黄曲霉毒素 B₁,μg/kg	—	—	—	≤5	GB 5009.22
注:检验方法明确检出限的,"不得检出"后括号中内容为检出限;检验方法只明确定量限的,"不得检出"后括号中内容为定量限。					
[a] 仅限于金属罐装竹笋罐头产品;[b] 以固形物计。					

4.6 微生物限量

微生物限量应符合表 4 的规定。

表 4 微生物限量

项目	指标	检测方法
霉菌和酵母[a],CFU/g	≤50	GB 4789.15
商业无菌[b]	商业无菌	GB 4789.26
[a] 仅适用于竹笋干。		
[b] 仅适用于竹笋罐头。		

4.7 净含量

应符合国家质量监督检验检疫总局令 2005 第 75 号的规定,检验方法按 JJF 1070 的规定执行。

4.8 其他要求

除上述要求外,还应符合附录 A 的规定。

5 检验规则

绿色食品申报检验应按照 4.3～4.7 以及附录 A 所确定的项目进行检验。其他要求应符合 NY/T 1055 的规定。本文件规定的农药残留量检验方法,如有其他国家标准和行业标准方法,且其检出限或定量限能满足限量值要求时,在检测时可采用。

6 标签

按 GB 7718 的规定执行。

7 包装、运输和储存

7.1 包装

按 NY/T 658 的规定执行。

7.2 运输和储存

按 NY/T 1056 的规定执行。鲜笋运输前还应进行预冷,运输和储藏时应保持适当的温湿度,不得露天堆放。

附　录　A

（规范性）

绿色食品笋及笋制品认证检验项目

表 A.1、A.2 规定了除 4.3～4.7 所列项目外,依据食品安全国家标准和绿色食品生产实际情况,绿色食品笋及笋制品认证检验时还应检验的项目。

表 A.1　鲜竹笋污染物和农药残留项目

单位为毫克每千克

项目	指标	检测方法
铅(以 Pb 计)	≤0.1	GB 5009.12
镉(以 Cd 计)	≤0.05	GB 5009.15
总砷(以 As 计)	≤0.5	GB 5009.11
总汞(以 Hg 计)	≤0.01	GB 5009.17
铬(以 Cr 计)	≤0.5	GB 5009.123
吡虫啉	≤0.1	GB/T 23379

表 A.2　即食竹笋微生物项目

项目	采样方案及限量(若非指定,均以/25 g 表示)				检测方法
	n	c	m	M	
大肠菌群[a]	5	2	10 CFU/g	10^3 CFU/g	GB 4789.3
沙门氏菌	5	0	0	—	GB 4789.4
金黄色葡萄球菌	5	1	100 CFU/g	1 000 CFU/g	GB 4789.10

注:n 为同一批次产品应采集的样品件数;c 为最大可允许超出 m 值的样品数;m 为致病菌指标可接受水平的限量值;M 为致病菌指标的最高安全限量值。

[a]　仅适用于即食竹笋,不适用于非灭菌发酵型即食竹笋产品。

ICS 67.080.20
X 26

中华人民共和国农业行业标准

NY/T 1049—2015
代替 NY/T 1049—2006

绿色食品　薯芋类蔬菜

Green food—Yam and taro vegetable

2015-05-21 发布

2015-08-01 实施

中华人民共和国农业部 发布

前　言

本标准按照 GB/T 1.1—2009 给出的规则起草。

本标准代替 NY/T 1049—2006《绿色食品　薯芋类蔬菜》。与 NY/T 1049—2006 相比,除编辑性修改外,主要技术变化如下:

——修改了适用范围,增加了香芋、木薯和菊薯 3 个薯芋类蔬菜品种;

——修改了感官要求,具体规定了部分薯芋类蔬菜的感官指标;

——删除了无机砷、汞、铬、氟、乙酰甲胺磷、马拉硫磷、对硫磷、杀螟硫磷、倍硫磷、氯菊酯、甲萘威、百菌清、亚硝酸盐等卫生指标,增加了六六六、甲拌磷、硫丹、涕灭威、克百威、氧乐果、氰戊菊酯、嘧菌酯、抗蚜威、吡虫啉,修改了甲胺磷、辛硫磷、敌百虫、敌敌畏、乐果、溴氰菊酯、氯氰菊酯、三唑酮的限量值;

——修改了标志和标签、包装、运输和储存,删除了标志的要求,增加了 GB 7718、NY/T 1056 的引用;

——增加了附录 A 和附录 B。

本标准由农业部农产品质量安全监管局提出。

本标准由中国绿色食品发展中心归口。

本标准起草单位:广东省农业科学院农产品公共监测中心、中国绿色食品发展中心、农业部蔬菜水果质量监督检验测试中心(广州)。

本标准主要起草人:王富华、张志华、陈岩、赵晓丽、杨慧、耿安静、唐伟。

本标准的历次版本发布情况为:

——NY/T 1049—2006。

绿色食品 薯芋类蔬菜

1 范围

本标准规定了绿色食品薯芋类蔬菜的要求、检验规则、标签、包装、运输和储存。

本标准适用于绿色食品马铃薯、生姜、魔芋、山药、豆薯、菊芋、甘露（草食蚕）、蕉芋、香芋、葛、甘薯、木薯、菊薯等薯芋类蔬菜（拉丁学名及俗名参见附录A）。

2 规范性引用文件

下列文件对于本文件的应用是必不可少的。凡是注日期的引用文件，仅注日期的版本适用于本文件。凡是不注日期的引用文件，其最新版本（包括所有的修改单）适用于本文件。

GB 2762 食品安全国家标准 食品中污染物限量

GB 2763 食品安全国家标准 食品中农药最大残留限量

GB 5009.12 食品安全国家标准 食品中铅的测定

GB/T 5009.15 食品中镉的测定

GB/T 5009.102 植物性食品中辛硫磷农药残留量的测定

GB 7718 食品安全国家标准 预包装食品标签通则

GB/T 19648 水果和蔬菜中500种农药及相关化学品残留的测定 气相色谱-质谱法

GB/T 20769 水果和蔬菜中450种农药及相关化学品残留量的测定 液相色谱-串联质谱法

NY/T 391 绿色食品 产地环境质量

NY/T 393 绿色食品 农药使用准则

NY/T 394 绿色食品 肥料使用准则

NY/T 658 绿色食品 包装通用准则

NY/T 761 蔬菜和水果中有机磷、有机氯、拟除虫菊酯和氨基甲酸酯类农药多残留的测定

NY/T 1055 绿色食品 产品检验规则

NY/T 1056 绿色食品 储藏运输准则

NY/T 1275 蔬菜、水果中吡虫啉残留量的测定

NY/T 1379 蔬菜中334种农药多残留的测定 气相色谱质谱法和液相色谱质谱法

NY/T 1453 蔬菜及水果中多菌灵等16种农药残留测定 液相色谱-质谱-质谱联用法

3 要求

3.1 产地环境

应符合NY/T 391的规定。

3.2 生产过程

生产过程中农药和肥料使用应分别符合NY/T 393和NY/T 394的规定。

3.3 感官要求

应符合表1的规定。

表 1　感官要求

项　目	要　　求	检验方法
马铃薯	同一品种或相似品种；外观新鲜，无表皮变绿、发芽；大小均匀，硬实，成熟度好；形状完整良好，无畸形、裂沟、干瘪、虫眼、病斑；无冻伤，干腐或腐烂等损伤；无空心、黑心、黑斑、黑圈、坏死、薯肉变色等内部缺陷；清洁，无泥土，无异味	品种特性、成熟度、色泽、新鲜度、清洁、腐烂、畸形、开裂、冻害、表面水分、病虫害及机械伤害等外观特征，用目测法鉴定
甘薯	同一品种或相似品种；外观新鲜，表皮色泽均匀一致，薯形较好，无畸形；具有本品种固有的气味；无机械伤，无病虫害；无冻害，无腐烂，无霉烂；无裂薯，无黑心，无空腔；清洁，无明显泥土等附着物	气味用嗅的方法鉴定　黑心、黑斑、空腔、坏死以及病虫害症状不明显而有怀疑者，应用刀剖开目测
山药	同一品种或相似品种；外观新鲜，色泽均匀；表面无明显的凹凸、霉斑、黑斑等斑块；无病虫害造成的损伤；断面白色，无裂痕；无异常的外来水分	
姜	形态完整，具有该品种固有的特征，肥大、丰满，充实，色泽新鲜，表面光滑、清洁，无异味，无皱缩，无机械伤，无异常的外来水分	
其他薯芋类蔬菜	同一品种或相似品种；薯（芋）形完整，表面清洁无污物；滋味正常，无异味；无裂痕，无腐烂；不干瘪；无机械损伤和硬伤；无病虫害造成的损伤；无畸形、冻害、黑心；无明显斑痕；无异常的外来水分	

3.4　污染物、农药残留限量

污染物、农药残留限量应符合 GB 2762、GB 2763 等相关食品安全国家标准及相关规定，同时符合表 2 的规定。

表 2　农药残留限量

单位为毫克每千克

项　目	指　标	检验方法
六六六（BHC）	≤0.01	NY/T 761
硫丹（endosulfan）	≤0.01	NY/T 761
涕灭威（aldicarb）	≤0.01	NY/T 761
甲胺磷（methamidophos）	≤0.01	NY/T 761
克百威（carbofuran）	≤0.01	NY/T 761
敌敌畏（dichlorvos）	≤0.01	NY/T 761
敌百虫（trichlorfon）	≤0.01	GB/T 20769
乐果（dimethoate）	≤0.01	GB/T 20769
氧乐果（omethoate）	≤0.01	NY/T 1379
溴氰菊酯（deltamethrin）	≤0.01	NY/T 761
氰戊菊酯（fenvalerate）	≤0.01	NY/T 761
毒死蜱（chlorpyrifos）	≤0.05	NY/T 761
三唑酮（triadimefon）	≤0.01	NY/T 761
辛硫磷（phoxim）	≤0.01	GB/T 5009.102
抗蚜威（pirimicarb）	≤0.01	NY/T 1379
嘧菌酯（azoxystrobin）	≤0.1	NY/T 1453
多菌灵（carbendazim）	≤0.1	NY/T 1453
吡虫啉（imidacloprid）	≤0.4	NY/T 1275
各农药项目除采用表中所列检测方法外，如有其他国家标准、行业标准以及部文公告的检测方法，且其检出限或定量限能满足限量值要求时，在检测时可采用。		

4　检验规则

申报绿色食品应按照本标准 3.3、3.4 以及附录 B 所确定的项目进行检验。其他要求应符合 NY/T 1055 的规定。

5 标签

标签应符合 GB 7718 的规定。

6 包装、运输和储存

6.1 包装

6.1.1 包装应符合 NY/T 658 的规定。

6.1.2 按产品的品种、规格分别包装,同一件包装内的产品应摆放整齐紧密。

6.1.3 每批产品所用的包装、单位净含量应一致。

6.2 运输和储存

6.2.1 运输和储存应符合 NY/T 1056 的规定。

6.2.2 运输前应根据品种、运输方式、路程等确定是否进行预冷。运输过程中注意防冻、防雨淋、防晒,通风散热。

6.2.3 储存时应按品种、规格分别储存,库内堆码应保证气流均匀流通。

附 录 A

（资料性附录）

薯芋类蔬菜学名、俗名对照表

薯芋类蔬菜学名、俗名对照见表 A.1。

表 A.1　薯芋类蔬菜学名、俗名对照表

序号	蔬菜名称	拉丁学名	俗名、别名
1	马铃薯	*Solanum tuberosum* L.	土豆、山药蛋、洋芋、地蛋、荷兰薯、瓜哇薯、洋山芋
2	生姜	*Zingiber officinale* Rosc.	姜、黄姜
3	魔芋	*Amorphophallus* sp.	蒟芋、蒟头、磨芋、蛇头草、花杆莲、麻芋子
4	山药	*Dioscorea batatas* Decne.	大薯、薯蓣、佛掌薯、白苕、脚板苕
5	豆薯	*Pachyrhizu erozus*（L.）Urban.	沙葛、凉薯、新罗葛、地瓜、土瓜
6	菊芋	*Helianthus tuberosus* L.	洋姜、鬼子姜
7	草食蚕	*Stachys sieboldii* Miq.	螺丝菜、宝塔菜、甘露儿、地蚕、罗汉
8	蕉芋	*Canna edulis* Ker.	蕉藕、姜芋、食用美人蕉
9	香芋	*Apios Americana* Medic.	土圞儿、菜用土圞儿、地栗子
10	葛	*Pueraria thomsonii* Benth.	粉葛、葛根
11	甘薯	*I pomoea batatas* Lam.	山芋、地瓜、番芋、红苕、番薯、红薯、白薯
12	木薯	*Manihot esculenta* Crantz.	木番薯、树薯
13	菊薯	*Smallanthus sonchifolius*（Poepp. et Endl.）H. Rob.	雪莲果、雪莲薯、地参果

附　录　B

（规范性附录）

绿色食品薯芋类蔬菜产品申报检验项目

表B.1规定了除本标准3.3、3.4所列项目外，依据食品安全国家标准和绿色食品生产实际情况，绿色食品薯芋类蔬菜产品申报检验还应检验的项目。

表B.1　依据食品安全国家标准绿色食品薯芋类蔬菜产品申报检验必检项目

单位为毫克每千克

项　　目	指　标	检验方法
铅(以Pb计)	≤0.2	GB 5009.12
镉(以Cd计)	≤0.1	GB/T 5009.15
甲拌磷(phorate)	≤0.01	GB/T 19648
氯氰菊酯(cypermethrin)	≤0.01	NY/T 761

ICS 67.120.30
B 50

中华人民共和国农业行业标准

NY/T 1050—2018
代替 NY/T 1050—2006

绿色食品　龟鳖类

Green food—Tortoise turtle

2018-05-07 发布

2018-09-01 实施

中华人民共和国农业农村部　发布

前　　言

本标准按照 GB/T 1.1—2009 给出的规则起草。

本标准代替 NY/T 1050—2006《绿色食品　龟鳖类》。与 NY/T 1050—2006 相比,除编辑性修改外主要技术变化如下:

——删除了六六六、滴滴涕、总汞和呋喃唑酮项目;

——增加了多氯联苯和硝基呋喃类代谢物的限量值及检验方法;

——修改了土霉素、金霉素、四环素和敌百虫的限量规定;

——修改了磺胺类药物、噁喹酸、孔雀石绿、己烯雌酚和氯霉素的检验方法。

本标准由农业农村部农产品质量安全监管局提出。

本标准由中国绿色食品发展中心归口。

本标准起草单位:唐山市畜牧水产品质量监测中心、湖南开天新农业科技有限公司。

本标准主要起草人:张建民、刘洋、蒙君丽、肖珊、张秀平、齐彪、张立田、周鑫、张鑫、杜瑞焕。

本标准所代替标准的历次版本发布情况为:

——NY/T 1050—2006。

绿色食品　龟鳖类

1　范围

本标准规定了绿色食品龟鳖类的要求,检验规则,标签,包装、运输和储存。

本标准适用于绿色食品龟鳖类,包括中华鳖(甲鱼、团鱼、王八、元鱼)、黄喉拟水龟、三线闭壳龟(金钱龟、金头龟、红肚龟)、红耳龟(巴西龟、巴西彩龟、秀丽锦龟、彩龟)、鳄龟(肉龟、小鳄龟、小鳄鱼龟)以及其他淡水养殖的食用龟鳖。不适用非人工养殖的野生龟鳖。

2　规范性引用文件

下列文件对于本文件的应用是必不可少的。凡是注日期的引用文件,仅注日期的版本适用于本文件。凡是不注日期的引用文件,其最新版本(包括所有的修改单)适用于本文件。

GB 5009.11　食品安全国家标准　食品中总砷及无机砷的测定

GB 5009.12　食品安全国家标准　食品中铅的测定

GB 5009.15　食品安全国家标准　食品中镉的测定

GB 5009.17　食品安全国家标准　食品中总汞及有机汞的测定

GB 5009.123　食品安全国家标准　食品中铬的测定

GB 5009.190　食品安全国家标准　食品中指示性多氯联苯含量的测定

GB 7718　食品安全国家标准　预包装食品标签通则

GB/T 20361　水产品中孔雀石绿和结晶紫残留量的测定

GB/T 20756　可食动物肌肉、肝脏和水产品中氯霉素、甲砜霉素和氟苯尼考残留量的测定

GB/T 23198　动物源性食品中噁喹酸残留量的测定

GB/T 26876　中华鳖池塘养殖技术规范

农业部 783 号公告—1—2006　水产品中硝基呋喃类代谢物残留量的测定

农业部 1025 号公告—23—2008　动物源食品中磺胺类药物残留检测

农业部 1163 号公告—9—2009　水产品中己烯雌酚残留检测

NY/T 391　绿色食品　产地环境质量

NY/T 471　绿色食品　饲料及饲料添加剂使用准则

NY/T 658　绿色食品　包装通用准则

NY/T 755　绿色食品　渔药使用准则

NY/T 1055　绿色食品　产品检验准则

NY/T 1056　绿色食品　储藏运输准则

SC/T 3015　水产品中四环素、土霉素、金霉素残留量的测定

SN/T 0125　进出口食品中敌百虫残留量检测方法

3　要求

3.1　产地环境

产地环境应符合 NY/T 391 的要求,捕捞工具应无毒、无污染。

3.2　养殖

3.2.1　种质与培育条件

亲本的质量应符合 GB/T 26876 的要求,不得使用转基因龟鳖亲本。苗种繁育过程呈封闭式,繁育地应水源充足、无污染,进、排水方便。养殖用水应符合 NY/T 391 的要求,并经沉淀和消毒。苗种培育过程不得使用禁用药物,投喂质量安全饵料。苗种出场前需经检疫和消毒。

3.2.2 养殖管理

养殖模式应采用健康养殖、生态养殖方式,饲料及饲料添加剂的使用应符合 NY/T 471 的要求,渔药使用应符合 NY/T 755 的要求。

3.3 感官

应符合表1的要求。

表 1 感官指标

项目	指 标		检验方法
	鳖	龟	
外观	体表完整无损,裙边宽而厚,体质健壮,爬行、游泳动作自如、敏捷,同品种、同规格的鳖,个体均匀、体表清洁	体表完整无损,体质健壮,爬行、游泳动作自如、敏捷,同品种、同规格的龟,个体均匀、体表清洁	在光线充足、无异味环境、能保证龟鳖正常活动的温度条件下进行。将鳖腹部朝上,背部朝下放置于白瓷盘中,数秒钟内立即翻正,视为体质健壮,否则为体质弱;用手拉鳖的后腿,有力回缩的视为体质健壮,否则为体质弱;用手将龟鳖头和颈部拉出背甲外,能迅速缩回甲内的视为体质健壮;若颈部粗大,不易缩回甲内的为病龟鳖;用手轻压腹甲,腹部皮肤向外膨胀的为浮肿龟鳖或脂肪肝病龟鳖
色泽	保持活体状态固有体色		
气味	本品应有的气味,无异味		
组织	肌肉紧密、有弹性		

3.4 污染物、农药残留和渔药残留限量

污染物、农药残留和渔药残留限量应符合相关食品安全国家标准及相关规定,同时符合表2的要求。

表 2 农药残留和渔药残留限量

项 目	指 标	检验方法
敌百虫,mg/kg	不得检出(<0.002)	SN/T 0125
土霉素、金霉素、四环素(以总量计),mg/kg	不得检出(<0.1)	SC/T 3015
磺胺类药物(以总量计),μg/kg	不得检出(<0.5)	农业部 1025 号公告—23—2008
噁喹酸,μg/kg	不得检出(<1)	GB/T 23198

4 检验规则

申报绿色食品应按照3.3～3.4以及附录A所确定的项目进行检验。其他要求应符合 NY/T 1055 的要求。

5 标签

标签应符合 GB 7718 的规定。

6 包装、运输和储存

6.1 包装

包装应符合 NY/T 658 的要求。包装容器应具有良好的排水、透气条件,箱内垫充物应清洗、消毒、无污染。

6.2 运输

运输应符合 NY/T 1056 的要求。活的龟鳖运输应用冷藏车或其他有降温装置的运输设备。运输途中,应有专人管理,随时检查运输包装情况,观察温度和水草(垫充物)的湿润程度,以保持龟鳖皮肤湿润。淋水的水质应符合 NY/T 391 的要求。

6.3 储存

储存应符合 NY/T 1056 的要求。活的龟鳖可在洁净、无毒、无异味的水泥池、水族箱等水体中暂养，暂养用水应符合 NY/T 391 的要求。储运过程中应严防蚊子叮咬、暴晒。

附　录　A
（规范性附录）
绿色食品龟鳖类产品申报检验项目

表 A.1 规定了除 3.3～3.4 所列项目外,按食品安全国家标准和绿色食品生产实际情况,绿色食品龟鳖类产品申报检验还应检验的项目。

表 A.1　污染物、鱼药残留项目

序号	项　　　目	指　　标	检验方法
1	甲基汞,mg/kg	≤0.5	GB 5009.17
2	无机砷(以 As 计),mg/kg	≤0.5	GB 5009.11
3	铅(以 Pb 计),mg/kg	≤0.5	GB 5009.12
4	镉(以 Cd 计),mg/kg	≤0.1	GB 5009.15
5	铬(以 Cr 计),mg/kg	≤2.0	GB 5009.123
6	多氯联苯[a],mg/kg	≤0.5	GB 5009.190
7	硝基呋喃类代谢物[b],μg/kg	不得检出(<0.25)	农业部 783 号公告—1—2006
8	氯霉素,μg/kg	不得检出(<0.1)	GB/T 20756
9	己烯雌酚,μg/kg	不得检出(<0.6)	农业部 1163 号公告—9—2009
10	孔雀石绿,μg/kg	不得检出(<0.5)	GB/T 20361
[a] 以 PCB28、PCB52、PCB101、PCB118、PCB138、PCB153 和 PCB180 总和计。			
[b] 以 AOZ、AMOZ、SEM 和 AHD 计。			

ICS 67.080.20
B 38

中华人民共和国农业行业标准

NY/T 1051—2014
代替 NY/T 1051—2006

绿色食品 枸杞及枸杞制品

Greed food—Wolfberry and its products

2014-10-17 发布

2015-01-01 实施

中华人民共和国农业部 发布

前　言

本标准按照 GB/T 1.1—2009 给出的规则起草。

本标准代替 NY/T 1051—2006《绿色食品　枸杞》。与 NY/T 1051—2006 相比,除编辑性修改外,主要技术变化如下:

——适用范围增加了枸杞鲜果、枸杞原汁、枸杞原粉;

——术语和定义增加了枸杞鲜果、枸杞原汁、枸杞干果、枸杞原粉;

——产地环境和生产过程增加了相关要求;

——感官指标增加了枸杞鲜果、枸杞原汁、枸杞原粉相关要求;

——修改了理化指标,增加了枸杞鲜果、枸杞原汁、枸杞原粉相关要求;

——修改了安全指标,删除了六六六、滴滴涕、敌敌畏、乐果、马拉硫磷、甲拌磷、对硫磷、久效磷、三氯杀螨醇项目,增加了多菌灵、吡虫啉、啶虫脒、氯氟氰菊酯、三唑酮、唑螨酯、苯醚甲环唑、三唑磷、阿维菌素、哒螨灵项目及其限量;

——修改了微生物指标,增加了大肠菌群项目及其限量;

——修改了净含量的相关要求;

——删除了试验方法,将检测方法与指标列表合并;

——修改了检验规则;

——增加了附录 A。

本标准由农业部农产品质量安全监管局提出。

本标准由中国绿色食品发展中心归口。

本标准起草单位:农业部枸杞产品质量监督检验测试中心、宁夏农产品质量标准与检测技术研究所。

本标准主要起草人:张艳、荀金萍、王晓菁、李淑玲、荀春林、姜瑞、王彩艳、单巧玲、王晓静、赵银宝。

本标准的历次版本发布情况为:

——NY/T 1051—2006。

绿色食品 枸杞及枸杞制品

1 范围

本标准规定了绿色食品枸杞及枸杞制品的术语和定义、要求、检验规则、标志和标签、包装、运输与储存。

本标准适用于绿色食品枸杞及枸杞制品(包括枸杞鲜果、枸杞原汁、枸杞干果、枸杞原粉)。

2 规范性引用文件

下列文件对于本文件的应用是必不可少的。凡是注日期的引用文件,仅注日期的版本适用于本文件。凡是不注日期的引用文件,其最新版本(包括所有的修改单)适用于本文件。

GB/T 191 包装储运图示标志

GB 4789.3 食品安全国家标准 食品微生物学检验 大肠菌群计数

GB 4789.4 食品安全国家标准 食品微生物学检验 沙门氏菌检验

GB 4789.10 食品安全国家标准 食品微生物学检验 金黄色葡萄球菌检验

GB 4789.36 食品安全国家标准 食品微生物学检验 大肠埃希氏菌 O157:H7/NM 检验

GB 5009.3 食品安全国家标准 食品中水分的测定

GB/T 5009.11 食品中总砷及无机砷的测定

GB 5009.12 食品安全国家标准 食品中铅的测定

GB/T 5009.15 食品中镉的测定

GB/T 5009.34 食品中亚硫酸盐的测定

GB 7718 食品安全国家标准 预包装食品标签通则

GB/T 8858 水果、蔬菜产品中干物质和水分含量测定方法

GB 14881 食品安全国家标准 食品企业通用卫生规范

GB/T 18672—2002 枸杞(枸杞子)

GB/T 20769 水果和蔬菜中 450 种农药及相关化学品残留量的测定 液相色谱-串联质谱法

GB/T 23200 桑枝、金银花、枸杞子和荷叶中 488 种农药及相关化学品残留量的测定 气相色谱-质谱法

GB/T 23201 桑枝、金银花、枸杞子和荷叶中 413 种农药及相关化学品残留量的测定 液相色谱-串联质谱法

JJF 1070 定量包装商品净含量计量检验规则

NY/T 391 绿色食品 产地环境质量

NY/T 392 绿色食品 食品添加剂使用准则

NY/T 393 绿色食品 农药使用准则

NY/T 658 绿色食品 包装通用准则

NY/T 1055 绿色食品 产品检验规则

NY/T 1056 绿色食品 储藏运输准则

SN/T 0878 进出口枸杞子检验规程

SN/T 1973 进出口食品中阿维菌素残留量的检测方法 高效液相色谱-质谱/质谱法

国家质量监督检验检疫总局令 2005 年第 75 号 定量包装商品计量监督管理办法

中国绿色食品商标标志设计使用规范手册

3 术语和定义

下列术语和定义适用于本文件。

3.1

枸杞鲜果 fresh wolfberry

野生或人工栽培,经过挑选、预冷、冷藏和包装的新鲜枸杞产品。

3.2

枸杞原汁 wolfberry juice

以枸杞鲜果为原料,经过表面清洗、破碎、均质、杀菌、灌装等工艺加工而成的枸杞产品。

3.3

枸杞干果 dried wolfberry

以枸杞鲜果为原料,经预处理后,自然晾晒、热风干燥、冷冻干燥等工艺加工而成的枸杞产品。

3.4

枸杞原粉 wolfberry powder

以枸杞干果为原料,经研磨、粉碎等工艺加工而成的粉状枸杞产品。

3.5

不完善粒 imperfect dried berry

破碎粒、未成熟粒、油果尚有使用价值的枸杞颗粒为不完善粒。

3.6

破碎粒 broken dried berry

失去部分达颗粒体积1/3以上的颗粒。

3.7

未成熟粒 immature berry

颗粒不饱满,果肉少而干瘪,颜色过淡,明显与正常枸杞不同的颗粒。

3.8

油果 over-mature or mal-processed dried berry

成熟过度或雨后采摘的鲜果因烘干或晾晒不当,保管不好,颜色变褐,明显与正常枸杞不同的颗粒。

3.9

无使用价值颗粒 non-consumable berry

虫蛀、病斑、霉变粒为无使用价值的颗粒。

3.10

粒度 granularity

50 g枸杞所含颗粒的个数。

4 要求

4.1 产地环境

枸杞人工栽培或野生枸杞的产地环境应符合 NY/T 391 的规定。

4.2 原料

枸杞制品加工原料应符合绿色食品质量安全要求。

4.3 生产过程

枸杞生产过程中农药使用应符合 NY/T 393 的规定;食品添加剂使用应符合 NY/T 392 的规定;加工过程应符合 GB 14881 的规定。

4.4 感官

应符合表1的规定。

表 1　感官

项　目	指　标				检验方法
	枸杞鲜果	枸杞原汁	枸杞干果	枸杞原粉	
形状	长椭圆形、矩圆形或近球形,顶端有尖头或平截或稍凹陷	液体	类纺锤形,略扁,稍皱缩	粉末状,少量结块	SN/T 0878
杂质	不得检出	—	不得检出	—	
色泽	果粒鲜红或橙黄色	红色或橙黄色	果皮鲜红、紫红色或枣红色	红色或橙黄色	
滋味、气味	具有枸杞应有的滋味、气味	具有枸杞应有的滋味、气味	具有枸杞应有的滋味、气味	具有枸杞应有的滋味、气味	
不完善粒,%	不允许	—	≤1.5	—	
无使用价值颗粒	不允许	—	不允许	—	

4.5　理化指标

应符合表 2 的规定。

表 2　理化指标

项　目	指　标				检验方法
	枸杞鲜果	枸杞原汁	枸杞干果	枸杞原粉	
粒度,粒/50 g	≤100	—	≤580	—	称取样品50 g精确到0.01 g,数个数,重复两次,取平均值
水分,%	—	—	≤13.0	≤13.0	GB 5009.3减压干燥法或蒸馏法
干物质,%	—	≥20.0	—	—	GB/T 8858
枸杞多糖,%	≥0.7	≥0.7	≥3.0	≥3.0	GB/T 18672附录A
总糖(以葡萄糖计),%	≥10.0	≥10.0	≥40.0	≥40.0	GB/T 18672附录B

4.6　污染物、农药残留、食品添加剂限量

应符合相关食品安全国家标准及相关规定,同时符合表 3 的规定。

表 3　污染物、农药残留、食品添加剂限量

项　目	指　标				检验方法
	枸杞鲜果	枸杞原汁	枸杞干果	枸杞原粉	
砷(以 As 计),mg/kg	—	—	≤1	≤1	GB/T 5009.11
铅(以 Pb 计),mg/kg	≤0.2	≤0.2	≤1	≤1	GB 5009.12
镉(以 Cd 计),mg/kg	≤0.05	≤0.05	≤0.3	≤0.3	GB/T 5009.15
多菌灵(carbendazim),mg/kg	≤1				GB/T 20769
吡虫啉(imidacloprid),mg/kg	≤5				GB/T 23201
毒死蜱(chlorpyrifos),mg/kg	≤0.1				GB/T 23200
氯氟氰菊酯(cyhalothrin),mg/kg	≤0.2				GB/T 23200
氯氰菊酯(cypermethrin),mg/kg	≤0.05				GB/T 23200
三唑酮(triadimefon),mg/kg	≤1				GB/T 23200
唑螨酯(fenpyroximate),mg/kg	≤0.5				GB/T 23200
氧化乐果(omethoate),mg/kg	≤0.01				GB/T 23200

表 3（续）

项 目	指 标				检验方法
	枸杞鲜果	枸杞原汁	枸杞干果	枸杞原粉	
三唑磷（triazophos），mg/kg	≤0.01				GB/T 23200
阿维菌素（abamectin），mg/kg	≤0.01				SN/T 1973
克百威（carbofuran），mg/kg	≤0.01				GB/T 23201
哒螨灵（pyridaben），mg/kg	≤0.01				GB/T 20769
苯醚甲环唑（difenoconazole），mg/kg	≤0.01				GB/T 23200
二氧化硫（sulfur dioxide），mg/kg	—	≤50	≤50	≤50	GB/T 5009.34
如食品安全国家标准及相关国家规定中上述检验项目和限量值有调整，且严于本标准规定，按最新国家标准及规定执行。					

4.7 微生物限量

应符合表 4 的规定。

表 4　微生物限量

项 目	指 标	检验方法
大肠菌群，MPN/g	≤3.0	GB 4789.3

4.8 净含量

应符合国家质量监督检验检疫总局令 2005 年第 75 号的规定，检测方法按照 JJF 1070 的规定执行。

5 检验规则

申报绿色食品的枸杞产品应按照本标准 4.4～4.8 以及附录 A 所确定的项目进行检验。其他要求应符合 NY/T 1055 的规定。本标准规定的农药残留限量检测方法，如有其他国家标准、行业标准以及部文公告的检测方法，且其检出限和定量限能满足限量值要求时，在检测时可采用。

6 标志和标签

6.1 标志使用应符合《中国绿色食品商标标志设计使用规范手册》规定。
6.2 标签应符合 GB 7718 的规定。

7 包装、运输和储存

7.1 包装应符合 NY/T 658 的规定，储运图示应符合 GB/T 191 的规定。
7.2 运输和储存应符合 NY/T 1056 的规定。枸杞鲜果运输前还应进行预冷，运输和储藏时应保持适当的温、湿度，不得露天堆放。

附 录 A

（规范性附录）

绿色食品枸杞及枸杞制品申报检验项目

表 A.1 和表 A.2 规定了除 4.4～4.8 所列项目外，依据食品安全国家标准和绿色食品生产实际情况，绿色食品枸杞及枸杞制品申报检验还应检验的项目。

表 A.1 农药残留项目

序号	项　目	指　标				检验方法
		枸杞鲜果	枸杞原汁	枸杞干果	枸杞原粉	
1	氰戊菊酯(fenvalerate)，mg/kg	≤0.2				GB/T 23200
2	啶虫脒(acetamiprid)，mg/kg	≤2				GB/T 23201
如食品安全国家标准及相关国家规定中上述检验项目和限量值有调整，且严于本标准规定，按最新国家标准及规定执行。						

表 A.2 致病菌项目

项　目	采样方案及限量(若非指定，均以/25 g 或/25 mL 表示)				检验方法
	n	c	m	M	
沙门氏菌	5	0	0	—	GB 4789.4
金黄色葡萄球菌	5	1	100 CFU/g(mL)	1 000 CFU/g(mL)	GB 4789.10 第二法
大肠埃希氏菌 O157:H7[a]	5	0	0	—	GB 4789.36
如食品安全国家标准及相关国家规定中上述检验项目和限量值有调整，且严于本标准规定，按最新国家标准及规定执行。					

注：n 为同一批次产品应采集的样品件数；c 为最大可允许超出 m 值的样品数；m 为致病菌指标可接受水平的限量值；M 为致病菌指标的最高安全限量值。

[a] 大肠埃希氏菌 O157:H7 仅适用于枸杞鲜果、枸杞干果。

ICS 67.060
X 11

中华人民共和国农业行业标准

NY/T 1052—2014
代替 NY/T 1052—2006

绿色食品　豆制品

Green food—Bean product

2014-10-17 发布

2015-01-01 实施

中华人民共和国农业部 发布

前　言

本标准按照 GB/T 1.1—2009 给出的规则起草。

本标准代替 NY/T 1052—2006《绿色食品　豆制品》。与 NY/T 1052—2006 相比,除编辑性修改外,主要技术变化如下:

——增加了术语和定义;

——增加了熟制豆类、豆腐、豆腐干、腐竹和腐皮、干燥豆制品、豆粉、大豆蛋白的具体理化指标;

——删除了汞、氟、乐果、敌敌畏、西维因、志贺氏菌、溶血性链球菌项目,修改了二氧化硫、溴氰菊酯、氰戊菊酯、大肠菌群指标;

——增加了糖精钠、甲醛次硫酸氢钠、赭曲霉毒素 A 项目。

本标准由农业部农产品质量安全监管局提出。

本标准由中国绿色食品发展中心归口。

本标准起草单位:农业部大豆及大豆制品质量监督检验测试中心。

本标准主要起草人:程春芝、孙东立、韩国、段余君、贺显书、孙明山、张建勤、卢宝华、孙兰金、訾健康、牛兆红、王艳玲。

本标准的历次版本发布情况为:

——NY/T 1052—2006。

绿色食品　豆制品

1　范围

本标准规定了绿色食品豆制品的术语与定义、分类、要求、检验规则、标志和标签、包装、运输和储存。

本标准适用于以豆类为原料加工制成的绿色食品豆制品(包括熟制豆类、豆腐、豆腐干、腐竹和腐皮、干燥豆制品、豆粉、大豆蛋白),不适用于豆类饮料、膨化豆制品和发酵性豆制品。

2　规范性引用文件

下列文件对于本文件的应用是必不可少的。凡是注日期的引用文件,仅注日期的版本适用于本文件。凡是不注日期的引用文件,其最新版本(包括所有的修改单)适用于本文件。

GB/T 191　包装储运图示标志

GB 4789.2　食品安全国家标准　食品微生物学检验　菌落总数测定

GB 4789.3　食品安全国家标准　食品微生物学检验　大肠菌群计数

GB 4789.4　食品安全国家标准　食品微生物学检验　沙门氏菌检验

GB 4789.10　食品安全国家标准　食品微生物学检验　金黄色葡萄球菌检验

GB 4789.15　食品安全国家标准　食品微生物学检验　霉菌和酵母计数

GB 5009.3　食品安全国家标准　食品中水分的测定

GB 5009.4　食品安全国家标准　食品中灰分的测定

GB 5009.5　食品安全国家标准　食品中蛋白质的测定

GB/T 5009.6　食品中脂肪的测定

GB/T 5009.11　食品中总砷及无机砷的测定

GB 5009.12　食品安全国家标准　食品中铅的测定

GB/T 5009.15　食品中镉的测定

GB/T 5009.28　食品中糖精钠的测定

GB/T 5009.29　食品中山梨酸、苯甲酸的测定

GB 5009.33　食品安全国家标准　食品中亚硝酸盐与硝酸盐的测定

GB/T 5009.34　食品中亚硫酸盐的测定

GB/T 5009.56　糕点卫生标准的分析方法

GB/T 5009.88　食品中膳食纤维的测定

GB/T 5009.110　植物性食品中氯氰菊酯、氰戊菊酯和溴氰菊酯残留量的测定

GB/T 5009.117　食用豆粕卫生标准的分析方法

GB 5413.3　食品安全国家标准　婴幼儿食品和乳品中脂肪的测定

GB 5413.29　食品安全国家标准　婴幼儿食品和乳品中溶解性的测定

GB 5413.31　食品安全国家标准　婴幼儿食品和乳品中脲酶的测定

GB/T 5497　粮食、油料检验　水分测定法

GB/T 5511　谷物和豆类　氮含量测定和粗蛋白质含量计算　凯氏法

GB/T 5515　粮油检验　粮食中粗纤维素含量测定　介质过滤法

GB 5749　生活饮用水卫生标准

GB 7718　食品安全国家标准　预包装食品标签通则

GB/T 9824　油料饼粕中总灰分的测定

GB/T 9825　油料饼粕盐酸不溶性灰分测定

GB/T 10358　油料饼粕　水分及挥发物含量的测定

GB/T 10359　油料饼粕　含油量的测定　第一部分:己烷(或石油醚)提取法

GB/T 12456　食品中总酸的测定

GB/T 12457　食品中氯化钠的测定

GB 14880　食品安全国家标准　食品营养强化剂使用标准

GB 14881　食品安全国家标准　食品生产通用卫生规范

GB/T 18738—2006　速溶豆粉和豆奶粉

GB/T 18979　食品中黄曲霉毒素的测定　免疫亲和层析净化高效液相色谱法和荧光光度法

GB/T 21126　小麦粉与大米粉及其制品中甲醛次硫酸氢钠含量的测定

GB/T 22492—2008　大豆肽粉

GB/T 22509　动植物油脂　苯并(a)芘的测定　反相高效液相色谱法

GB/T 23502　食品中赭曲霉毒素 A 的测定　免疫亲和层析净化高效液相色谱法

JJF 1070　定量包装商品净含量计量检验规则

NY/T 285　绿色食品　豆类

NY/T 392　绿色食品　食品添加剂使用准则

NY/T 658　绿色食品　包装通用准则

NY/T 1055　绿色食品　产品检验规则

NY/T 1056　绿色食品　储藏运输准则

SB/T 10687　大豆食品分类

国家质量监督检验检疫总局令 2005 年第 75 号　定量包装商品计量监督管理办法

中国绿色食品商标标志设计使用规范手册

3　术语和定义

SB/T 10687、GB/T 18738—2006 和 GB/T 22492—2008 中界定的术语和定义适用于本文件。

4　分类

4.1　熟制豆类

4.2　豆腐

包括豆腐脑、内酯豆腐、南豆腐、北豆腐、冻豆腐、脱水豆腐、油炸豆腐和其他豆腐。

4.3　豆腐干

包括白豆腐干、豆腐皮、豆腐丝、蒸煮豆腐干、油炸豆腐干、炸卤豆腐干、卤制豆腐干、熏制豆腐干和其他豆腐干。

4.4　腐竹和腐皮

4.5　干燥豆制品

包括食用豆粕、大豆膳食纤维粉和其他干燥豆制品。

4.6　豆粉

包括速溶豆粉和其他豆粉。

4.7　大豆蛋白

包括大豆蛋白粉、大豆浓缩蛋白、大豆分离蛋白和大豆肽粉。

5　要求

5.1　原料要求

5.1.1　豆制品的主原料豆类应符合 NY/T 285 的规定。

5.1.2　辅料应符合绿色食品标准的规定。

5.1.3 食品添加剂应符合 NY/T 392 的规定,营养强化剂应符合 GB 14880 的规定。

5.1.4 加工用水应符合 GB 5749 的规定。

5.2 生产过程

应符合 GB 14881 的规定。

5.3 感官要求

应符合表 1 的规定。

表 1 感官要求

项 目	要 求	检验方法
色泽	具有该产品固有的正常色泽	将被测样品倒在白色洁净的瓷盘上,在自然光线下,目测其色泽、杂质和组织状态,鼻嗅气味,口尝滋味
组织状态	具有该产品固有的组织形态;固态产品形态完整,软硬适度;粉状产品微粒均匀无结块	
气味、滋味	具有该产品正常气味、滋味,无异味	
杂质	无肉眼可见外来杂质	
冲调性ª	润湿下沉快,冲调后易溶解,允许有极少量团块	GB/T 18738—2006
ª 冲调性仅适用于速溶豆粉。		

5.4 理化指标

5.4.1 熟制豆类和豆腐理化指标

应符合表 2 的规定。

表 2 熟制豆类和豆腐理化指标

项目	指标									检验方法
	熟制豆类	豆腐脑	内酯豆腐	南豆腐	北豆腐	冻豆腐	脱水豆腐	油炸豆腐	其他豆腐	
水分,g/100 g	—	—	≤92.0	≤90.0	≤85.0	≤80.0	≤10.0	—	—	GB 5009.3
蛋白质,g/100 g	—	≥2.5	≥3.8	≥4.2	≥5.9	≥6.0	≥35.0	≥7.5	≥3.8	GB 5009.5
酸价,KOH mg/g	≤3	—	—	—	—	—	—	≤3	—	GB/T 5009.56
过氧化值,g/100g	≤0.25	—	—	—	—	—	—	≤0.25	—	GB/T 5009.56

5.4.2 豆腐干理化指标

应符合表 3 的规定。

表 3 豆腐干理化指标

项 目	指标							检验方法
	白豆腐干、豆腐皮、豆腐丝	蒸煮豆腐干	油炸豆腐干	炸卤豆腐干	卤制豆腐干	熏制豆腐干	其他豆腐干	
水分,g/100 g	≤75.0	≤75.0	≤63.0	≤75.0	≤75.0	≤70.0	—	GB 5009.3
蛋白质,g/100 g	≥13.0	≥12.0	≥17.0	≥13.0	≥13.0	≥15.0	≥12.0	GB 5009.5

表 3（续）

项 目	指 标							检验方法
	白豆腐干、豆腐皮、豆腐丝	蒸煮豆腐干	油炸豆腐干	炸卤豆腐干	卤制豆腐干	熏制豆腐干	其他豆腐干	
盐分（以 NaCl 计），g/100 g	—	≤4.0	≤4.0	≤4.0	≤4.0	≤4.0	—	GB/T 12457
酸价，KOH mg/g	—	—	≤3	≤3	—	—	—	GB/T 5009.56
过氧化值，g/100 g	—	—	≤0.25	≤0.25	—	—	—	GB/T 5009.56

5.4.3 腐竹和腐皮理化指标

应符合表 4 的规定。

表 4 腐竹和腐皮理化指标

项 目	指 标		检验方法
	腐 竹	腐 皮	
水分，g/100 g	≤12.0	≤20.0	GB 5009.3

5.4.4 干燥豆制品理化指标

应符合表 5 的规定。

表 5 干燥豆制品理化指标

项 目	指 标			检验方法
	食用豆粕	大豆膳食纤维粉	其他干燥豆制品	
水分，g/100 g	≤12.0	≤10	≤12.0	GB/T 10358
粗蛋白质（以干基计），g/100 g	≥46.0	—	—	GB/T 5511
粗脂肪（以干基计），g/100 g	≤2.0	—	—	GB/T 10359
粗纤维素（以干基计），g/100 g	≤7.0	—	—	GB/T 5515
总膳食纤维，g/100 g	—	≥40	—	GB/T 5009.88
灰分，g/100 g	≤6.5（干基）	≤5	—	GB/T 9824
含砂量，g/100 g	≤0.5	—	—	GB/T 9825
脲酶定性	阴性	—	阴性	GB 5413.31
溶剂残留，mg/kg	≤500	—	—	GB/T 5009.117

5.4.5 豆粉理化指标

应符合表 6 的规定。

表 6 豆粉理化指标

项 目	指 标				检验方法
	速溶豆粉			其他豆粉	
	普通型	高蛋白质型	其他型		
水分，g/100 g	≤4.0	≤5.0	≤4.0	≤10.0	GB 5009.3
蛋白质（N×6.25），g/100 g	≥18.0	≥32.0	≥15.0	≥15.0[a]	GB 5009.5
脂肪，g/100 g	≥8.0	≥12.0	≥8.0	—	GB 5413.3
总糖（以蔗糖计），g/100 g	≤60.0	≤20.0	≤60.0	—	GB/T 18738—2006
灰分，g/100 g	≤5.0	≤6.5	≤5.0	≤7.0	GB 5009.4
溶解度，g/100 g	≥93.0	≥90.0	≥85.0	—	GB 5413.29
沉淀指数，ml	—	—	≤0.2	—	GB/T 18738—2006
总酸（以乳酸计），g/kg	≤10.0			—	GB/T 12456
脲酶定性	阴性				GB 5413.31
a 仅适用于大豆类产品。					

5.4.6 大豆蛋白理化指标

应符合表7的规定。

表7 大豆蛋白理化指标

项　　目	指　　标				检验方法
	大豆蛋白粉	大豆浓缩蛋白	大豆分离蛋白	大豆肽粉	
水分,g/100 g	≤10.0	≤10.0	≤10.0	≤7.0	GB/T 5497
粗蛋白质(以干基计),g/100 g	≥50	≥65	≥90	≥80.0	GB 5511
肽含量(以干基计),g/100 g	—	—	—	≥55.0	GB/T 22492—2008
脂肪(干基计),g/100 g	≤2.0	—	—	≤1.0	GB/T 5009.6
粗纤维(以干基计),g/100 g	≤5.0	≤6.0	≤0.5	—	GB 5515
灰分(以干基计),g/100 g	≤7.0	≤8.0	≤8.0	≤8.0	GB 5009.4
脲酶定性	阴性	阴性	阴性	阴性	GB 5413.31
溶剂残留,mg/kg	≤500	—	—	—	GB/T 5009.117

5.5 污染物限量、农药残留限量、食品添加剂限量和真菌毒素限量

污染物、农药残留、食品添加剂和真菌毒素限量应符合食品安全国家标准及相关规定,同时应符合表8规定。

表8 污染物限量、农药残留限量、食品添加剂限量和真菌毒素限量

序号	项　　目	指　　标	检验方法
1	铅(以 Pb 计),mg/kg	≤0.2	GB 5009.12
2	镉(以 Cd 计),mg/kg	≤0.05	GB/T 5009.15
3	无机砷(以 As 计),mg/kg	≤0.1	GB/T 5009.11
4	苯并(a)芘[a],μg/kg	≤5	GB/T 22509
5	氯氰菊酯(cypermethrin),mg/kg	≤0.05	GB/T 5009.110
6	溴氰菊酯(deltamerthin),mg/kg	不得检出(<0.000 88)	GB/T 5009.110
7	氰戊菊酯(fenvalerate),mg/kg	不得检出(<0.003 1)	GB/T 5009.110
8	苯甲酸[b],mg/kg	不得检出(<1)	GB/T 5009.29
9	糖精钠[c],mg/kg	不得检出(<1.5)	GB/T 5009.28
10	亚硝酸盐(以 NaNO$_2$ 计),mg/kg	≤3	GB 5009.33
11	甲醛次硫酸氢钠[d](以甲醛计),mg/kg	不得检出(<10)	GB/T 21126
12	黄曲霉毒素 B$_1$,μg/kg	≤5	GB/T 18979
13	赭曲霉毒素 A,μg/kg	≤5	GB/T 23502

如食品安全国家标准及相关国家规定中上述项目和指标有调整,且严于本标准规定,按最新国家标准和规定执行。

[a] 苯并(a)芘仅适用于油炸豆腐、油炸豆腐干、炸卤豆腐干和熏制豆腐干。

[b] 苯甲酸仅适用于熟制豆类、豆腐、蒸煮豆腐干、卤制豆腐干和炸卤豆腐干。

[c] 糖精钠仅适用于熟制豆类。

[d] 甲醛次硫酸氢钠仅适用于腐竹和腐皮。

5.6 微生物限量

应符合表9的规定。

表9 微生物限量

项　　目	指　　标		大豆膳食纤维粉、豆粉、大豆蛋白	检验方法
	即食类产品(熟制豆类、豆腐、豆腐干)			
	散装	定型包装		
菌落总数,CFU/g	≤1.0×10^5	≤7.5×10^2	≤3.0×10^4	GB 4789.2
大肠菌群,MPN/g	<3			GB 4789.3
霉菌和酵母,CFU/g	≤100			GB 4789.15

5.7 净含量

应符合国家质量监督检验检疫总局令2005年第75号的规定,检验方法按照JJF 1070的规定执行。

6 检验规则

申报绿色食品的产品应按照本标准中5.3~5.7以及附录A所确定的项目进行检验,其他要求应符合NY/T 1055的规定。

7 标志和标签

7.1 标志应符合《中国绿色食品商标标志设计使用规范手册》的规定。

7.2 标签应符合GB 7718的规定。

8 包装、运输和储存

8.1 包装按照NY/T 658的规定执行,包装储运图示标志按照GB/T 191的规定执行。

8.2 运输和储存按照NY/T 1056的规定执行。

附 录 A
（规范性附录）
绿色食品豆制品产品申报检验项目

表 A.1 和表 A.2 规定了除 5.3～5.7 所列项目外，依据食品安全国家标准和绿色食品生产实际情况，绿色食品申报检验还应检验的项目。

表 A.1 食品添加剂项目

序号	项 目	指 标	检验方法
1	山梨酸[a]，g/kg	≤1.0	GB/T 5009.29
2	二氧化硫[b]（以 SO$_2$ 计），mg/kg	≤200	GB/T 5009.34
如食品安全国家标准及相关国家规定中上述项目和指标有调整，且严于本标准规定，按最新国家标准和规定执行。			
[a] 仅适用于熟制豆类、豆腐、蒸煮豆腐干、炸卤豆腐干、卤制豆腐干。			
[b] 仅适用于腐竹和腐皮。			

表 A.2 致病菌项目

项 目	采样方案及限量（若非指定，均以/25 g 表示）				检验方法
	n	c	m	M	
沙门氏菌[a]	5	0	0	—	GB 4789.4
金黄色葡萄球菌[a]	5	1	100 CFU/g	1 000 CFU/g	GB 4789.10 第二法
如食品安全国家标准及相关国家规定中上述项目和指标有调整，且严于本标准规定，按最新国家标准和规定执行。					
注：n 为同一批次产品应采集的样品件数；c 为最大可允许超出 m 值的样品数；m 为致病菌指标可接受水平的限量值；M 为致病菌指标的最高安全限量值。					
[a] 仅适用于即食性熟制豆类、豆腐、豆腐干、大豆膳食纤维粉、豆粉和大豆蛋白。					

ICS 67.220.10
X 66

中华人民共和国农业行业标准

NY/T 1053—2018
代替 NY/T 1053—2006

绿色食品 味精

Green food—Monosodium L-glutamate

2018-05-07 发布

2018-09-01 实施

中华人民共和国农业农村部 发 布

前　　言

本标准按照 GB/T 1.1—2009 给出的规则起草。

本标准代替 NY/T 1053—2006《绿色食品　味精》。与 NY/T 1053—2006 相比,除编辑性修改外主要技术变化如下：

——重新设置了产品分类、感官要求；

——修改了 pH、增鲜味精中透光率和干燥失重、加盐味精中硫酸盐指标；

——修改了谷氨酸钠含量的检验方法；

——删除了氟、锌、镉、总汞、亚硝酸盐和增鲜味精中食用盐指标。

本标准由农业农村部农产品质量安全监管局提出。

本标准由中国绿色食品发展中心归口。

本标准起草单位：辽宁省分析科学研究院、中国生物发酵产业协会、菱花集团有限公司、中国绿色食品发展中心。

本标准主要起草人：王志嘉、王璐、关丹、孙晶、魏静元、刘成雁、张志华、张宪、满德恩。

本标准所代替标准的历次版本发布情况为：

——NY/T 1053—2006。

绿色食品　味精

1　范围

本标准规定了绿色食品味精的术语和定义、产品分类、要求、检验规则、标签、包装、运输和储存。
本标准适用于绿色食品味精。

2　规范性引用文件

下列文件对于本文件的应用是必不可少的。凡是注日期的引用文件,仅注日期的版本适用于本文件。
凡是不注日期的引用文件,其最新版本(包括所有的修改单)适用于本文件。

GB/T 191　包装储运图示标志
GB 1886.97　食品安全国家标准　食品添加剂　5′-肌苷酸二钠
GB 1886.170　食品安全国家标准　食品添加剂　5′-鸟苷酸二钠
GB 1886.171　食品安全国家标准　食品添加剂　5′-呈味核苷酸二钠
GB 5009.11　食品安全国家标准　食品中总砷及无机砷的测定
GB 5009.12　食品安全国家标准　食品中铅的测定
GB 5009.43　食品安全国家标准　味精中麸氨酸钠(谷氨酸钠)的测定
GB 5749　生活饮用水卫生标准
GB 7718　食品安全国家标准　预包装食品标签通则
GB/T 8967—2007　谷氨酸钠(味精)
GB 14881　食品安全国家标准　食品企业通用卫生规范
GB 28050　食品安全国家标准　预包装食品营养标签通则
JJF 1070　定量包装商品净含量计量检验规则
NY/T 392　绿色食品　食品添加剂使用准则
NY/T 658　绿色食品　包装通用准则
NY/T 1040　绿色食品　食用盐
NY/T 1055　绿色食品　产品检验规则
NY/T 1056　绿色食品　储藏运输准则
国家质量监督检验检疫总局令 2005 年第 75 号　定量包装商品计量监督管理办法

3　术语和定义

下列术语和定义适用于本文件。

3.1

谷氨酸钠(味精)　**monosodium L-glutamate**

以碳水化合物(如淀粉、玉米、糖蜜等糖质)为原料,经微生物(谷氨酸棒杆菌等)发酵、提取、中和、结晶、分离、干燥而制成的具有特殊鲜味的白色结晶或粉末状调味品。

3.2

加盐味精　**salted monosodium L-glutamate**

在谷氨酸钠(味精)中,定量添加了精制盐的混合物。

3.3

增鲜味精　**special delicious monosodium L-glutamate**

在谷氨酸钠(味精)中,定量添加了核苷酸二钠[5′-鸟苷酸二钠(GMP)、5′-肌苷酸二钠(IMP)或呈味核苷酸二钠(GMP+IMP)]等增味剂的混合物。

4 产品分类

按加入成分分为三类。

4.1 味精

4.2 加盐味精

4.3 增鲜味精

5 要求

5.1 原料要求

生产谷氨酸钠所用的主要发酵原料应符合绿色食品质量安全要求。

5.2 辅料要求

5.2.1 食用盐应符合 NY/T 1040 的要求。

5.2.2 5′-肌苷酸二钠应符合 GB 1886.97 的要求。

5.2.3 5′-鸟苷酸二钠应符合 GB 1886.170 的要求。

5.2.4 5′-呈味核苷酸二钠应符合 GB 1886.171 的要求。

5.2.5 半成品 L-谷氨酸应符合 GB/T 8967—2007 附录 A 的要求。

5.2.6 食品添加剂应符合 NY/T 392 的要求。

5.2.7 加工用水应符合 GB 5749 的要求。

5.3 生产过程

产品的加工过程应符合国家相关规定和绿色食品生产过程控制要求;生产过程的卫生控制还应符合 GB 14881 的要求。

5.4 感官

应符合表1的要求。

表 1　感官要求

项　目	要　　求	检验方法
色泽	无色至白色	取适量试样于洁净白色瓷盘内,在自然光线下,观察其色泽和状态。闻其气味,用温开水漱口后尝其滋味
滋味和气味	具有特殊的鲜味,无异味	
状态	结晶状颗粒或粉末状,无正常视力可见外来异物	

5.5 理化指标

5.5.1 味精

应符合表2的要求。

表 2　味精理化指标

项　目	指　标	检验方法
谷氨酸钠含量,%	≥99.0	GB 5009.43
透光率,%	≥98	GB/T 8967
比旋光度[α]$_D^{20}$,°	+24.9～+25.3	GB/T 8967
pH	6.7～7.5	GB/T 8967
干燥失重,%	≤0.5	GB/T 8967
铁(以 Fe 计),mg/kg	≤5	GB/T 8967
硫酸盐(以 SO$_4^{2-}$ 计),%	≤0.05	GB/T 8967
氯化物(以 Cl$^-$ 计),%	≤0.1	GB/T 8967

5.5.2 加盐味精

应符合表3的要求。

表3 加盐味精理化指标

项 目	指 标	检验方法
谷氨酸钠含量,%	≥80.0	GB 5009.43
透光率,%	≥89	GB/T 8967
食用盐(以 NaCl 计),%	<20.0	GB/T 8967
干燥失重,%	≤0.9	GB/T 8967
铁(以 Fe 计),mg/kg	≤5	GB/T 8967
硫酸盐(以 SO_4^{2-} 计),%	≤0.5	GB/T 8967

5.5.3 增鲜味精

应符合表4的要求。

表4 增鲜味精理化指标

项 目	指 标			检验方法
	添加5′-鸟苷酸二钠	添加呈味核苷酸二钠	添加5′-肌苷酸二钠	
谷氨酸钠含量,%	≥97.0			GB 5009.43
核苷酸二钠,%	≥1.08	≥1.5	≥2.5	GB 1886.170 GB 1886.171 GB 1886.97
透光率,%	≥98			GB/T 8967
干燥失重,%	≤0.5			GB/T 8967
铁(以 Fe 计),mg/kg	≤5			GB/T 8967
硫酸盐(以 SO_4^{2-} 计),%	≤0.05			GB/T 8967
氯化物(以 Cl^- 计),%	≤0.1			GB/T 8967

5.6 污染物、食品添加剂限量

污染物、食品添加剂限量应符合食品安全国家标准及相关规定,同时还应符合表5的要求。

表5 污染物限量

单位为毫克每千克

项 目	指 标	检验方法
铅(以 Pb 计)	≤0.5	GB 5009.12

5.7 净含量

应符合国家质量监督检验检疫总局令2005年第75号的要求,检验方法按照 JJF 1070 的规定执行。

6 检验规则

申报绿色食品应按照5.4～5.7以及附录 A 所确定的项目进行检验。其他要求应符合 NY/T 1055 的要求。

7 标签

标签应符合 GB 7718 和 GB 28050 的要求。

8 包装、运输和储存

8.1 包装应符合 NY/T 658 和 GB/T 191 的有关要求。

8.2 运输和储存应按照 NY/T 1056 的规定执行。

附　录　A

（规范性附录）

绿色食品味精产品申报检验项目

表A.1规定了除5.4～5.7所列项目外,依据食品安全国家标准和绿色食品生产实际情况,绿色食品申报检验还应检验的项目。

表A.1　污染物项目

单位为毫克每千克

序号	检验项目	指标	检验方法
1	总砷(以As计)	≤0.5	GB 5009.11

ICS 67.160
X 53

中华人民共和国农业行业标准

NY/T 1323—2017
代替 NY/T 1323—2007

绿色食品 固体饮料

Green food—Solid beverage

2017-06-12 发布

2017-10-01 实施

中华人民共和国农业部 发布

前　言

本标准按照 GB/T 1.1—2009 给出的规则起草。

本标准代替 NY/T 1323—2007《绿色食品　固体饮料》。与 NY/T 1323—2007 相比,除编辑性修改外主要技术变化如下:

——修改了范围;

——删除了术语和定义;

——增加了第 3 章　分类;

——增加了茶多酚,咖啡因,锌、铜、铁总和,氰化物及脲酶试验理化指标;

——增加了污染物指标锡的限量要求;

——增加了柠檬黄、日落黄、亮蓝、胭脂红、苋菜红、新红、诱惑红、阿力甜等食品添加剂指标;

——增加了黄曲霉毒素 B_1、脱氧雪腐镰刀菌烯醇、赭曲霉毒素 A、玉米赤霉烯酮、展青霉素真菌毒素指标;

——修改了大肠菌群、菌落总数采样方案和限量值;

——修改了微生物指标中采样方案和限量值。

本标准由农业部农产品质量安全监管局提出。

本标准由中国绿色食品发展中心归口。

本标准起草单位:农业部食品质量监督检验测试中心(上海)、上海必诺检测技术服务有限公司。

本标准主要起草人:韩奕奕、陈雯青、章慧、戴春风、陈美莲、郑小平、陈惠华、王霞。

本标准所代替标准的历次版本发布情况为:

——NY/T 1323—2007。

绿色食品　固体饮料

1　范围

本标准规定了绿色食品固体饮料的分类、要求、检验规则、标签、包装、运输和储存。

本标准适用于绿色食品固体饮料,包括蛋白固体饮料、调味茶固体饮料、咖啡固体饮料、植物固体饮料、特殊用途固体饮料及其他固体饮料。不适用于玉米粉、花生蛋白粉、大麦粉、燕麦粉、藕粉、豆粉、大豆蛋白粉、即食谷粉和芝麻糊(粉)。

2　规范性引用文件

下列文件对于本文件的应用是必不可少的。凡是注日期的引用文件,仅注日期的版本适用于本文件。凡是不注日期的引用文件,其最新版本(包括所有的修改单)适用于本文件。

GB/T 191　包装储运图示标志

GB 2760　食品安全国家标准　食品添加剂使用标准

GB 4789.1　食品安全国家标准　食品微生物学检验　总则

GB 4789.2　食品安全国家标准　食品微生物学检验　菌落总数测定

GB 4789.3　食品安全国家标准　食品微生物学检验　大肠菌群计数

GB 4789.4　食品安全国家标准　食品微生物学检验　沙门氏菌检验

GB 4789.10—2016　食品安全国家标准　食品微生物学检验　金黄色葡萄球菌检验

GB 4789.15　食品安全国家标准　食品微生物学检验　霉菌和酵母计数

GB/T 4789.21　食品卫生微生物学检验　冷冻饮品、饮料检验

GB 4789.26　食品安全国家标准　食品微生物学检验　商业无菌检验

GB 5009.3　食品安全国家标准　食品中水分的测定

GB 5009.5　食品安全国家标准　食品中蛋白质的测定

GB 5009.11　食品安全国家标准　食品中总砷及无机砷的测定

GB 5009.12　食品安全国家标准　食品中铅的测定

GB/T 5009.13　食品中铜的测定

GB/T 5009.14　食品中锌的测定

GB 5009.16　食品安全国家标准　食品中锡的测定

GB 5009.22　食品安全国家标准　食品中黄曲霉毒素 B 族和 G 族的测定

GB 5009.24　食品安全国家标准　食品中黄曲霉毒素 M 族的测定

GB 5009.28　食品安全国家标准　食品中苯甲酸、山梨酸和糖精钠的测定

GB 5009.35　食品安全国家标准　食品中合成着色剂的测定

GB 5009.36　食品安全国家标准　食品中氰化物的测定

GB/T 5009.90　食品中铁、镁、锰的测定

GB 5009.96　食品安全国家标准　食品中赭曲霉毒素 A 的测定

GB 5009.97　食品安全国家标准　食品中环己基氨基磺酸钠的测定

GB 5009.111　食品安全国家标准　食品中脱氧雪腐镰刀菌烯醇及其乙酰化衍生物的测定

GB 5009.139　食品安全国家标准　饮料中咖啡因的测定

GB/T 5009.183　植物蛋白饮料中脲酶的定性测定

GB 5009.185　食品安全国家标准　食品中展青霉素的测定

GB 5009.209　食品安全国家标准　食品中玉米赤霉烯酮的测定

GB 5009.263　食品安全国家标准　食品中阿斯巴甜和阿力甜的测定

GB 5749　生活饮用水卫生标准

GB 7718　食品安全国家标准　预包装食品标签通则

GB/T 8313　茶叶中茶多酚和儿茶素类含量的检测方法

GB 14881　食品安全国家标准　食品生产通用卫生规范

GB 28050　食品安全国家标准　预包装食品营养标签通则

JJF 1070　定量包装商品净含量计量检验规则

NY/T 392　绿色食品　食品添加剂使用准则

NY/T 658　绿色食品　包装通用准则

NY/T 1055　绿色食品　产品检验规则

NY/T 1056　绿色食品　储藏运输准则

SN/T 1743　食品中诱惑红、酸性红、亮蓝、日落黄的含量检测　高效液相色谱法

国家质量监督检验检疫总局令 2005 年第 75 号　定量包装商品计量监督管理办法

3　分类

3.1　蛋白固体饮料

以乳和(或)乳制品,或其他动物来源的可食用蛋白,或含有一定蛋白质含量的植物果实、种子或果仁或其制品等为原料,添加或不添加其他食品原辅料和食品添加剂,经加工制成的固体饮料。

3.1.1　含乳蛋白固体饮料

以乳和(或)乳制品为原料,可添加糖(包括食糖和淀粉糖)和(或)甜味剂等一种或几种其他食品原辅料和食品添加剂,经加工制成的固体饮料。

3.1.2　植物蛋白固体饮料

以含有一定蛋白质含量的植物果实、种子或果仁或其制品等为原料,可添加糖(包括食糖和淀粉糖)和(或)甜味剂等一种或几种其他食品原辅料和食品添加剂,经加工制成的固体饮料。

3.1.3　复合蛋白固体饮料

以乳和(或)乳制品,或其他动物来源的可食用蛋白,或含有一定蛋白质含量的植物果实、种子或果仁或其制品等中的两种或两种以上为主要原料,可添加糖(包括食糖和淀粉糖)和(或)甜味剂等一种或几种其他食品原辅料和食品添加剂,经加工制成的固体饮料。

3.1.4　其他蛋白固体饮料

3.1.1～3.1.3 以外的蛋白固体饮料。

3.2　调味茶固体饮料

以茶叶的提取液或其提取物或直接以茶粉(包括速溶茶粉、研磨茶粉)为原料,添加其他食品原辅料和食品添加剂,经加工制成的固体饮料。

3.2.1　果汁茶固体饮料

以茶叶的提取液或其提取物或直接以茶粉、果汁(水果粉)为原料,可添加糖(包括食糖和淀粉糖)和(或)甜味剂等一种或几种其他食品原辅料和食品添加剂,经加工制成的固体饮料。

3.2.2　奶茶固体饮料

以茶叶的提取液或其提取物或直接以茶粉、乳或乳制品为原料,可添加糖(包括食糖和淀粉糖)和(或)甜味剂、植脂末等一种或几种其他食品原辅料和食品添加剂,经加工制成的固体饮料。

3.2.3　其他调味茶固体饮料

3.2.1～3.2.2 以外的调味茶固体饮料。

3.3　咖啡固体饮料

以咖啡豆及咖啡制品(研磨咖啡粉、咖啡的提取液或其浓缩液、速溶咖啡等)为原料,添加其他食品原辅料或食品添加剂,经加工制成的固体饮料。

3.3.1　速溶咖啡

以咖啡豆及咖啡制品(研磨咖啡粉、咖啡的提取液或其浓缩液)为原料,不添加其他食品原辅料,可添加食品添加剂,经加工制成的固体饮料。

3.3.2 速溶/即溶咖啡饮料

以咖啡豆及咖啡制品(研磨咖啡粉、咖啡的提取液或其浓缩液、速溶咖啡等)为原料,可添加糖(包括食糖和淀粉糖)和(或)甜味剂、乳或乳制品、植脂末等一种或几种其他食品原辅料和食品添加剂,经加工制成的固体饮料。

3.3.3 其他咖啡固体饮料

3.3.1～3.3.2以外的咖啡固体饮料。

3.4 植物固体饮料

以植物或其提取物(水果、蔬菜、茶、咖啡除外)为主要原料,添加或不添加其他食品原辅料和食品添加剂,经加工制成的固体饮料。

3.4.1 谷物固体饮料

以谷物为主要原料,添加或不添加其他食品原辅料和食品添加剂,经加工制成的固体饮料。

3.4.2 草本固体饮料

以国家允许使用的植物(包括可食的根、茎、叶、花、果)或其制品的一种或几种为主要原料,添加或不添加其他食品原辅料和食品添加剂,经加工制成的固体饮料,如凉茶固体饮料、花卉固体饮料。

3.4.3 可可固体饮料

以可可为主要原料,添加或不添加其他食品原辅料和食品添加剂,经加工制成的固体饮料,如可可粉、巧克力固体饮料。

3.4.4 其他植物固体饮料

3.4.1～3.4.3以外的植物固体饮料,如食用菌固体饮料、藻类固体饮料。

3.5 特殊用途固体饮料

通过调整饮料中营养成分的种类及其含量,或加入具有特定功能成分适应人体需要的固体饮料,如运动固体饮料、营养素固体饮料、能量固体饮料、电解质固体饮料等。

3.6 其他固体饮料

3.1～3.5以外的固体饮料,如泡腾片、添加可用于食品的菌种的固体饮料等。

4 要求

4.1 原料

应符合绿色食品相关标准要求。

4.2 生产加工用水

应符合 GB 5749 的要求。

4.3 生产过程

按照 GB 14881 的规定执行。

4.4 食品添加剂

食品添加剂的使用和限量按照 NY/T 392 和 GB 2760 的规定执行。

4.5 感官

应符合表1的要求。

表 1 感官要求

项　目	要　求	检验方法
色泽	具有该品种特有的色泽	取 5 g 左右的被测样品置于一洁净的白色瓷盘中，在自然光线下用肉眼观察其色泽和外观形态，按标签上所述的使用方法于透明的玻璃烧杯内冲溶稀释后，立即嗅其香气，辨其滋味，静置 2 min 后，观察组织状态
组织状态	无结块，冲溶后呈澄清或均匀悬浊液，无肉眼可见的杂质	
气味和滋味	具有该品种特有的气味和滋味，无刺激、焦煳、酸败及其他异味	

4.6 理化指标

4.6.1 水分

应符合表 2 的要求。

表 2 水分指标

项　目	指　标	检验方法
水分，%	≤5.0	GB 5009.3
注：对于含椰果、淀粉制品、糖渍豆等调味(辅料)包的组合包装产品，水分要求仅适用于未冲调成液体的固体部分。		

4.6.2 蛋白质、茶多酚及咖啡因

按照标签标示的冲调或冲泡方法稀释后，蛋白质、茶多酚及咖啡因应符合表 3 的要求。

表 3 蛋白质、茶多酚及咖啡因指标

类　别		项　目	指　标	检验方法
蛋白固体饮料	含乳蛋白固体饮料	蛋白质，%	≥1	GB 5009.5
	植物蛋白固体饮料		≥0.5	
	复合蛋白固体饮料		≥0.7	
	其他蛋白固体饮料		≥0.7	
调味茶固体饮料[a]		茶多酚，mg/kg	≥200	GB/T 8313
		蛋白质，%	≥0.5	GB 5009.5
咖啡固体饮料[b]		咖啡因，mg/kg	≥200	GB 5009.139

[a] 调味茶固体饮料中蛋白质含量测定仅限于奶茶固体饮料。

[b] 声称低咖啡因的产品，咖啡因含量应小于 50 mg/kg。

4.6.3 锌、铜、铁总和及氰化物、脲酶试验

按照标签标示的冲调或冲泡方法稀释后，锌、铜、铁总和及氰化物、脲酶试验应符合表 4 的要求。

表 4 锌、铜、铁总和及氰化物、脲酶试验指标

项　目	指　标	检验方法
锌、铜、铁总和[a]，mg/kg	≤20	铜：GB/T 5009.13 锌：GB/T 5009.14 铁：GB/T 5009.90
氰化物(以 HCN 计)[b]，mg/kg	≤0.05	GB 5009.36
脲酶试验[c]	阴性	GB/T 5009.183

[a] 仅适用于金属罐装固体饮料。

[b] 仅适用于以杏仁为原料的固体饮料。

[c] 仅适用于以大豆为原料的固体饮料。

4.7 污染物限量和食品添加剂限量

应符合食品安全国家标准及相关规定，同时应符合表 5 的要求。

表5 污染物、食品添加剂限量

单位为毫克每千克

项 目	指 标	检验方法
铅(以 Pb 计)	≤1.0	GB 5009.12
总砷(以 As 计)	≤0.5	GB 5009.11
锡ᵃ(以 Sn 计)	≤150	GB 5009.16
苯甲酸及其钠盐(以苯甲酸计)	不得检出(<5)	GB 5009.28
山梨酸及其钾盐(以山梨酸计)	不得检出(<5)	
糖精钠(以糖精计)	不得检出(<5)	
甜蜜素(以环己基氨基磺酸计)	不得检出(<10)	GB 5009.97
阿力甜	不得检出(<5.0)	GB 5009.263
赤藓红及其铝色淀ᵇ(以赤藓红计)	不得检出(<0.2)	GB 5009.35
新红及其铝色淀ᵇ(以新红计)	不得检出(<0.5)	

> ᵃ 仅适用于采用镀锡薄板容器包装的固体饮料。
> ᵇ 适用于红色色泽的固体饮料。

4.8 微生物限量

4.8.1 经商业无菌生产的产品应符合商业无菌的要求,按 GB 4789.26 规定的方法检验。

4.8.2 非经商业无菌生产的产品,其微生物限量应符合表6的要求。

表6 微生物限量

项 目	采样方案ᵃ 及限量				检验方法
	n	c	m	M	
菌落总数ᵇ	5	2	1 000 CFU/g / 10 000ᶜ CFU/g	50 000 CFU/g	GB 4789.2
大肠菌群	5	2	10 CFU/g	100 CFU/g	GB 4789.3 中的平板计数法
霉菌	≤50 CFU/g				GB 4789.15

> 注:n 为同一批次产品应采集的样品件数;c 为最大可允许超出 m 值的样品数;m 为微生物指标可接受水平的限量值;M 为微生物指标的最高安全限量值。
> ᵃ 样品的采样及处理按 GB 4789.1 和 GB/T 4789.21 执行。
> ᵇ 不适用于添加可用于食品的菌种的固体饮料。
> ᶜ 适用于奶茶固体饮料、豆奶粉、可可固体饮料。

4.9 净含量

定量包装产品应符合国家质量监督检验检疫总局令2005年第75号的要求。检验方法按照JJF 1070的规定执行。

5 检验规则

申报绿色食品的固体饮料应按照本标准4.5~4.9以及附录A所确定的项目进行检验。每批产品交收(出厂)前,都应进行交收(出厂)检验,交收(出厂)检验内容包括包装、标签、净含量、感官、水分、菌落总数、大肠菌群。其他要求按照 NY/T 1055 的规定执行。

6 标签

预包装产品除应符合 GB 7718、GB 28050 的要求外,还应符合以下要求:

a) 标注产品的冲调或冲泡方法;

b) 复合蛋白固体饮料应标注不同蛋白来源的混合比例;

c) 果汁茶固体饮料应标注果汁含量。

7 包装、运输和储存

7.1 包装

按照 NY/T 658 的规定执行，包装储运图示标志按照 GB/T 191 的规定执行。

7.2 运输和储存

按照 NY/T 1056 的规定执行。

附　录　A

（规范性附录）

绿色食品固体饮料申报检验项目

表 A.1 和表 A.2 规定了除 4.5～4.9 所列项目外,依据食品安全国家标准和绿色食品固体饮料生产实际情况,绿色食品固体饮料申报检验还应检验的项目。

表 A.1　食品添加剂和真菌毒素项目

项　　目		指　　标	检验方法
着色剂[a]	柠檬黄及其铝色淀(以柠檬黄计),mg/kg	≤100[b]	GB 5009.35
	日落黄及其铝色淀(以日落黄计),mg/kg	≤600	
	亮蓝及其铝色淀(以亮蓝计),mg/kg	≤200	
	胭脂红及其铝色淀(以胭脂红计),mg/kg	≤25[b]	
	苋菜红及其铝色淀(以苋菜红计),mg/kg	≤50	
	诱惑红及其铝色淀(以诱惑红计),mg/kg	≤100[b]	SN/T 1743
黄曲霉毒素 M_1[c],μg/kg		≤0.5	GB 5009.24
黄曲霉毒素 B_1[d],μg/kg		≤5.0	GB 5009.22
脱氧雪腐镰刀菌烯醇[e],μg/kg		≤1 000	GB 5009.111
赭曲霉毒素 A[e],μg/kg		≤5.0	GB 5009.96
玉米赤霉烯酮[e],μg/kg		≤60	GB 5009.209
展青霉素[f],μg/kg		≤50	GB 5009.185

　　[a]　固体饮料中着色剂的测定视产品色泽而定。
　　[b]　按照标签标示的冲调或冲泡方法稀释后液体中的限量。
　　[c]　仅适用于以乳类及乳蛋白制品为主要原料制成的固体饮料。
　　[d]　适用于以谷物及谷物制品、豆类及豆类制品、坚果及坚果制品为主要原料制成的固体饮料。
　　[e]　仅适用于以玉米胚芽为原料制成的固体饮料。
　　[f]　仅适用于以苹果、山楂为原料制成的固体饮料。

表 A.2　致病菌项目

项　　目	采样方案及限量				检验方法
	n	c	m	M	
沙门氏菌	5	0	0/25 g	—	GB 4789.4
金黄色葡萄球菌	5	1	100 CFU/g	1 000 CFU/g	GB 4789.10—2016 中的第二法

　　注:n 为同一批次产品应采集的样品件数;c 为最大可允许超出 m 值的样品数;m 为致病菌指标可接受水平的限量值;M 为致病菌指标的最高安全限量值。